“十一五”国家计算机技能型紧缺人才培养培训教材
教育部职业教育与成人教育司
全国职业教育与成人教育教学用书行业规划教材

新编中文版Dreamweaver CS4标准教程

策划／WISBOOK海洋智慧图书
编著／施博资讯

光盘内容
立体演示115个典型范例制作的全过程教学视频文件
练习素材和范例源文件

海洋出版社
北京

内容简介

本书是专为想在短期内通过课堂教学或自学快速掌握中文版 Dreamweaver CS4 的使用方法和技巧而编写的标准教程。作者从自学与教学的实用性、易用性出发，用典型的实例边讲解边操作，并配备设计流程图详细生动地展示了 Dreamweaver CS4 的强大功能。

本书内容：全书由 10 章构成，通过精心设计的丰富典型实例和课堂实训的实际制作，形象直观地介绍了中文版 Dreamweaver CS4 的具体应用。详细讲解 Dreamweaver CS4 快速入门，包括它的新特性、工作界面以及文件管理基础；网站架设、发布与管理的方法；网页文本的编排与设置；表格制作、美化与自动化处理；图像与媒体内容的应用；框架与链接的应用；制作 AP Div、行为和 Spry 特效；动态站点与数据库管理；个人网站主页设计和网站公告牌设计等内容。

本书特点：1. 基础知识讲解与范例操作紧密结合贯穿全书，边讲解边操练，学习轻松、上手容易；2. 提供重点实例设计流程图纸和设计思路，激发读者动手欲望，注重学生动手能力和实际应用能力的培养；3. 实例典型，任务明确，活学活用；4. 每章后都配有练习题和上机实训，利于巩固所学知识和创新。

光盘内容：立体演示 115 个典型范例制作的全过程教学视频文件、练习素材和范例源文件。

适用范围：全国职业院校网页设计专业课优秀教材，社会网页设计培训班教材；从事网页设计的广大初、中级人员实用的自学指导书。

图书在版编目(CIP)数据

新编中文版 Dreamweaver CS4 标准教程/施博资讯编著. —北京：海洋出版社，2009.7
ISBN 978-7-5027-7497-4

Ⅰ.新…　Ⅱ.施…　Ⅲ. 主页制作—图形软件，Dreamweaver CS4—教材　Ⅳ.TP 393.092

中国版本图书馆 CIP 数据核字（2009）第 097126 号

总 策 划：WISBOOK
责任编辑：刘　斌
责任校对：肖新民
责任印制：魏志新
光盘制作：刘　斌
光盘测试：刘　斌
排　　版：海洋计算机图书输出中心　晓阳
出版发行：海洋出版社
地　　址：北京市海淀区大慧寺路 8 号（705 房间）100081
经　　销：新华书店

发 行 部：（010）62174379（传真）（010）62132549
（010）62100075（邮购）（010）62173651
技术支持：www.wisbook.com/bbs
网　　址：www.wisbook.com
承　　印：北京海洋印刷厂
版　　次：2009 年 7 月第 1 版
2009 年 7 月第 1 次印刷
开　　本：787mm×1092mm　1/16
印　　张：17.75
字　　数：447 千字
印　　数：1~5000 册
定　　价：28.00 元（含 1CD）

本书如有印、装质量问题可与发行部调换

"十一五"国家计算机技能型紧缺人才培养培训教材

编 委 会

丛书序言

计算机技术是推动人类社会快速发展的核心技术之一。在信息爆炸的今天，计算机、因特网、平面设计、三维动画等技术强烈地影响并改变着人们的工作、学习、生活、生产、活动和思维方式。利用计算机、网络等信息技术提高工作、学习和生活质量已成为普通人的基本需求。政府部门、教育机构、企事业、银行、保险、医疗系统、制造业等单位和部门，无一不在要求员工学习和掌握计算机的核心技术和操作技能。据国家有关部门的最新调查表明，我国劳动力市场严重短缺计算机技能型技术人才，而网络管理、软件开发、多媒体开发人才尤为紧缺。培训人才的核心手段之一是教材。

为了满足我国劳动力市场对计算机技能型紧缺人才的需求，让读者在较短的时间内快速掌握最新、最流行的计算机技术的操作技能，提高自身的竞争能力，创造新的就业机会，我社精心组织了一批长期在一线进行电脑培训的教育专家、学者，结合培训班授课和讲座的需要，编著了这套为高等职业院校和广大的社会培训班量身定制的《“十一五”国家计算机技能型紧缺人才培养培训教材》。

一、本系列教材的特点

1. 实践与经验的总结——拿来就用

本系列书的作者具有丰富的一线实践经验和教学经验，书中的经验和范例实用性和操作性强，拿来就用。

2. 丰富的范例与软件功能紧密结合——边学边用

本系列书从教学与自学的角度出发，“授人以渔”，丰富而实用的范例与软件功能的使用紧密结合，讲解生动，大大激发读者的学习兴趣。

3. 由浅入深、循序渐进、系统、全面——为培训班量身定制

本系列教材重点在“快速掌握软件的操作技能”、“实际应用”，边讲边练、讲练结合，内容系统、全面，由浅入深、循序渐进，图文并茂，重点突出，目标明确，章节结构清晰、合理，每章既有重点思考和答案，又有相应上机操练，巩固成果，活学活用。

4. 反映了最流行、热门的新技术——与时代同步

本系列教材在策划和编著时，注重教授最新版本软件的使用方法和技巧，注重满足应用面最广、需求量最大的读者群的普遍需求，与时代同步。

5. 配套光盘——考虑周到、方便、好用

本系列书在出版时尽量考虑到读者在使用时的方便，书中范例用到的素材或者模型都附在配套书的光盘内，有些光盘还赠送一些小工具或者素材，考虑周到、体贴。

二、本系列教材的内容

1. 新编中文版 Dreamweaver MX 标准教程（含 1CD）
2. 新编中文版 Flash MX 标准教程（含 1CD）
3. 新编 Authorware 6.5 标准教程（含 1CD）
4. 新编 3ds max 5 标准教程（含 1CD）
5. 新编中文版 AutoCAD 2002 标准教程（含 1CD）
6. 新编中文版 AutoCAD 2004 标准教程（含 1CD）
7. 新编中文版 Photoshop 7 标准教程（含 1CD）
8. 新编中文版 Illustrator 10 标准教程（含 1CD）
9. 新编中文版 CorelDRAW 11 标准教程（含 1CD）
10. 新编 Premiere 6.5 标准教程（含 1CD）

11. 新编中文版 Fireworks MX 标准教程（含 1CD）
12. 新编中文版 PageMaker 6.5 标准教程（含 1CD）
13. 新编 Authorware 7 标准教程（含 1CD）
14. 新编中文版 Fireworks MX 2004 标准教程（含 1CD）
15. 新编中文版 Flash MX 2004 标准教程（含 1CD）
16. 新编 Premiere Pro 标准教程（含 1CD）
17. 新编中文版 Dreamweaver MX 2004 标准教程（含 1CD）
18. 新编中文版 Photoshop CS 标准教程（含 1CD）
19. 新编中文 Illustrator CS 标准教程（含 1CD）
20. 新编 3ds max 6 标准教程（含 1CD）
21. 新编 After Effects 6.0 标准教程（含 1CD）
22. 新编中文版 FreeHand MX 标准教程（含 1CD）
23. 新编中文版 AutoCAD 2005 标准教程（含 1CD）
24. 新编中文版 Acrobat 6.0 标准教程
25. 新编中文 Premiere Pro 1.5 标准教程（含 2CD）
26. 新编中文版 CorelDRAW 12 标准教程（含 1CD）
27. 新编中文版 3ds max 7 标准教程含（含 1CD）
28. 新编中文版 AutoCAD 2006 标准教程
29. 新编中文版 Photoshop CS2 标准教程（含 1CD）
30. 新编中文版 Flash 8 标准教程（含 1CD）
31. 新编中文版 Dreamweaver 8 标准教程（含 1CD）
32. 新编中文版 3ds Max 8 标准教程（含 1DVD）
33. 新编中文版 CorelDRAW X3 标准教程（含 1CD）
34. 新编 After Effects7.0 标准教程（含 1DVD）
35. 新编中文版 Photoshop CS3 标准教程（含 1CD）
36. 新编中文版 Illustrator CS3 标准教程（含 1CD）
37. 新编中文版 3ds Max 9 标准教程含（含 1DVD）
38. 新编中文版 Dreamweaver CS3 标准教程（含 1CD）
39. 新编中文版 Flash CS3 标准教程（含 1CD）
40. 新编中文版 InDesign CS3 标准教程（含 1CD）
41. Flash MX 制作完整实例教程（含 1CD）
42. 新编中文 Illustrator CS4 标准教程（含 1CD）
43. 新编中文版 Dreamweaver CS4 标准教程（含 1CD）

三、读者定位

本系列教材既是全国高等职业院校计算机专业首选教材，又是社会相关领域初中级电脑培训班的最佳教材，同时也可供广大的初级用户实用自学指导书。

2004 年海洋出版社强力启动计算机图书出版工程！倾情打造社会计算机技能型紧缺人才职业培训系列教材、品牌电脑图书和社会电脑热门技术培训教材。读者至上，卓越的品质和信誉是我们的座右铭。热诚欢迎天下各路电脑高手与我们共创灿烂美好的明天，蓝色的海洋是实现您梦想的最理想殿堂！

希望本系列书对我国紧缺的计算机技能型人才市场和普及、推广我国的计算机技术的应用贡献一份力量。衷心感谢为本系列书出谋划策、辛勤工作的朋友们！

教材编写委员会

前　言

Dreamweaver CS4 是 Adobe 公司最新推出的 Adobe CS4 套装软件中重要程序之一，它是一款专门用于 Web 网页设计的软件，具有界面友好、易学易用的优点，拥有广大的用户群体。

本书以“基础+实例”的方式，系统、全面、深入地介绍了 Dreamweaver CS4 的最新功能与操作方法。其内容除涉及 Dreamweaver CS4 的基本操作、页面设置、表格排版、插入多媒体、表单等基本功能外，还对 AP 元素、框架、层、行为、Spry 网页布局动态特效等较难理解的高级功能进行了详细的介绍。与此同时，在深入介绍操作方法时，还剖析了幕后的 ASP 动态网站开发和管理的应用。

本书共分为 10 章，各章内容简介如下：

第 1 章介绍了 Dreamweaver CS4 的新特性、工作界面，以及文件管理基础。

第 2 章先针对网站与网站开发进行详细介绍，接着介绍了创建站点、站点资源的管理、维护与发布站点的方法。

第 3 章介绍了文本分类编辑、文本段落的编排、制作列表文本，以及输入特殊文本符号的操作方法，最后再介绍网页文本检查、查找与替代的技巧。

第 4 章先介绍如何通过绘制布局表格规划网页版面，然后介绍使用标准表格编排网页内容，以及表格的美化与自动化处理技巧。

第 5 章主要介绍在网页中插入图像和添加多媒体对象的方法。

第 6 章分为框架页和超链接两个部分，首先介绍了框架集和框架的相关知识，再介绍框架式页面布局设计，以及调整与编辑框架页的方法，接着介绍为网页插入各式超链接和锚记链接的操作技巧。

第 7 章分别介绍 AP Div、行为和 Spry 三者的应用，以及结合此三者而产生的各种网页应用技巧，最后再介绍利用 Spry 为网页制作动态特效的方法。

第 8 章主要介绍用数据库管理站点数据的应用，首先认识配置站点服务器、创建站点数据库、为网页添加表单元件的方法。

第 9 章通过设计个人网站主页实例，介绍由新建网页、版面布局设计、定义 CSS 规则、网页内容编排、添加多媒体动态特效等一系列操作，从无到有完成一个精美的网页制作。

第 10 章通过制作网站公告板实例，介绍如何通过 Dreamweaver 的动态应用程序制作公告显示模块、公告管理模块、公告发布/更新/删除模块的方法。

本书由资深 Dreamweaver 网页设计专家精心规划与编写，具有以下特点：

- **内容新颖**　本书采用最新版本的 Dreamweaver CS4 作为教学软件，以“基础+实例”的方式介绍软件操作与应用，并配合新功能的使用，扩展了学习范围，掌握更多的应用方法。

- **主题教学** 针对读者有目的学习的需求，本书使用了大量的实例进行教学讲解，并以明确的主题形式呈现在各章中，读者可以通过主题的学习，掌握 Dreamweaver 的实际应用，同时强化软件的使用。
- **多媒体教学** 本书提供精美的多媒体教学光盘，光盘将书中各个实例进行全程演示并配合清晰语音的讲解，让读者体会到身历其境的课堂训练感受，同时提高读者真正动手操作的能力。
- **超强实用性** 本书的章节结构经过精心安排，依照最佳的学习流程和学习习惯进行教学。书中各章均提供教学目标和教学重点，对各章的学习进行预前说明，以指导读者在目的明确的前提下学习本书。

另外，本书在每一章内容后，都配置了相应的课后作业和上机练习，使读者在学习知识的过程中，能够亲自动手练习，培养实际制作的能力。同时，随书附送实用的教学光盘，读者可以使用光盘提供的实例源文件和光盘视频，跟着演示学习，或者自己亲手操作练习，真正做到学以致用。

本书由广州施博资讯科技有限公司（www.cbookpress.cn）组织编写，主要编写人员有吴颂志、黎文锋和李剑明，其他参与本书编写和光盘制作工作的分别有黄活瑜、范逸飞、梁锦明、林业星、刘嘉、黄俊杰、梁颖思、黎彩英等，在此一并谢过。在本书的编写过程中，我们力求精益求精，但难免存在一些不足之处，敬请广大读者批评指正。

编　者

目　录

第 1 章　Dreamweaver CS4 快速入门

教学目标

了解 Dreamweaver CS4 的新特性以及其工作区内各个常用面板与菜单的功能，掌握浏览和管理网页文档的方法。

教学重点与难点

- 认识 Dreamweaver CS4 的新特性
- 认识工作区内各种常用工具和面板的功能
- 学习新建、打开、保存、另存为文档的方法
- 学习设置文档的页面属性
- 学习编辑浏览器列表及使用浏览器预览网页

1.1　Dreamweaver CS4 的新特性

Dreamweaver 作为一款专业的网页设计软件，不管是设计功能，还是操作应用都领先于其他同类型的设计软件，它是 Web 设计人员、Web 开发人员和可视化设计人员的理想选择。而 Dreamweaver CS4 是 Adobe 公司继 Dreamweaver CS3 之后最新推出的产品。与 CS3 相比 CS4 无论是操作界面还是编辑设计功能都有了较大的改进。

1.1.1　全新操作界面

1. Dreamweaver CS4 的新界面

Dreamweaver CS4 拥有全新的操作界面，为用户提供更灵活、方便的设计平台。主界面的菜单栏上方增设了一个辅助工具栏，其中包含有三个下拉按钮（布局、扩展 Dreamweaver、站点）、工作区切换器、帮助搜索引擎，工作区内各个面板均可折叠为图标，还可以根据自身的使用习惯调整各面板的位置和组合方式，如图 1-1 所示。

2. 实时视图

在 Dreamweaver 中，“设计”视图模式可以让用户了解页面在浏览器上的显示效果,但是该模式呈现出来的效果与浏览器中的效果并不完全一致。为了更准确地呈现页面的显示效果，以便查看和修改页面的设计，在 Dreamweaver CS4 中新增了“实时视图”功能。

“实时视图”模式与传统“设计”视图模式的不同之处在于它以不可编辑和更逼真的方法呈现页面在浏览器中的显示效果。当切换到“实时视图”模式时，所有用于编辑页面的面板将会被冻结，只有“代码”视图模式保持可编辑状态。可以单击“拆分”按钮，打开“代码”视图进行编辑，如图 1-2 所示。

图 1-1　Dreamweaver CS4 的全新操作界面

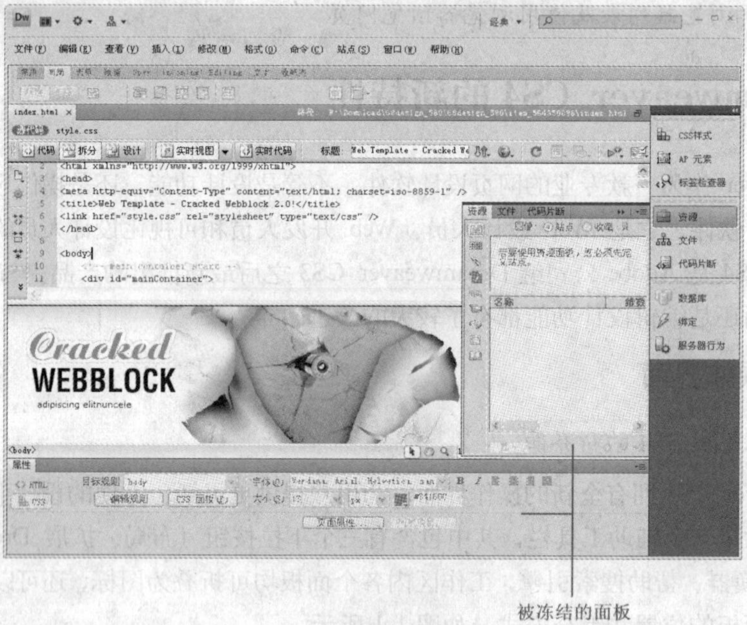

图 1-2　实时视图

1.1.2　智能化编码处理

为了方便网站开发人员对网页代码的编辑和管理，Dreamweaver CS4 增强了代码编辑的功能。它不但继承了历代 Dreamweaver 的高效编码环境，而且把编码环境提升至智能化阶段，其新增的编码功能包括针对 Ajax 和 JavaScript 框架的代码提示、CSS 的最佳做法、HTML 数据集、相关文件和代码导航器。

1. 针对 Ajax 和 JavaScript 框架的代码提示

在 Dreamweaver CS4 中改进了对 JavaScript 核心对象和原始数据类型的支持，可以更加快速、准确地编写 JavaScript。还可通过组合常用的 JavaScript 框架（包括 jQuery、Prototype 和 Adobe Spry）来使用 Dreamweaver 的扩展编码功能。

2. CSS 最佳做法

使用 Dreamweaver CS4 可以在“属性”检查器中创建或编辑 CSS 规则，并且每个属性所适合的层叠样式，软件都提供了简单明确的解释。

3. HTML 数据集

使用 Dreamweaver CS4 后无需另外学习数据库和 XML（可扩展标记语言）编码，也可以在网页中实现集成动态数据的功能。软件中的 Spry 数据集能将简单的 HTML 表内容识别为交互式数据源。

4. 相关文件和代码导航器

在 Dreamweaver CS4 中能够有效地管理构成目前网页内容的各种文件。当单击任何相关文件时，在“代码”视图中便可查看其源代码并可同时在“设计”视图中查看父页面。而“代码导航器”可为用户显示影响当前所选内容的代码源，如 CSS 规则、服务器端包括、外部 JavaScript 函数、Dreamweaver 模板、iFranme 源文件等。

1.1.3 更高级的设计功能

Dreamweaver CS4 除了提升编码功能之外，在设计功能上也作了进行了较大的提升，其中包括 InContext Editing 服务、创建 Adobe Photoshop 智能对象、集成 Subversion 版本控制系统。

1. InContext Editing 服务

Adobe InContext Editing 是一种在线寄宿服务，它允许网页的浏览者在浏览器中对网页的内容进行简单的更改。作为网页的设计者，可以快速准确地设定允许浏览者更改的页面、区域，甚至是自定义的格式设置选项。

2. 创建 Adobe Photoshop 智能对象

在网页文件中插入任何 Adobe Photoshop PSD 图像，即可创建一个图像智能对象。图像智能对象与源 PSD 图像紧密链接，当源 PSD 图像被修改，Dreamweaver 便会对用户作出提示，只需单击“属性”检查器的【从源文件更新】按钮，即可更新图像。在 Dreamweaver CS4 中还可以对图像智能对象进行文件格式、图像品质等方面的优化，这些操作对源 PSD 图像都不具有破坏性。

3. 集成 Subversion 版本控制系统

Dreamweaver CS4 集成了 Subversion 版本控制系统，可以连接到使用 Subversion(SVN) 的服务器，协作编辑和管理远程 Web 服务器上的文件，获得文件夹的最新版本、更改和提交文件。

1.2 Dreamweaver CS4 的界面

Dreamweaver 之所以成为业界的首选软件，是因为其拥有完善的功能以及极具人性化的操作界面，为设计人员提供了灵活多元化的工作平台。

1.2.1 工作区

工作区中包含了各种网页设计的工具和菜单，对文档和对象等进行创建、编辑、管理和查看的操作都在工作区内进行。组成 Dreamweaver CS4 工作区的部件主要有辅助工具栏、菜单栏、文档窗口、面板组、文件面板、标签选择器和属性检查器，如图 1-3 所示。

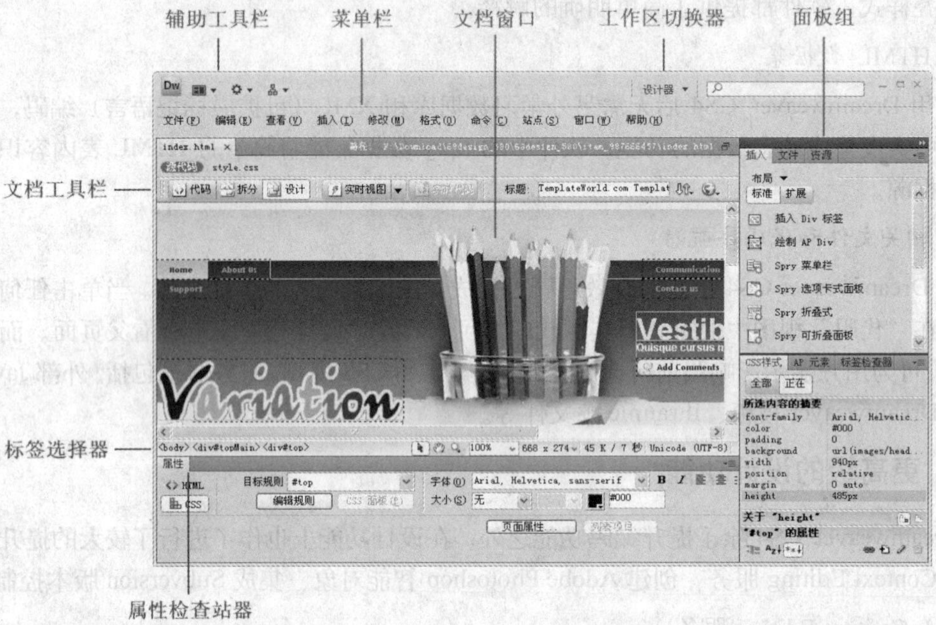

图 1-3 Dreamweaver CS4 工作区界面

为了更好地配合网站开发的各个流程，Dreamweaver CS4 提供了 8 种工作区布局预设方案。其中包括：应用程序开发人员、应用程序开发人员（高级）、经典、编码器、编码人员（高级）、设计器、设计人员（紧凑）、双重屏幕。只要打开菜单栏右上方的工作区切换器，便可随意切换工作区布局，如图 1-4 所示。

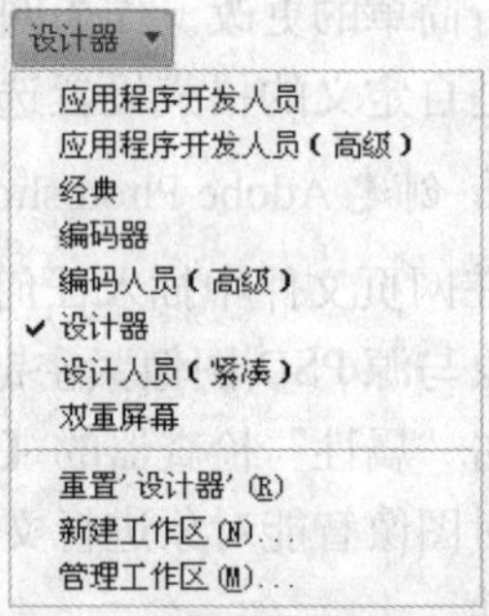

图 1-4 工作区预设方案

另外，除了使用软件预设的工作区布局方案外，还可以根据自身的使用习惯调整工作区内各面板工具的布局，然后通过执行工作区切换器中的【新建工作区】命令创建自定义工作区。

1.2.2 菜单栏

菜单栏位于操作界面的上方，Dreamweaver 的大部分操作命令均以集合的形式分别收藏在文件、编辑、查看、插入、修改、格式、命令、站点、窗口、帮助这 10 个菜单项中，如图 1-5 所示。

通过单击便可展开各级菜单项，找到所需的命令。对于某些常用的命令，可以在其命令项中找到该命令的快捷键。至于没有设置快捷键的命令，可以根据需要执行【编辑】|【快捷键】命令，打开对话框，然后自定义快捷键，如图 1-6 所示。

图 1-5 Dreamweaver CS4 的菜单项

图 1-6 快捷键对话框

1.2.3 文档工具栏

“文档”工具栏位于文档窗口的顶部，通过“文档”工具栏可以把文档窗口切换为代码、拆分、设计、实时视图和实时代码 5 种视图模式，还可以设置网页标题和管理站档案，如管理文件、上传/下载文档、预览页面效果等，如图 1-7 所示。

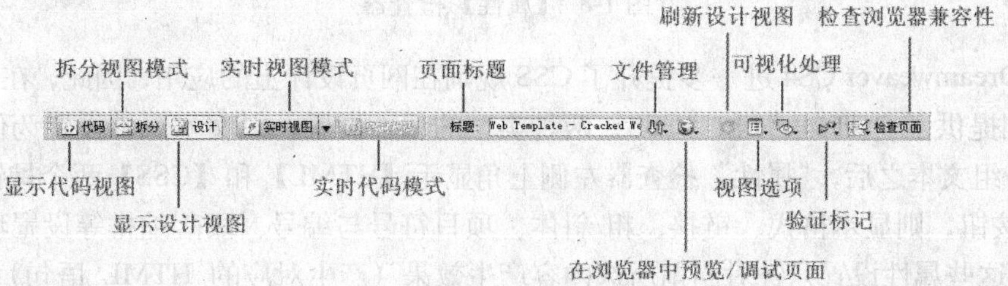

图 1-7 “文档”工具栏

1.2.4 文档编辑区

文档编辑区是编辑和设计网页的主要工作区域，它提供了 5 种视图模式：代码、拆分、设计、实时视图、实时代码，使用“文档”工具栏可以自由切换这 5 种视图模式进行网页制作。

1. 代码视图

代码视图是一个用于编写和编辑 HTML、JavaScript、服务器语言代码以及其他各类型代码的手工编码环境。

2. 拆分视图

拆分视图能把文档窗口拆分为两部分，显示同一文档的代码视图和设计视图，方便同时进行代码编辑和页面设计。

3. 设计视图

设计视图是一个用于可视化页面布局、可视化编辑和快速应用程序开发的设计环境。类似于浏览器中查看页面时看到的内容。

4. 实时视图

“实时视图”是 Dreamweaver CS4 新增的一种编辑视图模式，该模式模仿网页浏览器环境，显示实际的页面效果，可以像在浏览器中那样与网页交互。但实时视图是不可编辑的，只可以通过启动拆分视图打开代码视图，在代码视图中进行编辑，然后刷新实时视图查看修改效果。

5. 实时代码视图

实时代码视图同样是 Dreamweaver CS4 新增的一种编辑视图模式，只有在实时视图中查看文档时可用，与实时视图一样是不可编辑的。实时代码能显示浏览器用于执行页面的实际代码，当在实时视图中与页面进行交互时，它可实现动态变化。

1.2.5 属性检查器

【属性】检查器一般也称为属性面板，默认位于操作界面的底部，主要用于编辑和查看页面内各个对象的属性设置。默认情况下，“属性”检查器显示的是文本属性，当选择页面中其他对象，“属性”检查器便会显示出该对象的各项属性设置。例如选择网页上的一张图片，“属性”检查器就图片的宽/高、源文件、链接、替换等属性设置，如图 1-8 所示。

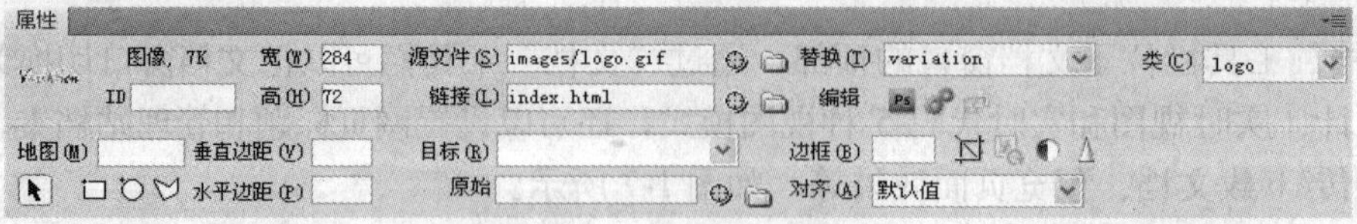

图 1-8 【属性】检查器

由于 Dreamweaver CS4 进一步提升了 CSS 规则在网页设计上的应用，因此，在“属性”检查器里特别提供了“HTML”和“CSS”两种类型的属性设置，以文本属性设置为例，当在网页中选取一组文本之后，“属性”检查器左侧上角显示【HTML】和【CSS】两个按钮，若单击【HTML】按钮，则显示格式、链接、粗/斜体、项目符号与编号、段落缩排等设置项目，如图 1-9 所示，这些属性设置只针对当前所选内容产生效果（产生对应的 HTML 语句）；若是单击【CSS】按钮，则显示目标规则、字体、大小等属性设置，如图 1-10 所示，可根据需要在其中进行设置，也可选择已有的目标规则直接套用，当完成相应的 CSS 属性设置后，会自动建立一个 CSS 样式，如此也便于后续编辑相同内容时，直接套用所建的样式。

图 1-9　HTML 属性设置

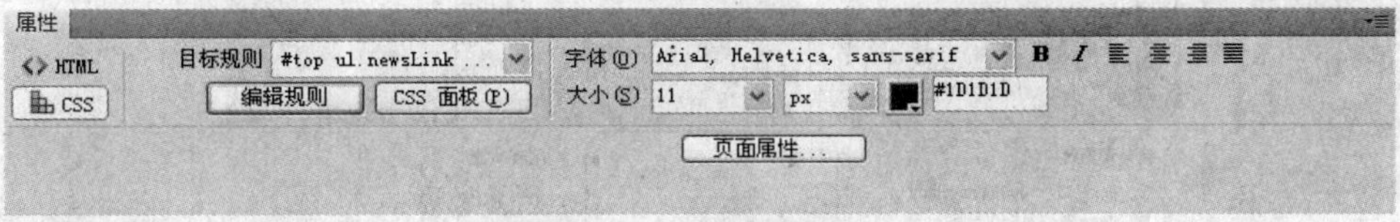

图 1-10　CSS 属性设置

1.2.6　面板群组

Dreamweaver CS4 的面板群组首次以图标方式集结，各面板以图标的形式排列在主界面的右侧，通过单击面板图标，即可打开对应的面板，如图 1-11 所示。另外单击面板群组的顶部，可以展开面板群组，此时各面板以选项卡形式互相组合，只要双击面板的标题，即可打开或隐藏面板。

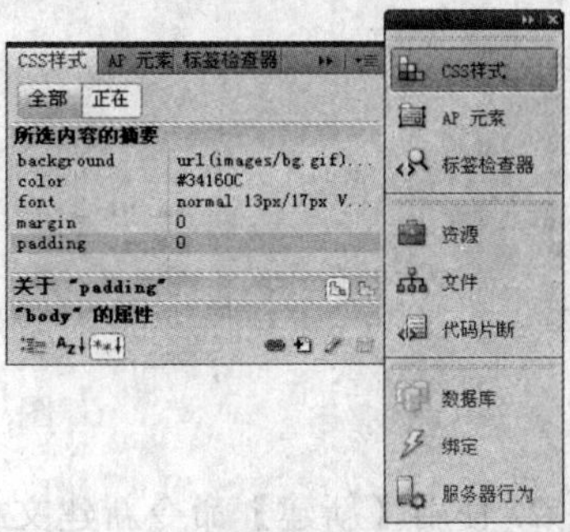

图 1-11　面板图标

1.2.7　状态栏

状态栏位于文档窗口的底部，主要提供当前文档的相关信息（如：文档的显示的缩放比例、文档窗口的显示比例、页面的大小及传输时间等）及调整文档窗口的工具（如：【选择工具】、【手形工具】、【缩放工具】），如图 1-12 所示。

在状态栏的左边有一个“标签”选择器，它显示着环绕当前选定内容的标签层次结构，单击其中的任何一个标签，即选中该标签所显示的内容。

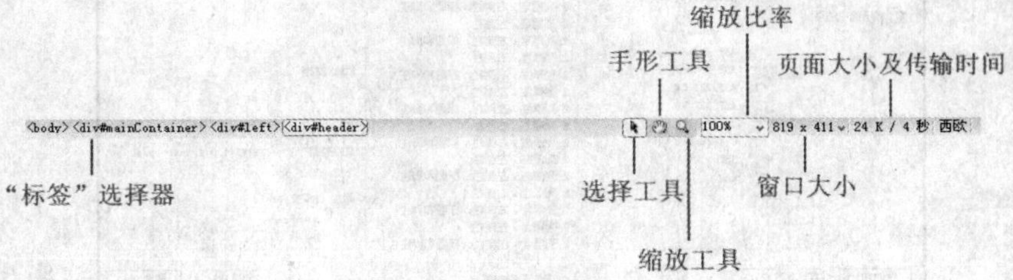

图 1-12　状态栏

1.3　管理与浏览网页文档

一个网站是由众多的网页文件组成的，在构建网站时需要对各个网页文件进行各种的管理和浏览网页的演示效果。

1.3.1 新建文档

在 Dreamweaver CS4 中新建文档的方法通常有以下 2 种。

1. 在欢迎界面新建文档

在启动软件时会出现一个欢迎界面，在欢迎界面中有三项列表，分别是打开最近的项目、新建、主要功能。在“新建”列表中列出了常见的网页类型选项，单击相应类型的选项，便可直接创建新文档了，如图 1-13 所示。此方法适用于快速新建文档。

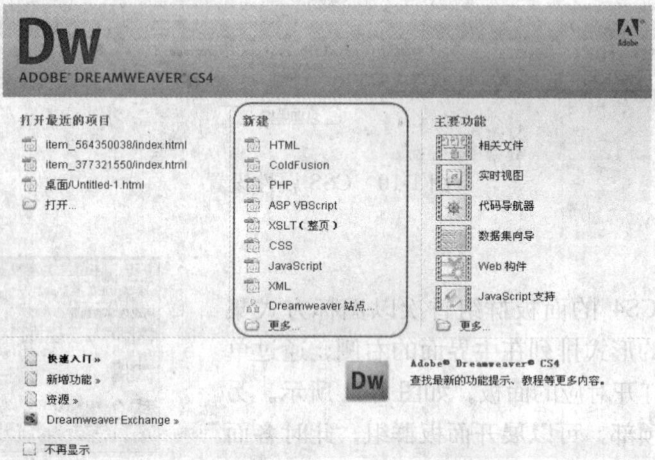

图 1-13　Dreamweaver CS4 欢迎界面

2. 使用【新建】命令新建文档

选择【文件】|【新建】命令或按下 Ctrl+N 快捷键，打开【新建文档】对话框，如图 1-14 所示。此对话框提供了“空白页”、“空模板”、“模板中的页”、“示例中的页”和“其他”这 5 种类型的文档，根据需要选择相应类型的文档，然后单击【创建】按钮，即可新建文档。

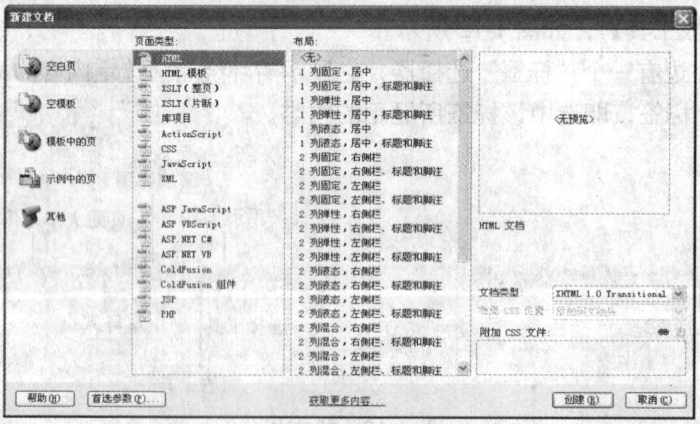

图 1-14　选择页面类型

1.3.2 打开文档

当需要编辑未完成的网页或修改网页内容时，可以把已经保存的文档在 Dreamweaver CS4 中打开，然后继续进行编辑处理。与新建文档一样，可以通过欢迎界面和使用菜单命令来打开文档。

在欢迎界面左侧的【打开最近项的目】列表中列出了最近编辑过的文档，单击列表中的选项便可打开最近编辑过的文档。而单击列表最后的【打开】选项，可以打开【打开】对话框，可以在此查找并打开更多的文档，如图 1-15 所示。如果无法使用欢迎界面，则选择【文件】|【打开】命令亦可打开【打开】对话框。

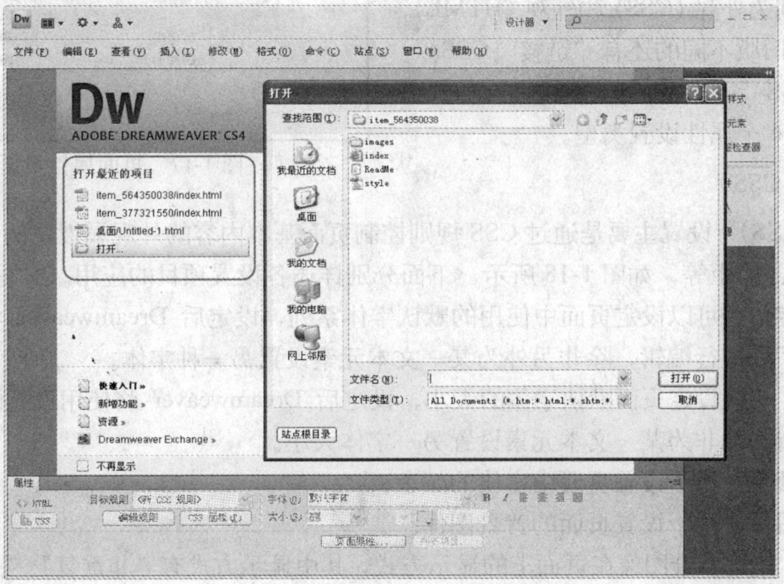

图 1-15 打开文档对话框

1.3.3 保存文档

网页编辑完毕后或退出软件前必须对文档进行保存，但为了避免电脑死机或断电等意外的发生而导致设计成果的丢失，建议在编辑的过程中养成随时保存的习惯。

在 Dreamweaver 中选择【文件】|【保存】命令，或按下 Ctrl+S 快捷键即可保存文档。若保存的是新建文档，则会打出【另存为】对话框供设置保存路径和文档名称。

1.3.4 另存为新文档

当重新修改网页文档后，如果想保留修改前的原文件，那么可以使用另存为新文档的方法保存文档。

在 Dreamweaver 中选择【文件】|【另存为】命令，或按下 Ctrl+Shift+S 快捷键即可打开【另存为】对话框，然后在对话框中设置文档保存的新路径和文档名称即可，如图 1-16 所示。

图 1-16 另存为对话框

1.3.5 设置页面属性

当创建一个新文档后，由于新文档的页面均使用默认设置，所以在设计和编辑网页前应该先设置好页面属性，以确定网页使用的字体、风格、色调等。

Dreamweaver CS4 提供了新型的【页面属性】设置。选择【修改】|【页面属性】命令，或按下 Ctrl+J 快捷键，即可打开【页面属性】对话框，如图 1-17 所示，可看到其中有两种“外观”设置，分别为外观（CSS）和外观（HTML），此外，其他与旧版不同的还有“链接（CSS）”和“标题（CSS）”，以及“标题/编码”和“跟踪图像”一共 6 个属性设置类型。

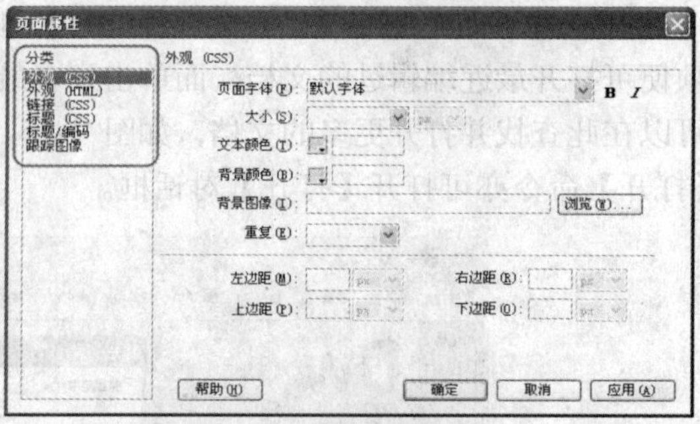

图 1-17　页面属性对话框

1. 外观（CSS）

“外观（CSS）”设置主要是通过 CSS 规则控制页面基本内容的外观属性，例如字体、大小网页背景颜色、边距等，如图 1-18 所示，下面分别详述各设置项目的应用。

- **页面字体**：可以设定页面中使用的默认字体系列，设定后 Dreamweaver 将使用设定的字体系列进行编辑，除非另外为某一文本元素设置另一种字体。
- **大小**：可以设定页面默认字体的大小，设定后 Dreamweaver 将使用设定的字体大小进行编辑，除非为某一文本元素设置另一字体大小。
- **文本颜色**：用于设置页面中字体的颜色。
- **背景图片**：用于设置页面的背景图像。
- **重复**：指定背景图像在页面上的显示方式，其中显示方式有“非重复”、“重复”、“横向重复”、“纵向重复”共 4 种。
- **左边距和右边距**：设置页面内容与页面左边界和右边界的距离。
- **上边距和下边距**：设置页面内容与页面上边界和下边界的距离。

2. 外观（HTML）

使用外观（HTML）设置页面属性，会使页面采用 HTML 格式，而不是 CSS 格式，如图 1-19 所示。

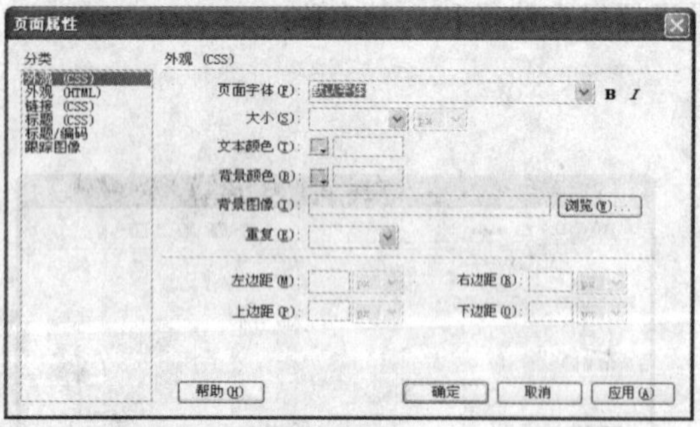

图 1-18　外观（CSS）类型页面属性

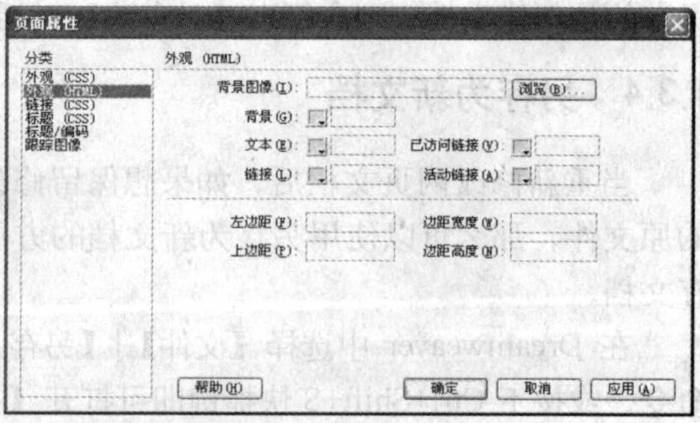

图 1-19　外观（HTML）类型页面属性

其中：

- **背景图像**：用于设置页面的背景图像。
- **文本**：设置显示字体时使用的默认颜色。
- **链接**：设置用于链接文本的颜色。
- **已访问链接**：设置用于已访问链接的颜色。
- **活动链接**：设置当鼠标指针在链接上单击时，链接文本显示的颜色。

- **左边距和右边距**：设置页面内容与页面左边界和右边界的距离。
- **上边距和下边距**：设置页面内容与页面上边界和下边界的距离。

3. 链接（CSS）

链接（CSS）可设置链接文本的默认字体、字体大小、颜色、已访问链接和颜色以及活动链接的颜色，如图 1-20 所示。其中：

- **链接字体**：设置链接文本使用的默认字体系列。
- **大小**：设置链接文本使用的默认字体大小。
- **链接颜色**：设置链接文本的颜色。
- **已访问链接**：设置已被访问过的链接文本的颜色。
- **变换图像连接**：设置当鼠标指针停留在链接时，链接文本显示的颜色。
- **活动链接**：设置当鼠标指针在链接上单击时，链接文本显示的颜色。
- **下划线样式**：设置链接文本的下划线样式。

4. 标题（CSS）

标题（CSS）可设置页面标题的默认字体、字体大小、字体颜色，如图 1-21 所示。其中：

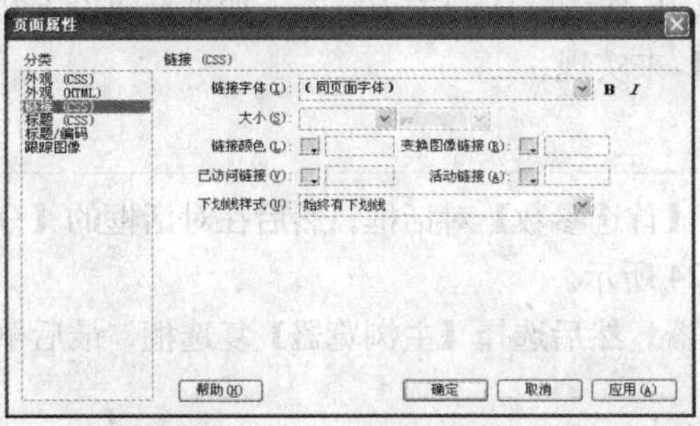

图 1-20　链接（CSS）类型页面属性

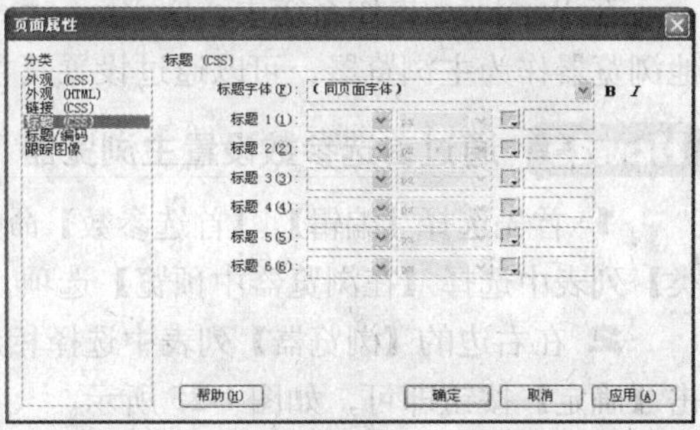

图 1-21　标题（CSS）类型页面属性

- **标题字体**：设置页面标题使用的默认字体系列。
- **标题 1 至标题 6**：在 Dreamweaver CS4 中最多可以设置 6 个级别的标题。

5. 标题/编码

标题/编码页面属性类别可用于设置制作特定 Web 页面时所用的语言的文档编码类型，以及设置用于该编码类型的 Unicode 范式，如图 1-22 所示。其中：

- **标题**：设置在“文档”窗口和大多数浏览器窗口的标题中显示的页面标题。
- **文档类型（DTD）**：设置文档类型定义。如：可从弹出菜单中选择“XHTML1.0Transtional”或“XHTML1.0Srict”，使用 HTML 文档与 XHTML 兼容。
- **编码**：设置文档中字符使用的编码。
- **重新加载**：转换现有的文档或使用新编码重新打开它。
- **Unicode 标准化表单**：仅在选择 UTF-8 作为文档编码时才启用。Unicode 范式有 4 种，分别是：C、D、KC、KD，其中范式 C 为最重要，因为它是万维网字符模型的最常用范式。

6. 跟踪图像

此页面属性类型可供用户插入一个图像文件，并在设计页面时使用该图像作为参考，如图 1-23 所示。其中：

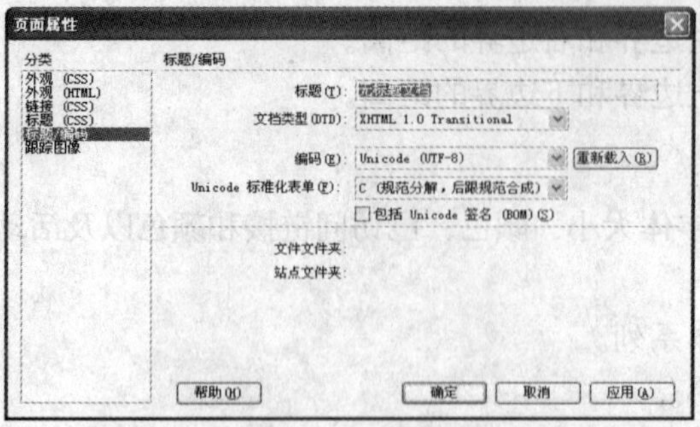

图 1-22　标题/编码类型页面属性

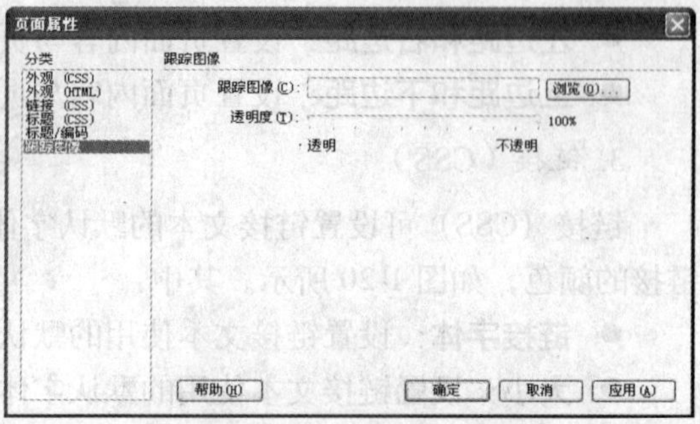

图 1-23　跟踪图像类型页面属性

- **跟踪图像**：设置在进行网页设计时作为参考的图像，该图像只作参考，因此不会在浏览器中显示。
- **透明度**：设置跟踪图像的不透明度。

1.3.6　编辑浏览器列表

在 Windows 操作系统中，Dreamweaver CS4 以 IE 作为默认的主浏览器。如果希望设置其他浏览器作为主浏览器，可以通过设置【首选参数】来实现。

Howto　通过首选参数设置主浏览器

1 首先选择【编辑】|【首选参数】命令，打开【首选参数】对话框，然后在对话框的【分类】列表中选择【在浏览器中预览】选项，如图 1-24 所示。

2 在右边的【浏览器】列表中选择相应的浏览器，然后选择【主浏览器】复选框，最后单击【确定】按钮即可，如图 1-25 所示。

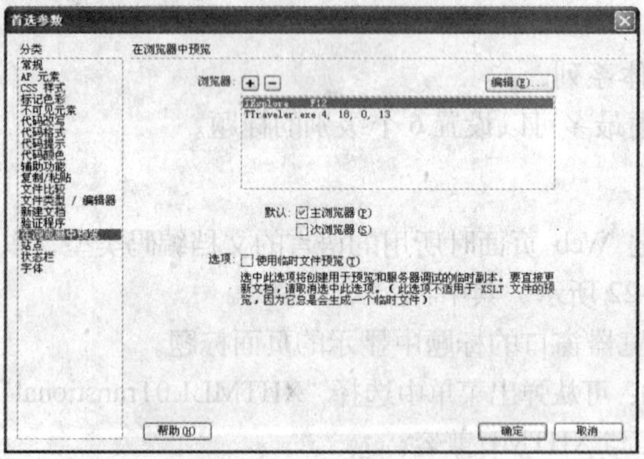

图 1-24　首选参数对话框

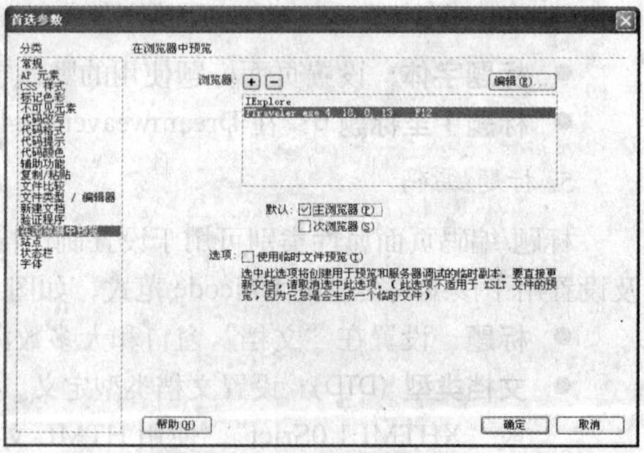

图 1-25　设置主浏览器

1.3.7　通过浏览器预览网页

在设计网页的过程中，需要对网页的显示效果进行多次的查看、比较，然后作出适当的调整。由于“设计”视图中显示的效果并不是网页的最终效果，因此需要通过浏览器来预览。

在 Dreamweaver CS4 中打开浏览器预览网页的方法有 3 种。

方法 1　单击“文档”工具栏中的【在浏览器中预览/调试】按钮，然后在弹出的快捷键菜单中选择相应的浏览器即可，如图 1-26 所示。

方法 2　选择【文件】|【在浏览器中预览】使命令，在弹出的菜单中选择相应的浏览器即可。

方法 3　按下 F12 快捷，即可快速打开默认的主浏览器，预览网页。

图 1-26　通过浏览器预览

1.4　本章小结

本章首先介绍了 Dreamweaver CS4 的新特性，接着对其操作界面的构成进行拆分和讲解，使读者对新版的 Dreamweaver 有了比较完整、系统的认识，然后对管理和浏览网页文档的方法进行一一细说，让读者充分地掌握网页制作的基础，为进一步学习做好准备。

1.5　本章习题

一、填空题

1. “实时视图”模式与传统“设计”视图模式的不同之处在于它以__________和更逼真的方法呈现页面在__________中的显示效果。

2. 使用 Dreamweaver CS4 可以在“属性”检查器中创建或编辑__________。

3. Dreamweaver CS4 中的__________将简单的__________表内容识别为交互式数据源。

4. 在 Dreamweaver CS4 中单击任何相关文件时，在__________中便可查看其源代码并可同时在__________中查看父页面。

5. Adobe InContext Editing 是一种__________，它允许网页的浏览者在 Web 浏览器中对网页的内容进行简单的更改。

6. 使用 Dreamweaver CS4 时在网页文件中插入任何______________图像，即可创建一个图像智能对象，并可对其进行文件格式、图像品质等方面的优化，但这些操作对源__________都不具有__________性。

7. Dreamweaver CS4 集成了______________，可以连接到使用______________的服务器，

协作______和______远程 Web 服务器上的文件，获得文件夹的最新版本、更改和提交文件。

8. 对于没有设置快捷键的命令，可以根据需要执行____________命令，打开对话框然后自定义快捷键。

9. Dreamweaver CS4 的文档窗口提供了 5 种视图模式切换，分别是________、________、________、________、________。

10. Dreamweaver CS 4 的【页面属性】对话框提供了 6 种页面属性设置，分别是：________、________、________、________、________、________。

11. 在预览网页文件时，如果希望设置其他浏览器作为主浏览器，可以通过____________来实现。

二、选择题

1. 下列哪一项是保存文档的快捷键？（　　）

A. Ctrl+S　　B. Ctrl+A　　C. Ctrl+C　　D. Shift+S

2. 以下哪种不属于 Dreamweaver CS4 的文档视图模式？（　　）

A. 设计视图　　B. 框架视图　　C. 实时视图　　D. 实时代码

3. 按下哪个快捷键，即可打开默认主浏览器，预览网页？（　　）

A. F4　　B. F12　　C. Ctrl+V　　D. Alt+F12

4. Unicode 范式中，哪一种范式是万维网字符模型的最常用的？（　　）

A. KD　　B. D　　C. C　　D. KC

第 2 章　网站架设、发布与管理

教学目标

了解什么是网站以及网站的开发过程，掌握创建站点、站点资源的管理、维护与发布站点的方法。

教学重点与难点

- ➢ 了解网站设计的过程与相关事项
- ➢ 了解 Web 网站的组成
- ➢ 掌握“基本”和“高级”定义网站的方法
- ➢ 掌握创建与管理网站资源在的方法
- ➢ 掌握维护和发布网站的方法

2.1　网站与网站开发

在开始学习构建网站的方法之前，先通过本节了解什么是网站、网站的构成，构建网站使用的语言类型，以及网站开发的要点。

2.1.1　认识网站

网站（Web Site）也称为站点，是指由一系列网页文件集合而成，通过网络服务器发布，为访问者提供服务和信息的平台。可通过网页浏览器或者其他浏览工具访问这些网页，以获取网站所提供的服务和信息，例如搜狐网、雅虎网、网易等，如图 2-1 所示。

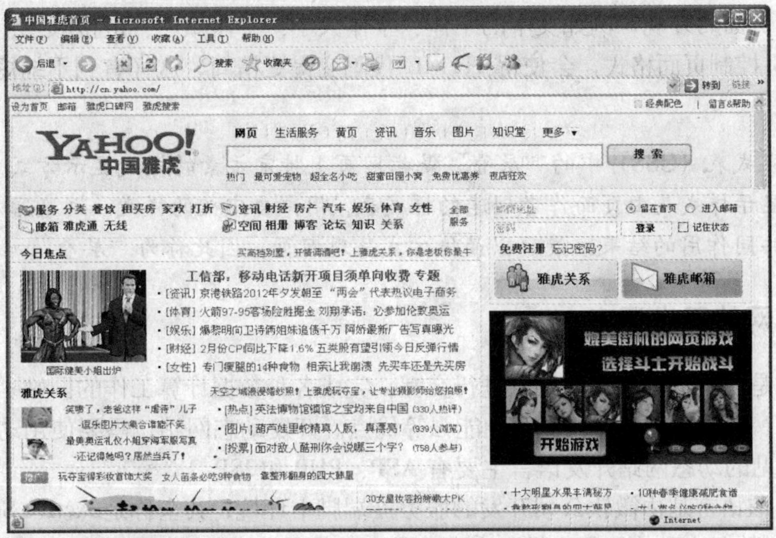

图 2-1　雅虎网站

TIPS 网页浏览器是指安装在电脑上的一种软件，主要用于浏览网页。通过它可以方便地查看 Internet 上提供的远程登陆（Telnet）、电子邮件、文件传输（FTP）、网络新闻组（NetNews）、电子公告栏（BBS）等服务资源。目前常用的浏览器有 Internet Explorer（IE）、遨游（Maxthon）及火狐（Firefox）等。

2.1.2 网站的构成

一个完整的网站一般都是由一个主页以及其他若干个网页所组成。有些大型的门户网站因为提供多行业的各方面资讯，而包含数以千计的网页。一些小型的企业网站或个人网站由于信息量比较小，则只有几个简单页面。网站的内容一般包含文字、图像、动画、标记语言、动态程序和数据库等。

TIPS 主页（HomePage）是指进入网站的第一个页面，也称为首页。主页既是一个单独的网页，和一般网页一样存放各种信息，又是整个网站的导航。通过主页上的介绍或说明，用户可以方便、快速地了解到该网站提供的主要信息和服务项目。

2.1.3 HTML 语言与 CSS 规则

HTML（Hyper Text Markup Language 的简称）即超文本标识语言。它是一种控制网页中内容显示的标识语言，不仅易学易懂，而且可以用常见的文字编辑器（如：Word、NotePad 等）来编写。HTML 是制作网页所应掌握的基础技术，目前多数的静态网站均使用 HTML 语言开发。在一个使用 HTML 编写的页面中，可以链接文字、图像及声音等多媒体文件，并可通过超链接与 Internet 上的其他电脑和服务器中的信息相连接。

CSS（层叠样式表）是一组格式设置规则，用于控制页面内容的表示形式。通过使用 CSS 设置页面格式，可以把页面的内容与页面的表示形式分离。页面的内容（即 HTML 代码）存放在一个 HTML 文件中，而用于定义页面表示形式的 CSS 则存放在另一个文件（外部样式表）或 HTML 文件的另一部分中。

把页面的内容与页面的表示形式分离，目的是为了便于管理站点的外观。使用 CSS 可以非常灵活地控制页面的外观，例如文本的字体、字体大小、字体颜色、链接颜色、下划线等。此外，使用 CSS 控制页面格式，会使得 HTML 代码变得更精简，这样有利于缩短浏览器加载页面的时间。

TIPS 层叠样式表（CSS）中的"层叠"是指网页上特定元素的样式显示方式。由于网页的最终显示样式是由页面作者创建的样式表、用户自定义的样式、浏览器本身的默认样式表共同作用的结果，最后以最佳方式呈现网页，因此称为"层叠"。

2.1.4 动态网站开发语言

动态网站是指浏览者可以与站点进行交互、完成各种数据计算工作的网站。动态网站具有日常维护简单、更改结构方便、交互性能强等优点。开发动态网站，需要使用动态网站开发语言，而目前常见的动态网站开发语言主要有 ASP、PHP 和 JSP。

- ASP：该语言是由微软公司开发的服务器端脚本环境，其全称是 Active Server Page。它可以与数据库和其他程序进行交互，是一种简单、方便的编程工具。使用 ASP 开发网站，开发者无需担心客户端的浏览器是否能运行网页中的代码，因为所有程序都将在服务器端执行，当程序执行完毕后，服务器仅将执行结果返回给客户端的浏览器，这样能有较减轻客户端浏览器的负担，提高交互的速度。

- PHP：该语言是一种 HTML 内嵌式的语言，其全称是 Hypertext Preprocessor，它类似于 ASP，都是一种在服务器端执行的嵌入 HTML 文档的脚本语言。PHP 独特的语法混合了 C、Java、Perl 以及 PHP 自创新的语法，比起 ASP，它能更快速的执行动态网页。此外，PHP 还具有非常强大的功能，能够实现 CGI 和 JavaScript 的所有功能，而且支持几乎所有流行的数据库以及操作系统。
- JSP：该语言是由 Sun Microsystems 公司倡导、许多公司参与一起建立的一种动态网页技术标准，其全称是 JavaServer Pages，它是在传统的网页 HTML 文件(*.htm,*.html)中插入 Java 程序段（Scriptlet）和 JSP 标记（tag），从而形成 JSP 文件(*.jsp)。用 JSP 开发的 Web 应用是跨平台的，即能在 Linux 下运行，也能在其他操作系统上运行。JSP 将网页逻辑与网页设计和显示分离，支持可重用的基于组件的设计，使基于 Web 的应用程序的开发变得迅速和容易。

2.1.5　网站开发的要点

在网站开发前，需要先对设计方向进行感性思考与理性分析，这样才能借助 Dreamweaver CS4 强大的功能，开发出高水准的网站。

一般来说，网站的开发具有以下几个要点：

1. 设计的任务

在网站开发前，首先需要了解网站设计的任务，即指设计者要表现的主题和要实现的功能，网站的性质不同，设计的任务也会有所不同。例如对于类似新浪、雅虎这样的门户网站，由于其信息量较大，因此需要注意页面的分割、结构的合理及页面的优化等；而对于一些中小型的企业网站，则主要任务是突出企业形象，对网站设计者的美术功底有较高要求。

2. 设计的实现

明确了设计任务后，就需要开始实现这个设计任务了。首先在纸上绘制出网站的蓝图，然后通过各种设计软件（如 Dreamweaver、Photoshop、Flash 等）将设计的蓝图变为现实。当然，在设计过程中一定要注意作品的创意性。

3. 色彩的搭配

在网页制作过程中，色彩的整体搭配是非常重要的。例如，红色代表热情、奔放，象征着生命；黄色代表华丽、高贵、明快。绿色代表安宁、和平与自然；紫色则是高贵的象征，有庄重感；而白色能给人以纯洁与清白的感觉，表示和平与圣洁。

由于设计目的不同，配色方案也随之不同。例如，绿色和金黄、淡白搭配，可以产生优雅，舒适的气氛；蓝色和白色混合，能体现柔顺、淡雅、浪漫的气氛；而红色和黄色、金色的搭配能渲染喜庆的气氛。考虑到网页的适应性，建议开发人员尽量使用网页安全色。

4. 造型的组合

一般来说，网页主要通过视觉传达来表现主题，而在视觉传达中，造型是很重要的一个元素。在网页中可将点、线、面作为画面的基本构成要素来进行处理。通过点、线、面的不同组合，可以突出页面上的重要元素及设计的主题，增强美感，让浏览者在感受美的过程中领会设计的主题，从而实现设计的任务。

5. 设计的原则

进行网站设计是有原则的，设计者无论使用何种方式对页面中的元素进行组合，都需要遵循五个大的原则，即统一、连贯、分割、对比及和谐。

统一是指设计作品的整体性，一致性；连贯是指页面的相互关系，即设计中应利用各组成部分在内容上的内在联系和表现形式上的相互呼应，并注意整个页面设计风格的一致性，实现视觉上和心理上的连贯，使整个页面设计的各个部分极为融洽，犹如一气呵成；分割是指将页面分成若干个小的区域，区域之间具有视觉上的不同，这样可以使浏览者一目了然；对比是指通过矛盾和冲突，使设计效果更具有生气和活力，例如多与少、曲与直、强与弱、长与短、粗与细、疏与密、虚与实、主与次、黑与白、动与静、美与丑、聚与散等。

在使用对比的时候需注意，对比过强容易破坏页面的美感，影响整体统一效果；而和谐是指整个页面符合美的法则，浑然一体，使设计作品所形成的视觉效果与人的视觉感受形成一种沟通，产生心灵的共鸣。

2.2 创建本地 Web 站点

在 Dreamweaver 中，“站点”是指定义一个网站的名称、存放文件的文件夹、使用的 Web 服务器和应用服务器技术等。而在 Internet 中，Web 站点则是指把已经完成的网站内容放到 Internet 的 Web 服务器上供用户浏览，即运行系统的 Web 服务器上的网站。如果要使用 Dreamweaver CS4 设计一个网站，那么就必须先创建一个本地站点。

2.2.1 Web 站点的组成部分

在 Dreamweaver 中，Web 站点主要由本地文件夹、远程文件夹、测试服务器文件夹三个部分组成，具体取决于开发环境和所开发的 Web 站点类型。

1. 本地文件夹

它主要用于存储当前处理的文件，通常位于本地计算机上，但也有可能位于网络服务器上。Dreamweaver CS4 将此文件夹称为“本地站点”。

2. 远程文件夹

此文件夹主要用于存储测试、生产和协作等用途的文件，通常位于远程服务器上。Dreamweaver CS4 将它称为“远程站点”。

TIPS 通过本地文件夹和远程文件夹的结合使用，可以在本地硬盘和 Web 服务器之间传输文件夹，这样有利于用户管理站点中的文件。还可以在本地文件夹中处理文件，待处理完毕后，再发布到远程文件夹。

3. 测试服务器文件夹

Dreamweaver CS4 在这些文件夹中处理动态网页，因此亦称为“动态文件夹”。

2.2.2 基本法定义站点

在 Dreamweaver CS4 中定义站点的方法有两种：一是使用基本法定义站点，可以根据向导的提示，逐步完成设置过程；二是使用高级法定义站点，此方法可以根据需要分别设置本地、远程和测试文件夹。

Howto　使用基本法定义站点

1 运行 Dreamweaver CS4 程序后，在菜单栏中选择【站点】|【新建站点】命令，如图 2-2 所示。

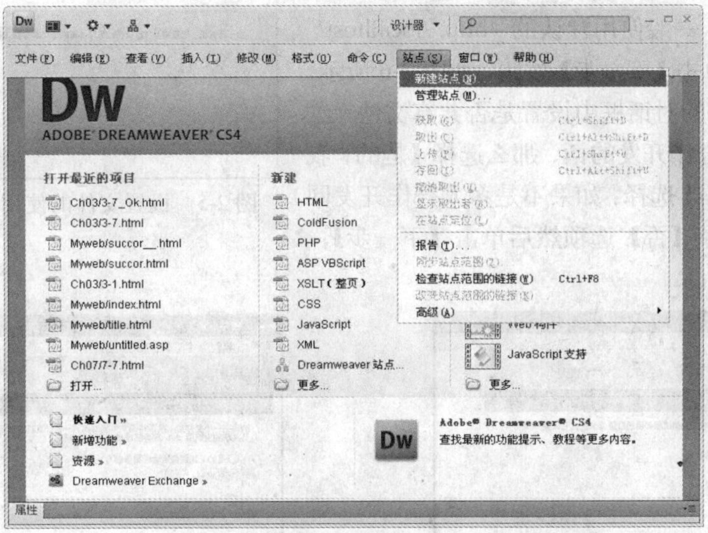

图 2-2　选择【新建站点】命令

2 弹出【站点定义】对话框后进行【编辑文件】的设置，在【你打算为您的站点起什么名字】文本框中输入站点的名称，然后在下方的文本框中输入站点的 HTTP 地址，完成后单击【下一步】按钮，如图 2-3 所示。

> **TIPS** 如果还没有成功申请服务器空间或网站域名，那么步骤 2 中的 HTTP 地址可以暂时不必填写。

3 接着要求选择是否使用服务器技术。若是制作静态网页，可选择【否，我不想使用服务器技术】单选项；若制作动态网页，即选择【是，我想使用服务器技术】单选按钮，并在下方的列表中选择合适的服务器技术，完成设置后单击【下一步】按钮，如图 2-4 所示。

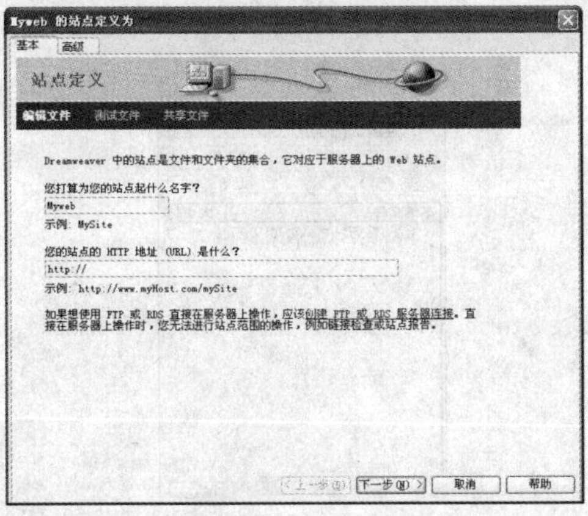

图 2-3　设置站点名称和站点地址

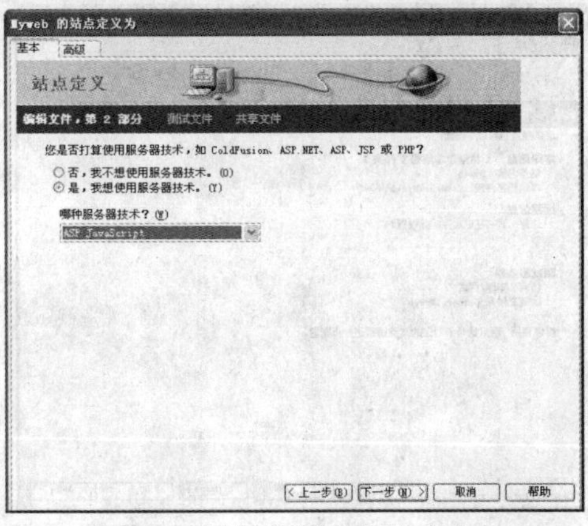

图 2-4　选择使用服务器技术

4 在接下来的对话框中选择开发网站过程中使用文件的方式，一般建议选择【在本地进行编辑和测试】选项，然后在下方的文本框中设置文件的存储路径，接着单击【下一步】按钮，如图 2-5 所示。

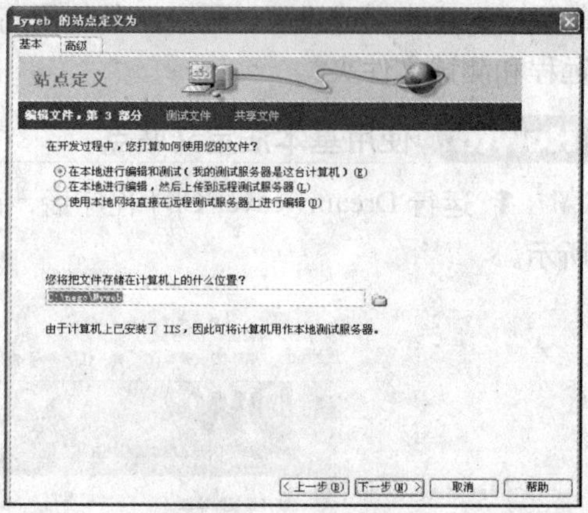

图 2-5 设置文件的使用方式和存储路径

5 在接下来的对话框中设置用于浏览网站根目录的 URL。这个 URL 其实就是在本地网站浏览和测试主页的地址，一般使用默认的“http://localhost/”地址即可，然后单击【下一步】按钮，如图 2-6 所示。

6 在接下来的对话框中设置是否共享文件。如果网站是由团队合作开发的话，那么选择【是的，我要使用远程服务器】选择；如果不是多人合作开发网站的话，那么选择【否】选项然后单击【下一步】，如图 2-7 所示。

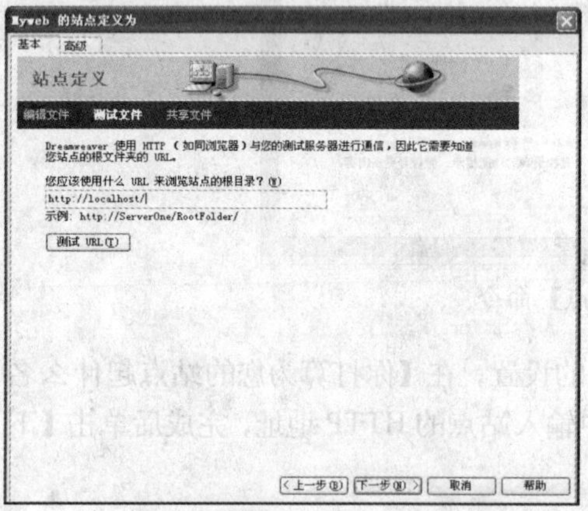

图 2-6 设置网站的 URL 地址

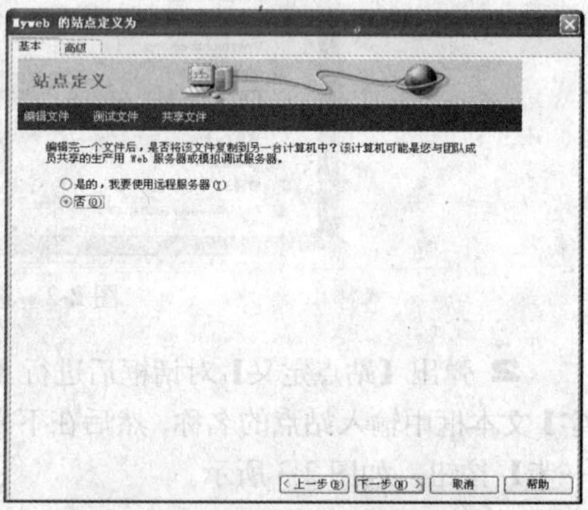

图 2-7 设置是否共享网站文件

7 在接下来的对话框中可以查看站点定义的基本信息，确定后即可单击【完成】按钮创建站点，如图 2-8 所示。

8 完成创建后，返回 Dreamweaver CS4 主界面，然后打开【文件】面板便可查看新创建的本地 Web 站点，如图 2-9 所示。

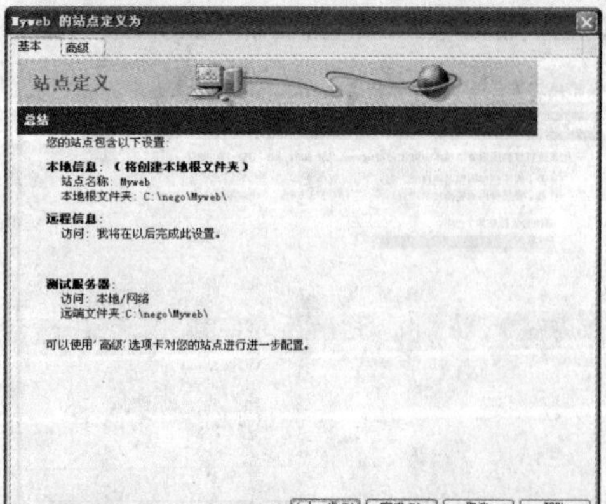

图 2-8 新建站点的基本信息

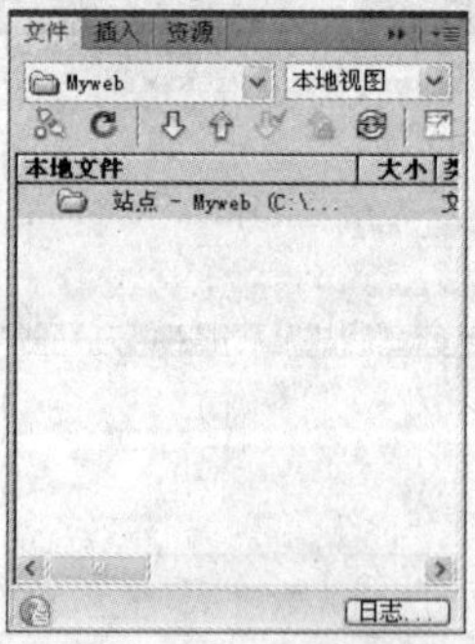

图 2-9 新定义的网站

TIPS 若要定义 Web 站点，只需设置一个本地文件夹。若要向 Web 服务器传输文件或开发 Web 应用程序，还必须添加远程网站和测试服务器信息。

2.2.3　高级法定义站点

在对 Dreamweaver CS4 有了一定的了解之后，便可通过“高级”选项卡创建站点。

Howto　通过高级法定义站点

1 运行 Dreamweaver CS4，然后在菜单中选择【站点】|【新建站点】命令，打开【站点定义】对话框。

2 切换至【高级】选项卡，在左边的【分类】列表中选择【本地信息】选项，接着在【站点名称】文本框中输入网站的名称，然后在【本地根文件夹】文本框中设置网站的根目录，最后在【默认图像文件夹】文本框中设置网站图片的存放路径，如图 2-10 所示。

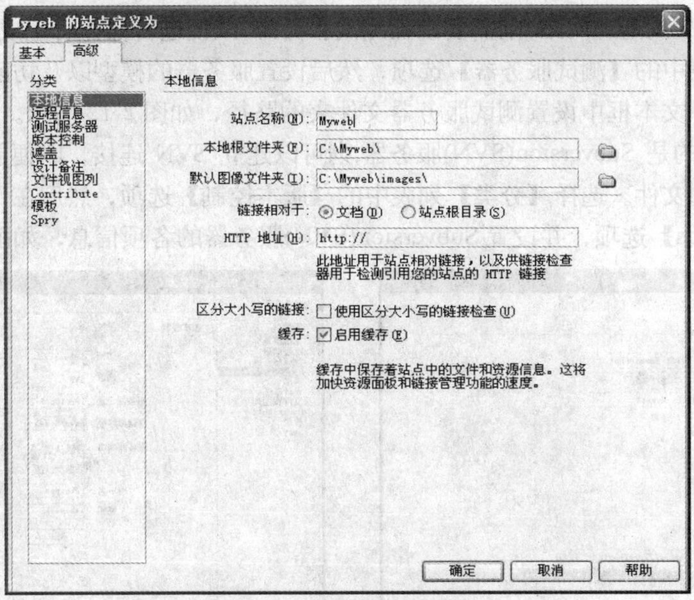

图 2-10　设置本地信息

TIPS 在【本地信息】项目中除了设置上述信息外，还可根据需要设置其他本地信息。其中【链接相对于】选项组用于设置创建的链接到网站中其他页面的链接的相对路径，默认情况下，Dreamweaver 使用【文档】相对路径创建链接，若选择【网站根目录】选项，则需确保在【HTTP 地址】文本框指定 HTTP 地址；【HTTP 地址】文本框中可指定 Web 网站将要使用的 URL，这使 Dreamweaver 能够验证网站中使用绝对 URL 或网站根目录相对路径的链接，Dreamweaver 还使用此地址来确保网站根目录可能不同的网站根目录相对链接在远程服务器上能够正常工作。

3 选择【分类】列表的【远程信息】选项，设置远程站点的访问方式。此时若已经成功申请服务器空间，那么可以选择【FTP】选项，并将服务器运营商提供的信息如实填写；若暂时未申请服务器空间，则选择【本地/网络】选项，并设置远端文件夹（此文件夹通常会指定本机 IIS 服务环境下的文件夹，或可连接网络地址），如图 2-11 所示。

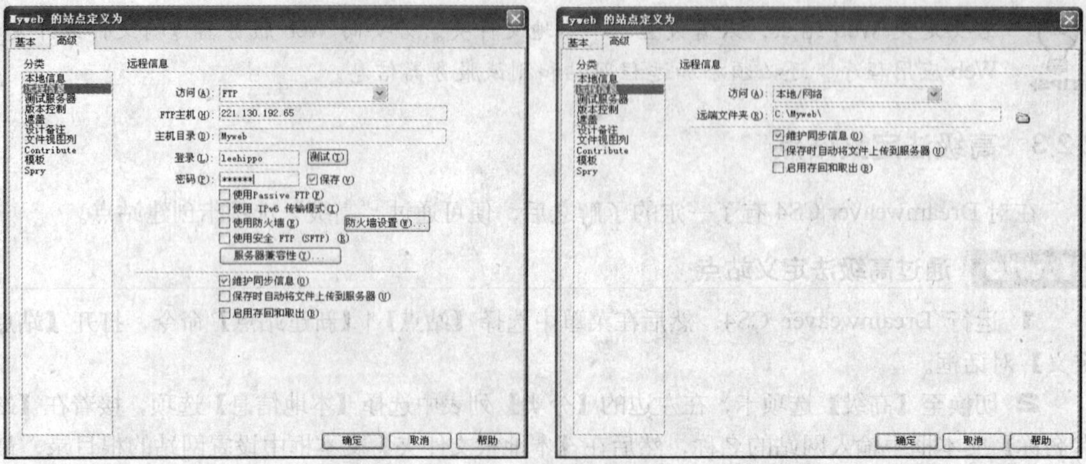

图 2-11 设置远程信息

4 如果计划开发动态网站,则需要设置测试服务器,以便进行操作时生成和显示动态内容。选择【分类】列表中的【测试服务器】选项，然后设置服务器的模型以及访问方式，并在【测试服务器文件夹】文本框中设置测试服务器文件夹的路径，如图 2-12 所示。

5 如果使用的是 Subversion(SVN)服务器,则可以建立 SVN 连接，以便能够协作编辑和管理远程服务器上的文件。选择【分类】列表中的【版本控制】选项，然后在【访问】下拉列表中选择【Subversion】选项，并设置 Subversion(SVN)服务器的各项信息，如图 2-13 所示。

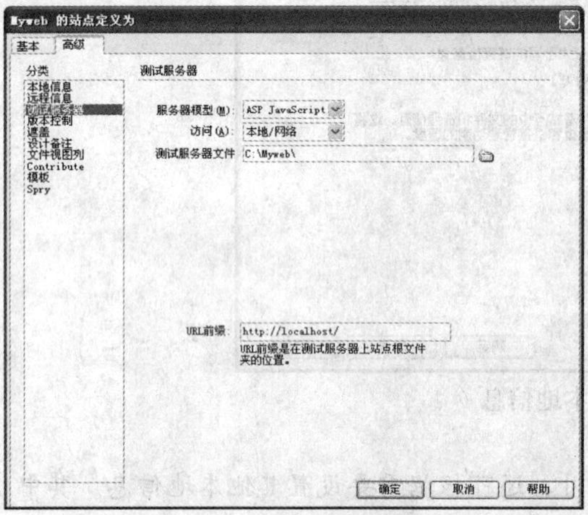

图 2-12 设置测试服务器

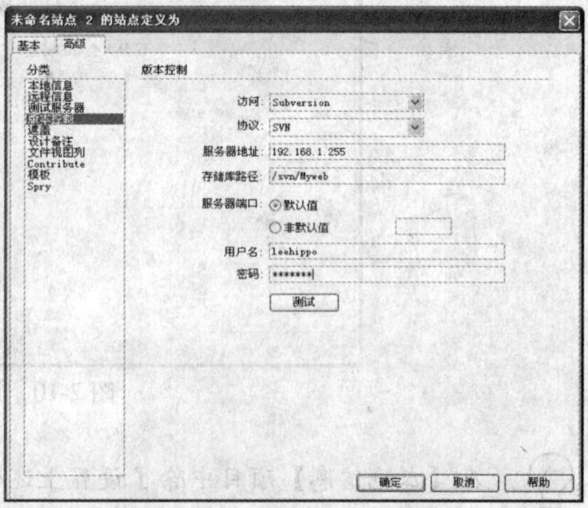

图 2-13 建立 SVN 连接

6 如果希望从站点的操作中（如“获取”或“上传”）排除某些特定的文件，那么可以通过开启 Dreamweaver CS4 的遮盖功能来实现。选择【分类】列表中的【遮盖】选项，接着选择【启用遮盖】复选框，然后选择【遮盖具有以下扩展名的文件】复选框，并在下方的文本框中输入想要遮盖的文件扩展名，如图 2-14 所示。

TIPS 除上述方法以外，还可以在【文件】面板中右键单击某一文件或文件夹，然后在弹出的菜单中选择【遮盖】|【遮盖】命令，排除文件或文件夹。

7 如果需要维护设计备注，可选择【分类】列表框的【设计备注】选项，然后选择【维护设计备注】复选框，或者设置是否上传并共享设计备注（通常用于多人协同创作上），如图 2-15 所示。

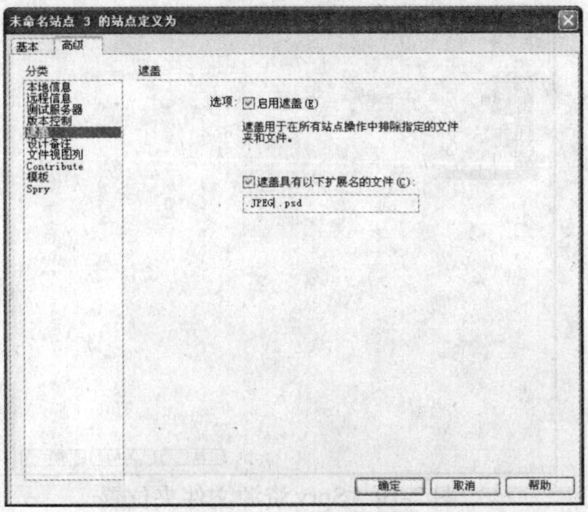

图 2-14　启用遮盖功能

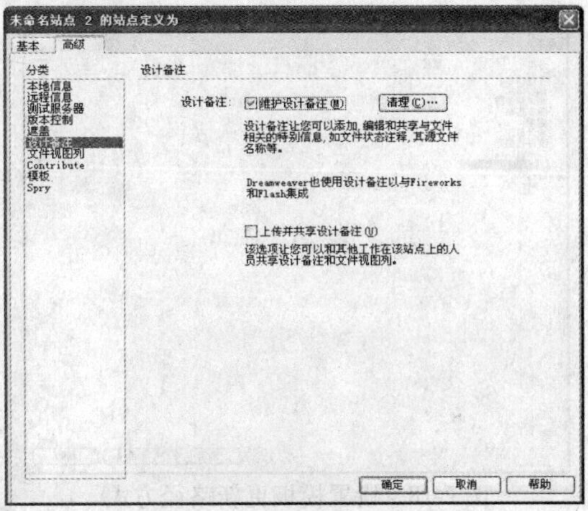

图 2-15　设置设计备注

“设计备注”是为文件创建的备注，设计备注与这所描述的文件相关联，但存储在单独的文件夹中。可以使用设计备注来记录与文档关联的其他信息，如图像源文件名称和文件状态说明。

8 如果选择【分类】列表的【文件视图列】选项，可以设置【文件】面板中的列表项（建议使用默认设置即可），如图 2-16 所示。

9 如果需要启用 Dreamweaver CS4 的“存回/取出”系统，可选择【分类】列表的【Contribute】选项，并启用 Contribute 兼容性功能，如图 2-17 所示。

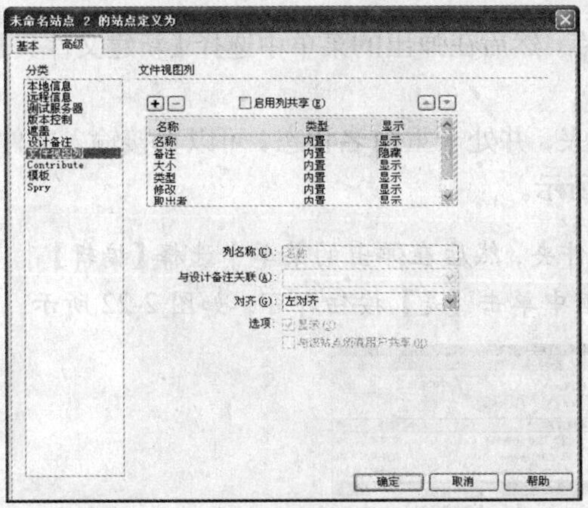

图 2-16　设置文件视图列选项

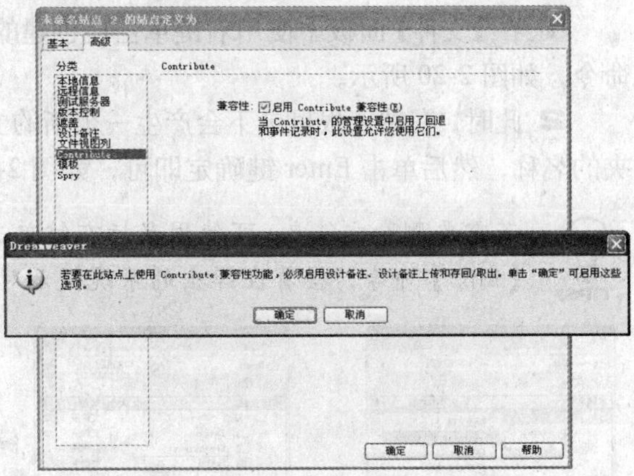

图 2-17　启动 Contribute 兼容性功能

10 如果需要使文档相对路径更新为 Templates 文件夹中的非模板文件夹，可选择【分类】列表框的【模板】项目，然后取消选择【不改写文档相对路径】复选框，如图 2-18 所示。

11 当在已保存的页面中插入 Spry 对象时，Dreamweaver CS4 会在站点根目录下创建一个名为“SpryAssets”的文件夹，并将相应的 JavaScript 和 CSS 文件保存到其中。如果需要将 Spry 资源保存到其他位置，可选择【分类】列表中的【Spry】选项，然后在右侧的文本框中重新设置 Spry 资源文件夹的路径，如图 2-19 所示。

12 完成所有站点设置后，单击【确定】按钮返回 Dreamweaver CS4 主界面，即可在【文件】面板中查看所创建的本地 Web 站点。

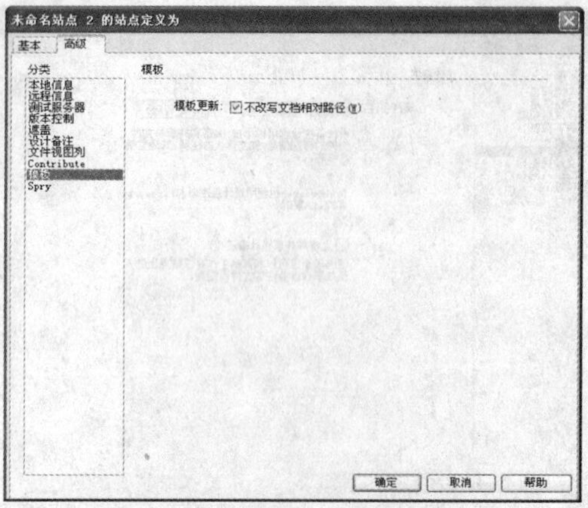

图 2-18　设置模板更新路径方式

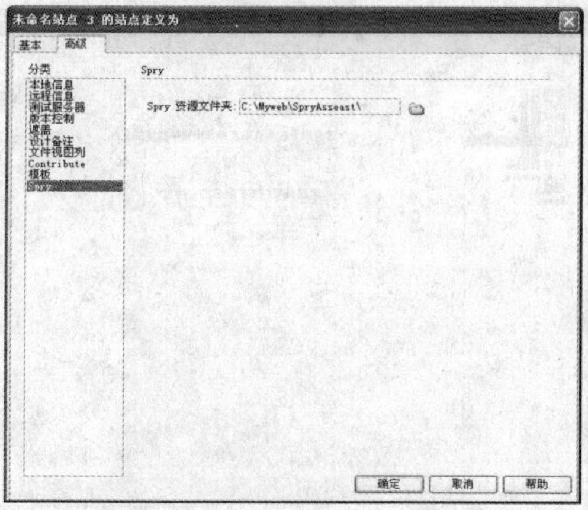

图 2-19　Spry 资源文件夹位置

2.3　创建与管理站点资源

完成创建本地 Web 站点后，可以开始在站点内创建和管理站点的资源，如新建文件夹、新建网页文件、移动文件位置、打开和预览网页以及设置页面属性等。

2.3.1　新建文件夹

为了便于站点内不同类型文件资源的管理，可以新建多个文件夹用于分类放置文件。

Howto　新建文件夹

1 在【文件】面板中使用右键单击已创建的站点，然后在弹出的菜单中选择【新建文件夹】命令，如图 2-20 所示。

2 此时，在站点根目录下会产生一个新的文件夹，并处于重命名状态，可以直接输入文件夹的名称，然后单击 Enter 键确定即可，如图 2-21 所示。

TIPS 若需要删除文件夹，可使用鼠标右键单击文件夹，然后在弹出的菜单中选择【编辑】|【删除】命令，接着在弹出的系统提示对话框中单击【是】按钮即可，如图 2-22 所示。

图 2-20　新建文件夹

图 2-21　重命名文件夹

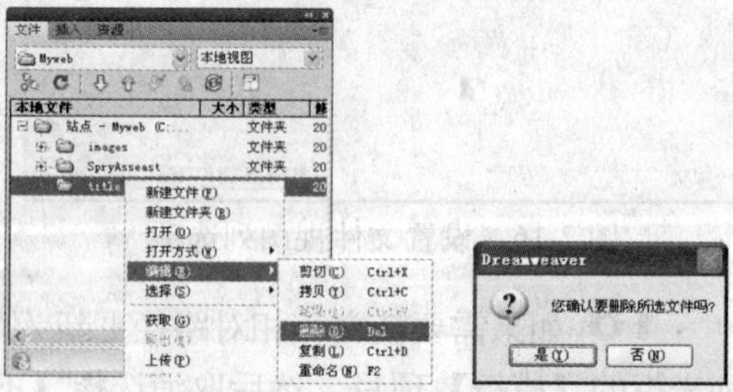

图 2-22　删除文件夹

2.3.2　新建文件

Howto　通过文件面板为站点新建文件

1 右键单击用于存放新文件的文件夹，并从弹出的菜单中选择【新建文件】命令，如图 2-23 所示。

2 此时在【文件】面板中产生一个新文件，并处于重命名状态，直接输入文件的名称，然后按下 Enter 确定即可，如图 2-24 所示。

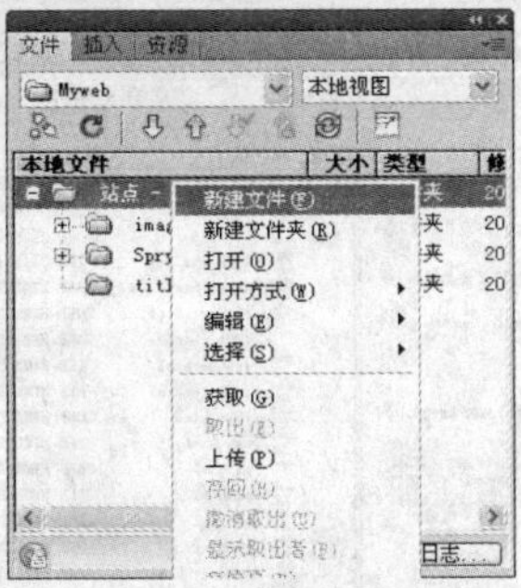

图 2-23　新建文件

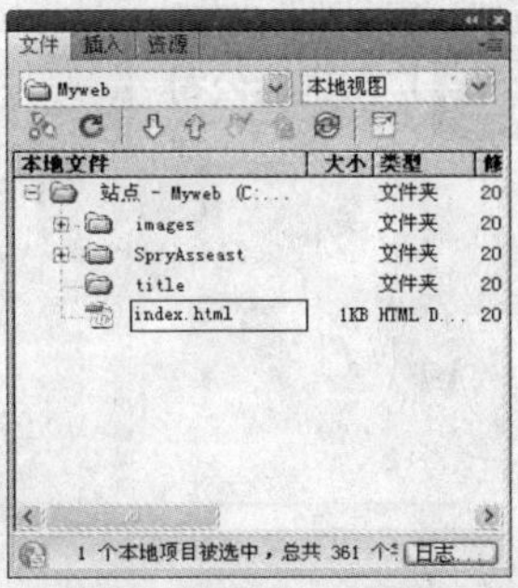

图 2-24　重命名新文件

2.3.3　移动文件位置

如果在站点中已新建若干个文件，可以根据需要将文件移动至合适的文件夹内。

Howto　移动文件的位置

1 在【文件】面板中拖动需要移动的文件至目的文件夹，此时系统会弹出【更新文件】对话框，单击【更新】按钮确认更新即可，如图 2-25 所示。

2 移动文件位置后，即可发现该文件已在指定文件夹内，如图 2-26 所示。

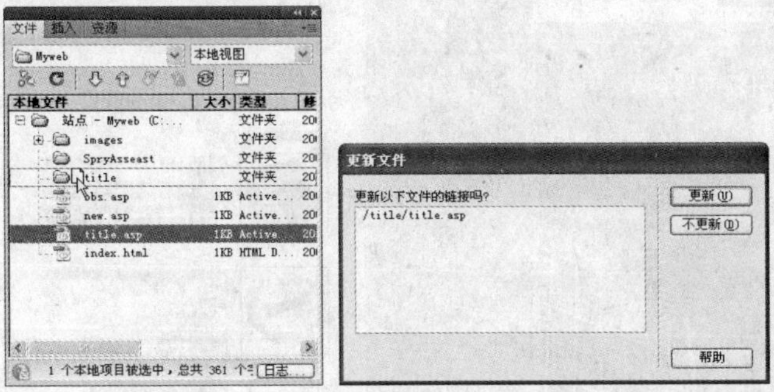

图 2-25　移动文件

图 2-26　移动文件后的结果

2.3.4　打开与预览网页

在【文件】面板中，可以直接打开站点内的任意文件夹及文件，比使用【文件】|【打开】命令方便很多。

Howto　打开和预览网页

1 创建站点及建立网页文件后，双击所需文件的名称，将其打开在文档编辑区，如图 2-27 所示，以便进行编辑和设计。

2 如果需要通过浏览器预览在 Dreamweaver CS4 中正在编辑的网页文件，可直接按下 F12 功能键。

3 如果需要预览未在编辑区中打开的网站文件，可在【文件】面板中使用鼠标右键单击目标文件，并从弹出的菜单中选择【在浏览器中预览】|【IExplore】命令即可，如图 2-28。

图 2-27　通过【文件】面板打开网页文件

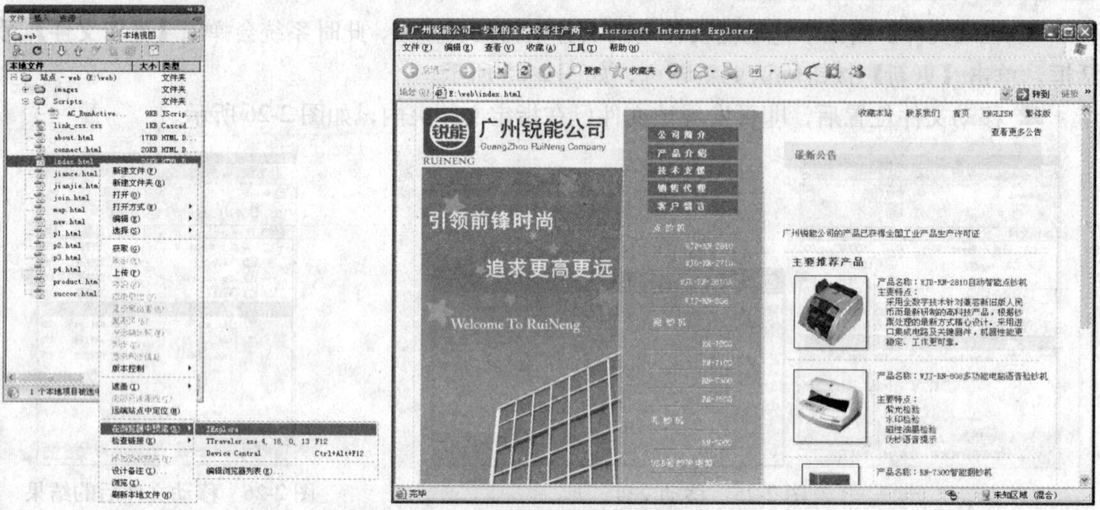

图 2-28　通过【文件】面板预览网页

2.4　维护与发布站点

完成整个网站的设计和编辑后，可以将网站发布到远程服务器。但在发布网站之前，还需要进行必要的维护工作，如检查网点链接、网页能否正常预览等，以确保所发布的网站内容正确无误。

2.4.1　检查站点的链接

一个网站通常由众多的网页文件构成，而网页文件之间会产生很多链接，因此在开发网站的过程中难免会因为疏忽而导致一些无效或错误链接的产生。所以，在完成网站的设计工作后，就需要对全站的链接进行一次全面的检查，以确保网站的链接全部正确。

Howto 检查站点链接

1 在菜单栏中选择【站点】|【检查网点范围的链接】命令，或者按下 Ctrl+F8 快捷键，打开【链接检查器】，如图 2-29 示。

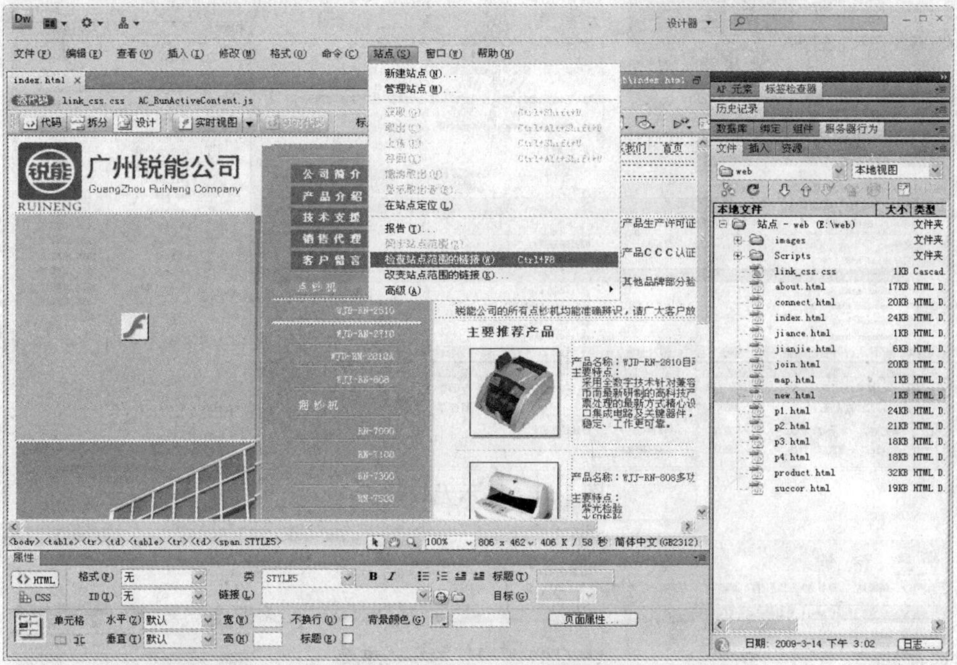

图 2-29　选择检查链接命令

2 此时，【链接检查器】会自动对站点内的所有链接进行检查，随后便会显示出断掉链接的文件列表，如图 2-30。

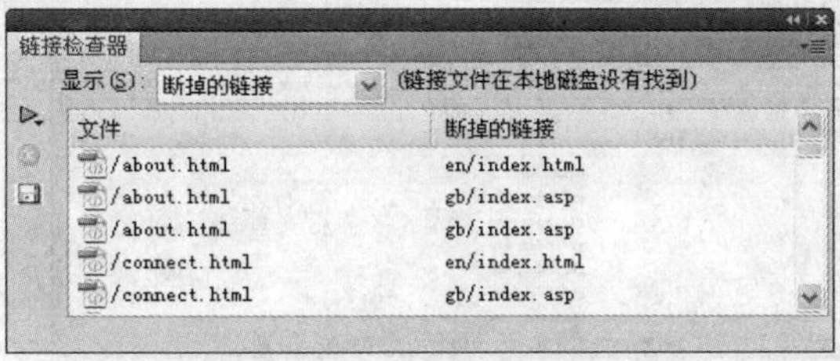

图 2-30　链接检查器

2.4.2　修正无效的链接

检查出网站的无效链接后，可以对其进行修正。

Howto 修正无效链接

1 在【链接检查器】文件列表中双击某个无效链接项目，打开该链接所在的网页，此时该无效链接的网页元素为选取状态，如图 2-31 所示。

2 通过【属性】面板为网页元素重新设置链接地址，如图 2-32 所示，修正链接目标文件格式为“.html”。

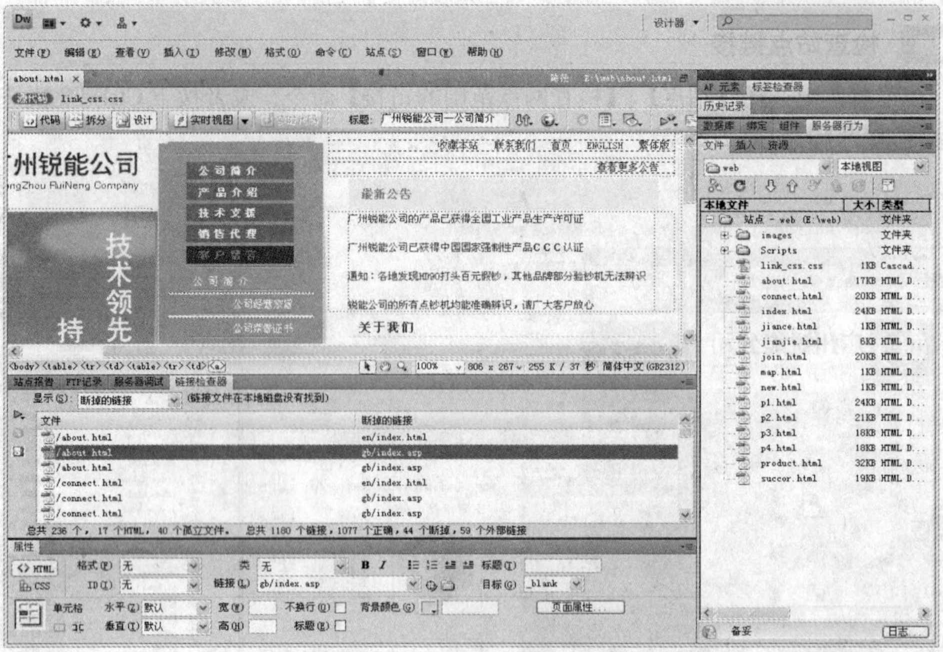

图 2-31　显示无较链接

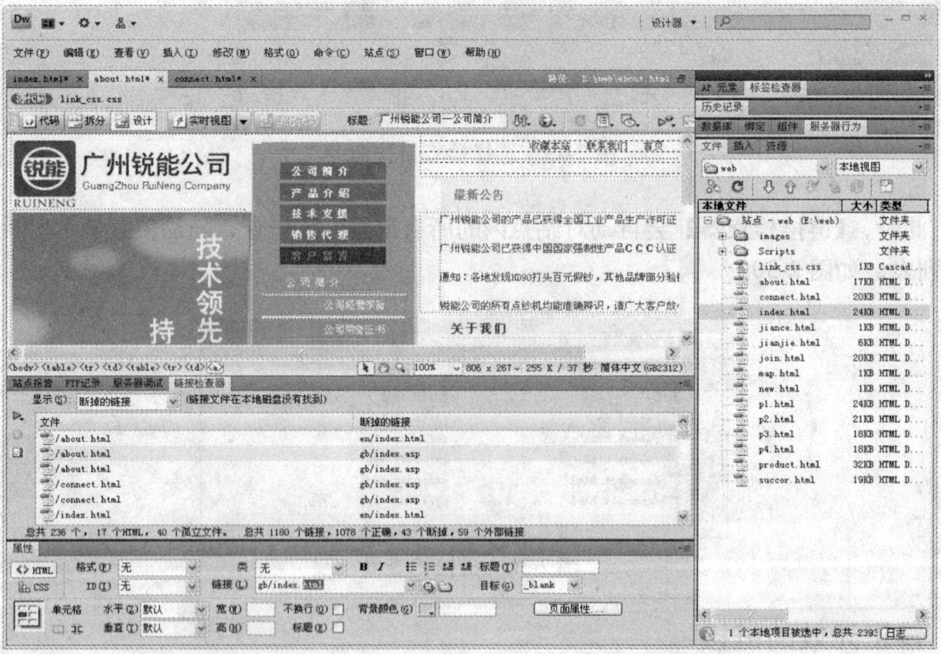

图 2-32　通过【属性】面板修正无效链接

3 若已了解无效链接的具体位置的情况，可单击在【链接检查器】中单击需要修正的“断的链接”项，进入编辑状态，然后重新设置链接位置即可，如图 2-33 所示。

TIPS 若网站多处存在同一个无效链接，则修正其中一个之后将弹出提示框，询问是否修正余下的引用该文件的非法链接。当修改完某个无效链接后，【结果】面板会自动更新无效链接清单。

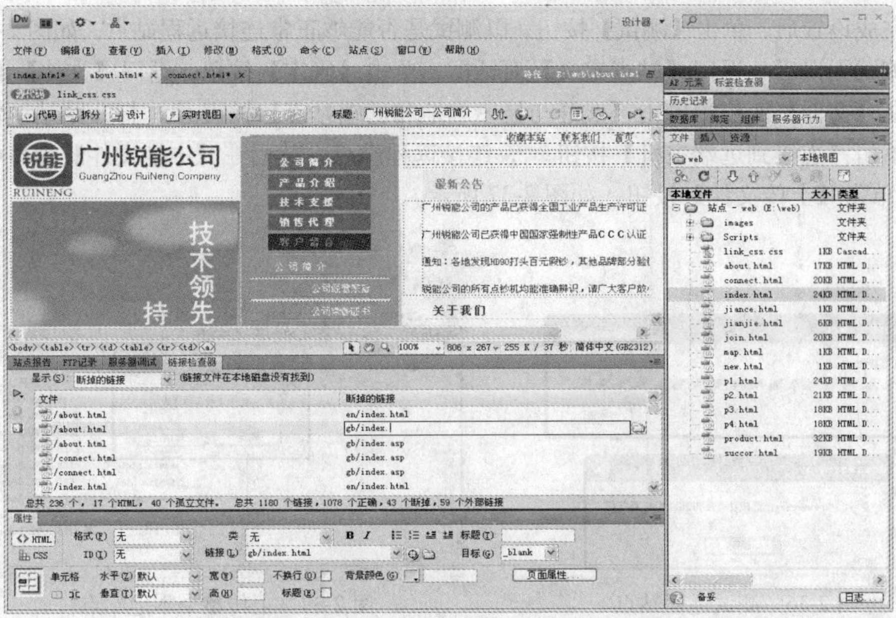

图 2-33　通过【链接检查器】修正无效链接

2.4.3　用 Dreamweaver 发布站点

Dreamweaver CS4 为网站开发提供了完善的功能，不但包括网页设计、网站架设功能，还提供了发布功能，可直接使用 Dreamweaver CS4 上传下载网站的文档，而无需另外使用 FTP 软件上传网站资源。

Howto　使用 Dreamweaver CS4 发布网站

1 按下 F8 功能键打开【文件】面板，然后选择已定义且需要发布的网站，并切换到【远程视图】界面，接着单击【定义远程站点】链接文字（若已经设置远程信息，则会自动显示远程网站内容），如图 2-34 所示。

2 弹出【站点定义】对话框后，在【高级】选项卡内选择【远程信息】选项，然后设置远程站点的访问方式和信息，如图 2-35 所示，使用了 FTP 访问方式，并输入 FTP 主机以及登录、密码等作息。

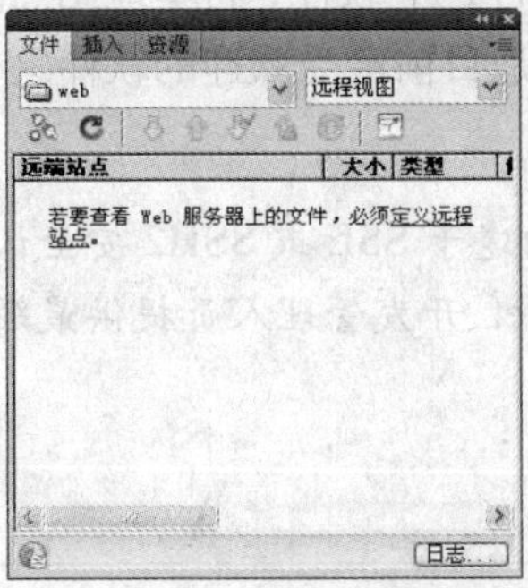

图 2-34　远程视力界面

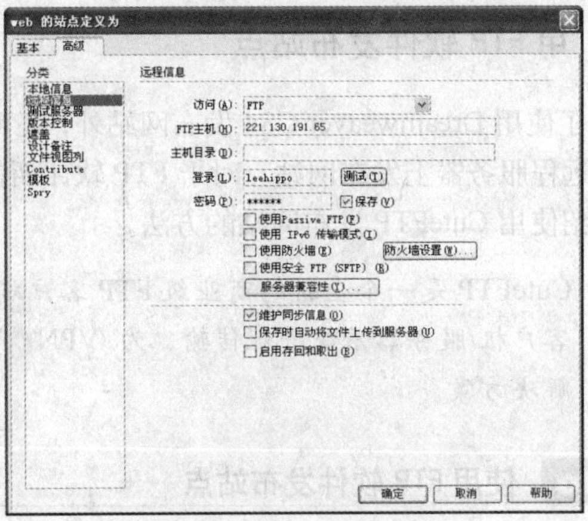

图 2-35　定义远程网站信息

3 完成设置后，单击【测试】按钮，以测试是否能够正常连接远程站点，如图 2-36 所示。

4 测试无误后，返回【站点定义】对话框，单击【确定】按钮，返回【文件】面板。

5 在【文件】面板中单击【展开与显示本地和远端站点】按钮，打开网站编辑窗口。

6 单击【连接到远端主机】按钮，连接远程站点，然后在【本地文件】窗格中选择站点，接着单击【上传文件】按钮，如图 2-37 所示。

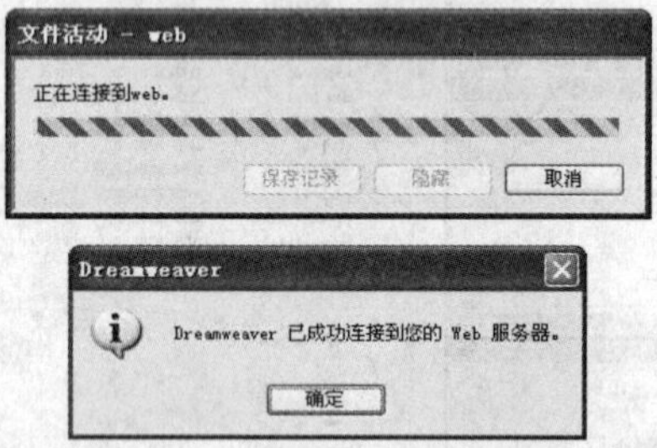

图 2-36　测试远程站点

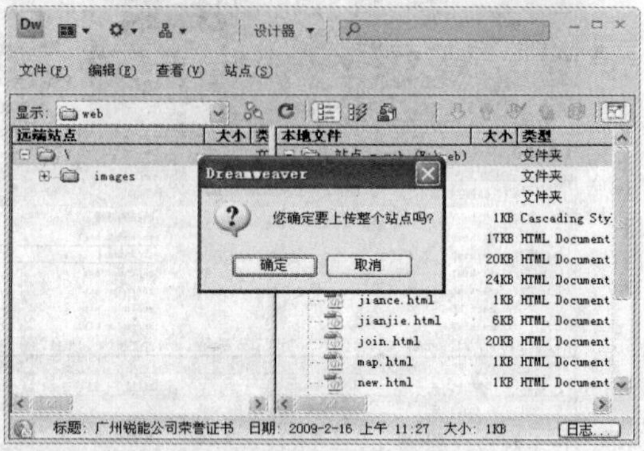

图 2-37　上传整个本地站点

7 弹出对话框后，单击【确定】，即可将本地站点的文档上传到远程服务器上，结果如图 2-38 所示。

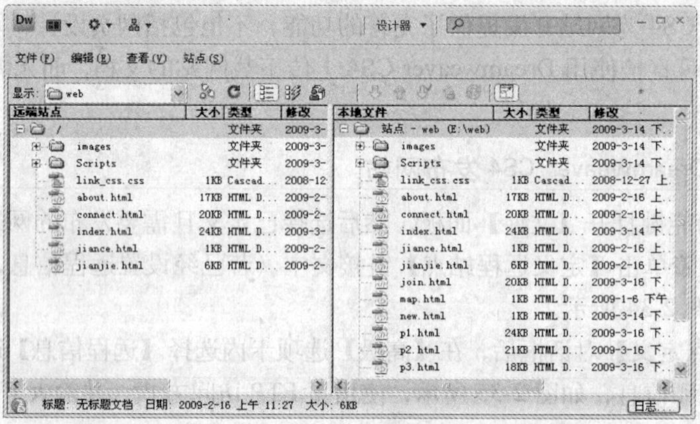

图 2-38　上传后的结果

2.4.4　用 FTP 软件发布站点

除了使用 Dreamweaver CS4 发布网站外，还可以使用专业的 FTP 软件，将本地站点的文档上传到远程服务器上发布网站。对于 FTP 软件而言，CuteFTP 是目前最受欢迎的软件之一，下面将介绍使用 CuteFTP 发布网站的方法。

TIPS　CuteFTP 是一个全新的商业级 FTP 客户端程序，通过构建于 SSL 或 SSH2 安全认证的客户机/服务器系统进行传输，为 VPN、WAN、Extranet 开发管理人员提供最经济的解决方案。

Howto　使用 FTP 软件发布站点

1 运行 CuteFTP 软件，选择【文件】|【站点管理器】命令，如图 2-39 所示。

2 打开【站点设置新建站点】对话框后，单击下方的【新建】按钮，新建一个站点标签，然后分别填写站点标签名称、FTP 主机地址、FTP 站点用户名称、FTP 站点密码，接着单击【连接】按钮，如图 2-40 所示。

3 连接到远程服务器后，在 CuteFTP 界面中间一栏的左边窗格中打开本地网站文件的所在位置，拖动本地网站的文件至右边窗格，即可将该文件上传到远程服务器中，如图 2-41 所示。

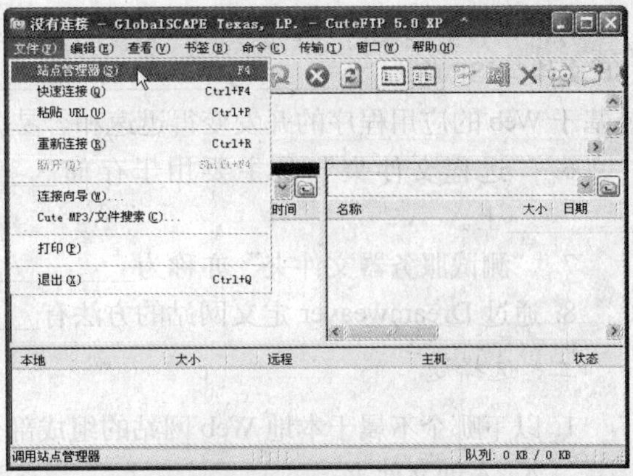

图 2-39　新建 FTP 网站

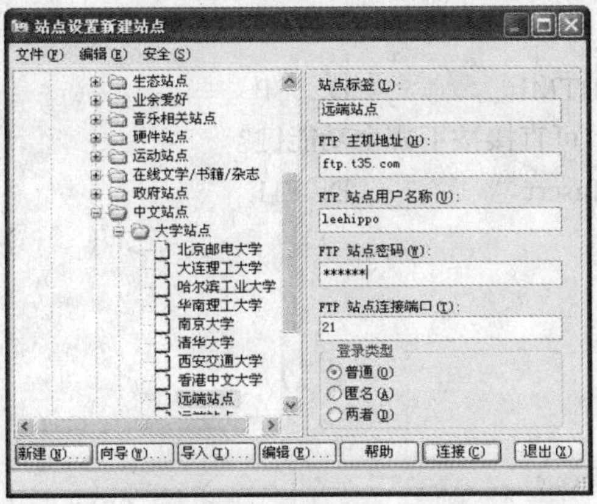

图 2-40　设置网站属性

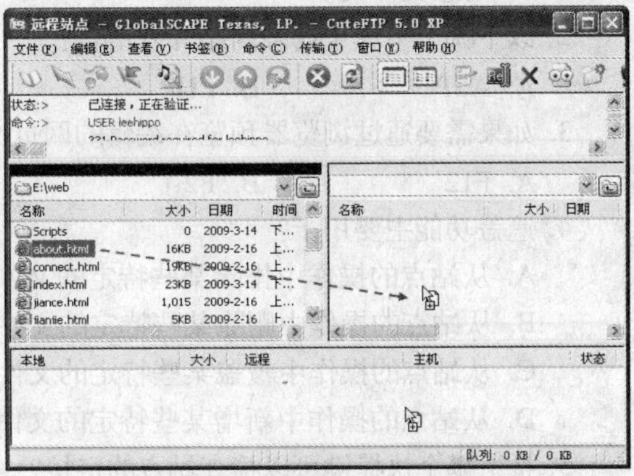

图 2-41　上传网站文档至远程服务器

2.5　本章小结

本章介绍了创建 Web 站点的准备工作，然后逐步讲解创建 Web 站点和创建、管理网站资源的方法，让大家能够在设计网页前即具备网站架设与管理的知识，以便后续网站网页制作的工作。

2.6　本章习题

一、填充题

1. HTML________是多数静态网站所使用的开发语言，可以用常见的______来编写。

2. CSS 是一组__________规则，用于控制________的表示形式，通过 CSS 可以把页面的__________和__________分离。

3. 在使用 ASP 语言开发的网站中，所有程序都在________执行，当程序执行完毕后，__________仅将执行结果返回给客户端的浏览器。

4. PHP 是一种__________内嵌式的语言，并且拥有非常强大的功能，能够实现__________和__________的所有功能，而且支持几乎所有流行的__________以及操作系统。

5. JSP 在传统的网页 HTML 文件中插入__________程序段和__________标记，从而形成 JSP 文件，JSP 将__________与__________和__________分离，支持可重用的基于组件的设计，使基于 Web 的应用程序的开发变得迅速和容易。

6. “远程文件夹”是主要用于存储__________________等用途的文件，通常位于__________上。

7. “测试服务器文件夹”亦称为____________文件夹，用于处理____________。

8. 通过 Dreamweaver 定义网站的方法有__________和__________两种。

二、选择题

1. 以下哪个不属于本地 Web 网站的组成部分？ (　　)

A. 本地文件夹　　B. 远程文件夹

C. 动态文件夹　　D. 网站地图文件夹

2. 以下哪个不属于动态网站开发语言？ (　　)

A. ASP　　B. PHP　　C. HTML　　D. JSP

3. 如果需要通过浏览器预览在编辑的网页文件，可直接按下哪个功能键？ (　　)

A. F12　　B. F2　　C. Insert　　D. F11

4. 遮盖功能主要用于？ (　　)

A. 从站点的操作中排除某些特定的文件？

B. 从站点的操作中删除某些特定的文件

C. 从站点的操作中覆盖某些特定的文件

D. 从站点的操作中新增某些特定的文件

5. 按下哪个快捷键可以检查站点的链接？ (　　)

A. Ctrl+F8　　B. Ctrl+F7　　C. Shift+F8　　D. F8

三、上机实训

实训 1　通过【文件】面板建立网站以及网站文档

一般情况下，创建网站并不需要一次完成所有网站属性设置，特别是单纯静态页面处理的情况下，只要先设置本地信息内容，便可快速完成一个网站的定义。通过 Dreamweaver CS4 的【文件】面板便可完成一个建立网站以及相关网站文件的构建，这其中除了网页的页面内容仍有待编辑与设计，已具备一个网站的雏形。

操作提示：

1. 启动 Dreamweaver CS4 应用程序，在菜单栏中选择【网站】|【新建网站】命令。

2. 打开定义网站的对话框后，切换至【高级】选项卡，然后在默认的【本地信息】分类中输入网站名称，再指定【本地根文件夹】和【默认图像文件夹】选项，最后单击【确定】按钮，如图 2-42 所示。

3. 返回 Dreamweaver CS4 编辑界面，按下 F8 功能键打开【文件】面板，在定义的网站名称上右击，打开下拉选单选择【新建文件】命令，接着直接输入文件名称并按下 Enter 键，如图 2-43 所示。

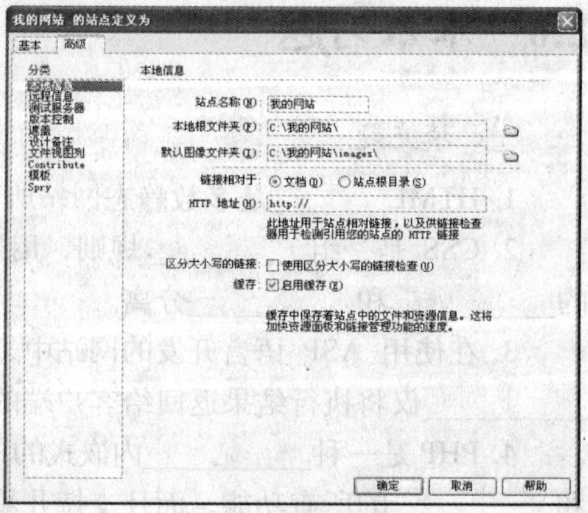

图 2-42　定义网站

4. 根据步骤 3 相同的操作方法，分别新建其他网页文件，结果如图 2-44 所示。

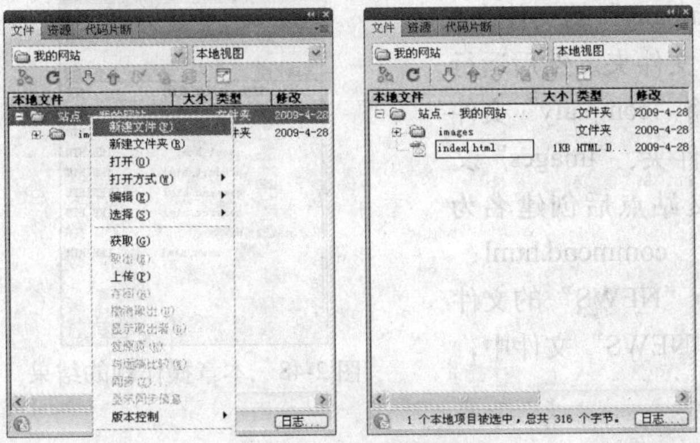

图 2-43 新建文件

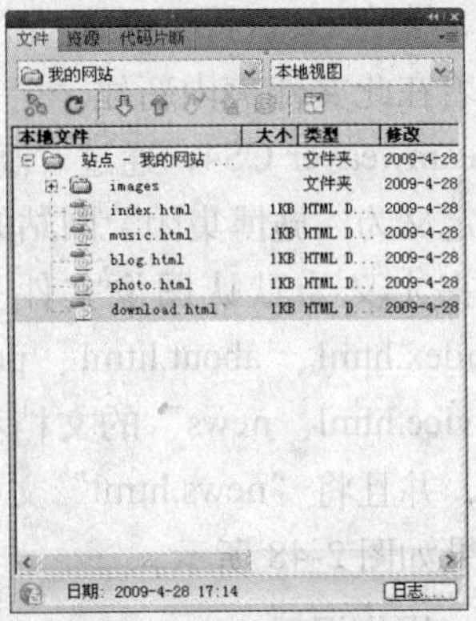

图 2-44 新建其他文件

5. 右击网站名称打开下拉选单，选择【新建文件夹】命令，接着输入文件夹名称并按下 Enter 键确定即可，如图 2-45 所示。

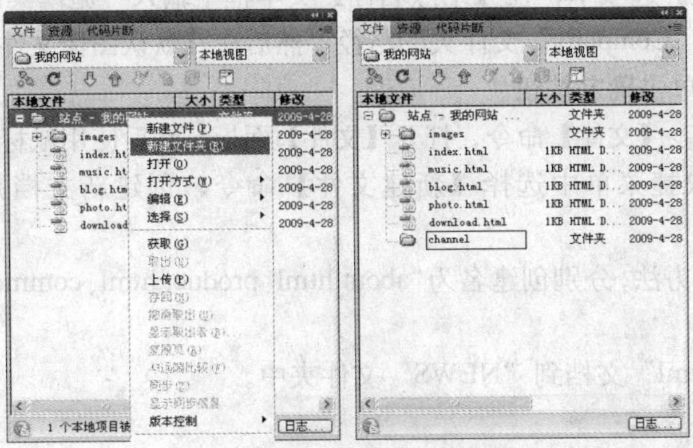

图 2-45 新建文件夹

6. 按下 Ctrl 键，依次加选除了“index.html”之外所有网页文件，然后拖动至新建的文件夹上方，打开【更新文件】对话框，单击【更新】按钮，如图 2-46 所示，确认更新网页文件的位置移动。

7. 根据需求完成网页文件的移动，便可以看到网站以及网站内的文档结构，如图 2-47 所示，初步完成一个网站的构建。

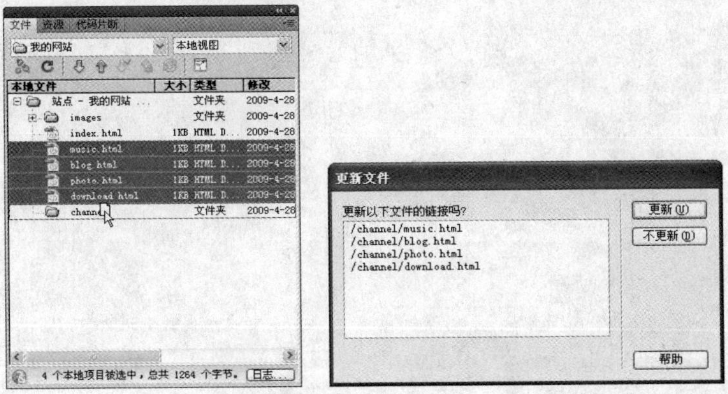

图 2-46 移动文件

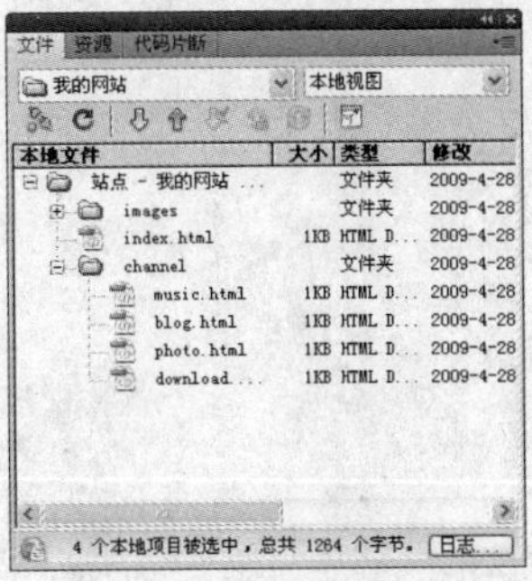

图 2-47 完成构建网站

实训 2　建立网站地图

先在 C:/盘符下新建一个名为“Company”的文件夹，接着在此文件夹内新建一个“images”文件夹。然后运行 Dreamweaver CS4，通过“高级”方法将“company”文件夹定义为“施博集团”网站的本地根文件夹、“images”文件夹定义为默认图像文件夹。在定义站点后创建名为“index.html、about.html、product.html、commend.html、service.html、news”的文档和一个名为“NEWS”的文件夹，并且将“news.html”文档移动到“NEWS”文件中，结果如图 2-48 所示。

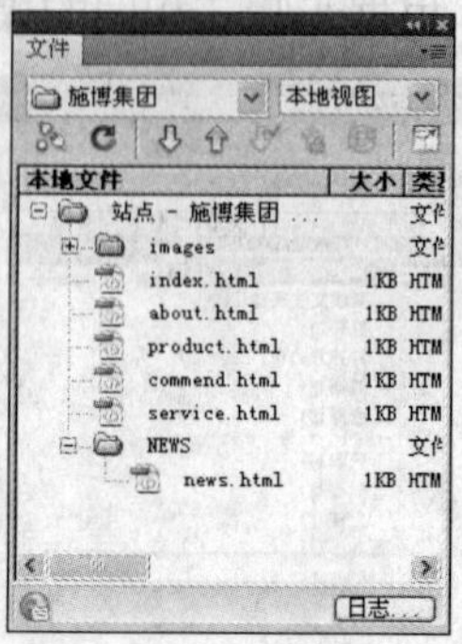

图 2-48　本章操作题的结果

操作提示:

1. 首先按题目要求在 C:/下创建名为“Company”和“image”文件夹，然后运行 Dreamweaver CS4，选择【站点】｜【新建站点】命令，打开“站点定义为”对话框。

2. 切换至【高级】选项卡，在【站点名称】文本框中输入“施博集团”，接着在【本地跟文件夹】广框中输入“Company”文件夹的路径，然后在【默认图像文件夹】中输入“images”文件夹的路径，最后单击确定按钮。

3. 选择【窗口】｜【文件】命令，打开【文件】面板，然后使用鼠标右键单击“Company”文件夹，在弹出的快捷菜单中选择【新建文件】命令，创建新文档并重命名文档名称为“index.html”。

4. 使用提示 3 的方法，分别创建名为“about.html、product.html、commend.html、service.html、news.html”文档。

5. 拖动“news.html”文档到“NEWS”文件夹中。

第 3 章　网页文本编排与设置

教学目标

掌握文本设置与段落编排的各种方法，为后续的网页设计奠定基础。

教学重点与难点

- HTML 的分类设置和 CSS 规则的编辑方法
- 文本以及段落的编排
- 制作项目列表和编号列表
- 各种文本和符号内容的插入方法
- 文本检查、查找与替代

3.1　通过 HTML 设置文本

Dreamweaver CS4 的【属性】面板在操作上进行了一项重要改进，那就是将一些网页元素的属性设置分为“HTML”和“CSS”两种分类，本节先介绍通过“HTML”分类设置网页文本操作，包括文本的格式、粗体、斜体等字体外观设置。

Howto　通过 HTML 设置文本

1 打开本书光盘中的“..\Example\Ch03\3-1.html”文档，然后选择文档中需要设置的内容，如图 3-1 所示。

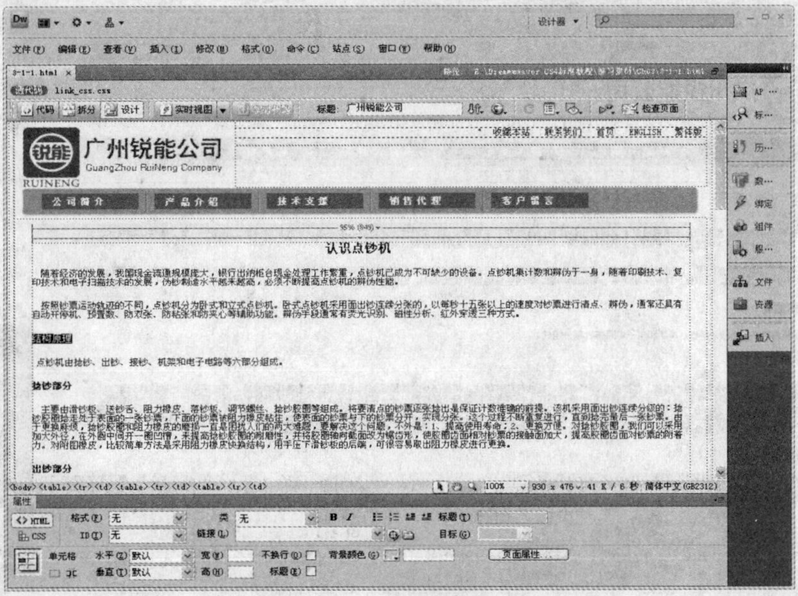

图 3-1　选择文本内容

2 在【属性检查器】中单击【HTML】按钮，打开 HTML 属性检查器，然后在【格式】下拉列表中选择【标题 2】选项，如图 3-2 所示。

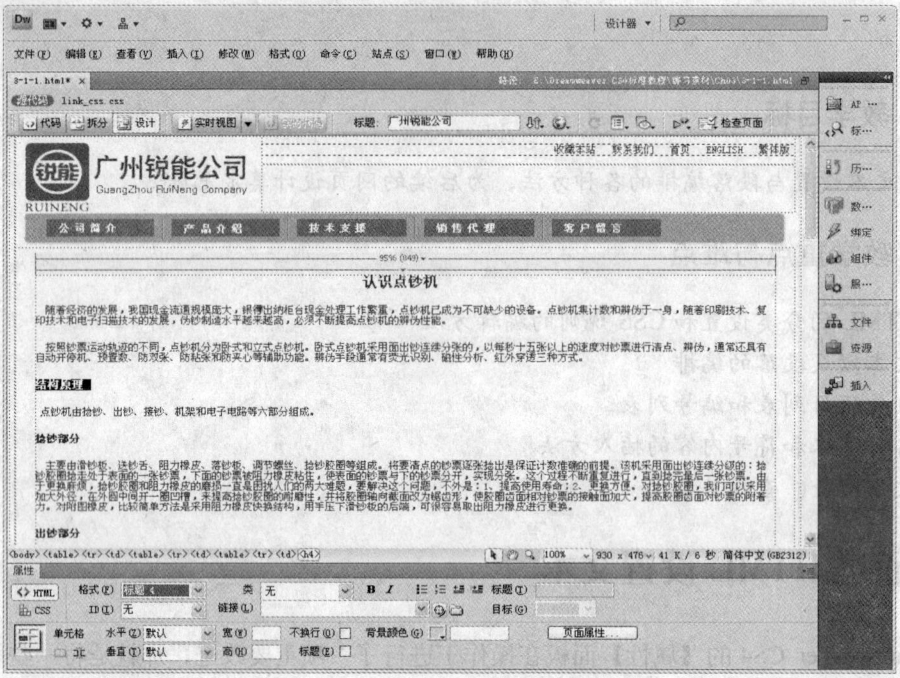

图 3-2 设置文本格式

3 如果在文档中定义了CSS规则，并希望把CSS规则中设置的样式添加到该文本的HTML设置中，可以打开【类】下拉列表，选择已定义了的 CSS 规则，如图 3-3 所示。

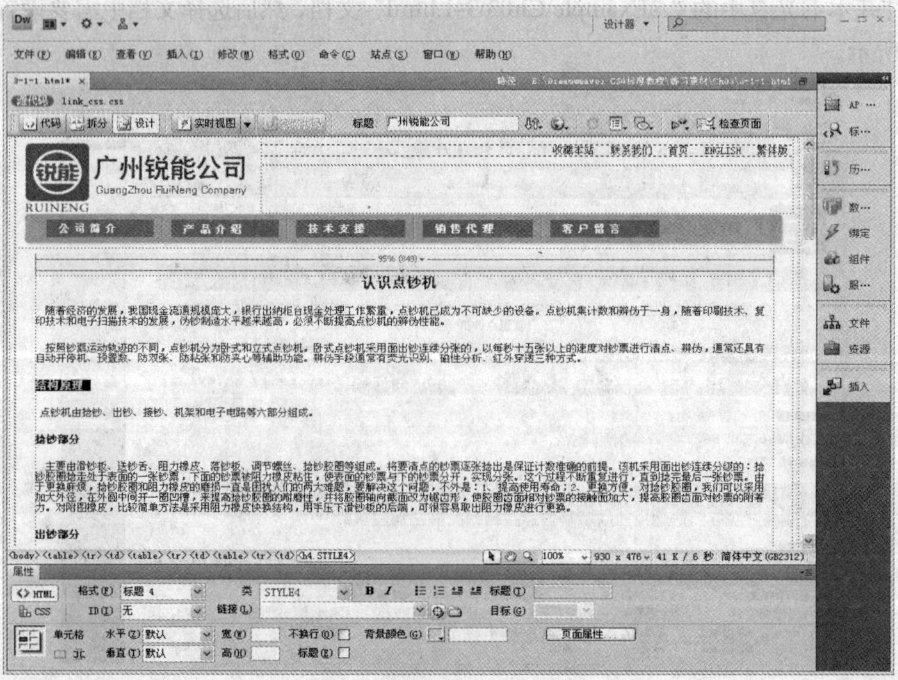

图 3-3 设置文本的【类】

4 单击【粗体】或【斜体】按钮，把文本的外观设置为粗体或斜体效果，如图 3-4 所示。

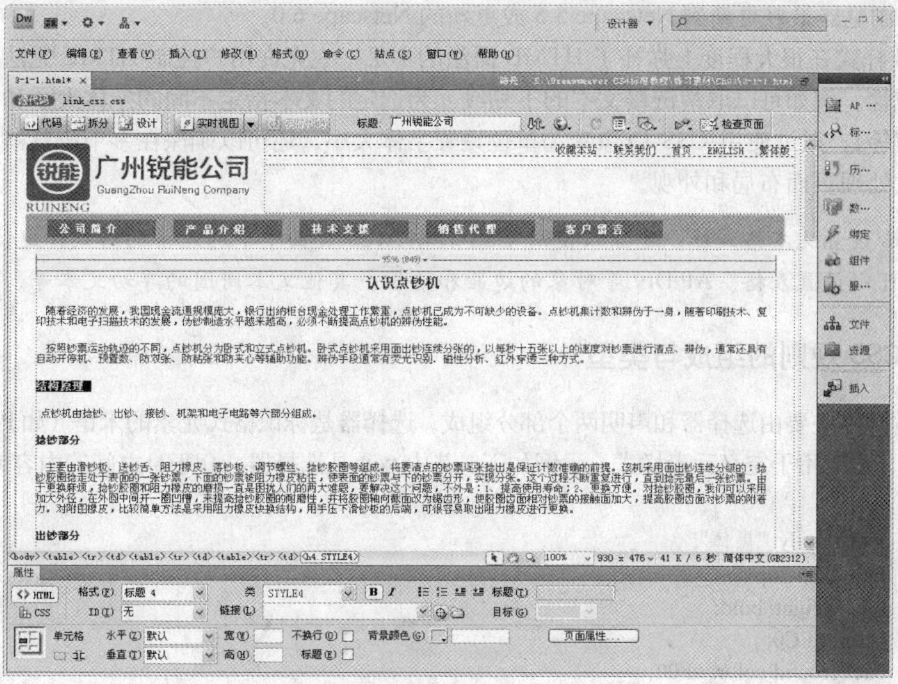

图 3-4　设置文本为粗体外观

3.2　通过 CSS 设置文本

Dreamweaver CS4 的【属性】面板除了提供“HTML”类型的文本属性设置功能，还新增了“CSS”类型的属性设置。当用户选择网页上的文本之后，在【属性】面板左上角单击【CSS】按钮，便可切换至“CSS”属性设置分类中，通过编辑 CSS 规则，进一步为文本设置精美的外观效果。

3.2.1　关于 CSS 规则

CSS 全称为“Cascading Style sheets”，意思为层叠样式表，通常也被人称为“风格样式表”。CSS 是一系列格式设置规则，用于控制 Web 页面元素的外观布局。CSS 规则的出现填补了 HTML 语法的不足，一般的网页都是由 HTML 语法编写而成，这些 HTML 语法经由客户端的浏览器解析出现，就呈现为我们所看到的 Web 页效果。

TIPS 一般网页设计师都使用网页制作软件（例如 Dreamweaver CS4）来设计网页，无需再编写复杂的 HTML 程序代码，因为这些软件会自动将设计的网页效果编写成 HTML 语法。

虽然 HTML 语法是网页设计的主要语法，但是它也有不少缺点，例如文字格式只默认使用标题 1~6 等级、图像不能重叠、链接文本下有下划线并且执行链接时会改变颜色等，给网页设计造成一定的局限性。CSS 规则也就是在这样的情况下，顺应更丰富的属性设置需求而诞生。1994 年 W3C 组织提出“CSS（层叠样式表）”，并在 1996 年通过审核正式发表了 CSS 1.0，这是 CSS 样式表的最初版本，需要 IE 4.0 和 Netscape 4.0 以上的版本的浏览器才提供支持。目前

CSS 已经发展到第二代，即可 CSS 2.0，它只需 IE 5.0 或以上的浏览器版本就可以支持，而 Netscape 浏览器最好更新到 Netscape 5.5 或更新的 Netscape 6.0。

CSS 样式在很大程度上弥补了 HTML 语法的不足，它允许用户控制 HTML 无法独自控制的许多属性。例如可以取消链接文本的下划线、为选定的文本指定不同的字体大小和单位（像素、磅值等），通过使用 CSS 以像素为单位设置字体大小，还可以确保在多个浏览器中以更一致的方式处理页面布局和外观。

TIPS 除设置文本格式外，还可以使用 CSS 控制 Web 页面中个别元素的格式和定位，例如可以设置表格、AP Div 等对象的边距和边框、其他文本周围的浮动文本等。

3.2.2 CSS 规则的组成与类型

CSS 规则主要由选择器和声明两个部分组成，选择器是标识格式元素的术语（如 P、H1、类名或 ID），声明用于定义元素样式。示例如下，其中.txet 是选择器，介于{}之间的内容就是声明。

```
.text {
font-family: "黑体";
font-size: 20px;
font-weight: bold;
color: #FC0;
background-color: #F00;
border: thin solid #900; }
```

声明中，分别由一组属性（如 font-family）和值（如黑体）所组成的一系列描述组成，上面的 CSS 规则意为：链接到“.text”样式的文本将使用的字型(font-family)为黑体、大小(font-size)为 20px、颜色（color）为“#FC0”、文本外观（font-weight）为“bold”（粗体），而背景颜色（background-color）则为“#F00”、边框（border）大小为“细”、边框颜色为“#900”。套用该 CSS 样式的文本效果如图 3-5 所示。

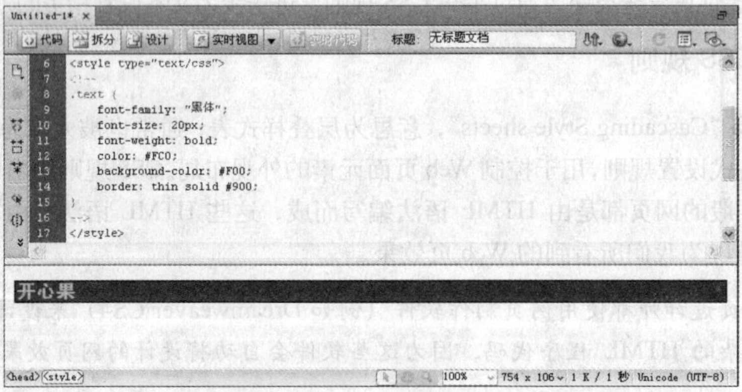

图 3-5　套用“.text”样式规则的文本效果

在 Dreamweaver CS4 中，CSS 规则的选择器分别有类、ID、标签和复合内容四种类型，下面简单介绍这四种 CSS 规则类型的应用：

（1）类：一种自定义 CSS 规则，可应用于任何 HTML 元素的自定义样式。类名称必须以句点开头，并且可以包含任何字母和数字组合（例如，.mytext01）。若用户在建立该类 CSS 时，未输入开头的句点，Dreamweaver CS4 将自动输入。

(2) ID: 用于定义包含特定 ID 属性的标签的格式，所定义的 ID 类型 CSS 规则都是唯一的，并且具有唯一的名称（例如 containerDIV）。建立 ID 类型的 CSS 时，其名称必须以“#”符号开头，然后再输入包含任何字母和数字组合，例如，#myID1。若用户在建立该类 CSS 时，未输入开头的“#”符号，Dreamweaver 将自动输入。

(3) **标签**：用于重新定义特定 HTML 标签的默认格式，例如 h1、font、input、table 等。当创建或更改了特定标签的 CSS 样式时，所有使用该标签设置了格式的对象都会立即更新，无需用户进行套用 CSS 样式的操作。

(4) **复合内容**：用于定义同时影响两个或多个标签、类或 ID 类型的复合 CSS 规则，例如建立“Div p”规则后，网页中所有 Div 标签内的所有 p 元素都将受此规则的控制。它常用于定义链接不同状态的文本外观，包括“a:link、a:visited、a:hover、a:active”链接状态的标签。

如图 3-6 所示，为 Dreamweaver CS4 全新的“新建 CSS 规则”对话框，可以展开【选择器类型】下拉选单，选择所需的器类型，以创建符合应用的 CSS 规则。

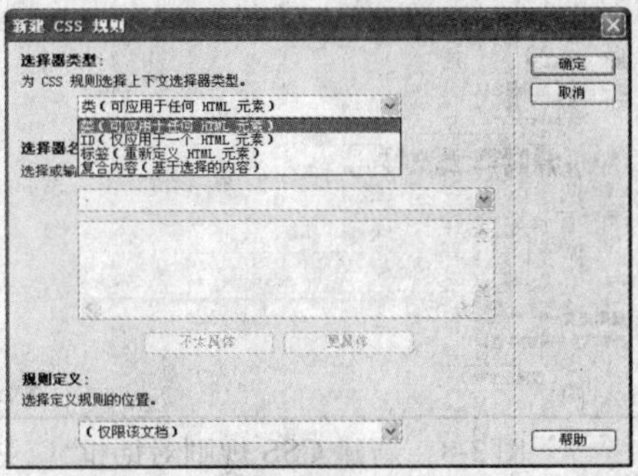

图 3-6 【新建 CSS 规则】对话框

3.2.3　利用 CSS 定义文本格式

在 Dreamweaver CS4 中使用 CSS 规则编辑文本属性，能够使网站开发人员更好地控制网页的设计，可以访问和修改现有的规则，也可以创建新规则。

Howto　使用 CSS 规则编辑文本

1 打开本书光盘中的“..\Example\Ch03\3-2-3.html”文档，然后选择文档其中的一段文本，并在属性检查器中单击【CSS】按钮，打开 CSS 属性检查器，如图 3-7 所示。

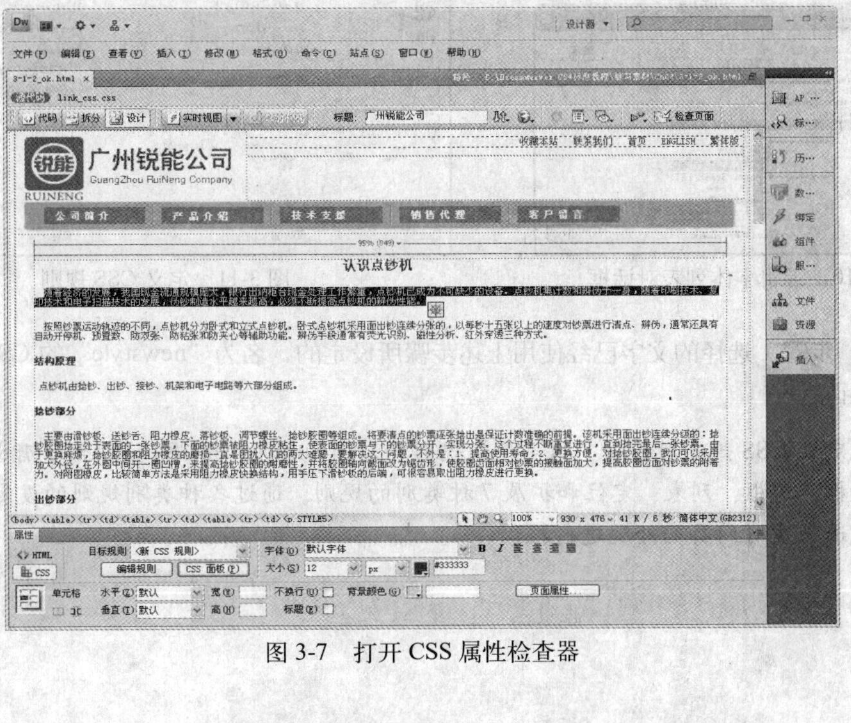

图 3-7　打开 CSS 属性检查器

2 此时【属性检查器】中的【目标规则】自动设定为【新 CSS 规则】选项。单击【编辑规则】按钮，打开【新建 CSS 规则】对话框，然后在【选择器类型】下拉列表中选择【类】选项，在【选择器名称】文本框中输入“newstyle”，接着单击【确定】按钮，如图 3-8 所示。

3 在【.newstyle 的 CSS 规则定义】对话框的【分类】列表中选择【类型】选项，接着在右边窗格中打开【Font-family】下拉列表，选择【编辑字体列表】选项，如图 3-9 所示。

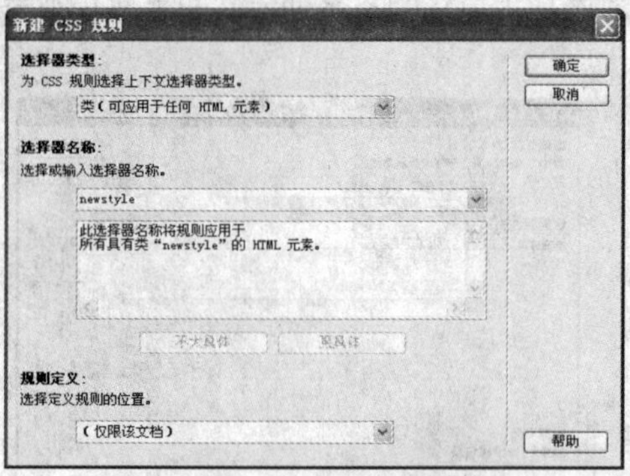

图 3-8 新建 CSS 规则对话框

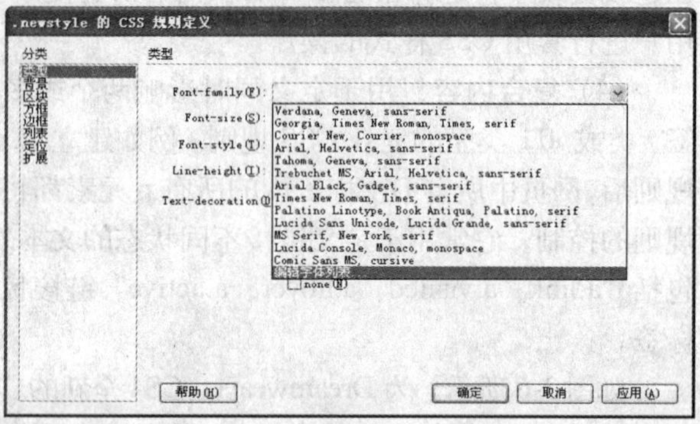

图 3-9 CSS 规则定义对话框

4 打开【编辑字体列表】对话框后，在【可用字体】列表中分别把“宋体”和“Times New Roman”选择到【选择的字体】列表中，然后单击【确定】按钮，如图 3-10 所示。

5 返回【.newstyle 的 CSS 规则定义】对话框后，打开【Font-family】下拉列表，选择步骤 4 创建的选项，然后分别设置【Font-size】为“16px”、【Font-weight】为“400”，【Color】为“#09F”，最后单击【确定】按钮，如图 3-11 所示。

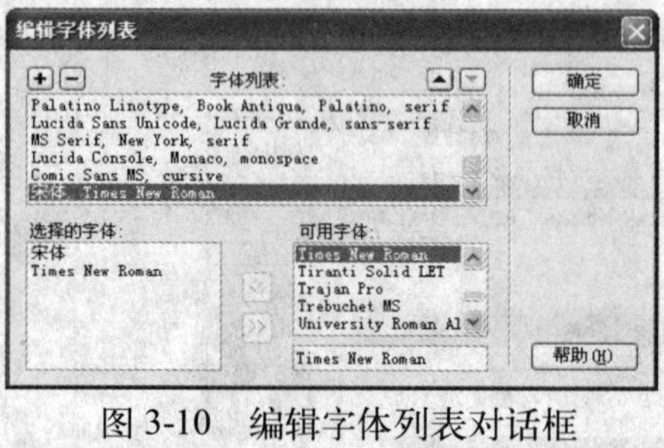

图 3-10 编辑字体列表对话框

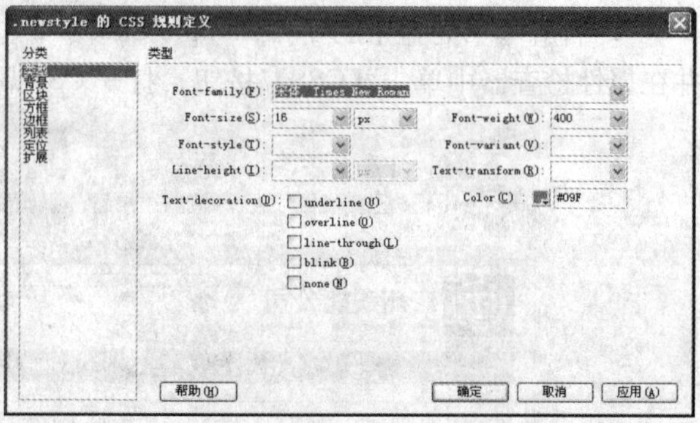

图 3-11 定义 CSS 规则

此时，步骤 1 选择的文字已经使用上述步骤所设定的，名为“newstyle”的 CSS 规则，如图 3-12 所示。

TIPS 在定义 CSS 规则时，除了【类型】规则外，Dreamweaver CS4 还提供了背景、区块、方框、边框、列表、定位和扩展 7 种类别的规则。通过各种类别规则的设定，用户能够进一步对网页的外观进行控制。

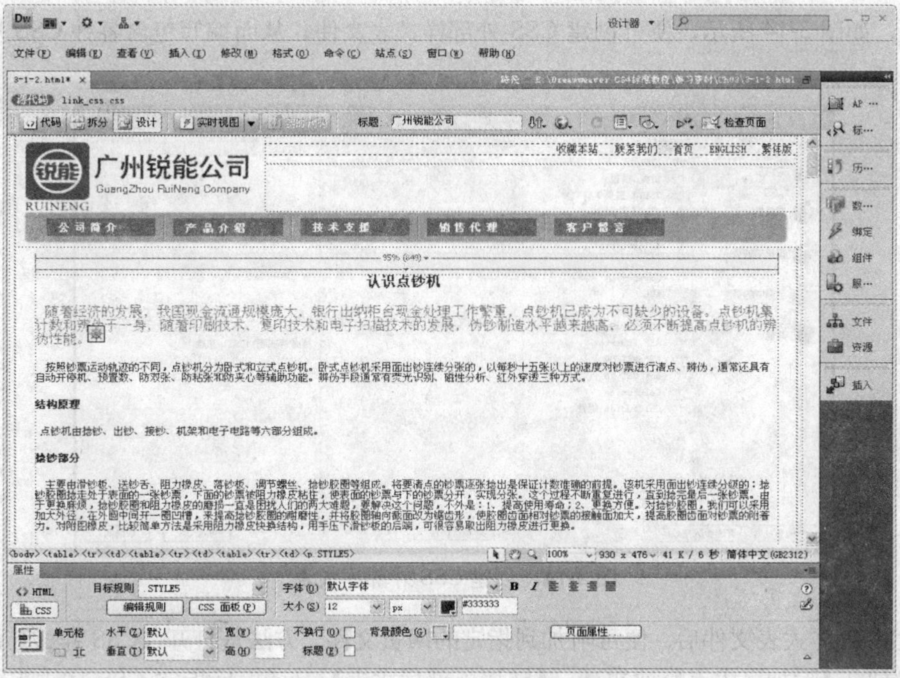

图 3-12　定义 CSS 规则后的效果

3.2.4　其他新增 CSS 规则的方法

CSS 规则的应用在 Dreamweaver CS4 的网页设计操作中无所不在，除了通过【属性】新建 CSS 规则，然后再为所选文本套用 CSS 规则，也可以通过【CSS 样式】面板、【代码】视图、以及附加外部样式表等方法添加 CSS 规则到网页文本中。

1. 通过【CSS 样式】面板

按下 Shift+F11 快捷键，打开【CSS 样式】面板，如图 3-13 所示，该面板专门用于管理网页文件中的 CSS 样式。若需要新增 CSS 样式，主要单击面板下方的【新建 CSS 规则】按钮，便可打开【新建 CSS 规则】对话框，再指定选择器类型，设置样式规则，然后便可套用于网页中所选文本。

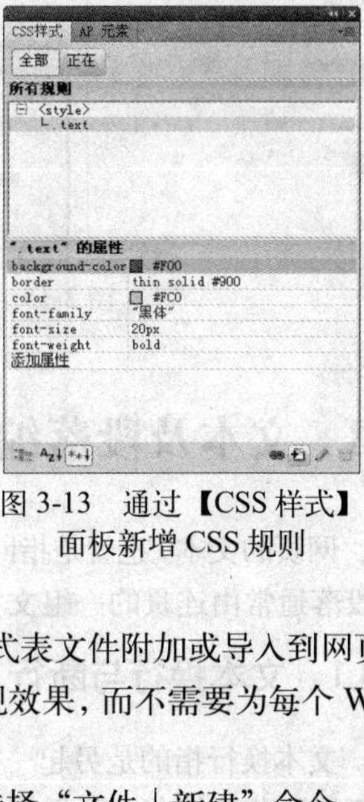

图 3-13　通过【CSS 样式】面板新增 CSS 规则

2. 通过【代码】视图

切换到 Dreamweaver 的“代码”视图，然后直接编辑 CSS 样式代码即可。如图 3-5 所示就是“代码”视图显示的 CSS 样式代码。

3. 创建并附加样式表

可以创建包含 CSS 规则的外部样式文件（格式为.css），再将样式表文件附加或导入到网页。实现通过一个 CSS 样式表文件控制同一网站内所有网页内容的外观效果，而不需要为每个 Web 页面分别设置样式。

Dreamweaver CS4 提供了专门用于创建 CSS 的文档的功能，选择“文件 | 新建”命令，打开【新建文档】对话框后，先选择“空白页”类型，然后选择“CSS”页面类型，最后单击【创

建】按钮，如图 3-14 所示，便可创建 CSS 外部样式表文件，从而编写包含各种 CSS 规则定义的代码。

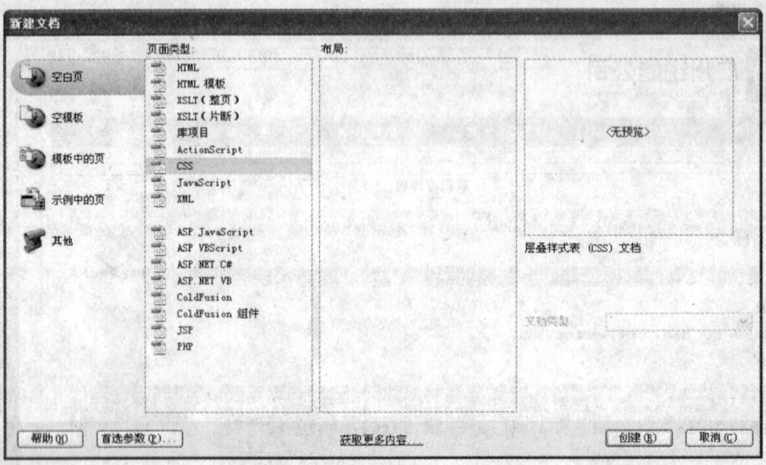

图 3-14　创建 CSS 外部样式表

创建 CSS 样式表文件后，便可附加到指定的网页文件，方法是打开【CSS 样式】面板，单击面板下方的【附加样式表】按钮，【链接外部样式表】对话框后指定 CSS 样式表路径，如图 3-15 所示。

完成附加 CSS 样式表后，便可在【CSS 样式】面板中看到已附加的 CSS 样式表以及其中的多种 CSS 规则样式，如图 3-16 所示，就可以为网页中所选的内容套用附加的 CSS 样式规则。

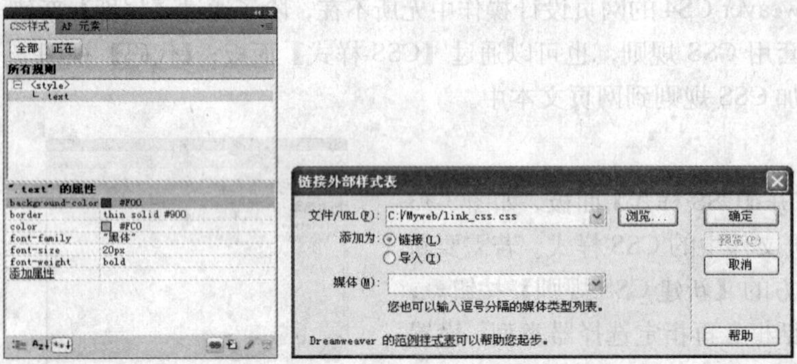

图 3-15　附加 CSS 样式表

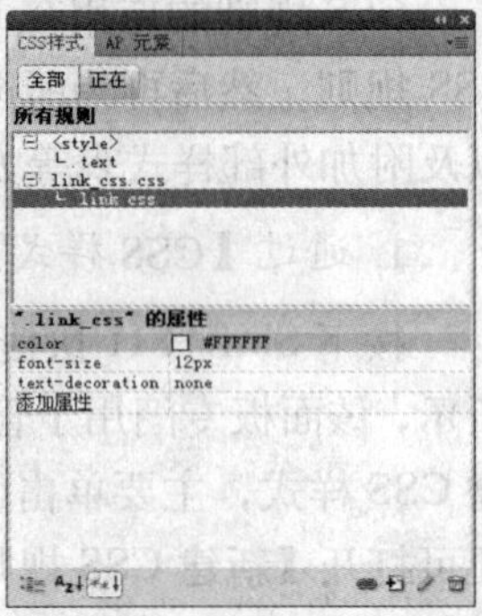
图 3-16　使用附加的 CSS 样式表

3.3　文本及段落编排

网页的文本，也就是指网页内所看到的文字及符号内容，能以多行、分散或连贯的形式陈列。而段落通常由连贯的一组文字组成，并以 Enter 键结束，从而产生承前启后的多组文字资料。

3.3.1　文本换行与断行

文本换行指的是另起一行接着显示更多文本，另起一行通常也就完成了一个段落，重新开始新的段落。但若以断行形式新起一行，那么新起的行与上一行仍属于同一个段落。

Howto　进行文本的换行与断行

1 打开本书光盘中的“..\Example\Ch03\3-3-1.html”文档，将光标定位在如图 3-17 所示的“……验钞机无法辨识。”文字之后，然后按下 Enter 键换行。

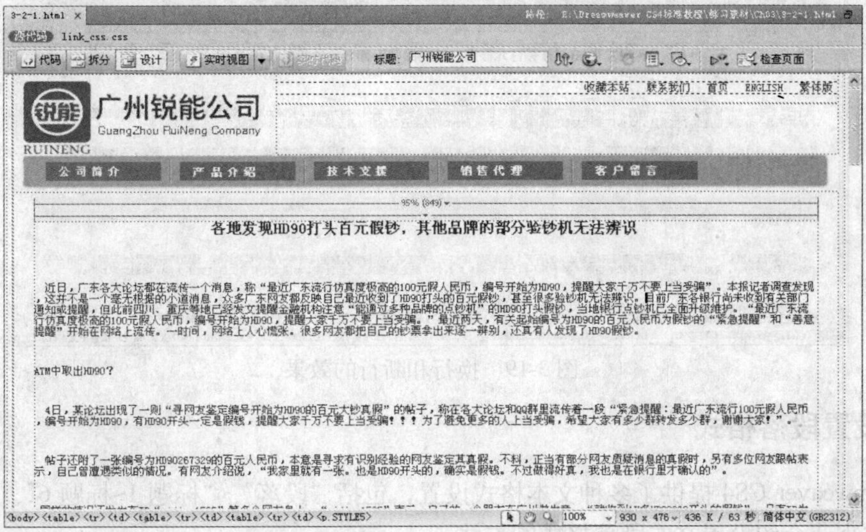

图 3-17　定位光标进行换行处理品

2 换行后将光标定位在“……全面升级维护。”文字之后，然后按下 Shift+Enter 快捷键进行断行处理，如图 3-18 所示。

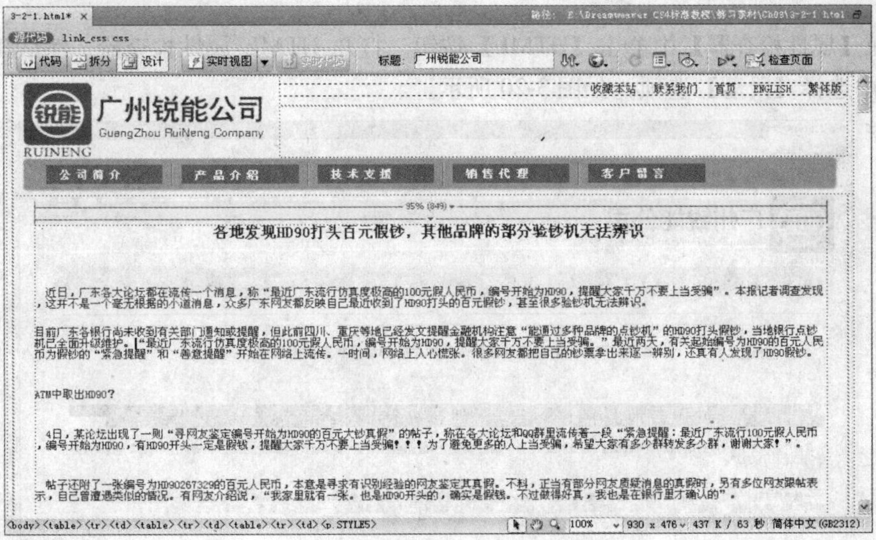

图 3-18　定位光标进行断行处理

3 当文本换行后，上一个段落与下一个段落就会出现一行的分隔空间，而文本断行后，上下文之间是不会产生分隔空间的。如图 3-19 所示。

TIPS　除了使用 Shift+Enter 快捷键的方法进行断行外，用户还可以通过插入“换行符”的方法进行断行。在菜单栏中选择【插入】|【HTML】|【特殊字符】|【换行符】命令即可。

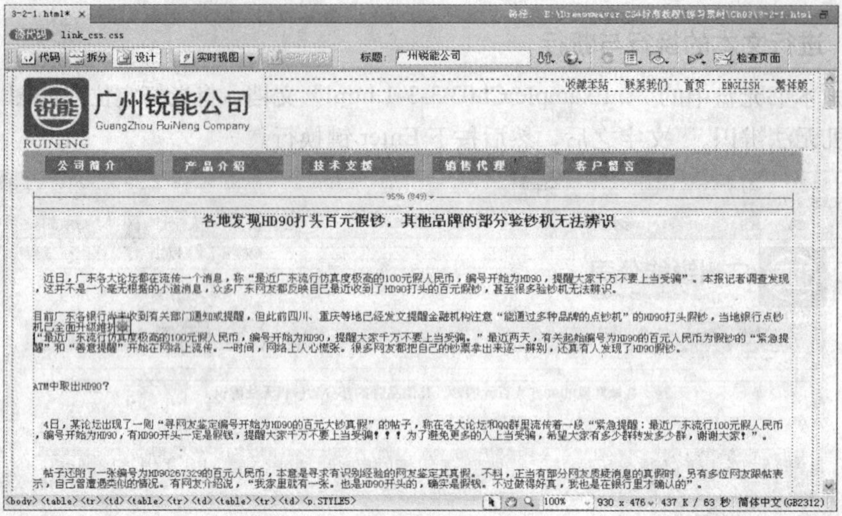

图 3-19 换行和断行的效果

3.3.2 设置段落格式

Dreamweaver CS4 提供了多种文本格式设置，包括“段落”、“标题 1~标题 6”、“预先格式化的”，本小节介绍设置文本段落格式的方法。

Howto 使用【属性检查器】设置段落格式

1 打开本书光盘中的“..\Example\Ch03\3-3-2.html”文档，然后选择需要设置段落格式的文本。

2 在【属性检查器】中单击【HTML】按钮，打开 HTML 属性检查器，然后在【格式】下拉列表中选择【段落】选项，如图 3-20 所示。

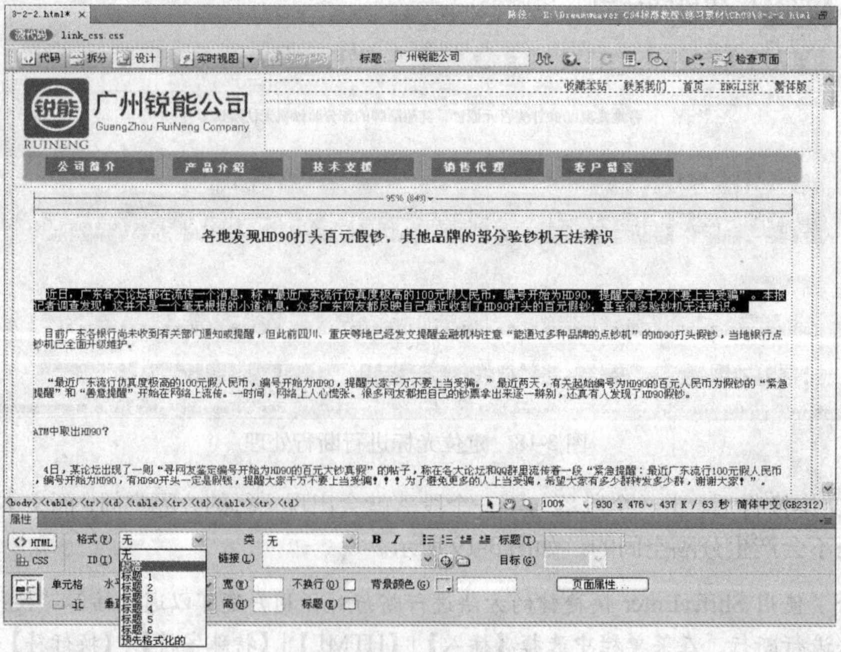

图 3-20 设置段落格式

因为段落格式作用对象是整个段落，所以即使不选择文本，而只将光标定位在段落任何位置，然后设置的段落格式都会作用在整个段落，即可段落会产生对应的格式。

3.3.3　设置段落对齐方式

段落文本一般都是依照我们的阅读习惯靠左对齐。但在某些网页内容编排上，为了设计的美观经常需要调整段落文本的对齐方式，以满足设计的需求。Dreamweaver CS4 提供了 4 种对齐方式，如图 3-21 所示，分别是“左对齐”、“右对齐”、“居中对齐”、“两端对齐”。

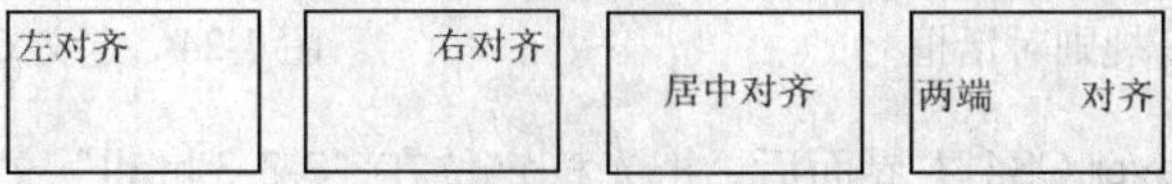

图 3-21　各种对齐方式的效果

因为段落格式作用对象是整个段落，所以即使不选择文本，而只将光标定位在段落任何位置，然后设置的段落格式都会作用在整个段落上，即可段落会产生对应的格式。

Howto　将段落设置为居中对齐

1 打开本书光盘中的“..\Example\Ch03\3-3-3.html”文档，然后单击【属性检查器】中的【CSS】按钮，打开 CSS 属性检查器，接着打开【目标规则】列表，选择【新 CSS 规则】选项，如图 3-22 所示。

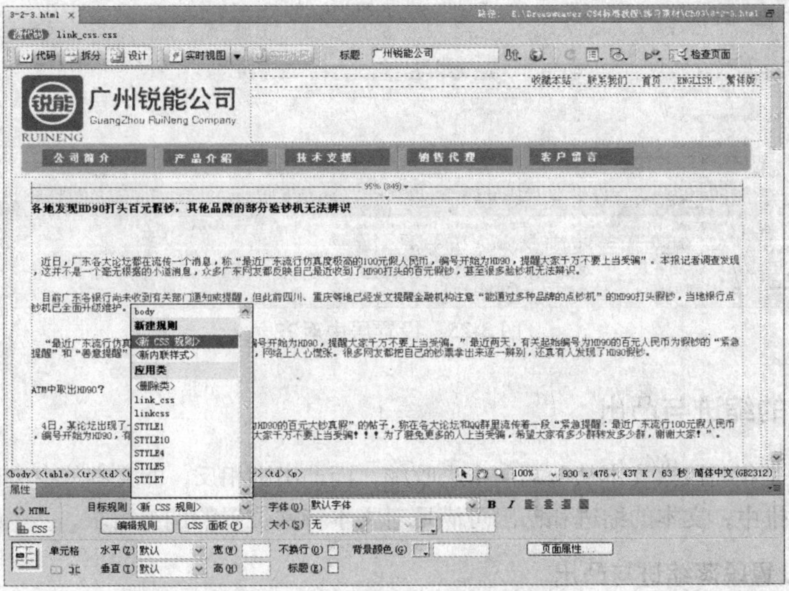

图 3-22　选择新建 CSS 规则

2 打开【新建 CSS 规则】对话框后，在【选择器名称】文本框中输入“biaoti”，然后单击【确定】按钮，如图 3-23 所示。

3 在【.biaoti 的 CSS 规则定义】对话框中，分别设置【Font-family】、【Font-size】、【Color】的属性，然后单击【确定】按钮，如图 3-24 所示。

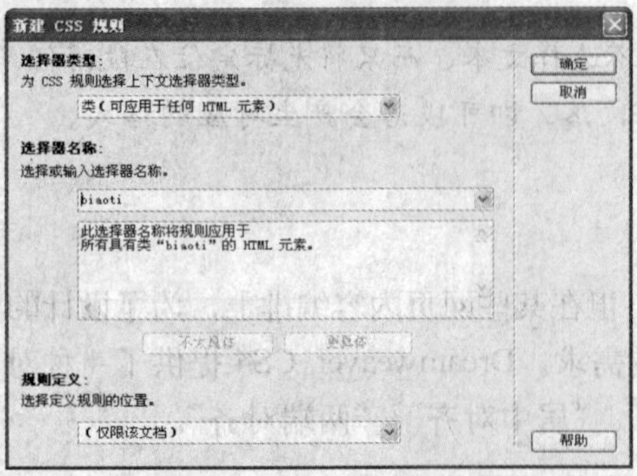

图 3-23　新建 CSS 规则对话框

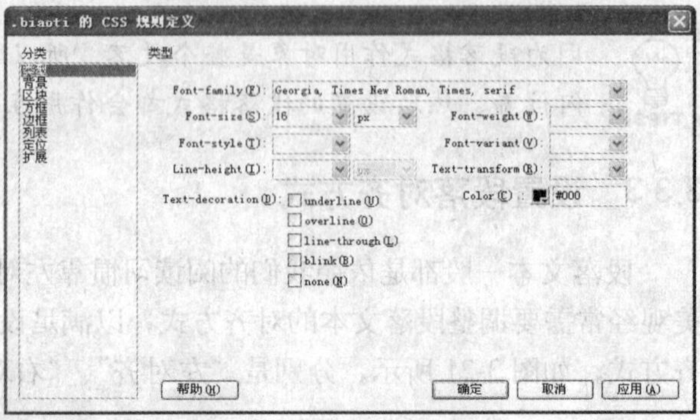

图 3-24　定义 CSS 规则

4 返回 Dreamweaver CS4 主界面后，把光标定位在“3-3-3.html”文档中的第一行文字里，然后打开 CSS 属性检查器，设置【目标规则】为【.biaoti】，并单击【居中对齐】按钮，如图 3-25 所示。

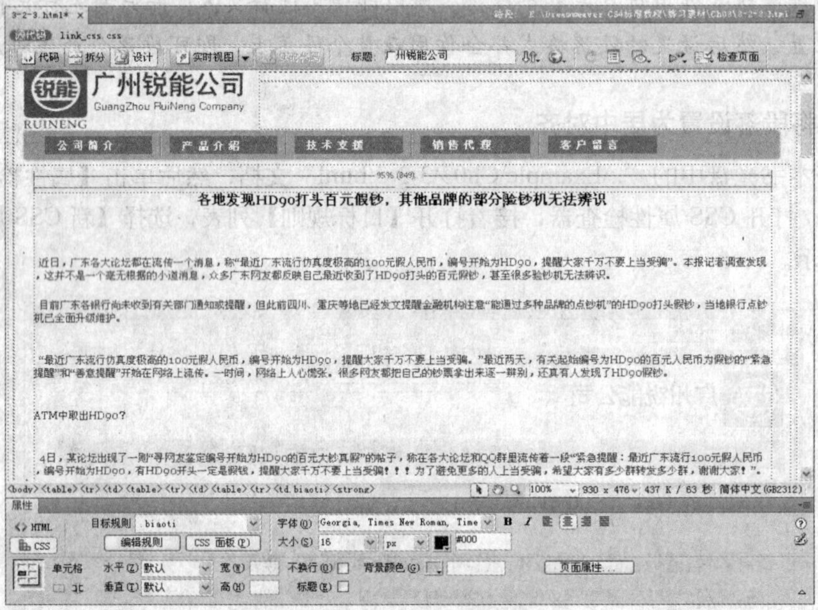

图 3-25　设置居中对齐

3.3.4　段落的缩进与凸出

段落缩进是指将段落文本从两端向中央收缩，而凸出则相反，即文本从中央向两端扩展。在一些段落编排中，文本的缩进和凸出可满足对文本特殊位置的调整需求。

Howto　设置段落缩进与凸出

1 打开本书光盘中的“..\Example\CH03\3-3-4.html”文档，将光标定位在需要缩进或凸出的段落中，如图 3-26 所示。

2 在【属性检查器】中单击【HTML】按钮，打开 HTML 属性检查器，然后单击【文本缩进】按钮，即可将段落向中央缩进，如图 3-27 所示。若希望恢复缩进前的效果，可单击【文本凸出】按钮。

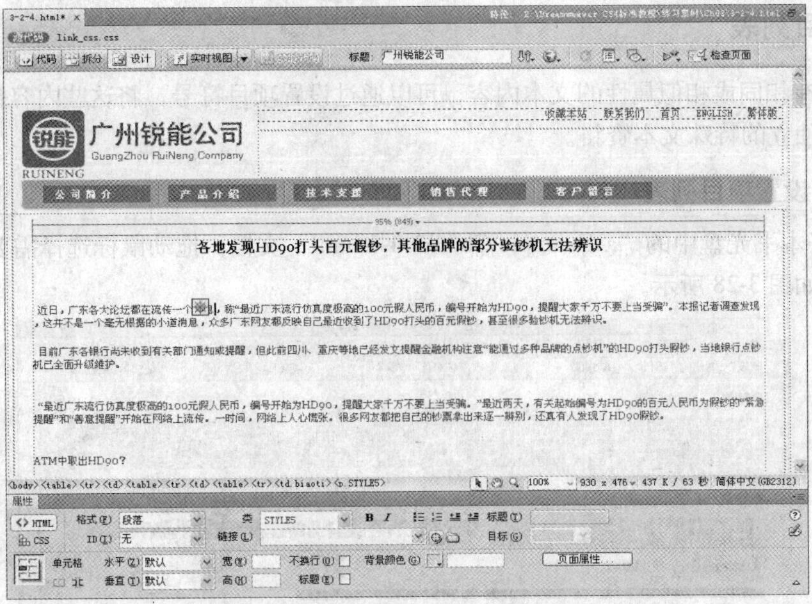

图 3-26　定位光标

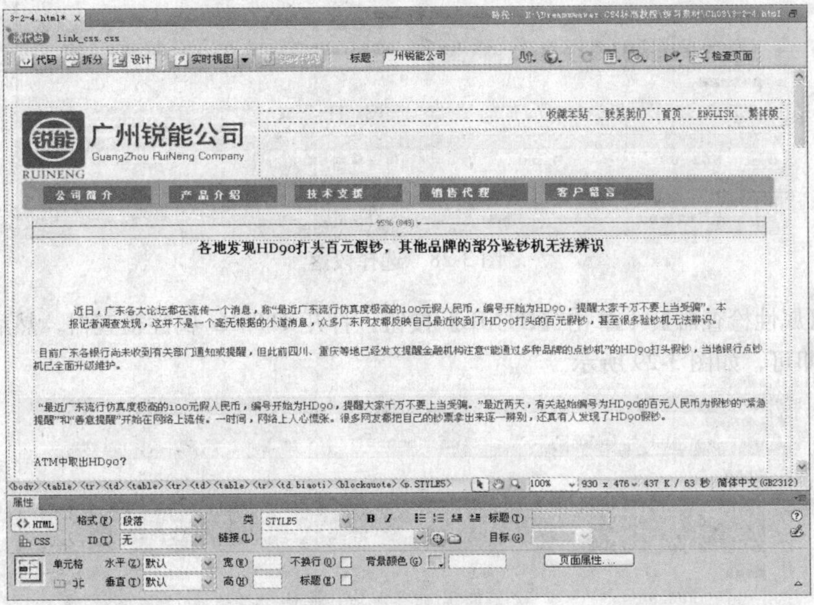

图 3-27　缩进段落

TIPS 段落缩进是一种收缩行为，但作用的文本不会因收缩区域而缩小，当收缩区域不足以放置原来的文本内容时，文本就会维持在同一段落的情况下自动换行。反之，凸出亦可不会改变文本大小，而是改变文本的行的数目。

3.4　制作列表文本内容

网页文本编排中，一些类型相同的文本内容或具有序列关系的文本内容可通过列表的方式来呈现，如此不仅可以使网页的文本资料显得整齐规则，而且便于阅读。

3.4.1 项目列表

一些具有相同或相似属性的文本内容，可以通过设置项目符号，将这些内容排列成项目，以组成一组独立的特殊文本资料。

Howto 设置项目列表

1 打开本书光盘中的“..\Example\Ch03\3-4-1.html”文档，拖动鼠标选择需要设置项目符号的段落，如图 3-28 所示。

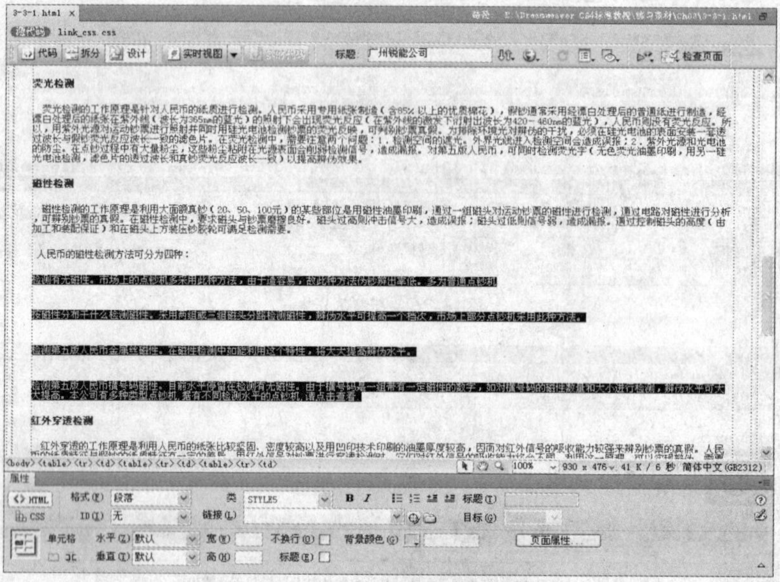

图 3-28 选择段落

2 在【属性检查器】中单击【HTML】按钮，打开 HTML 属性检查器，然后单击【项目列表】按钮即可，如图 3-29 所示。

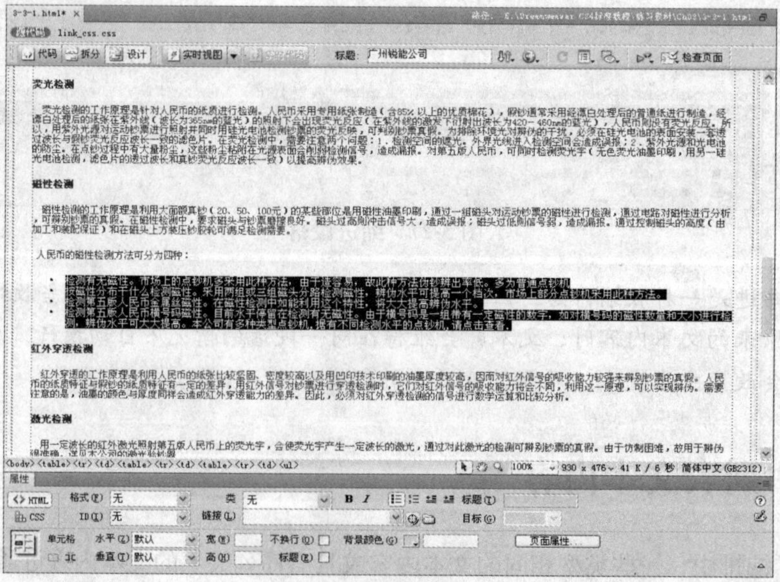

图 3-29 设置项目列表

TIPS “项目列表”作用的对象是段落，所以若多行的文本是以断行的方式换行的（即属于同一段落），那么设置项目列表后，该段落全部行都属于同一项目，即只会显示一个项目列表符号，如图 3-30 所示。

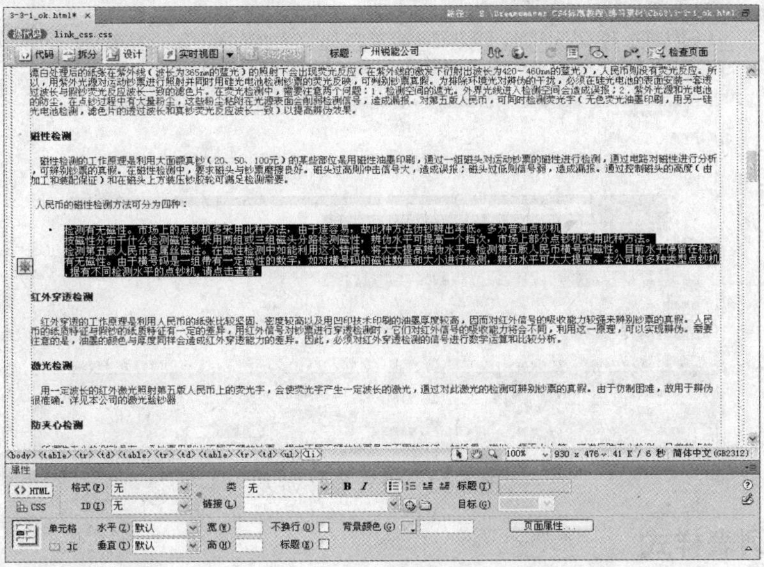

图 3-30　项目列表作用于段落

3.4.2　编号列表

使用编号列表处理，可使段落文本整齐有序排列，既使特定的内容独立于其他内容之外，同时便于阅读和理解。

Howto 设置编号列表

1 打开本书光盘中的“..\Example\Ch03\3-4-2”文档，拖动鼠标选择到需要设置编号列表的段落，如图 3-31 所示。

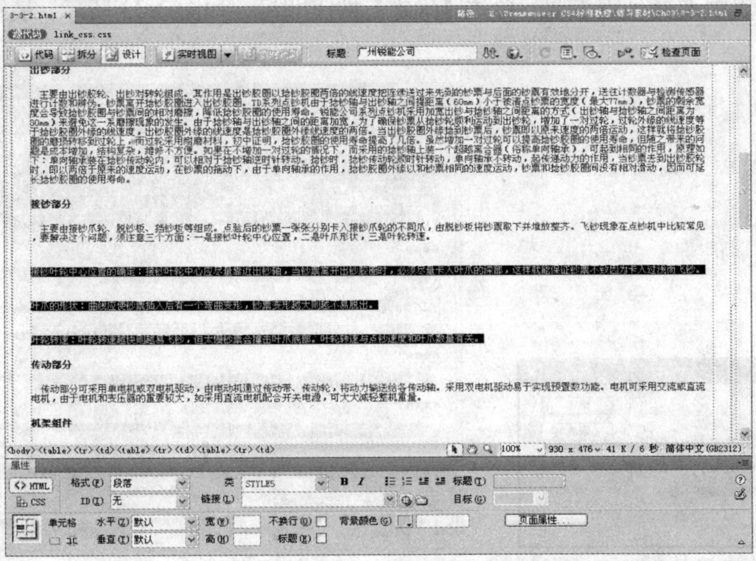

图 3-31　选择段落

2 在【属性】面板中单击【HTML】按钮，打开 HTML 属性检查器，然后单击【编号列表】按钮即可，如图 3-32 所示。

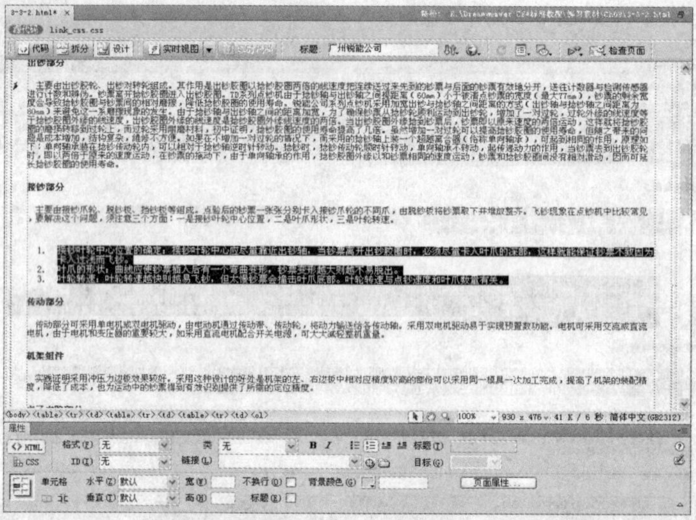

图 3-32　设置编号列表

3.4.3　修改列表样式

Dreamweaver CS4 中默认使用“•”作为项目符号、使用“1.2.3...”作为项目编号，为了使文本列表的外观有更多的变化，还可以使用其他符号样式，例如方形、字母、编号等作为表列的样式外观。

Howto　修改列表样式

1 打开本书光盘中的“..\Example\Ch03\3-4-3.html”文档，然后将光标定位在需要修改列表样式的列表内容。

2 在菜单栏中选择【格式】|【列表】|【属性】命令，打开【列表属性】对话框，然后在【样式】下拉列表中选择列表编号，单击【确定】按钮即可，如图 3-33 所示。最终效果如图 3-34 所示。

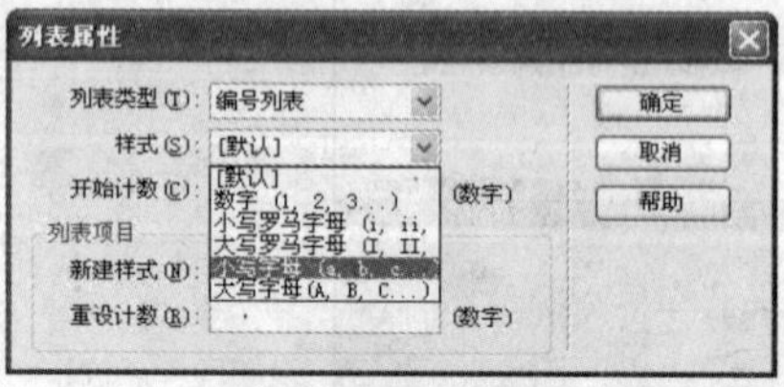

图 2-33　设置编号样式

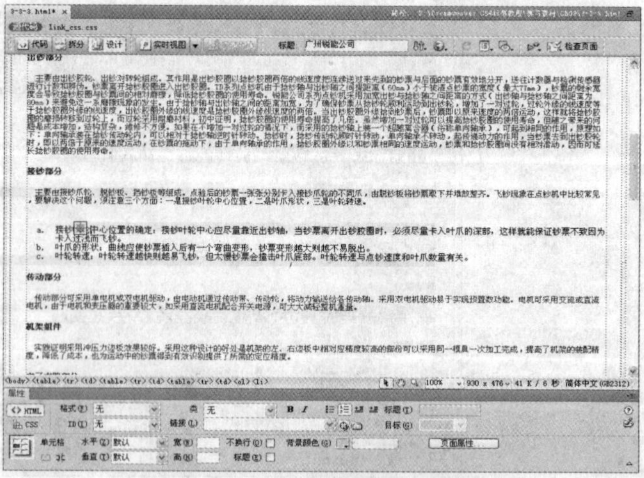

图 2-34　修改列表编号后的效果

TIPS

使用【列表属性】对话框可以设置整个列表或个别列表项的外观。其中包括设置编号样式、重置计数或设置个别列表项目或整个列表的项目符号样式选项。相关的选项设置说明如下：

- **列表类型**：指定列表属性，通过下拉列表框可以选择项目、编号、目录或菜单列表。
- **样式**：用于编号列表或项目列表的编号或项目符号的样式。所有列表项目都将具有该样式，除非为列表项目指定新样式。
- **开始计数**：设置第一个编号列表项的值。

另外，“列表项目”是指设置列表中的个别项目。

3.5　插入文本及符号内容

在网页文本编辑中，有时需要输入特殊的文字或符号，例如插入水平线以分隔内容、插入货币符号以表示各国货币等。Dreamweaver CS4 特别提供了插入各种特殊文本和符号的功能，以方便进行文本编辑。

3.5.1　插入日期内容

当需要在网页中输入当前日期，可直接通过手动的方式输入日期，但这种方法比较麻烦，而且容易出错。为此，Dreamweaver CS4 提供了插入日期的功能，可以插入不同格式的当前日期，而且还可以设置是否显示时间信息。

Howto　插入日期内容

1 打开光盘中的“..\Example\Ch03\3-5-1.html”文档，将光标定位在需要插入日期的位置。

2 在菜单栏中选择【插入】|【日期】命令，打开【插入日期】对话框，接着在【日期格式】下拉列表中选择合适的选项，然后单击【确定】按钮即可，如图 2-35 所示。最终效果如图 2-36 所示。

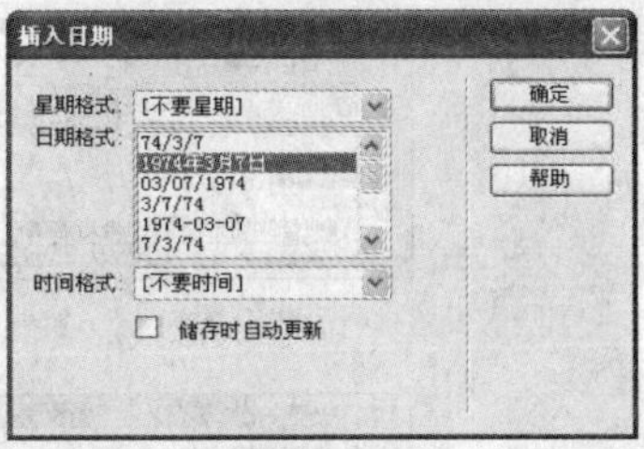

图 2-35　插入日期对话框

3 若需要在保存文档时自动更新插入的日期，可以选择【储存时自动更新】复选框，如图 3-37 所示。

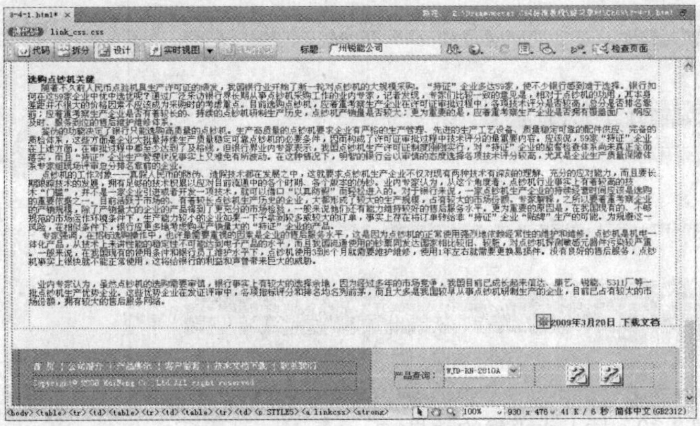

图 2-36　插入日期后的结果

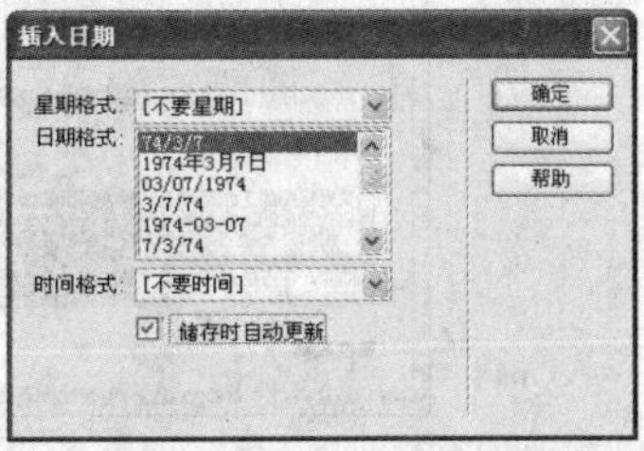

图 3-37　更新插入日期

TIPS 除了使用【插入】|【日期】命令外，还可以打开【插入】面板的【常用】选项卡，然后单击【日期】按钮，打开【插入日期】对话框进行设置。

3.5.2 插入水平线

水平线在 HTML 网页中的标签为“<hr>”，其作用主要是分隔网页内容。在网页中插入的水平线将自动横跨其所在的表格或单元格、AP Div，或是整个网页，并根据浏览器窗口大小变化自动伸缩。

Howto 插入水平线

1 打开光盘中的“..\Example\Ch03\3-5-2.html”文档，定位光标在需要插入水平线的位置。

2 在菜单栏选择【插入】|【HTML】|【水平线】命令即可插入水平线，如图 3-38 所示，结果如图 3-39 所示。

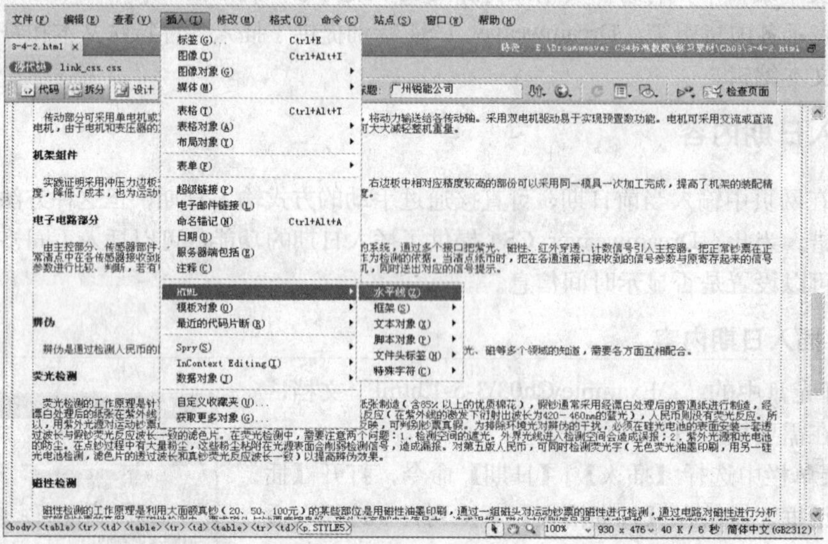

图 3-38 选择【水平线】命令

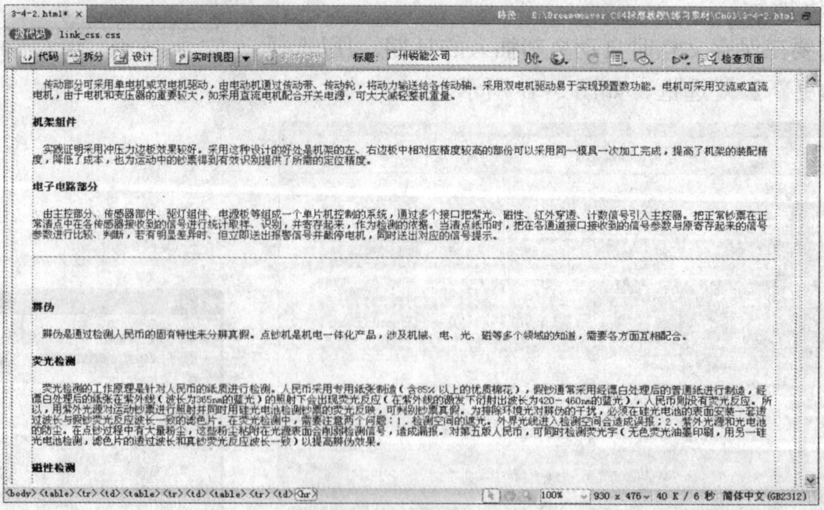

图 3-39 插入水平线的效果

3.5.3　插入特殊符号

电脑键盘上一般都提供了“@、#、$、&”等常用的符号键，但由于键盘上的按键毕竟有限，对于一些特殊符号，则无法直接通过键盘输入。为此，Dreamweaver CS4 提供了插入特殊字符的功能。以便在网页上插入各种符号。

Howto　在网页中插入特殊字符

1 打开光盘中的“..\Example\Ch03\3-5-3.html”文档，将光标定位在需要插入符号的位置。

2 在菜单栏中选择【插入】|【HTML】|【特殊字符】命令，在打开的菜单中选择【版权】命令即可，如图 3-40 所示。结果如图 3-41 所示。

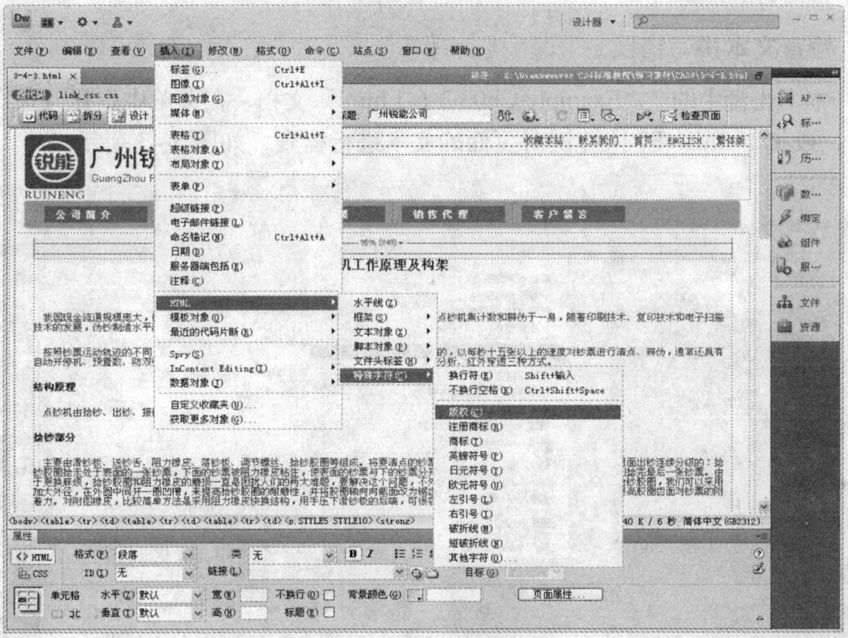

图 3-40　插入特殊符号

除了使用命令来插入特殊符号外，还可以在【插入】面板中打开【常用】选项卡，接着展开【字符】按钮的菜单，选择【版权】命令，然后单击【字符】按钮即可，如图 3-42 所示。

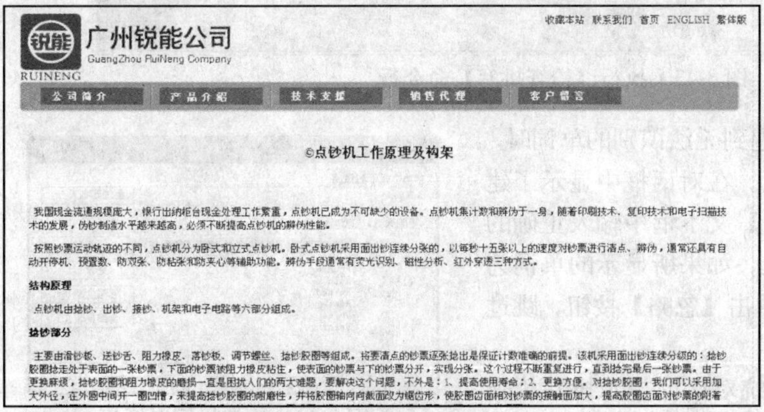

图 3-41　插入特殊符的效果

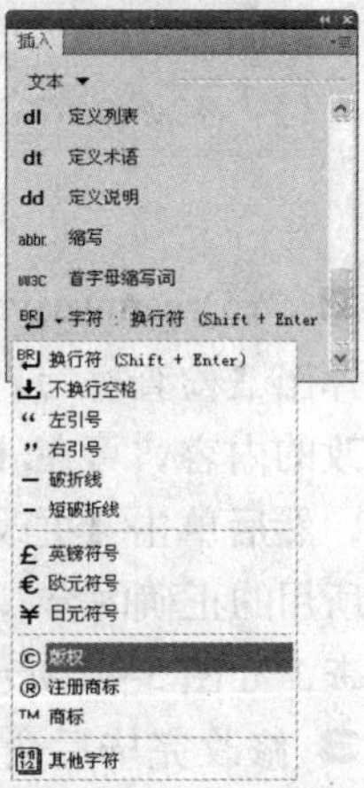

图 3-42　插入面板

3.6 文本检查、查找与替代

在网页上大量的处理文本内容比较容易出现如拼写错误、语法错误、字词重复等错误。影响网页信息表达的品质。因此，在完成网页文本的编辑后，可通过一系列的检查与修改提升网页内容质量。

3.6.1 文本的拼写检查

使用【检查拼写】命令，可以对网页文档内的英文或其他语言的单词拼写进行检查，找出错误的拼写，并对其修正。

Howto 检查文本拼写错误

1 打开本书光盘中的"..\Example\Ch03\3-6-1.html"文档，在菜单中选择【命令】|【检查拼写】命令，或按下 Shift+F7 快捷键对页面的文本进行检查，如图 3-43 所示。

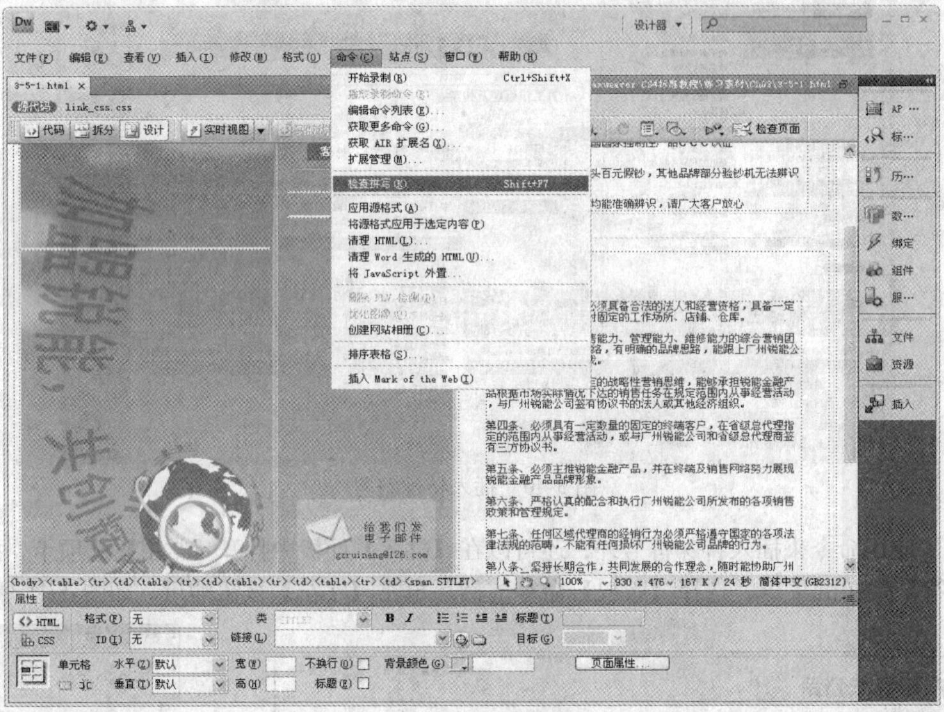

图 3-43 执行【检查拼写】命令行

2 当 Dreamweaver CS4 遇到无法识别的单词时，就会弹出【检查拼写】对话框。在对话框中显示了建议修改的内容，可在【更必为】文本框中输入正确的内容，然后单击【更改】按钮。如果所显示的单词为网页所用的正确内容 ，则可单击【忽略】按钮，跳过该检查，如图 3-44 所示。

3 修改完毕后会弹出系统对话框提示拼写检查已完成，单击【确定】按钮即可。

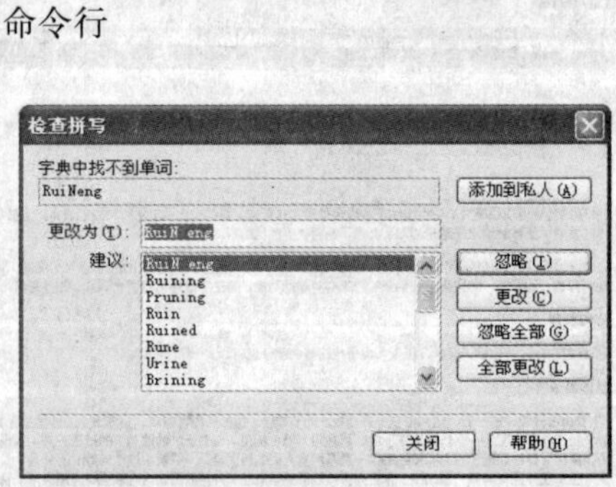

图 3-44 检查拼写对话框

TIPS 默认情况下，Dreamweaver CS4 的拼写检查器使用“英语（美国）”拼写字典。若需要更改拼写字典，可以在菜单栏中选择【编辑】|【首选参数】命令，打开【首选参数】对话框，接着在【拼写字典】下拉列表中选择合适的字典，然后单击【确定】按钮即可，如图 3-45 所示。

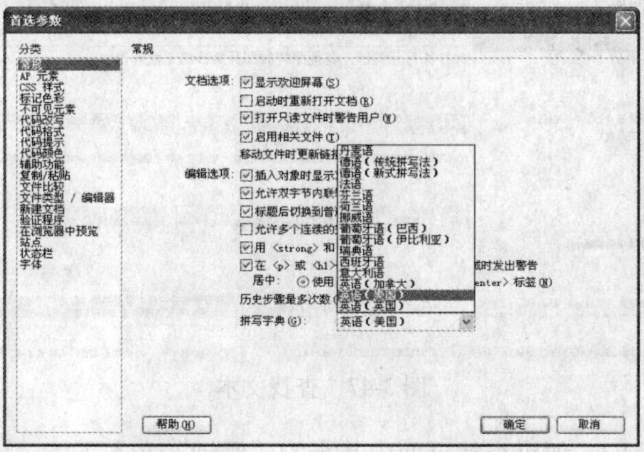

图 3-45　设置拼写字典

3.6.2　查找所选的内容

在检查网页中的文本内容过程中，有时需要统计相同的文本内容，如果在通篇网页中逐一寻找则比较费时，同时也无法保证其准确性。此时，可以使用 Dreamweaver 的“查找所选”功能来快速查找。

Howto　查找所选的内容

1 打开本书光盘中的“..\Example\Ch03\3-6-2.html”文档，首先选择需要查找的内容，如本例练习文档中的“假钞”一词，如图 3-46 所示。

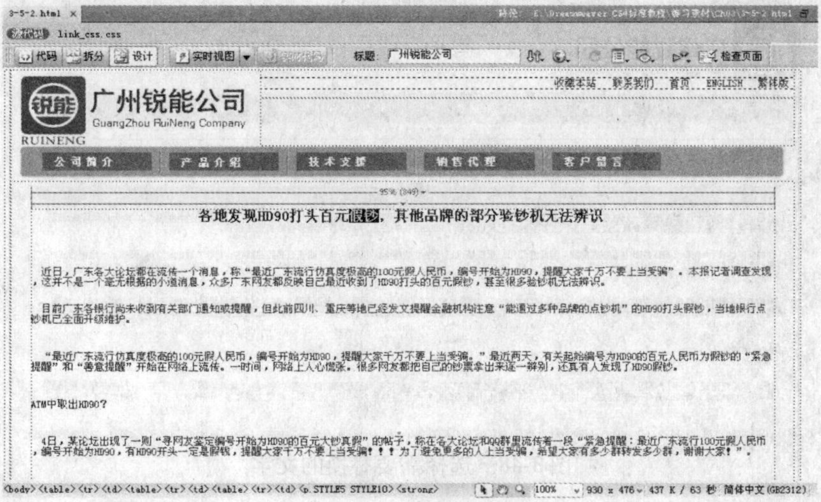

图 3-46　选择文本

2 在菜单栏中选择【编辑】|【检查所选】命令，或按下 Shift+F3 快捷键，Dreamweaver CS4 便会自动往下查找页面中下一个“假钞”文本，如图 3-47 所示。

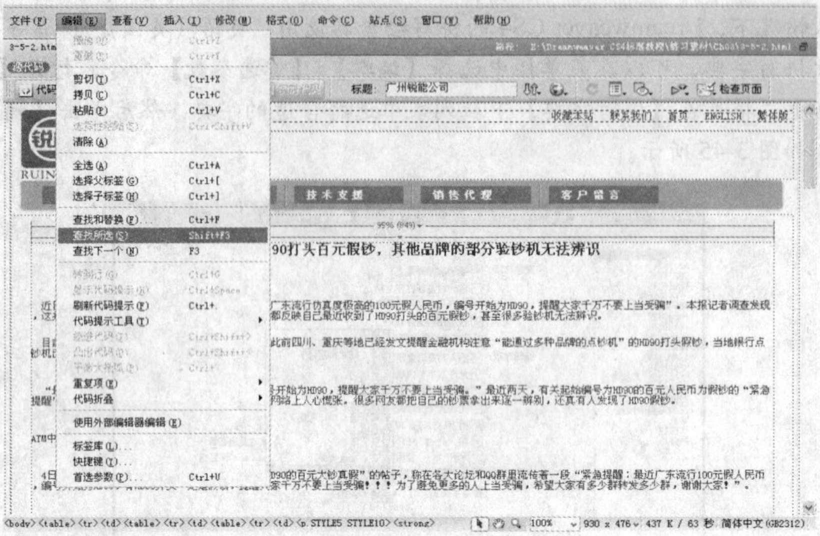

图 3-47　查找文本

3 通过持续按下 F3，便可查找页面内其余的“假钞”文本了。

3.6.3　批量替代文本

在网页中发现错误文本时，可以即时以手动方式修正。但如果页面中出现多处相同的错误时，便可以使用 Dreamweaver 的“查找和替换”功能快速修正页面内的多处错误。

Howto　批量替代文本

1 打开本书光盘中的“..\Example\Ch03\3-6-3.html”文档，然后选择需要修改的内容，如本例练习文档中的“假钞”一词，如图 3-48 所示。

图 3-48　选择需要替换的文字

2 在菜单栏中选择【编辑】|【查找和替换】命令，或按下 Ctrl+F 快捷键，打开【查找和替换】对话框，然后在【替换】文本框中输入“伪钞”，然后单击【替换全部】按钮即可，如图 3-49 所示。

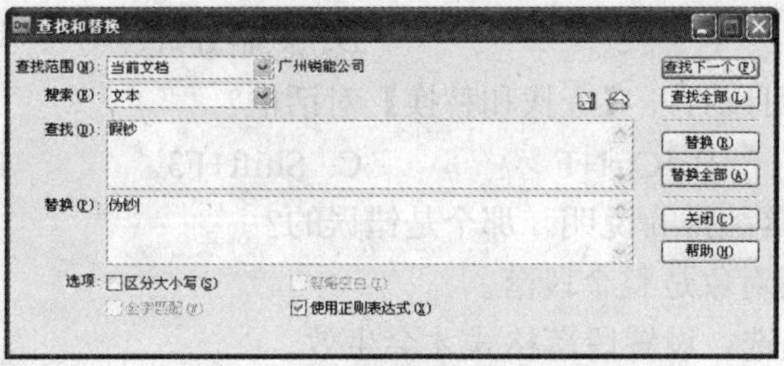

图 3-49 查找和替换文字

3 替换完成后，结果将会显示在【搜索】面板中，如图 3-50 所示。

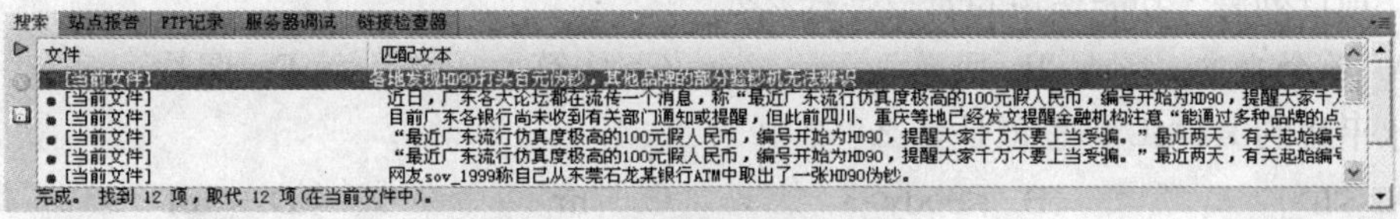

图 3-50 替换文本的结果

3.7 本章小结

本意以实例操作的形式分别介绍了 Dreamweaver CS4 的各种文本编辑方法，包括使用 HTML 和 CSS 编辑文本、设置文本大小/颜色/样式、文本换行和断行、段落格式的设置、制作项目符号和编号内容、插入日期/水平线/特殊字符等方法，同时还介绍了文本的检查与修改的操作。

3.8 本章习题

一、填充题

1. 在 Dreamweaver CS4 中，文本的属性可以通过________和________来设置。

2. 若多行的文本是以断行的方式换行，那么设置项目列表后，只会显示________项目列表符号。

3. 在 Dreamweaver CS4 中编辑文本时，若以断行形式新起一行，那么新起的行与________仍属于同一个段落。

4. 水平线会自动________网页页面，并根据浏览器窗口大小变化自动________。

5. 按下________快捷键可以对文本进行断行处理。

6. Dreamweaver 为用户提供了________、________、________、________四种对齐方式。

7. 为了避免英文或其他语言拼写错误，可以使用________命令来检查文档.

8. 按下________快捷键，可以对页面的文本进行拼写检查。

9. 通过________命令，可以将错误的内容查找出来，并替换成正确的内容。

10. 按下________快捷键，可以打开【查找和替换】对话框。

二、选择题

1. 为网页进行检查拼写处理时无法进行以下哪项操作? ( )

A. 删除错误　　B. 添加到私人字典

C. 更改　　　　　　　　　　　　D. 忽略处理

2. 按下什么快捷键可以打开【查找和替换】对话框？　　　　　　　　　　　　（　　）

A. Ctrl+F2　　　B. Ctrl+F　　　C. Shift+F3　　　D. F9

3. 请问以下关于段落编排的说明，那个是错误的？　　　　　　　　　　　　（　　）

A. 段落格式作用对象是整个段落。

B. 必需对段落全选，设置段落格式才会生效。

C. 段落缩进是指将段落文本从两端向中央收缩。

D. 段落缩进作用的文本不会因收缩区域而缩小。

4. “项目列表”功能作用的对象是什么？　　　　　　　　　　　　（　　）

A. 单个文本　　　B. 段落　　　C. 字符　　　D. 图片

5. 水平线的HTML标签位是什么？　　　　　　　　　　　　（　　）

A. <li>　　　B. <body>　　　C. <hr>　　　D. <url>

三、上机实训

实训1　使用CSS规则设置网页效果

为网页中的文本设置HTML属性后，还可同时套用新建立的CSS规则，如此可完成比较复杂的文本外观美化，例如设置项目列表的文本，同时还可以利用CSS规则设置包括字体、大小、颜色、背景和外框等丰富的效果。

操作提示：

1. 打开本书光盘中的“..\Example\Ch03\3-8.html”练习文件后，选择网页右边的多行文本，再打开【属性】面板，单击【项目列表】按钮，如图3-51所示。

2. 按下Shift+F11快捷键打开【CSS样式】面板，单击面板下方的【新建CSS规则】按钮，如图3-52所示。

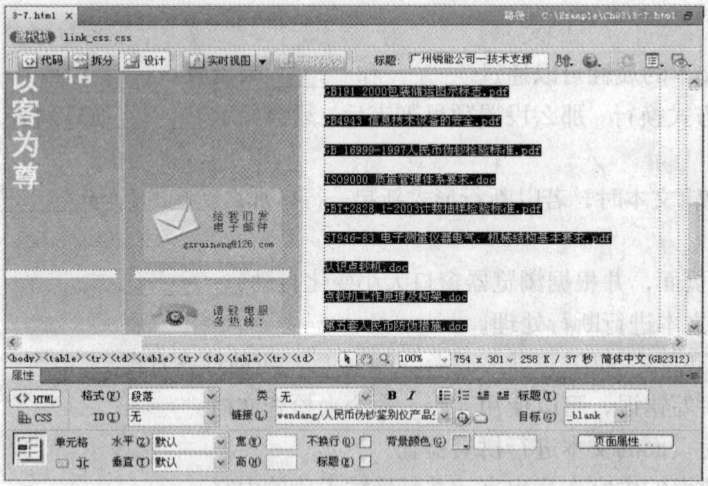

图3-51　设置项目列表

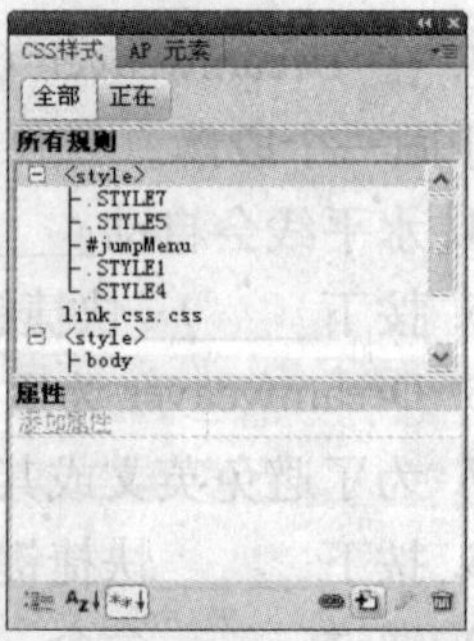

图3-52　新建CSS规则

3. 打开【新建CSS规则】对话框后，选择【类】选择器类型，再输入选择器名称为“.text_new”，然后单击【确定】按钮，如图3-53所示。

4. 打开定义CSS规则的对话框，在默认的【类型】分类设置【Font-family】为【华文细黑】、【Font-size】为13px、【Color】为灰色（#666），然后单击【确定】按钮，如图3-54所示。

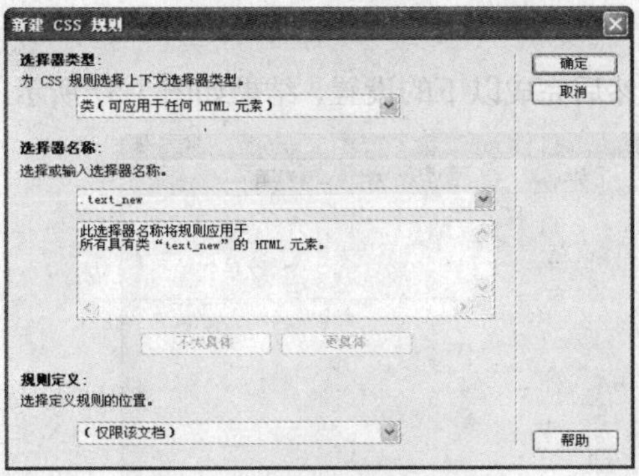

图 3-53　设置 CSS 选择器

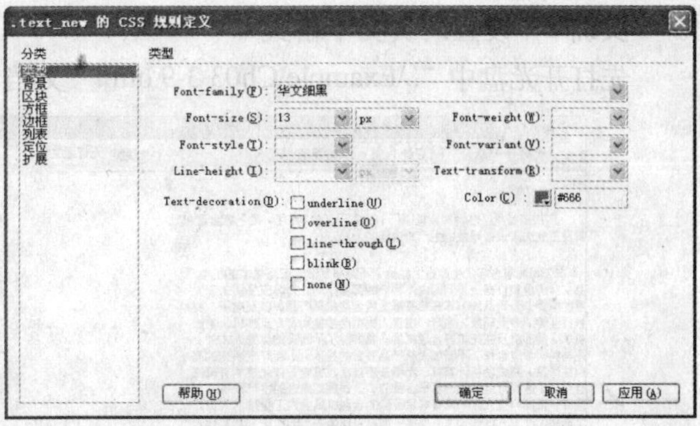

图 3-54　设置 CSS 规则

5. 再次选择已设置列表的文本，切换至【属性】面板至【CSS】分类，然后在【目标规则】栏展开选单，选择套用【text_new】CSS 规则项目，如图 3-55 所示。

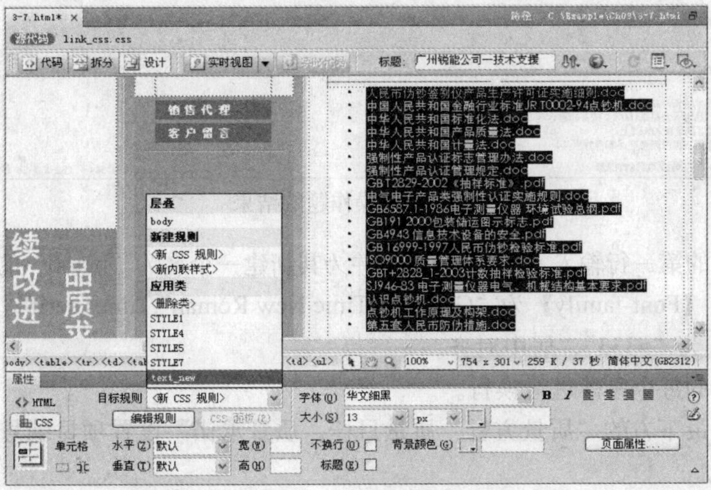

图 3-55　为文本套用 CSS 规则

6. 完成以上文本处理后，按下 F12 快捷键，通过 IE 浏览器打开网页，即可看到设置项目列表并套用 CSS 规则的文本效果，如图 3-56 所示。

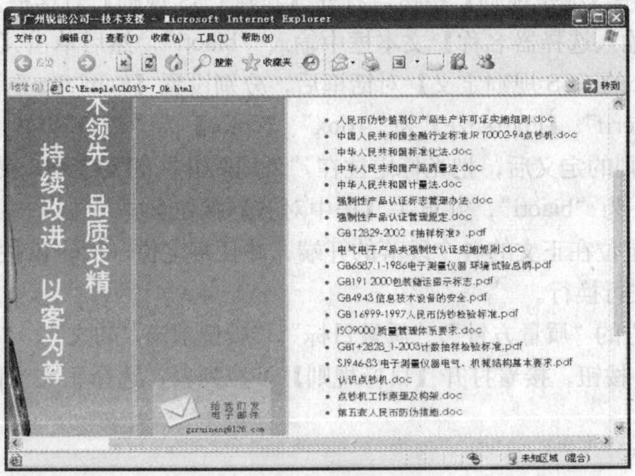

图 3-56　预览网页效果

实训 2　设置网页文本格式

先打开光盘中“..\Example\Ch03\3-9.html”文档，然后完成以下的设置，结果如图 3-57 所示。

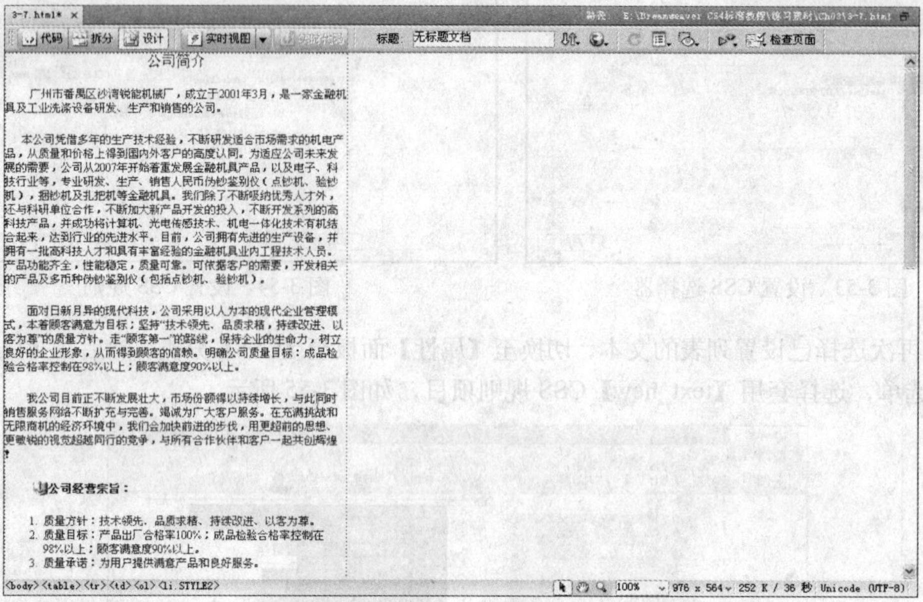

图 3-57　操作题的结果

1. 在文档里的第一行输入“公司简介”，并为其新建一个名为“biaoti”的 CSS 规则，规则定义的属性如下：【Font-family】为“Georgia,”Time New Roman”,Times,serif” ，【Font-size】为“16px”，【color】为“#333”，居中对齐。

2. 对正文内的每个段落进行换行。

3. 为文本中最下方的“质量方针、质量目标、质量承诺”设置项目编号，并设置其 CSS 规则与正文相同。

操作提示:

1. 首先把光标定位在文档的第一行，然后输入“公司简介”。

2. 在【属性检查器】中单击【CSS 规则】按钮，然后设置【目标规则】下拉菜单为“新 CSS 规则”，然后单击【编辑规则】按钮，打开【新建 CSS 规则】对话框。

3. 在【选择或输入选择器名称】文本框中输入“biaoti”，然后单击【确定】按钮。

4. 打开【.biaoti 的 CSS 规则定义】对话框后，分别设置【Font-family】为“Georgia,”Time New Roman”,Times,serif”、【Font-size】为“16px”、【color】为“#333”，然后单击【确定】按钮。

5. 完成 CSS 规则的定义后，把光标定位在“公司简介”的文字中，然后在【属性检查器】中设置【目标规则】为“biaoti”，并单击【居中对齐】按钮。

6. 把光标依次定位在正文的各个段落的开端，并且每定位一次，就按下一次“Enter”键，为正文的各个段落进行换行。

7. 选择正文下方的“质量方针”、“质量目标”、“质量承诺”的文字，然后在【属性检查器】中单击【项目编号】按钮，接着打开【目标规则】下拉列表，选择正文当前使用的 CSS 规则。

第 4 章　表格制作、美化与自动化处理

教学目标

掌握在网页中创建表格，并利用表格进行页面布局以及内容编排的各种操作方法。

教学重点与难点

- 掌握在网页插入和设置表格属性的方法
- 掌握编辑表格和单元格的基础
- 学会对表格和单元格进行美化处理
- 学会排序表格和导入表格式数据的方法

4.1　网页表格编排

表格主要用于布局页面，同时也可以在页面上整齐显示各种数据资料，以及对文本和图形进行定位。

4.1.1　插入表格

表格由一行或多行组成，每行又由一个或多个单元格组成，因此也可以说表格由单元格组成，如果表格只有一个单元格，那么这个表格的单元格就是表格本身。

在 Dreamweaver 中为网页插入表格主要有以下 3 种方法：

方法 1　先指定需要插入表格的位置，然后选择【插入】|【表格】命令（或按下 Ctrl+Alt+T 快捷键），弹出【表格】对话框设置表格属性，然后单击【确定】按钮。

方法 2　打开【插入】面板，选择【常用】选项卡，再单击【表格】按钮，弹出【表格】对话框后设置表格属性，然后单击【确定】按钮。

方法 3　打开【插入】面板，选择【布局】选项卡，再单击【表格】按钮，弹出【表格】对话框后设置表格属性，然后单击【确定】按钮。

Howto　**通过【插入】面板的【常用】选项卡在网页中插入表格**

1　打开本书光盘中的“..\Example\Ch04\4-1-1.html”文档，然后将光标定位在需要插入表格的位置，如图 4-1 所示。

2　在【插入】面板中打开【常用】选项卡，然后单击【表格】按钮，如图 4-2 所示。

3　弹出【表格】对话框后，设置表格行数为 1、列数为 1、表格宽度为 300%、边框粗细和单元格边距以及单元格间距均为 0，单击【确定】按钮，如图 4-3 所示。

完成上述操作后，页面即插入了 1 行 1 列的表格，而且【标签检查器中】亦同时插入了一个<table>标签，如图 4-4 所示。

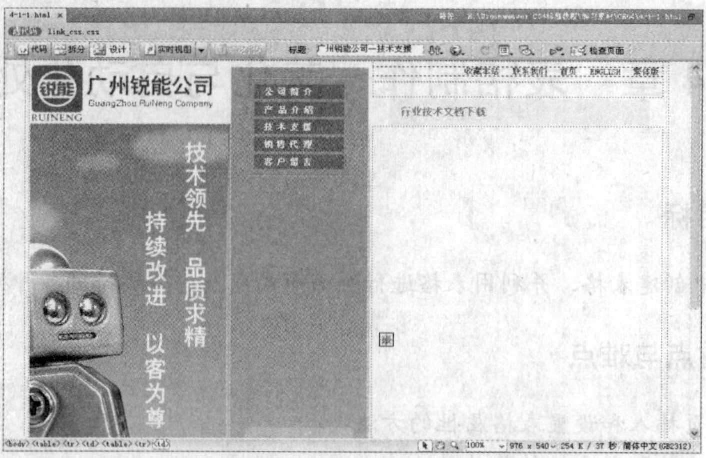

图 4-1　插入标准表格

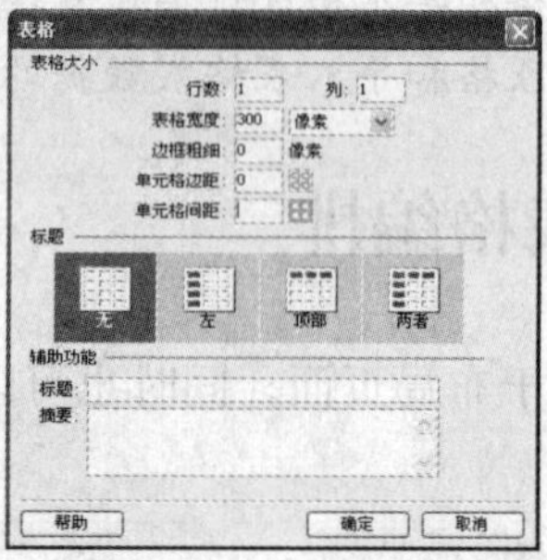

图 4-2　设置表格属性　　　　　　图 4-3　设置表格属性

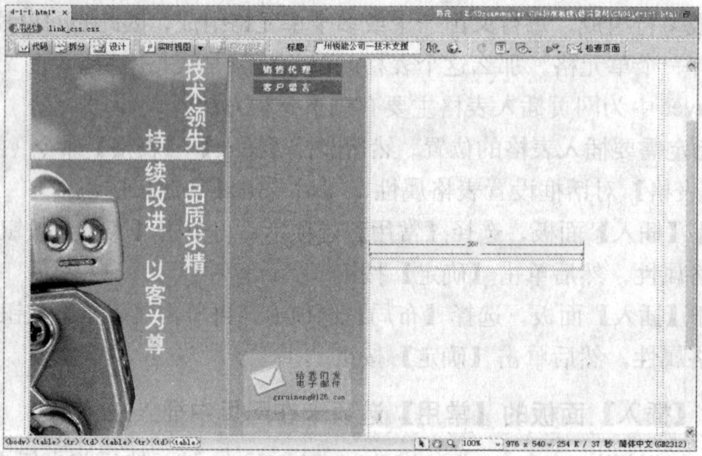

图 4-4　在页面内插入的表格

4.1.2　设置表格属性

使用 Dreamweaver CS4 为网页插入表格时，可同时设置表格属性，当完成插入表格的操作后，也可使用【属性】面板为其设置属性，包括宽高、填充与间距、边框、表格 ID 等。

Howto　使用【属性检查器】设置表格属性

1 打开本书光盘中的“..\Example\Ch04\4-1-2.html”文档，选择页面中需要设置属性的表格，然后按下 Ctrl+F3 快捷键打开【属性检查器】。

2 在【属性检查器】中设置表格的【行】为“8”、【宽】为“350 像素”、【间距】为“0”，如图 4-5 所示。

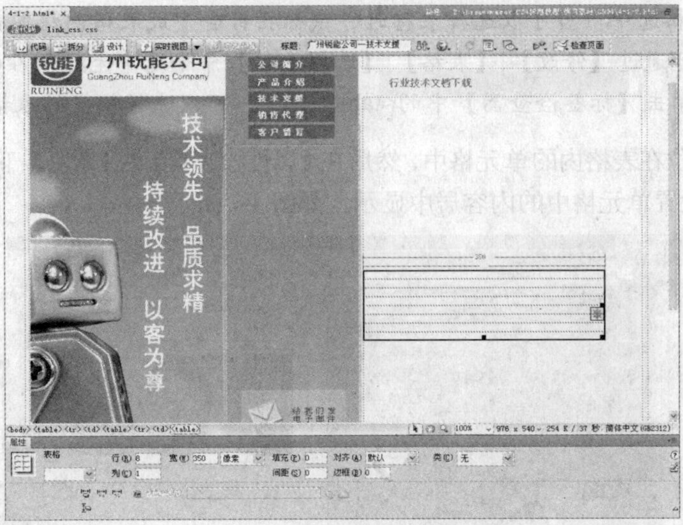

图 4-5　设置表格属性

4.1.3　设置表格对齐方式

表格对齐设置有两种方式，一种是针对整个表格的对齐方式，是指表格相对页面或者表格外的其他对象的对齐效果；另一种则是单元格对齐方式，是指数据对于单元格边框的对齐效果。通过设置表格和单元格的对齐方式，可以更美观地编排数据、图形和文本内容。

Howto　设置表格与单元格对齐方式

1 打开本书光盘中的“..\Example\Ch04\4-1-3.html”文档，然后选择需要设置对齐方式的表格。

2 按下 Ctrl+F3 快捷键打开【属性检查器】，在【对齐】下拉列表中选择【居中对齐】选项，如图 4-6 所示。

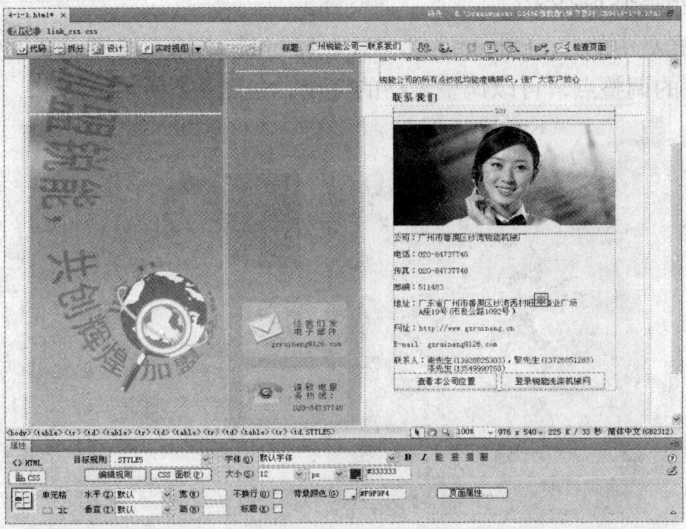

图 4-6　设置表格“居中对齐”

TIPS 选择表格有以下3种方法：

方法1 单击表格的左上角、表格的顶边缘或底边缘的任何位置或者行或列的边框，都可把表格选中（当可以选择表格时，鼠标指针会变成表格网格图标）。

方法2 可通过【修改】|【表格】|【选择表格】命令选中光标所在的表格。

方法3 单击【标签检查器】中的<table>标签，可以选择相应的表格。

3 把光标定位在表格内的单元格中，然后在【属性检查器】的【水平】下拉列表中选择【居中对齐】选项，设置单元格中的内容居中显示，如图4-7所示。

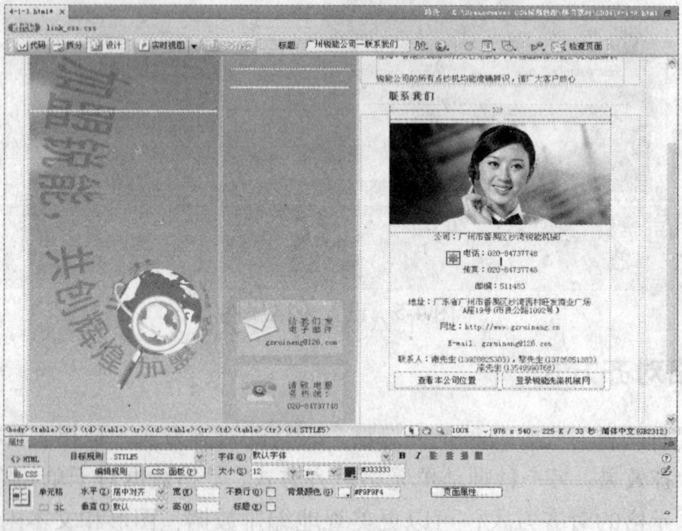

图4-7 设置单元格"居中对齐"

4.1.4 手动调整表格大小

很多设计人员会直接以手动方式调整表格的大小，这种直观的方法有利于用肉眼来判断表格大小适合程度。

Howto 手动调整表格大小

1 打开本书光盘中的"..\Example\Ch04\4-1-4.html"文档，选择需要调整大小的表格，然后拖动表格右边框的调整点，可以调整表格的宽度。如图4-8所示。

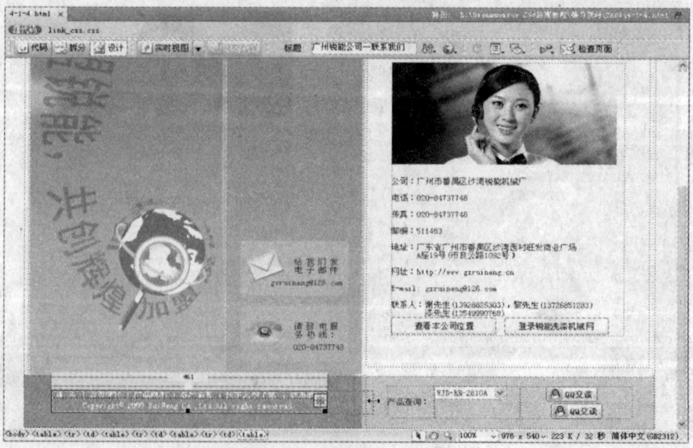

图4-8 调整表格宽度

2 拖动表格下边框的调整点，可以调整表格的高度，如图 4-9 所示。

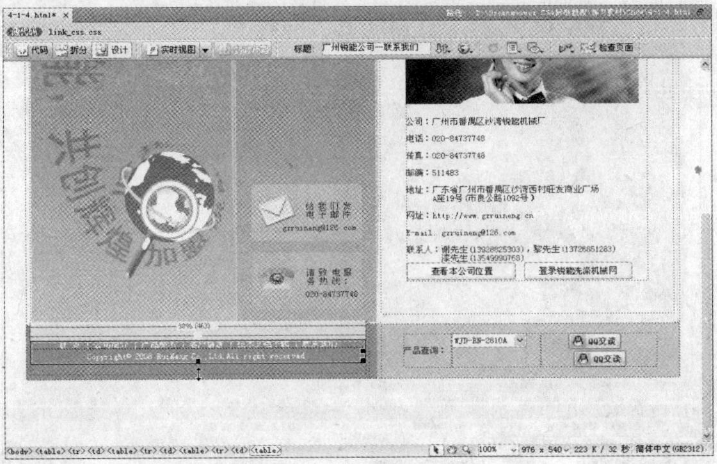

图 4-9　调整表格高度

4.1.5　设置单元格宽/高

为了使单元格内所陈列的内容整齐美观，可为单元格设置适合的宽度和高度。设置单元格的大小，可在网页中定位光标选取某个单元格，或拖动选取一组单元格，然后使用【属性】面板设置其宽度和高度参数。

Howto　设置单元格宽和高

1 打开本书光盘中的“..\Example\Ch04\4-1-5.html”文档，拖动选择页面中表格第一列单元格，然后按下 Ctrl+F3 快捷键打开【属性】面板。

2 在【属性检查器】的【宽】文本框中输入“70”，然后按下 Enter 键，如图 4-10 所示。

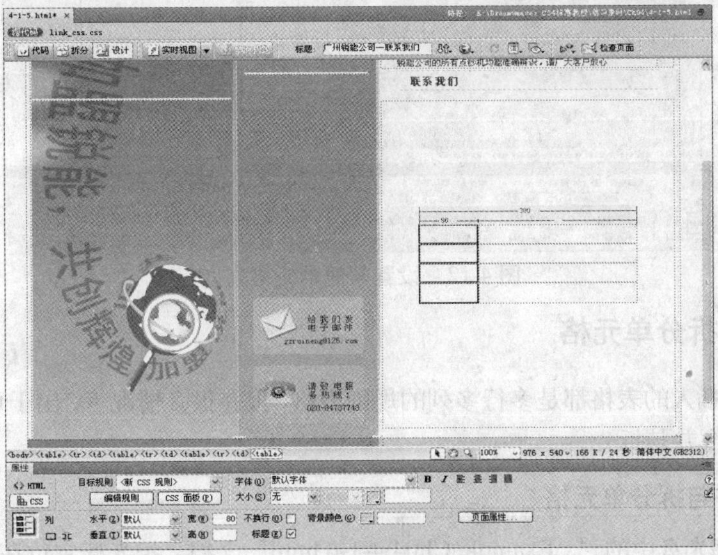

图 4-10　设置单元格宽度

3 拖动选择表格第一行单元格，在【属性检查器】的【高】文本框中输入“100”，然后按下 Enter 键，如图 4-11 所示。

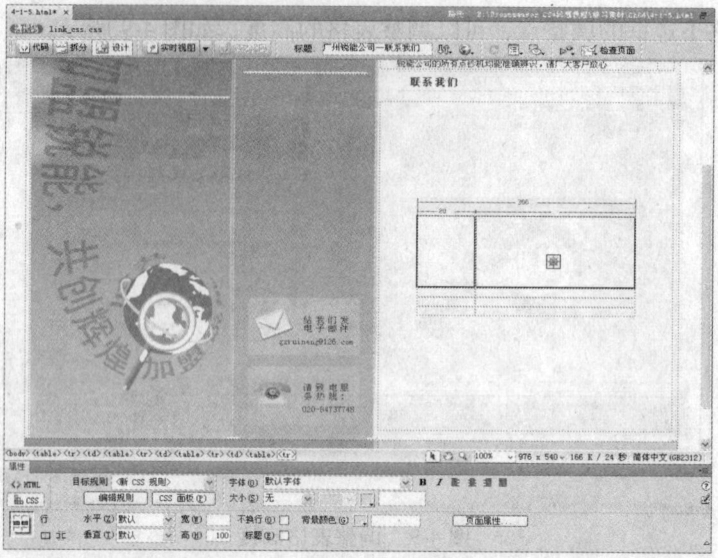

图 4-11 设置单元格高度

4 使用步骤 3 的操作方法，设置其他单元格的高度，结果如图 4-12 所示。

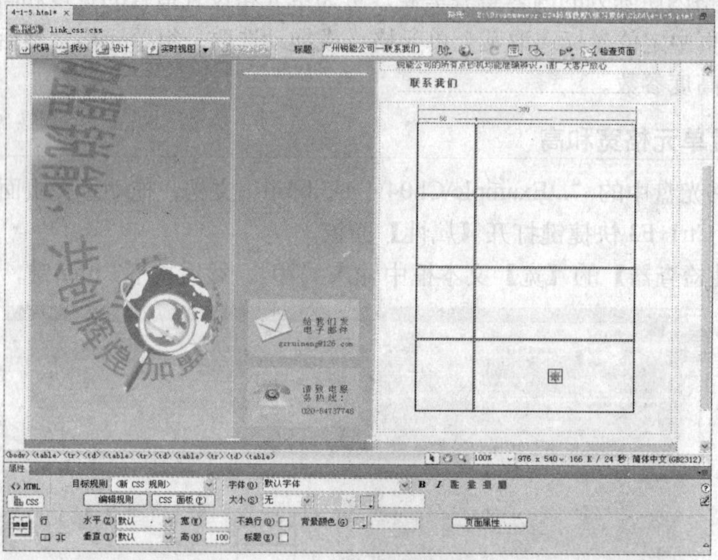

图 4-12 设置其他单元格高度

4.1.6 合并与拆分单元格

为网页直接插入的表格都是多行多列的规则表格，但在很多情况下，出于页面编排的需要，会对单元格进行合并与拆分。

Howto 合并与拆分单元格

1 打开本书光盘中的“..\Example\Ch04\4-1-6.html”文档，把光标定位在第一行的第二列单元格中，然后在【属性检查器】中单击【拆分单元格为行或列】按钮，如图 4-13 所示。

2 打开【拆分单元格】对话框后，选择【列】选项按钮，然后设置【列数】为“2”，单击【确定】按钮，如图 4-14 所示。

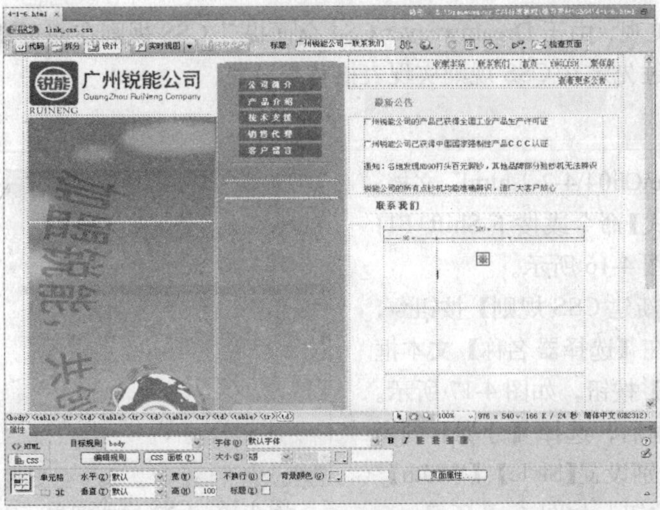

图 4-13　拆分单元格

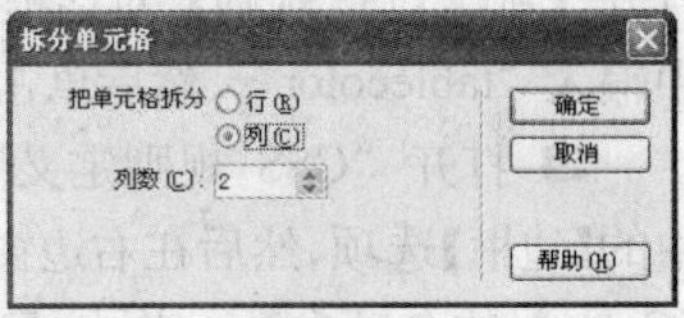

图 4-14　设置拆分单元格选项

3 拆分单元格后，拖动选择第一列单元格，然后在【属性检查器】中单击【合并所选单元格，使用跨度】按钮即可合并单元格，如图 4-15 所示。

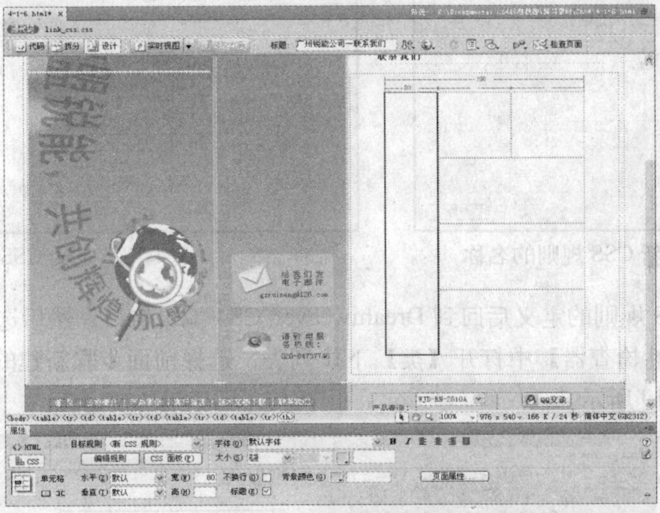

图 4-15　调整单元格资料

拆分单元格的快捷键是 Ctrl+Alt+S。合并单元格的快捷键是 Ctrl+Alt+M。

4.2　单元格美化处理

除了用于定位与编排网页内容，表格与单元格还可以美化网页。只需通过对表格与单元格背景、边框属性的巧妙设置，即可达到美化的效果。

4.2.1　设置表格边框效果

为网页插入的表格默认的边框颜色为灰色。可以依照网页的风格和色调为表格边框设置合适的颜色，使之与整个页面配合更加美观，由于 Dreamweaver CS4 全面提升 CSS 规则在网页设计中的应用，因此，新的版本需要通过先定义 CSS 规则实现表格背景设置。

Howto 设置表格边框颜色

1 打开本书光盘中的“..\Example\Ch04\4-2-1.html”文档，然后在菜单栏中选择【窗口】|【CSS 样式】命令或按下 Shift+F11 快捷键，打开【CSS 样式】面板，如图 4-16 所示。

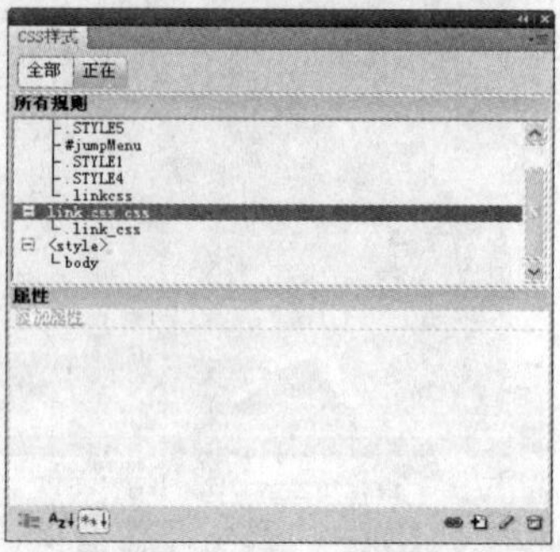

图 4-16　CSS 样式面板

2 在【CSS 样式】面板中单击【新建 CSS 规则】按钮，打开【新建 CSS 规则】对话框，然后在【选择器名称】文本框中输入“tablecolor”，然后单击【确定】按钮，如图 4-17 所示。

3 打开“CSS 规则定义”对话框后，选择【分类】列表中的【边框】选项，然后在右边窗格中分别设置【Style】、【Width】、【Color】的各项参数，单击【确定】按钮，如图 4-18 所示。

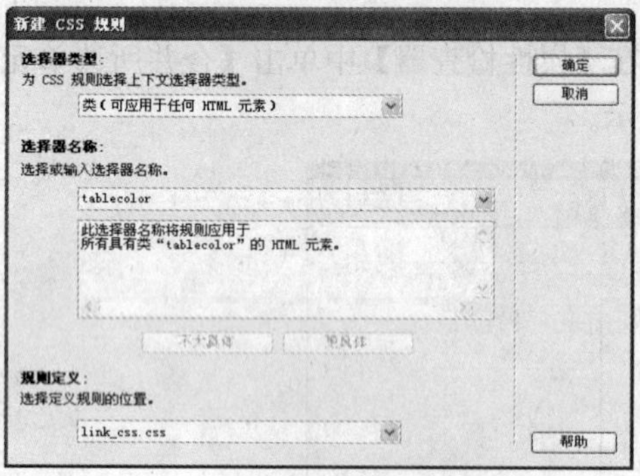

图 4-17　输入新 CSS 规则的名称

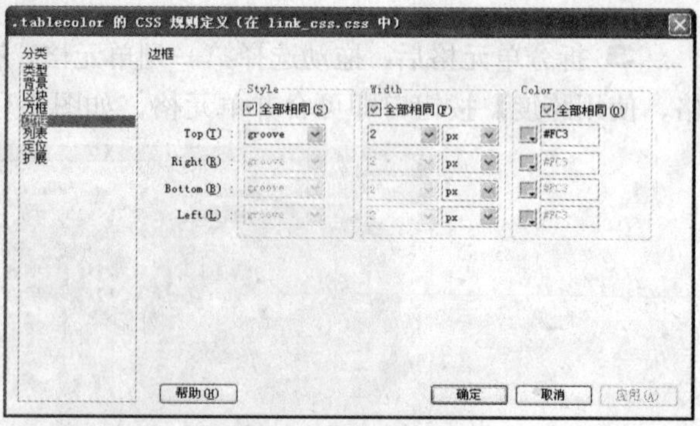

图 4-18　定义 CSS 规则

4 完成新 CSS 规则的定义后回到 Dreamweaver CS4 编辑窗口，然后选择需要设置颜色的表格，接着在【属性检查器】中打开【类】下拉列表，选择前面步骤新建的“tablecolor”CSS 规则即可，如图 4-19 所示。

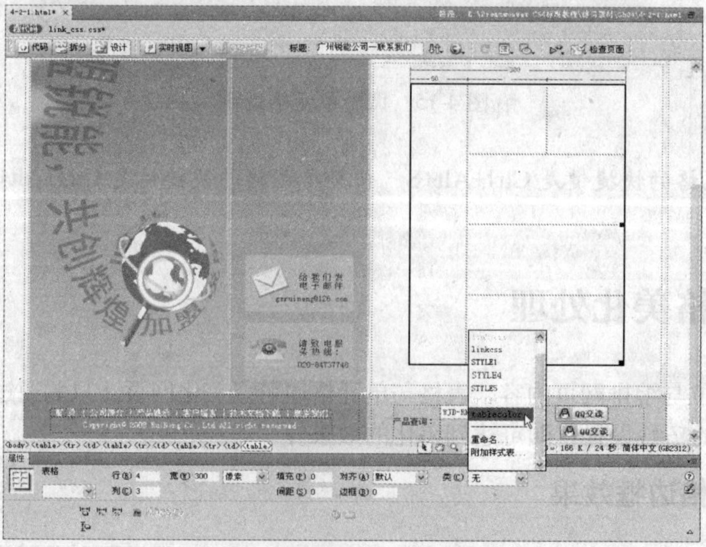

图 4-19　设置表格的 CSS 规则

TIPS Dreamweaver CS4 在 CSS 规则定义的【边框】设置中，分别提供了表格 4 条边（Top（顶边）、Right（右边）、Bottom（底边）、Left（左边））的【Style】、【Width】、【Color】这三种属性设置。

(1)【Style】：表示表格边框的样式。

(2)【Width】：表示表格边框的大小。

(3)【Color】：表示表格边框的颜色。

4.2.2 设置表格背景效果

除了使用颜色作为表格背景效果，还可以指定图片素材作为表格背景。若同时设置这两种属性，那么背景图像会遮盖背景颜色的效果。

Howto 设置表格背景效果

1 打开本书光盘中的“..\Example\Ch04\4-2-2.html”文档，然后在菜单栏中选择【窗口】|【CSS 样式】命令或按下 Shift+F11 快捷键，打开【CSS 样式】面板，如图 4-20 所示。

2 在【CSS 样式】面板中单击【新建 CSS 规则】按钮，打开【新建 CSS 规则】对话框，然后在【选择器名称】文本框中输入“tableback”，然后单击【确定】按钮，如图 4-21 所示。

3 弹出“CSS 规则定义”对话框后，选择【分类】列表中的【背景】选项，然后在右边窗格中单击【浏览】按钮，如图 4-22 所示。

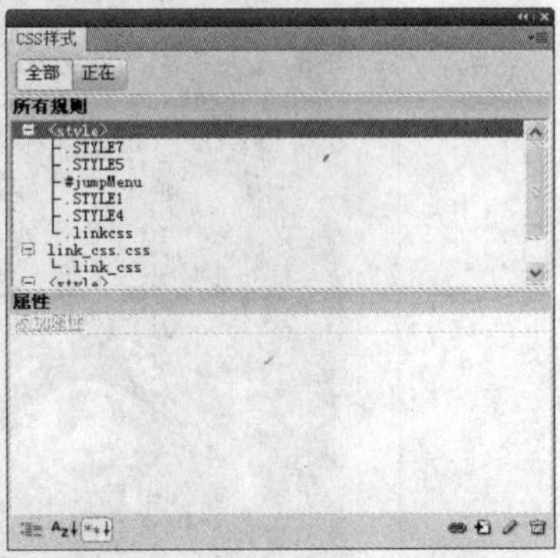

图 4-20 CSS 样式面板

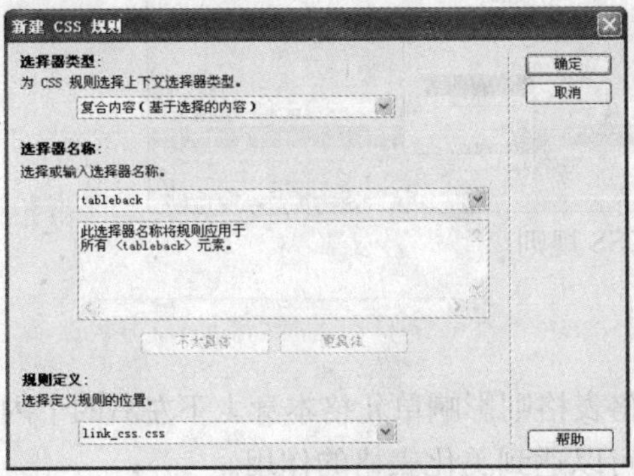

图 4-21 输入 CSS 规则的名称

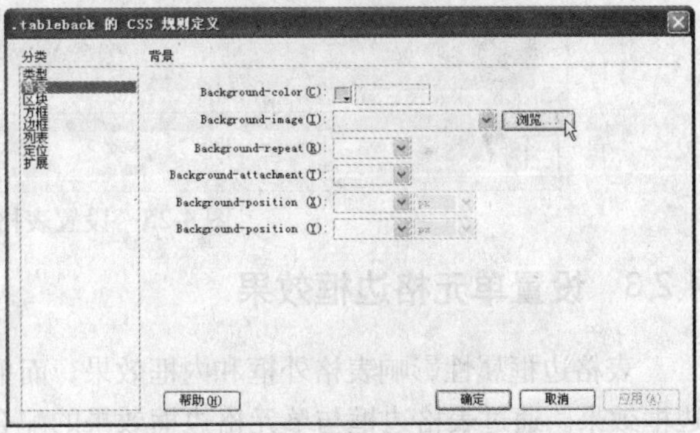

图 4-22 定义 CSS 规则的背景选项

4 打开【选择图像源文件】对话框后，选择本书光盘中的“..\Example\Ch04\4-2-2.jpg”文件，单击【确定】按钮，如图 4-23 所示。

5 返回“CSS 规则定义”对话框后单击【确定】按钮，完成 CSS 规则定义，如图 4-24 所示。

6 完成新 CSS 规则的定义后回到 Dreamweaver CS4 编辑窗口，选择需要设置背景效果的表格，然后在【属性检查器】的【类】下拉列表中选择“tableback”CSS 规则即可，如图 4-25 所示。

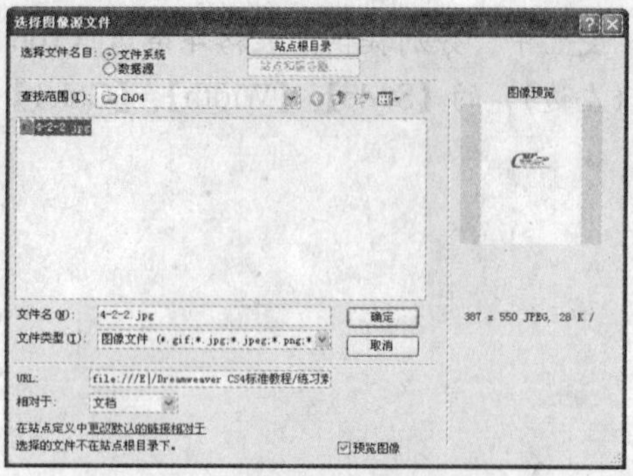

图 4-23　选择背景图片

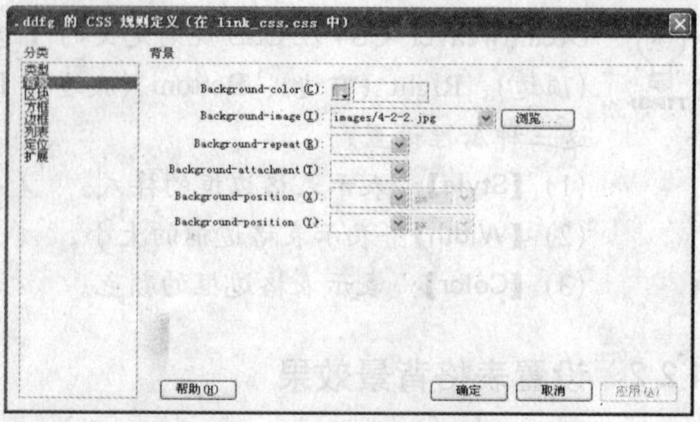

图 4-24　完成 CSS 规则的定义

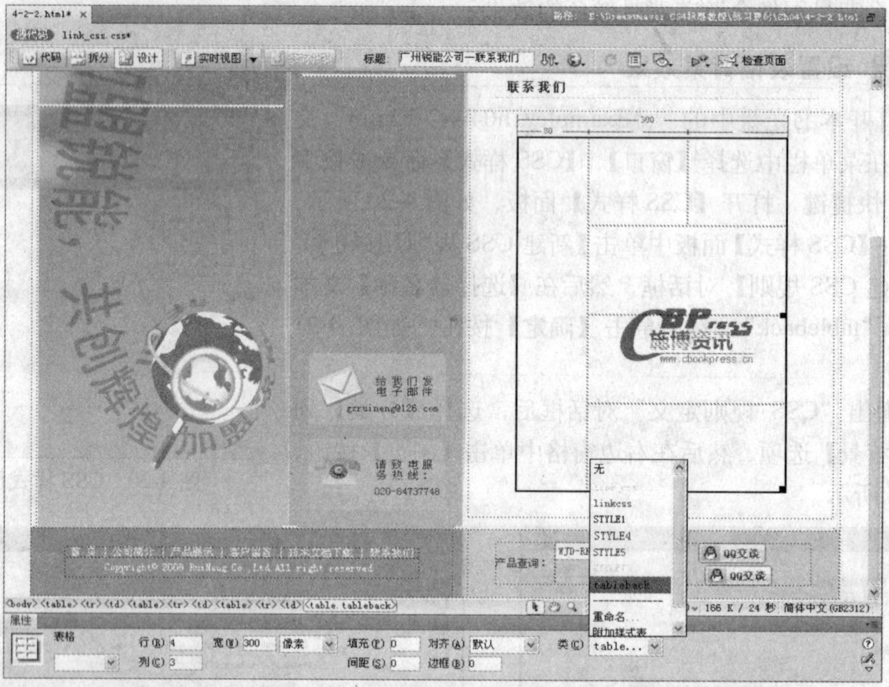

图 4-25　设置表格的 CSS 规则

4.2.3　设置单元格边框效果

表格边框属性影响表格外框和内框效果，而单元格表格则影响单元格本身上下左右四个内边框效果。通过表格边框与单元格边框效果的配合，可以达到美化表格的作用。

TIPS 在 Dreamweaver CS4 中，设置单元格边框效果与设置表格边框效果相似，都需要使用 CSS 规则对其进行控制。

Howto　设置单元格边框效果

1 打开光盘中的“..\Example\Ch04\4-2-3.html”文档，然后在菜单栏中选择【窗口】|【CSS 样式】命令或按下 Shift+F11 快捷键，打开【CSS 样式】面板，如图 4-26 所示

2 在【CSS 样式】面板中单击【新建 CSS 规则】按钮，打开【新建 CSS 规则】对话框，然后在【选择器名称】文本框中输入“unit”，然后单击【确定】按钮，如图 4-27 所示

3 打开“CSS 规则定义”对话框后，选择【分类】列表中的【边框】选项，然后在右边窗格中分别设置【Style】、【Width】、【Color】的各项参数，单击【确定】按钮，如图 4-28 所示。

4 完成新 CSS 规则的定义后，回到 Dreamweaver CS4 编辑窗口，接着把光标定位在需要设置边框的单元格内，然后在【属性检查器】中打开【目标规则】下拉列表，选择前步聚新建的“unit”CSS 规则即可，如图 4-29 所示。

图 4-26　CSS 样式面板

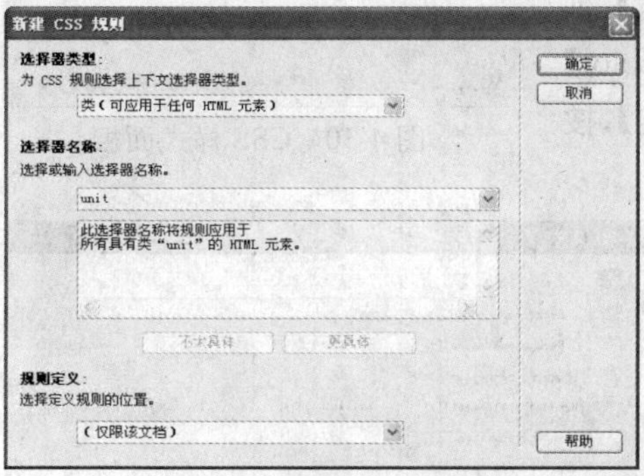

图 4-27　设置新 CSS 规则

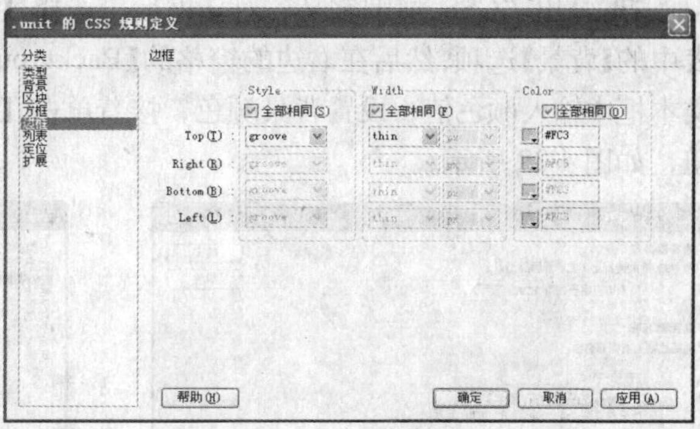

图 4-28　定义 CSS 规则

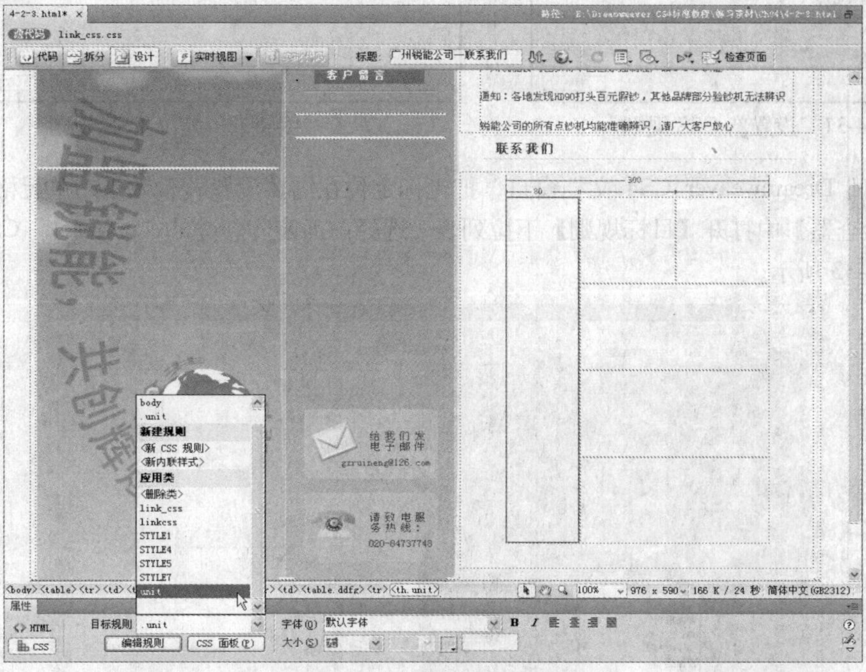

图 4-29　设置单元格的 CSS 规则

4.2.4　设置单元格背景效果

在表格处理中更多的是针对单元格的背景进行设置，以使页面的布局更丰富、更具个性。设置单元格背景效果与设置表格背景效果的方法相似，都需要通过 CSS 规则控制。

Howto 设置单元格背景效果

1 打开本书光盘中的“..\Example\Ch04\4-2-4.html”文档，然后在菜单栏中选择【窗口】|【CSS样式】命令或按下Shift+F11快捷键，打开【CSS样式】面板，如图4-30所示。

图4-30　CSS样式面板

2 在【CSS样式】面板中单击【新建CSS规则】按钮 ，打开【新建CSS规则】对话框，然后在【选择器名称】文本框中输入“unitback”，然后单击【确定】按钮，如图4-31所示。

3 弹出“CSS规则定义”对话框后，选择【分类】列表中的【背景】选项，然后在右边的窗格的【Background-color】文本框中输入颜色值，设置背景颜色，接着单击【确定】按钮，如图4-32所示。

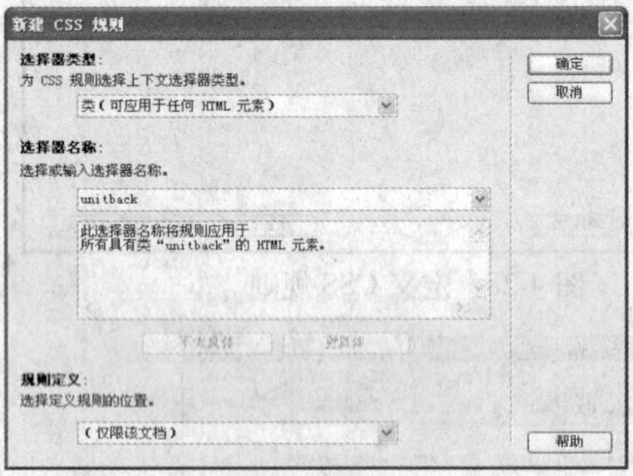

图4-31　设置新CSS规则

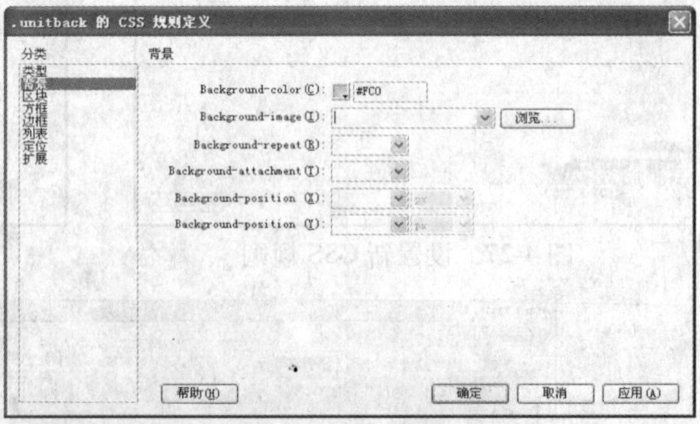

图4-32　定义CSS规则

4 返回Dreamweaver CS4文档窗口，把光标定位在需要设置背景效果的单元格中，然后在【属性检查器】中打开【目标规则】下拉列表，选择前面步骤新建的“unitback”CSS规则即可，如图4-33所示。

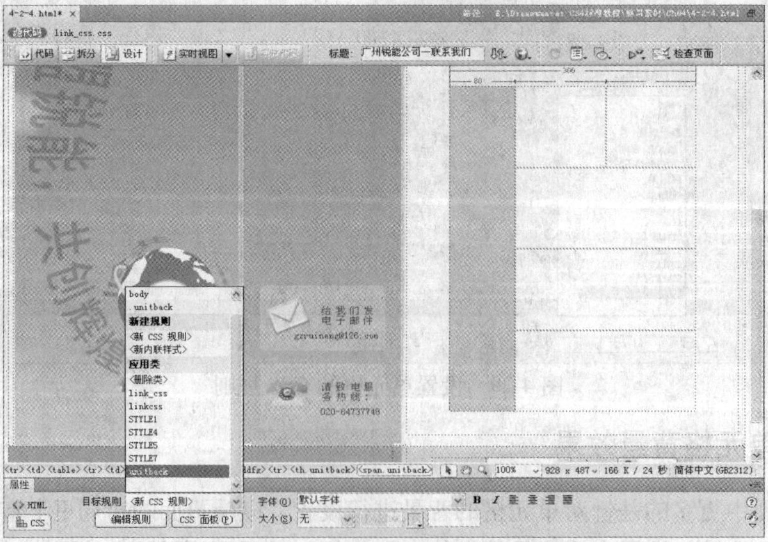

图4-33　设置单元格的CSS规则

4.3　表格自动化处理

Dreamweaver CS4 提供了表格自动化处理功能，可以快速使用表格进行页面布局处理提供便捷。

4.3.1　自动排序表格

使用“排序表格”命令可以根据表格某一列内容进行排序，也可以根据两个列的内容执行更加复杂的表格排序。

Howto　自动排序表格

1 打开光盘中的“..\Example\Ch04\4-3-1.html”文档，首先选择需要排序的表格，然后选择【命令】|【排序表格】命令，如图 4-34 所示。

图 4-34　选择【排序表格】命令

2 弹出【排序表格】对话框后，设置按照第 1 列排序，并且按数字升序的方式排列，然后单击【确定】按钮，如图 4-35 所示。排序后的结果如图 4-36 所示。

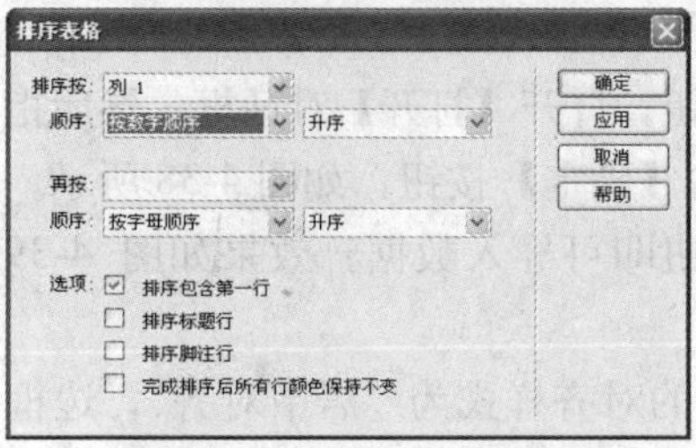

图 4-35　设置表格排序

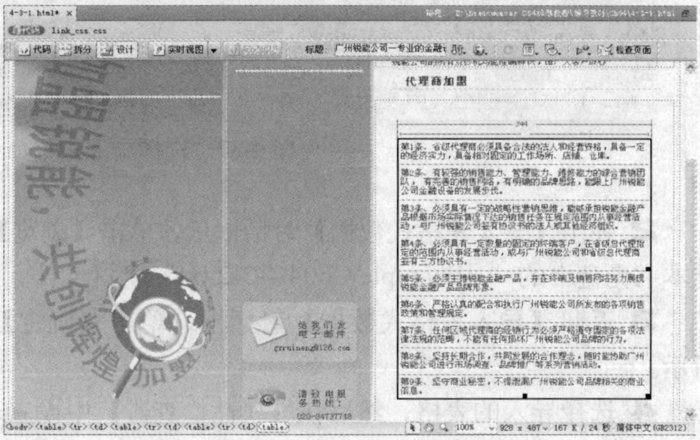

图 4-36　表格排序后的结果

“排序表格”命令无法应用至使用直行合并或横列合并的表格，即可当行或列的单元格存在占用其他行或列单元格位置时，则无法使用“排序表格”命令。

如果按字母顺序对一组由一位或两位数组成的数字进行排序，则会将这些数字作为单词进行排序（排序结果如1、10、2、20、3、30），而不是将它们作为数字进行排序（排序结果如1、2、3、10、20、30）。

4.3.2 导入表格式数据

通过导入表格式数据的方法，可将另一个应用程序（例如 Excel、文本文件）创建的表格式数据（其中的内容同样以单元格区分，或是用制表符、逗号、冒号、分号或其他分隔符隔开）导入到网页，并自动设置为表格的格式，大大节省了输入表格数据的时间。

Howto 导入表格式数据

1 打开本书光盘中的“..\Example\Ch04\4-3-2.html”文档，将光标定位在网页左侧的空白单元格中，选择【文件】|【导入】|【表格式数据】命令，如图4-37所示。

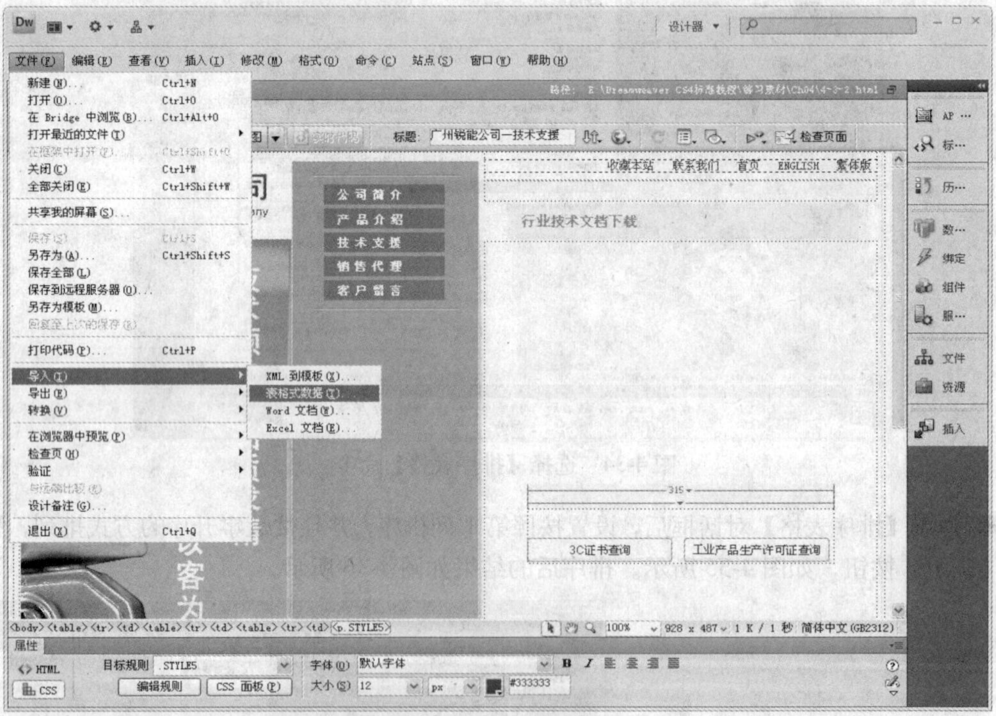

图4-37 选择导入表格命令夹

2 弹出【导入表格式数据】对话框后，单击【浏览】按钮，打开【打开】对话框，然后指定本书光盘中的“..\Example\Ch04\4-3-2.txt”素材文件，单击【确定】按钮，如图4-38所示。

3 返回【导入表格式数据】对话框，单击【确定】按钮即可导入数据，效果如图 4-39所示。

4 选择导入的表格，然后在【属性检查器】中设置表格的对齐样式为“居中对齐”，边框为“0”，类为“STYLE4”，如图4-40所示。

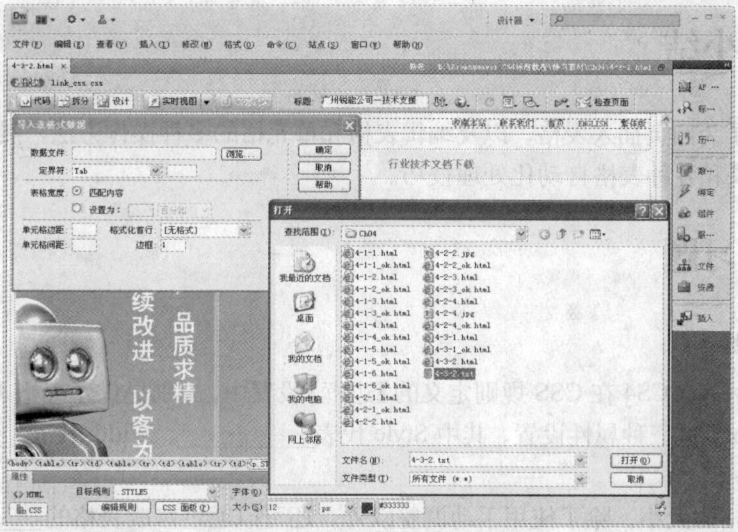

图 4-38 设置导入数据源文件

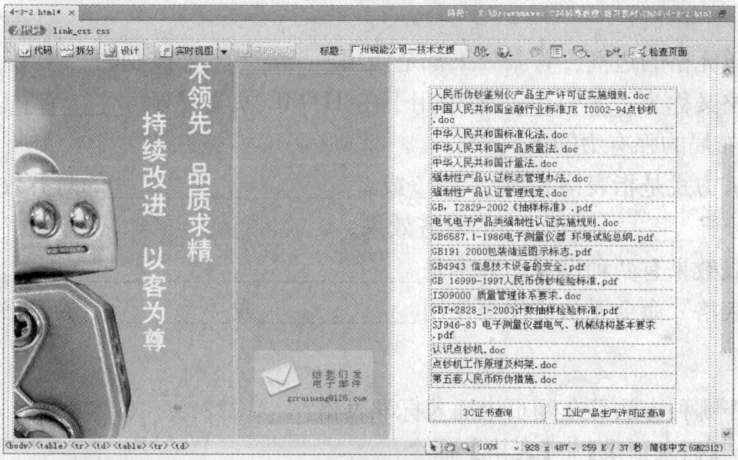

图 4-39 导入表格式数据后的效果

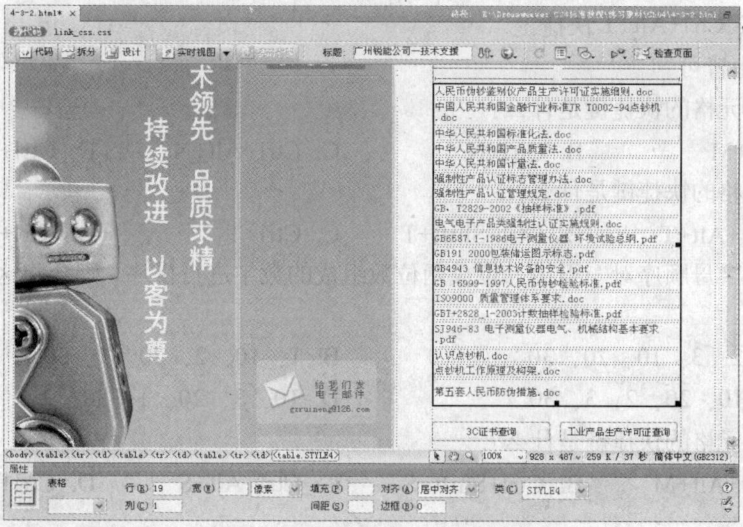

图 4-40 设置表格的属性

4.4 本章小结

本章介绍了为网页插入表格，以及编辑表格和单元格的多种操作方法，然后延伸到利用表格美化页面效果和各种表格自动化处理技巧。

4.5 本章习题

一、填充题

1. Dreamweaver CS4 在 CSS 规则定义的【边框】设置中，分别提供了表格 4 条边的【Style】、【Width】、【Color】这三种属性设置，其中 Style 代表__________、Width 代表__________、Color 代表__________。

2. 调整表格的大小，除了使用手动调整以外，还可以通过修改表格的__________来调整。

3. 在 Dreamweaver 中除了在插入表格时设置表格属性外，亦可使用__________为现有的表格设置属性。

4. 表格和单元格的边框、背景效果都是使用__________来控制的。

5. 标准表格又称为_________，它是用于在 HTML 页上显示__________以及对_______和_________进行布局的强有力的工具。

6. 表格对齐方式是指表格相对_______或者__________________的对齐效果；单元格对齐方式则指数据对于_______________的对齐效果。

7. 表格背景效果有两种设置，分别是_______________和_______________。

8. “排序表格”命令无法应用至使用___________或___________的表格。

二、选择题

1. 通过以下哪种方法可在网页中插入标准表格？ （ ）

A. 选择【插入记录】|【表格】命令

B. 通过【插入】面板的“布局”选项卡单击【表格】按钮

C. 按下 Ctrl+Alt+T 快捷键

D. 以上皆可

2. 合并单元格的快捷键是什么？ （ ）

A. Alt+M B. Ctrl+N C. Ctrl+Alt+N D. Ctrl+Alt+M

3. 插入表格的快捷键是什么？ （ ）

A. Ctrl+Alt+T B. Ctrl+Shift+T C. Ctrl+T D. Ctrl+Shift+Alt+T

4. 如果按字母顺序对一组由一位或两位数组成的数字进行排序，则会将这些数字排列成以下哪种形式？ （ ）

A. 1、2、3、10、20、30 B. 1、10、2、20、3、30

C. 1、10、20、2、3、30 D. 10、3、20、1、30、2

5. 拆分单元格的快捷键是什么？ （ ）

A. Ctrl+Alt+M B. Ctrl+Shift+S C. Ctrl+Alt+S D. Ctrl+Shift+M

三、上机实训

实训 1　使用表格定位网页内容

表格在网页设计中的一项重要作用就是布局定位，当网页中的内容资料在空间位置上要求依照某种关系严格定位时，表格就起到重要的作用，本例将在网页中插入表格，并设置根据内容定位对重要进行设置，最后分别输入表格内容，完成网页设计。

操作提示：

1. 打开本书光盘中的“..\Example\Ch04\4-5.html”文档，在【插入】面板的“常用”分类中单击【表格】按钮，如图 4-41 所示。

2. 打开【表格】对话框后，设置表格行数为 8、列数为 2、表格宽度为 85%、边框粗细和单元格边距以及单元格间距均为 0，然后单击【确定】按钮，如图 4-42 所示。

3. 拖动选择表格中第 1 行，在【属性】面板中单击【合并所选单元格，使用跨度】按钮，再根据相同的操作方法，分别合并第 2、3、4 行单元格，如图 4-43 所示。

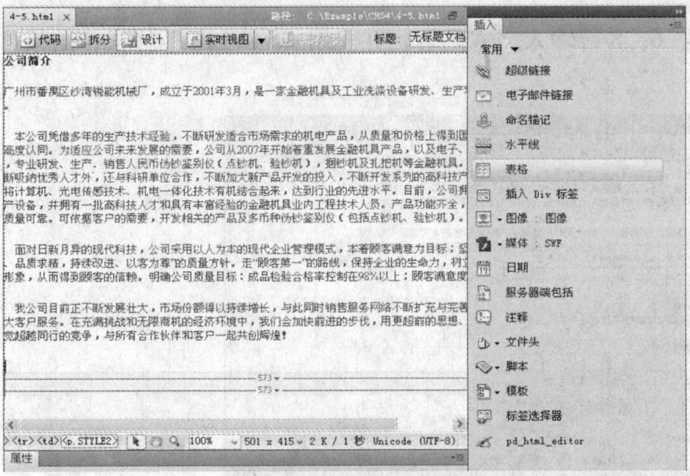

图 4-41　插入表格

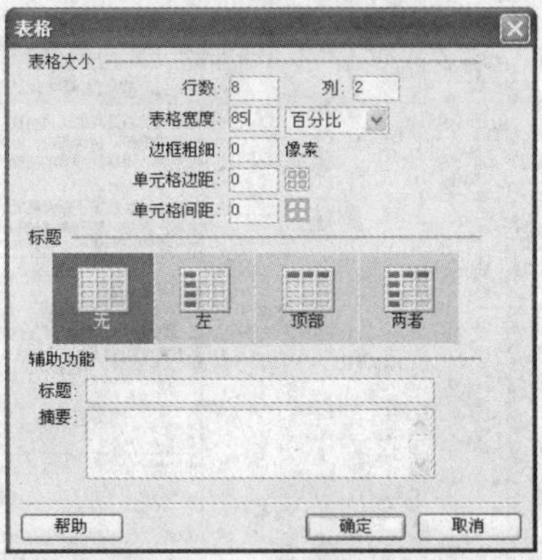

图 4-42　设置表格

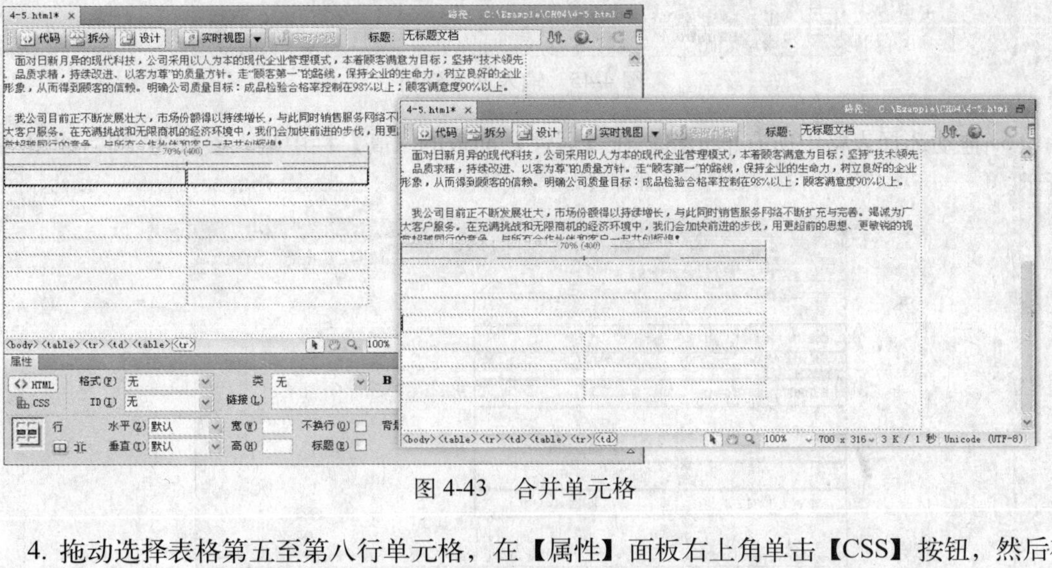

图 4-43　合并单元格

4. 拖动选择表格第五至第八行单元格，在【属性】面板右上角单击【CSS】按钮，然后在【水平】栏设置“居中对齐”选项，如图 4-44 所示。

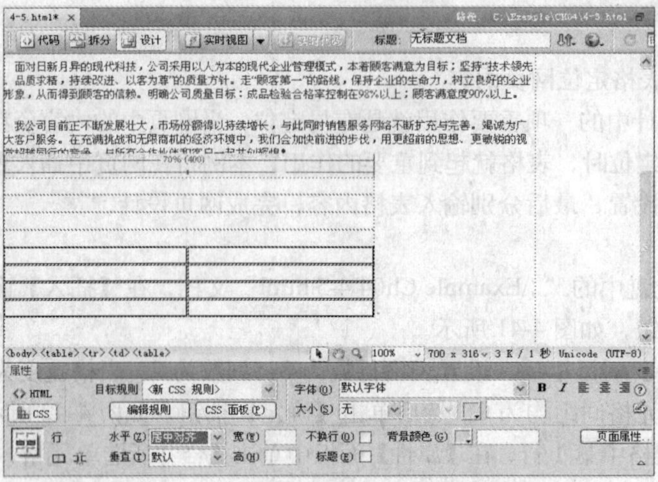

图 4-44　对齐单元格

5. 分别为表格的第 1、2、3、4、6、8 行输入文本内容，并套用“STYLE2”样式，结果如图 4-45 所示。

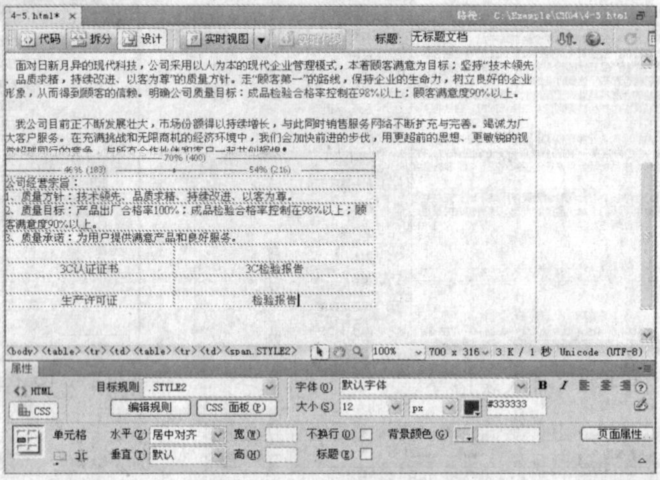

图 4-45　输入文本资料

6. 拖动选择表格中所有单元格，在【属性】面板的【高】栏中输入参数为 30，如图 4-46 所示。

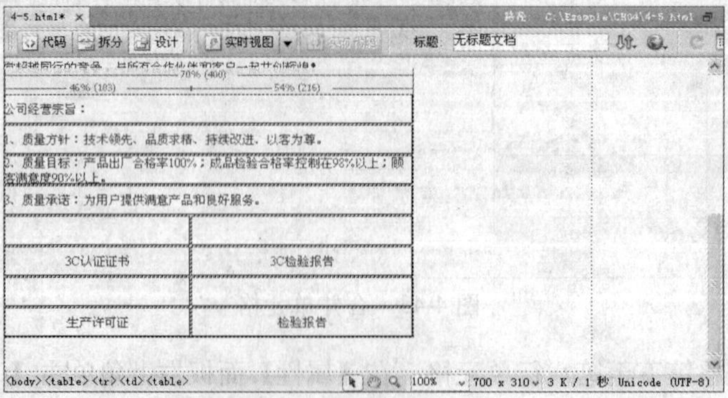

图 4-46　设置单元格高度

7. 定位光标在表格第五行第一个单元格内，在【插入】面板中单击【图像：图像】按钮，打开【选择图像源文件】对话框，指定“..\Example\Ch04\images\a01.jpg”素材，然后单击【确定】按钮，如图 4-47 所示。

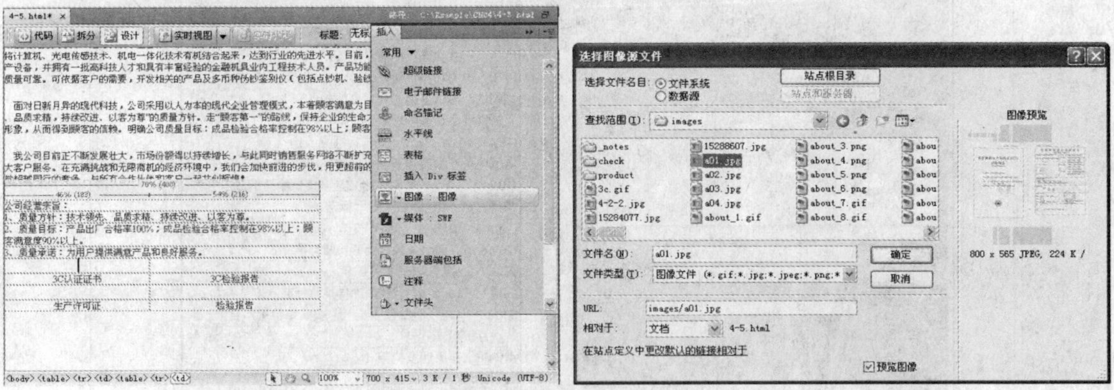

图 4-47　插入图像

8. 根据步骤 7 相同的操作方法，分别为其他空白单元格插入素材图像 a02.jpg、a03.jpg、a04.jpg，结果如图 4-48 所示。

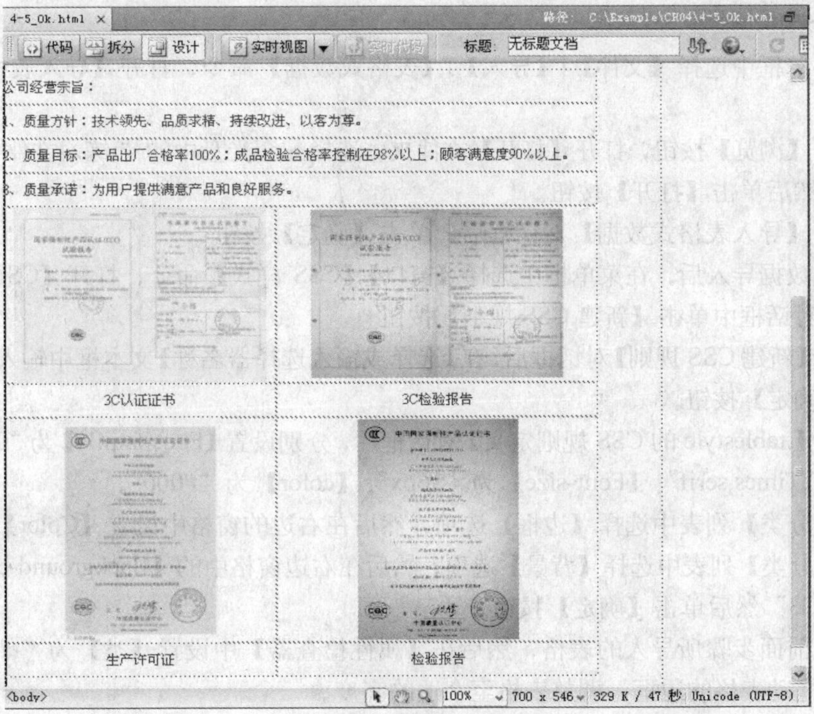

图 4-48　插入其他图像

实训 2　在网页中绘制表格

打开光盘中“..\Example\Ch04\4-6.html”文档，在该网页左侧空白位置导入本书光盘中的“..\Example \Ch04\4-6.txt”素材文件为表格式数据，然后设置所导入表格的属性，其中包括：对齐样式为“居中以齐”、字体大小为“16px”、字体颜色为“黑色”、表格边框颜色为“#FC0”、表格背景色为“#FC3”，并手动调整表格的高度。完成结果如图 4-49 所示。

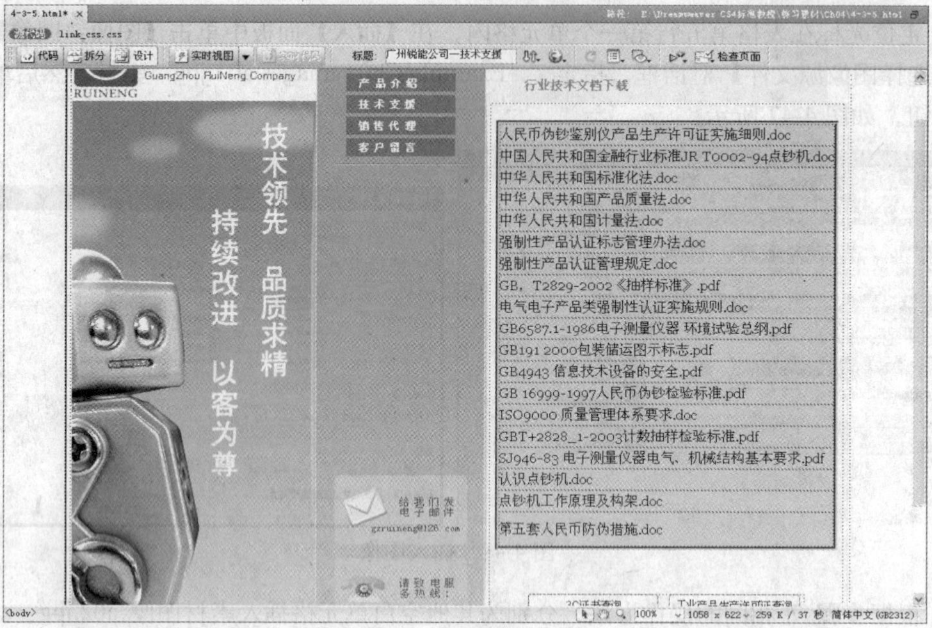

图 4-49　操作题的结果

操作提示：

1. 在菜单框中选择【文件】|【导入】|【表格式数据】命令，打开【导入表格式数据】对话框。

2. 单击【浏览】按钮，打开【打开】文件夹，选择配套光盘中的“\练习文件\Ch04\4-5.txt”素材文件，然后单击【打开】按钮。

3. 返回【导入表格式数据】对话框后，单击【确定】按钮

4. 完成数据导入后，在菜单框中选择【窗口】【CSS 样式】命令，打开【CSS 样式】对话框，然后在对话框中单击【新建 CSS 规则】按钮。

5. 打开【新建 CSS 规则】对话框后，在【选择或输入选择器名称】文本框中输入“tablestyle”，然后单击【确定】按钮。

6. 打开【.tablestyle 的 CSS 规则定义】对话框后，分别设置【Font-family】为“Georgia,”Time New Roman”,Times,serif”、【Font-size】为“16px”、【color】为“#000”。

7. 在【分类】列表中选择【边框】选项，然后在右边的窗格中设置【Color】为#FC0,

8. 在【分类】列表中选择【背景】选项，然后在右边窗格中的【Background-color】文本框内输入“#FC3”然后单击【确定】按钮。

9. 选择前面步骤所导入的表格，然后在【属性检查器】中设置【类】为“tablestyle”，接着使用鼠标拖动表格的边框，调整表格至合适的高度。

第 5 章　图像与媒体内容的应用

教学目标

掌握在 Dreamweaver CS4 中插入图像和多媒体元素的各种操作方法，以达到美化页面的效果。

教学重点与难点

- 学习在 Web 中插入图像的方法
- 学习在 Dreamweaver CS4 中美化图像的技巧和方法
- 学习在 Web 中插入其他图像的对象的技巧和方法
- 学习插入 Flash 对象、Web 背景音乐和多媒体视频的方法和技巧

5.1　插入与编修图像

网页设计中除了文字之外，图像也是网页中不可缺少的内容之一，精美的图像更容易吸引浏览者的眼球。

5.1.1　插入图像

在 Dreamweaver CS4 中可通过多种方法为网页插入图像素材。

Howto　为网页插入图像

1　打开本书光盘中的“..\Example\Ch05\5-1-1.html”文档，然后将光标定位在需要插入图像的位置，接着在菜单栏中选择【插入】|【图像】命令，如图 5-1 所示。

图 5-1　执行插入图像命令

2 打开【选择图像源文件】对话框后，在该对话框中选择本书光盘中的“Example\Ch05\5-1-1.png”素材文档，然后单击【确定】按钮，如图 5-2 所示。

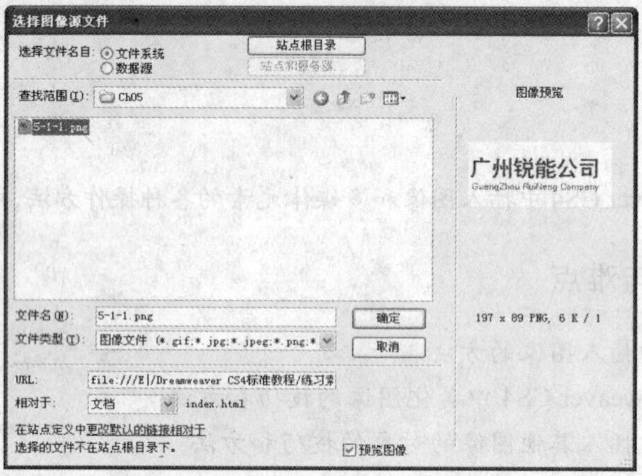

图 5-2　为网页插入图像

3 此时打开【图像标签辅助功能属性】对话框，从这个对话框可以设置替换文件和详细说明，如果不想对图像设置替换文件与详细说明，可以单击【取消】按钮忽略此设置，插入图像后的结果如图 5-3 所示。

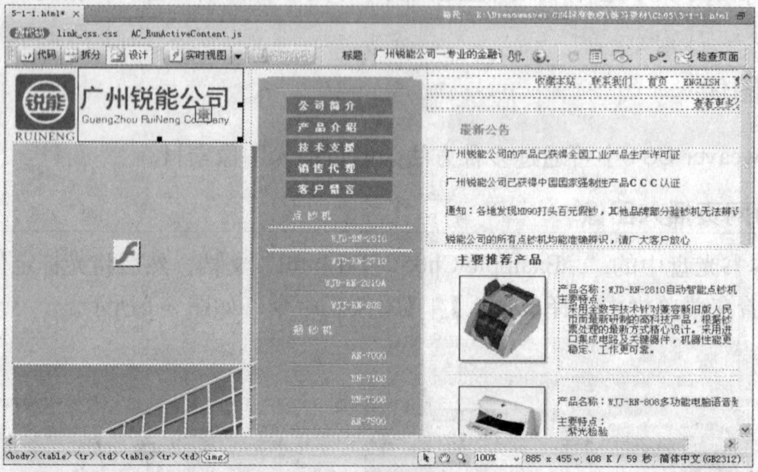

图 5-3　打开网页浏览插入图像后的效果

除上述方法外，在 Dreamweaver 中还有另外 2 种方法可以在页面内插入图像。

方法 1　按下 Ctrl+Alt+I 快捷键调出【选择图像源文件】对话框后，即可选择图像，具体的操作可参照上述方法，最后单击【确定】按钮即可。

方法 2　打开【插入】面板并选择“常用”选项卡，单击【图像】按钮右边的三角形符号，然后在打开的菜单中选择“图像”命令，如图 5-4 所示。接着在弹出的【选择图像源文件】对话框中选择图像，最后单击【确定】按钮即可。

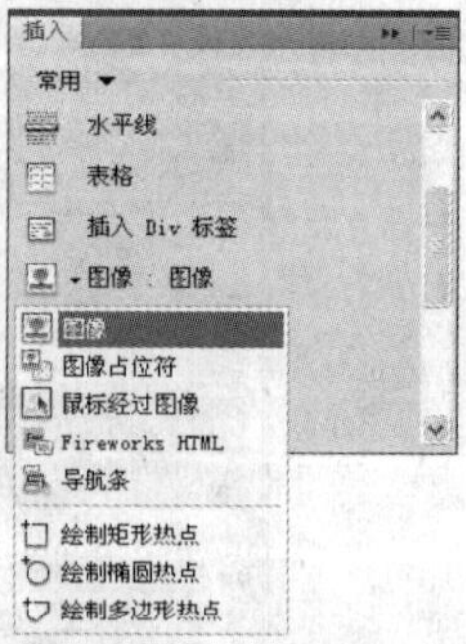

图 5-4　从插入面板上为网页插入图像

5.1.2　设置图像属性

通过 Dreamweaver CS4 的【属性】面板设置图像的大小、替换文本、类、链接等属性。

Howto　设置图像属性

1 打开本书光盘中的“..\Example\Ch05\5-1-2.html”文档，然后选择需要设置属性的图像并按下 Ctrl+F3 键打开【属性】面板，如图 5-5 所示。

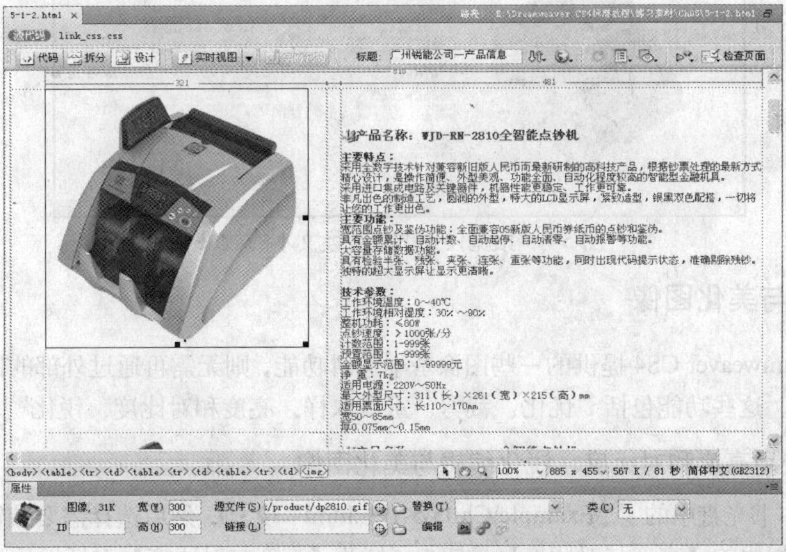

图 5-5　打开图像属性面板

2 在【属性】面板中的【替换】文本框内输入图像替换文本，如本例输入“WJD-RN-2810 全智能点钞机”，然后按下 Enter 键即可，如图 5-6 所示。

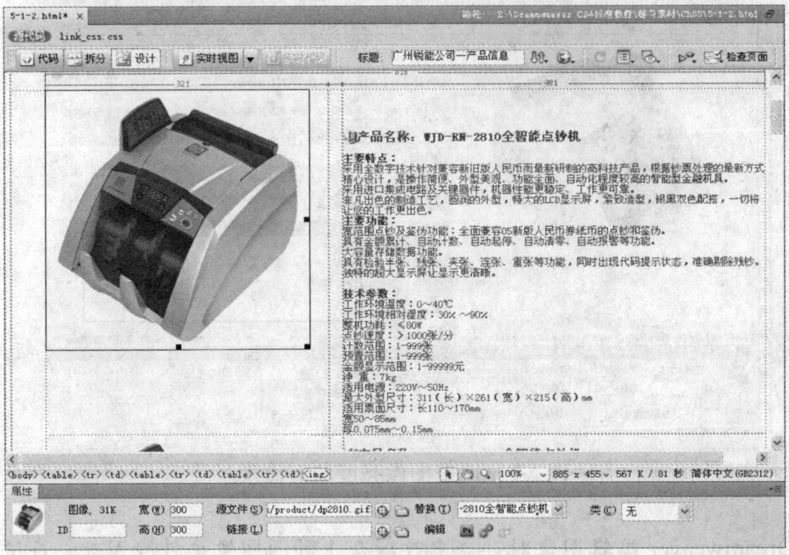

图 5-6　设置替换文本

当设置图像替换文本后，图像在浏览器不能正常显示时，即可在图像位置处显示替换文本内容。若图像能够正常显示，当浏览者把鼠标指针停留在图像时，替换文本就会出现在指针的旁边，如图 5-7 所示。

图 5-7　预览设置图像替换文本的效果

5.1.3　编辑与美化图像

使用 Dreamweaver CS4 提供的一些图像基本编辑功能，则无需再通过外部的图像编辑工具处理图像素材。这些功能包括“优化、裁剪、重新取样、亮度和对比度、锐化”几项。

Howto　使用亮度和对比度、锐化编辑与美化图像

1 打开本书光盘中的“..\Example\Ch05\5-1-3..html”文档，然后选择需要编辑的图像，单击【属性】面板中的【亮度与对比度】按钮，打开【亮度与对比度】对话框后，设置亮度为 10，对比度为 30，最后单击【确定】按钮，如图 5-8 所示。

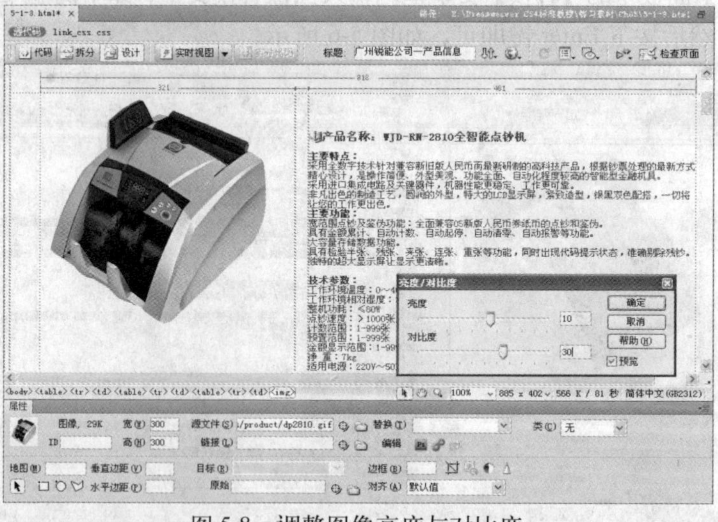

图 5-8　调整图像亮度与对比度

TIPS　使用 Dreamweaver 编辑图像时，会更改磁盘上的源图像文件。因此，在进行操作前先备份图像文件，以便在需要回复到原始图像时使用。

2 在【属性】面板中单击【锐化】按钮，打开【锐化】对话框后，设置锐化参数为 3，然后单击【确定】按钮，如图 5-9 所示。

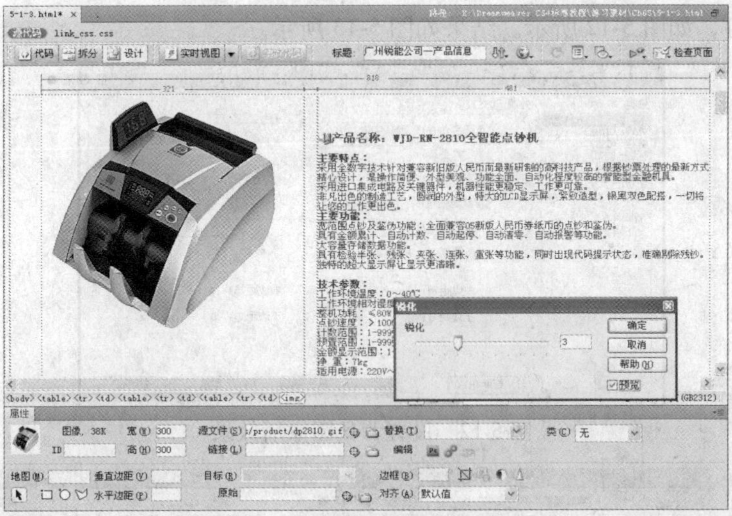

图 5-9　调整图像锐化程度

上面主要是调整图像在【属性】面板中的“对比度和亮度”和“锐化”两个属性，如果需要调整图像其他属性可以使用相应的美化功能进行处理，或者单击【编辑】按钮，打开 Photoshop CS4 软件对图像进行更全面的编辑。

5.1.4　制作网页图像背景

使用图片作为网页背景可使网页看上去更加丰富和精美，默认的情况下，新建的网页都没有设置背景的效果（显示为白色），因此可以根据具体的情况为网页制作背景。

Howto　使用图像制作网页背景

1 打开本书光盘中的“..\Example\Ch05\5-1-4.html”文档，然后在菜单栏中选择【修改】|【页面属性】命令。

2 打开【页面属性】对话框后，在【分类】列表中选择【外观】选项，然后单击【背景图像】文本框右边的【浏览】按钮，如图 5-10 所示。

3 打开【选择图像源文件】对话框后，选择本书光盘中的“..\Example\Ch05\\5-1-4.jpg”图像文档，然后单击【确定】按钮，如图 5-11 所示。

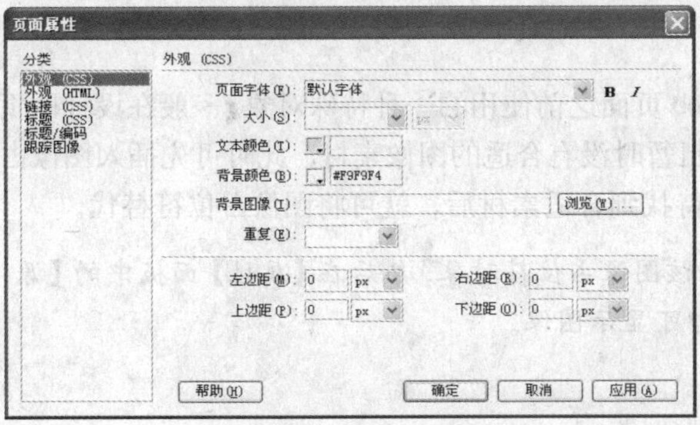

图 5-10　页面属性对话框

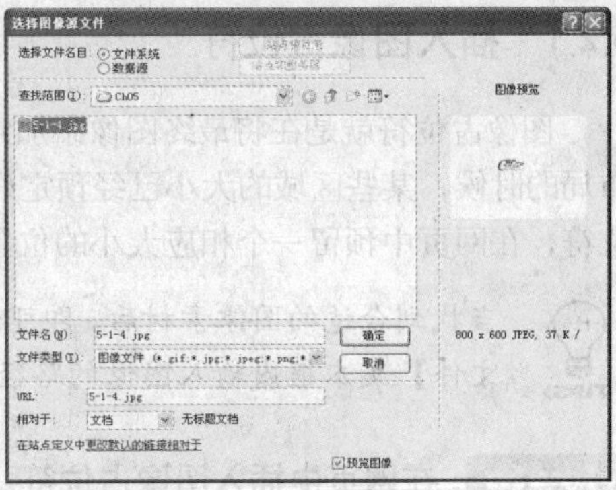

图 5-11　选择背景图像

4 返回【页面属性】对话框后，打开【重复】下拉列表，选择【repeat】选项，然后单击

【确定】按钮即可，如图 5-12 所示。结果如图 5-13 所示。

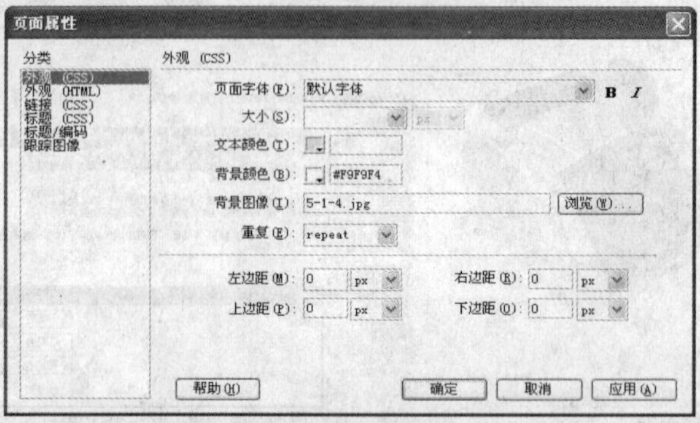

图 5-12　设置背景图像后效果

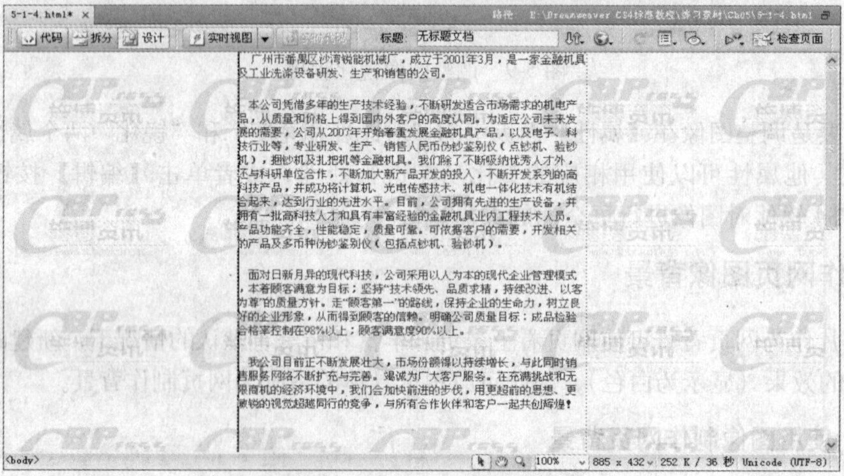

图 5-13　设置页面背景效果

5.2 插入其他图像对象

使用 Dreamweaver CS4 还可以插入其他的图像元素，例如图像占位符、鼠标经过图像、导航条等。

5.2.1 插入图像占位符

图像占位符就是在将最终图像添加到 Web 页面之前使用的一种特殊对象。一般在设计网页布局的时候，某些区域的大小已经预定好，但暂时没有合适的图像素材，此时可先插入图像占位符，在网页中预留一个相应大小的位置，待找到合适素材后，就可将图像占位符替代。

TIPS 当找到合适的图像素材后，即可选择该图像占位符对象，然后在【属性】面板中的【源文件】文本框内输入图像的路径，即可显示图像。

Howto 在网页中插入图像占位符

1 打开本书光盘中的“..\Example\Ch05\5-2-1.html”文档，然后将光标定位在需要插入图像占位符的位置。

2 在菜单栏中选择【插入】|【图像对象】|【图像占位符】命令，如图 5-14 所示。

3 打开【图像占位符】对话框后，设置图像的大小属性，然后单击【确定】按钮，如图 5-15 所示。

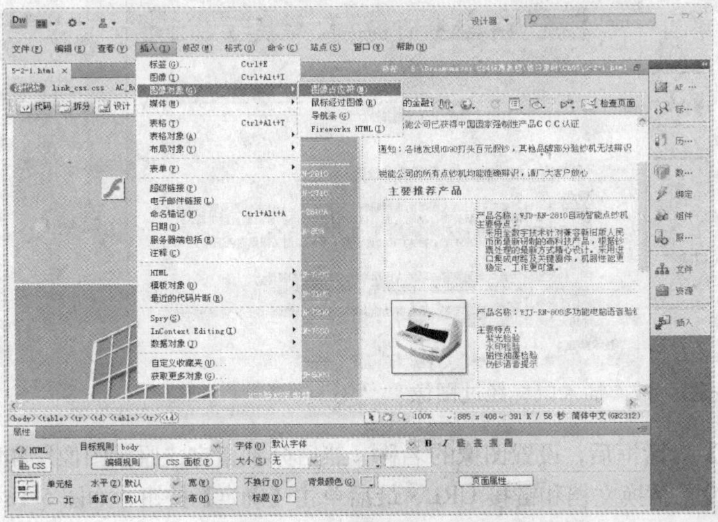

图 5-14　插入图像占位符

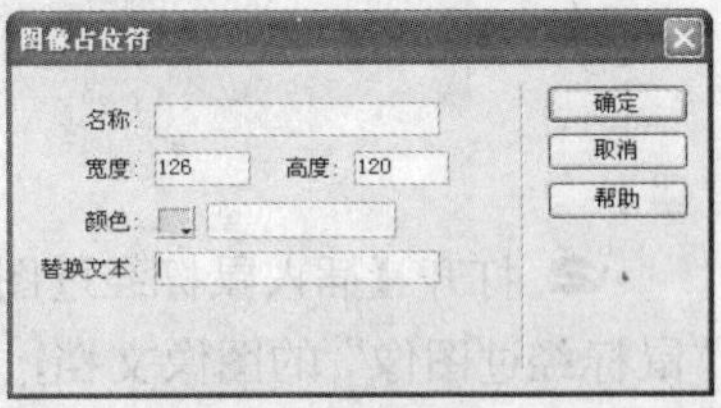

图 5-15　设置图像占位符对象的属性

插入图像占位符后即可预设图像的布局，如图 5-16 所示为插入图像占位符后的结果。

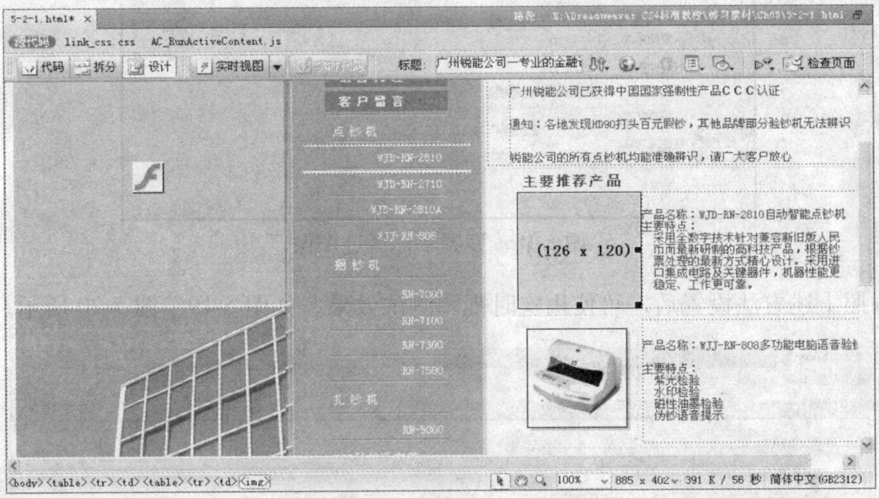

图 5-16　插入图像占位符的结果

5.2.2　插入鼠标经过图像

鼠标经过图像是指浏览者移动鼠标到网页上某一图像时，该图像显示其他图像效果。它包括主图像（原始图像）和次图像（鼠标经过时出现的图像）两个对象，其中主图像即是指首次载入页面时显示的图像；次图像是指光标移动到存在鼠标经过图像的地方所出现的图像。

Howto　插入鼠标经过图像

1 打开本书光盘中的“..\Example\Ch05\5-2-2.html”文档，接着定位光标在需要插入鼠标经过图像的位置，然后选择【插入】|【图像对象】|【鼠标经过图像】”命令，如图 5-17 所示。

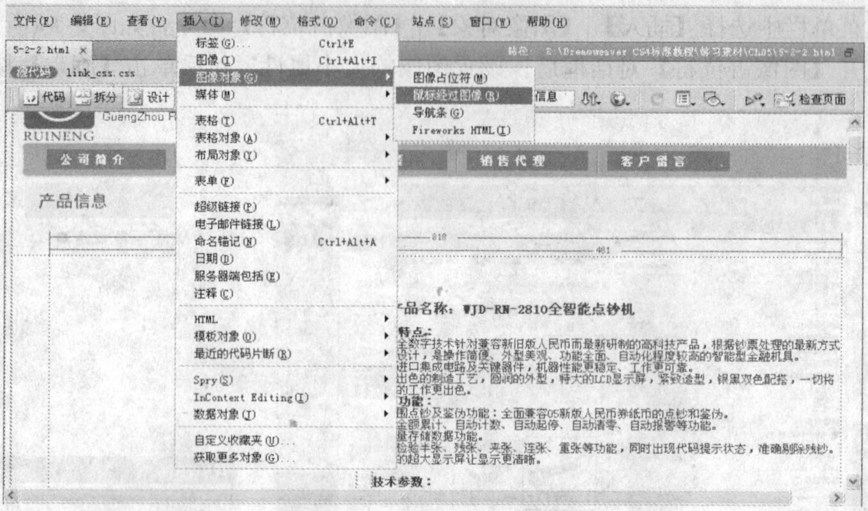

图 5-17　插入鼠标经过图像

2 打开【插入鼠标经过图像】对话框后，设置图像的名称，然后分别指定“原始图像”和“鼠标经过图像”的图像文档，并设置替换文档和链接 URL，最后单击【确定】按钮，如图 5-18 所示。

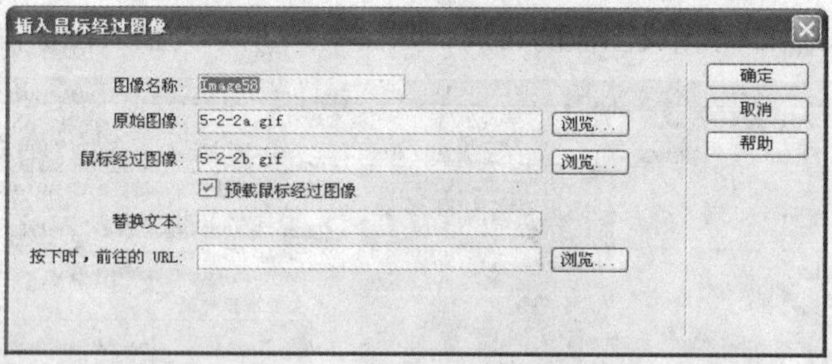

图 5-18　设置鼠标经过图像

3 依照上述方法设置后，可使用实时视图测试效果，如图 5-19、图 5-20 所示。

图 5-19　原始图像

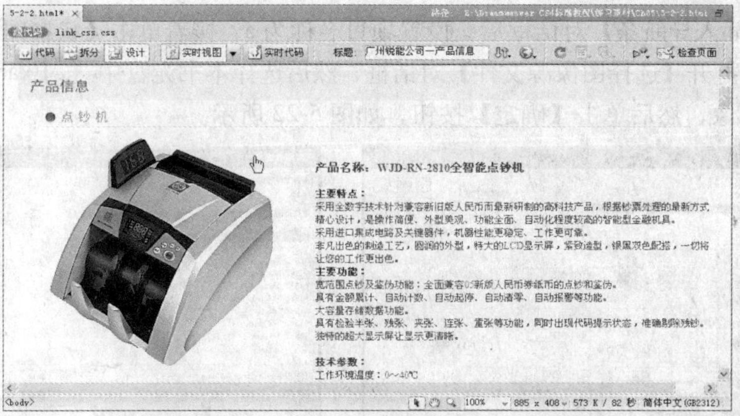

图 5-20　鼠标经过原始图像位置出现的图像

5.2.3　插入网页导航条

导航条是网站中重要的元件，浏览者能够通过网页导航条进入站点的其他页面或者下载内容。导航条由图像或图像组组成，它提供了“一般状态、鼠标经过、按下鼠标键、按下鼠标键经过图像”四种状态的图像设置，可以让导航条随浏览者的操作而产生对应的变化。

导航条四种状态图像设置简述如下：

- **状态图像**：在浏览者对导航条未进行任何操作时显示的图像。
- **鼠标经过图像**：浏览者移动鼠标至导航条元件上显示的图像。
- **按下图像**：浏览者按下导航条元件时显示的图像。
- **按下时鼠标经过图像**：导航条元件被按下后，鼠标指针滑过所显示的图像。

Howto　**插入网页导航条**

1　打开本书光盘中的“..\Example\Ch05\5-2-3.html”文档，然后把光标定位在网页的空白位置，接着在菜单栏中选择【插入】|【图像对像】【导航条】命令，如图 5-21 所示。

图 5-21　选择插入导航条命令

2 打开【插入导航条】对话框后，设置项目名称为 a，接着单击【状态图像】文本框右侧的【浏览】按钮打开【选择图像源文件】对话框，然后选择本书光盘中“..\Example\Ch05\5-2-3\5-2-3a1.png”图像，然后单击【确定】按钮，如图 5-22 所示。

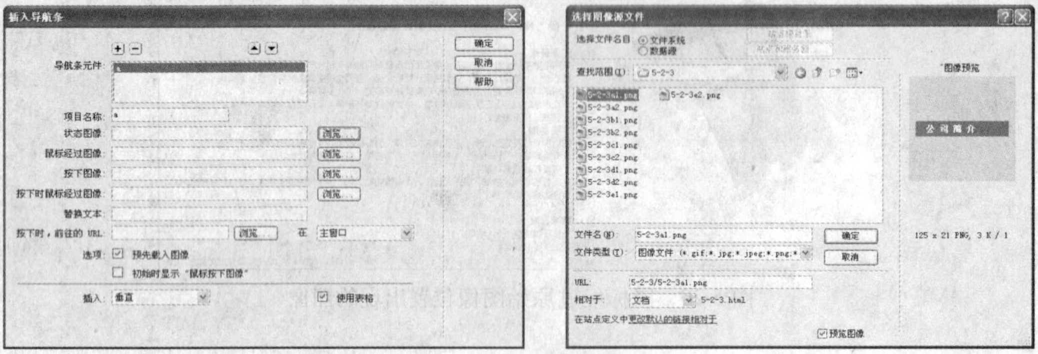

图 5-22 选择“状态图像”

3 返回【插入导航条】对话框后，在【鼠标经过图像】文本框的右侧单击【浏览】按钮，打开【选择图像源文件】对话框，选择本书光盘中“..\Example\Ch05\5-2-3\5-2-3a2.png”图像，然后单击【确定】按钮，如图 5-23 所示。

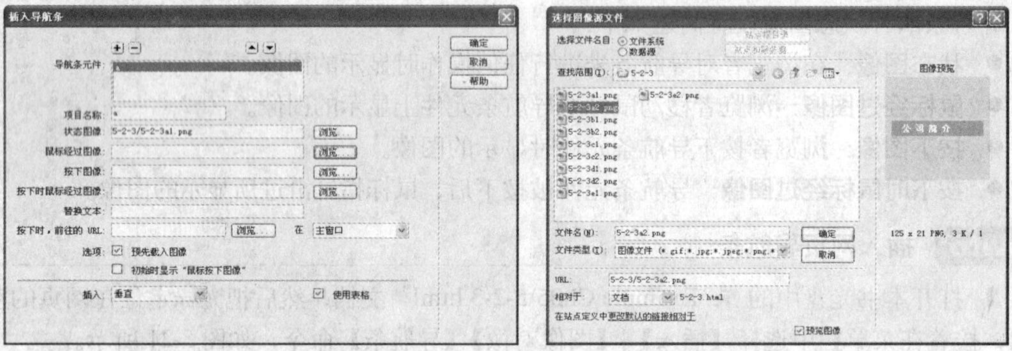

图 5-23 选择“鼠标经过图像”

4 返回【插入导航条】对话框，单击【添加项】按钮 添加下一个导航条元件，接着参照步骤 2 和 3 的方法为其添加“状态图像”和“鼠标经过图像”（本例添加了 b、c、d、e 四个导航条元件），如图 5-24 所示。

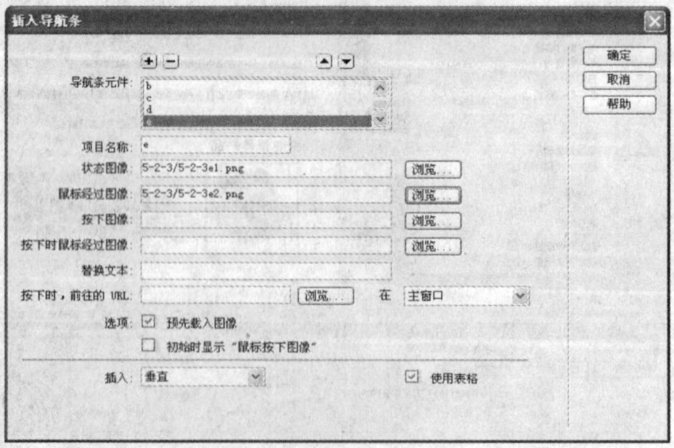

图 5-24 添加导航条元件

TIPS 在【插入导航条】对话框中如果需要删除导航条元件，只需选择相应的导航条元件，然后单击【删除项】按钮⊟即可删除所选的导航条元件。

5 经过以上步骤之后，已经完成了插入网页导航条的操作，此时打开“实时视图”，浏览者便可单击其中的按钮测试效果，如图5-25所示。

图5-25　预览插入导航条的效果

当需要修改导航条时，可在菜单栏中选择【修改】|【导航条】命令，接着在【修改导航条】对话框中进行修改即可。另外，需要注意的是，在Dreamweaver CS4里一个页面只能插入一个导航对象。

5.3　用CSS滤镜制作图像特效

在Dreamweaver CS4中可以通过CSS规则对图像的显示效果进行编辑，为图像添加各种特效，美化页面的外观。

5.3.1　制作透明图像

透明图像效果，能以半透明的形式显示图像。制作透明图像效果，是通过设置CSS规则中“Filter”设置项的“Alpha”的参数来实现的。

Howto　制作透明图像

1 打开本书光盘中的“..\Example\Ch05\5-3-1.html”文档，然后在菜单栏中选择【窗口】|【CSS样式】命令，或按下Shift+F11打开【CSS样式】面板，如图5-26所示。

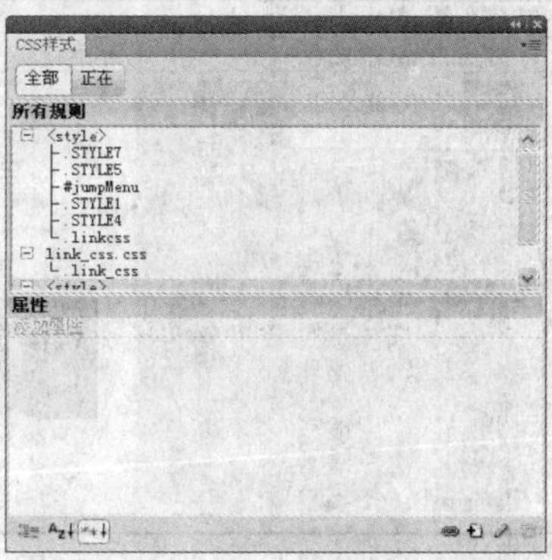

图5-26　CSS样式面板

2 在【CSS样式】面板中单击【新建CSS规则】按钮，打开【新建CSS规则】对话框，然后在【选择器名称】文本框中输入“Alpha”,单击【确定】按钮，如图5-27所示。

3 打开“CSS规则定义”对话框后，在【分类】列表中选择【扩展】选项，然后在右边窗格的【Filter】下拉列表中选择【Alpha】选项，并设置其“Opacity”参数为“50”，最后单击【确定】按钮，如图5-28所示。

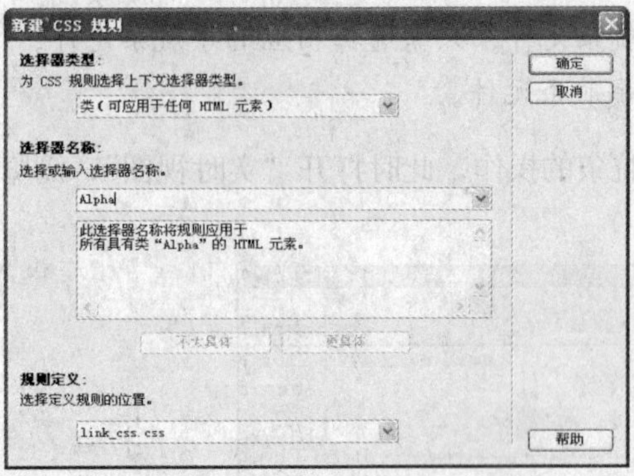

图 5-27　新建 CSS 规则对话框

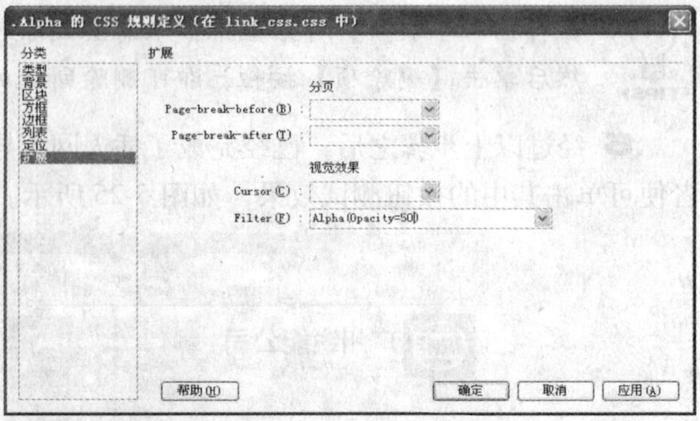

图 5-28　定义 CSS 规则

4 返回 Dreamweaver CS4 文本窗口，选择需要设置透明效果的图像，然后在【属性】面板中打开【类】下拉列表，选择【Alpha】选项，如图 5-29 所示。

图 5-29　设置图像的 CSS 规则

5 完成上述步骤的设置后，按下 F12 功能键，即可预览透明图像的效果，如图 5-30 所示的是设置透明图像前后的效果对比。

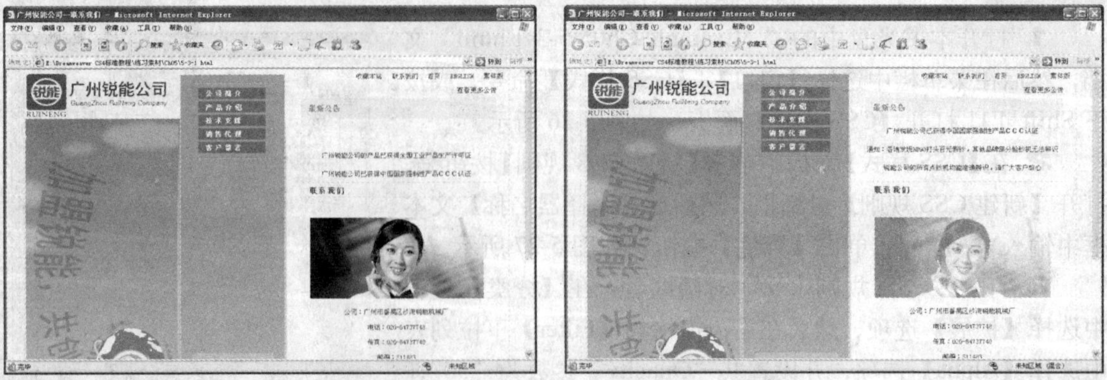

图 5-30　设置图像透明效果的前后对比

5.3.2　制作图像运动模糊效果

在设置网页时，为图像添加运动模糊效果能使图像显得更生动形象，在 Dreamweaver CS4 中制作图像的运动模糊效果，可以通过设置 CSS 规则中“Filter”设置项的“Blur”的参数来实现。

Howto　制作图像运动模糊效果

1 打开本书光盘中的“..\Example\Ch05\5-3-2.html”文档，然后在菜单栏中选择【窗口】|【CSS 样式】命令，或按下 Shift+F11 打开【CSS 样式】面板，如图 5-31 所示。

2 在【CSS 样式】面板中单击【新建 CSS 规则】按钮，打开【新建 CSS 规则】对话框，然后在【选择器名称】文本框中输入“Blur”，单击【确定】按钮，如图 5-32 所示。

3 打开“CSS 规则定义”对话框后，在【分类】列表中选择【扩展】选项，然后在右边窗格的【Filter】下拉列表中选择【Blur】选项，并设置其参数“Add”为“1”、“Direction”为“70”、“Strength”为“5”，最后单击【确定】按钮，如图 5-33 所示。

图 5-31　CSS 样式面板

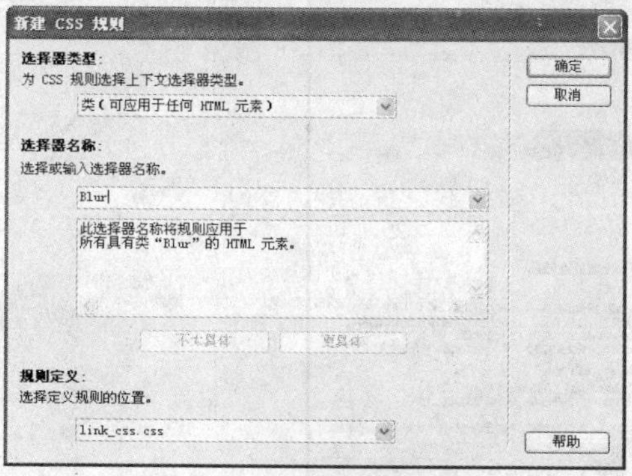

图 5-32　新建 CSS 规则

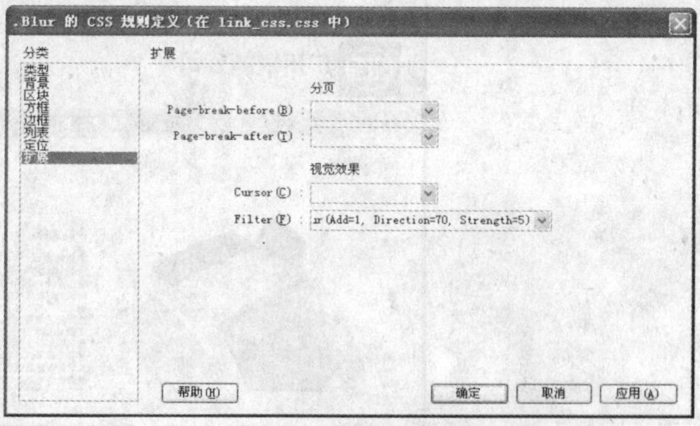

图 5-33　定义 CSS 规则

4 返回 Dreamweaver CS4 文本窗口，选择需要设置透明效果的图像，然后在【属性】面板中打开【类】下拉列表，选择【Blur】选项，如图 5-34 所示。

图 5-34　设置图像的 CSS 规则

5 完成上述步骤的设置后，按下 F12 功能键，即可预览效果，如图 5-35、图 5-36 所示是设置图像运动模糊效果前后的效果对比。

图 5-35　设置图像运动模糊效果前

图 5-36　图像运动模糊效果

5.3.3　制作灰度效果

灰度效果就是指把图像以灰度的形式显示，此时图像的显示效果将变为黑白色，但这一设置不会对图像的源文件有任何影响。制作灰度效果，是通过设置 CSS 规则中“Filter”设置项的“Gray”参数来实现的。

Howto　制作灰度效果

1 打开本书光盘中的“..\Example\Ch05\5-3-3.html”文档，然后在菜单栏中选择【窗口】|【CSS 样式】命令，或按下 Shift+F11 打开【CSS 样式】面板，如图 5-37 所示。

图 5-37　CSS 样式面板

2 在【CSS 样式】面板中单击【新建 CSS 规则】按钮，打开【新建 CSS 规则】对话框，然后在【选择器名称】文本框中输入“Gray”，单击【确定】按钮，如图 5-38 所示

3 打开“CSS 规则定义”对话框后，在【分类】列表中选择【扩展】选项，然后在右边窗格的【Filter】下拉列表中选择【Gray】选项，并最后单击【确定】按钮，如图 5-39 所示。

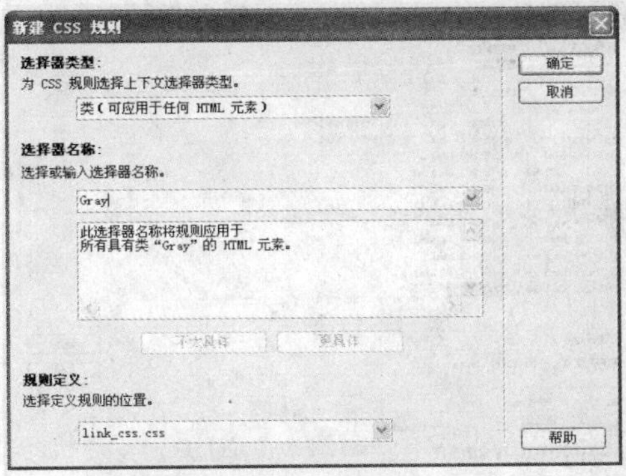

图 5-38　新建 CSS 规则对话框

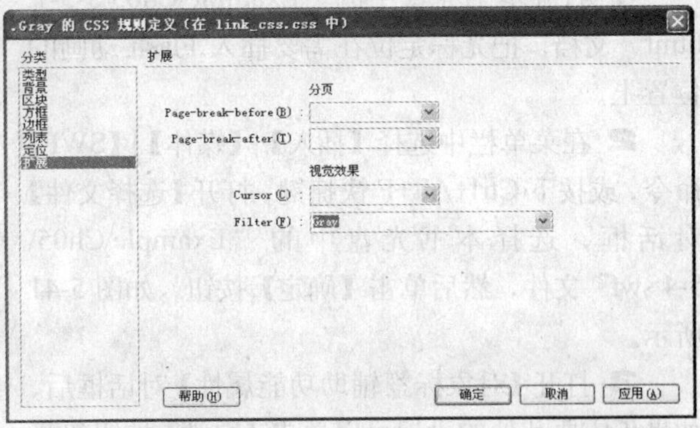

图 5-39　定义 CSS 规则

4 返回 Dreamweaver CS4 文本窗口，选择需要设置灰度效果的图像，然后在【属性】面板中打开【类】下拉列表，选择【Gray】选项，如图 5-40 所示完成上述设置后，即可按下 F12 功能键预览效果。

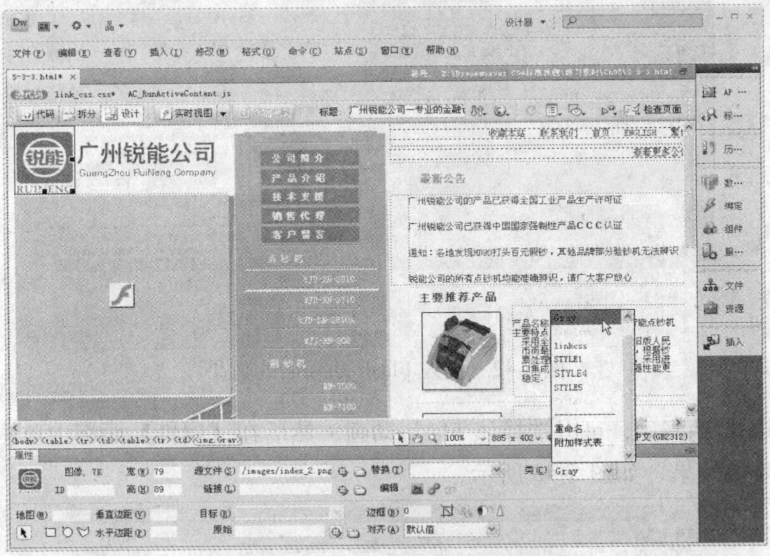

图 5-40　设置图像的 CSS 规则

5.4　插入媒体对象

为了使网页的内容呈现多媒体化，可以使用 Dreamweaver CS4 为网页插入各种多媒体对象，常用的媒体对象有 Flash、背景音乐、视频等等。其中由于 Flash 的制作简便，体积容量小的原因，使 Flash 成为最常用的媒体对象。

5.4.1　插入 Flash 动画

Flash 动画以其文档容量小、效果丰富等特点深受网页制作者的钟爱，而且利用 Flash 动画制造的动态效果，可以更容易吸引浏览者的眼球。

Howto 在页面中插入 Flash 动画

1 打开本书光盘中的“Example\Ch05\5-5-1.html”文档，把光标定位在需要插入 Flash 动画的位置上。

2 在菜单栏中选择【插入】|【媒体】|【SWF】命令，或按下 Ctrl+Alt+F 快捷键，打开【选择文件】对话框，选择本书光盘中的“Example\Ch05\5-4.swf”文件，然后单击【确定】按钮，如图 5-41 所示。

3 打开【对象标签辅助功能属性】对话框后，如果不需要其他的设置可以单击【取消】按钮忽略设置即可，插入 Flash 动画的效果如图 5-42 所示。

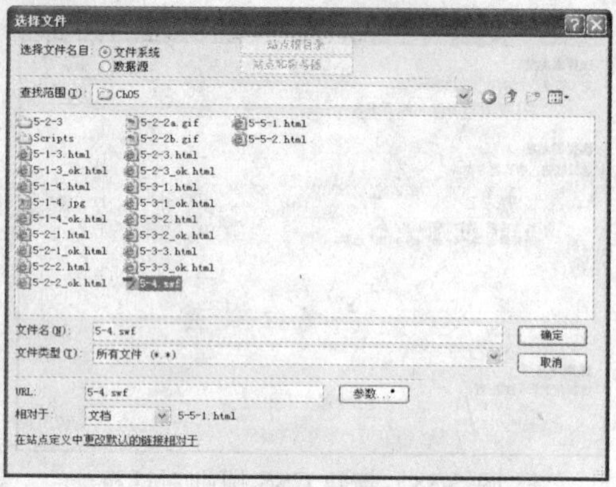

图 5-41　选择 Flash 文件

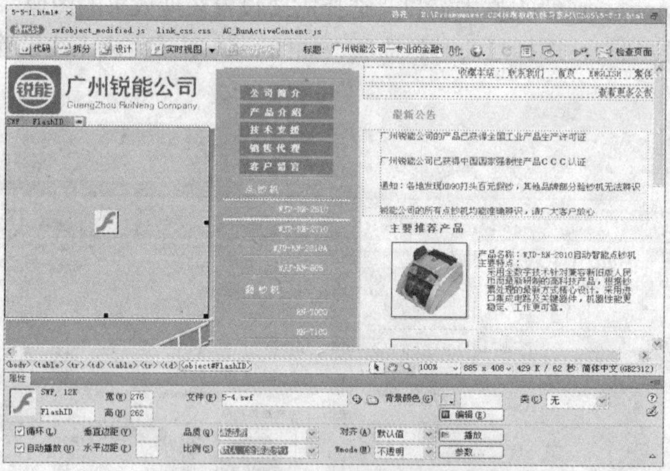

图 5-42　插入 Flash 动画后的效果

4 插入 Flash 动画后，可以选择该 Flash 动画，然后在【属性】面板中单击【播放】按钮以测试动画的播放效果，如图 5-43 所示。

图 5-43　播放 Flash 动画

5.4.2　插入 Web 背景音乐

为网页中加入背景音乐后，浏览者可以一边浏览网页内容，一边欣赏音乐，提高网页的吸引力。

Howto　在 Web 网页中插入背景音乐

1 打开本书光盘中的“..\Example\Ch05\5-4-2.html”文档，把光标定位在网页右下角的位置上，然后在菜单栏中选择【插入】|【媒体】|【插件】命令，打开【选择文件】对话框，如图 5-44 所示。

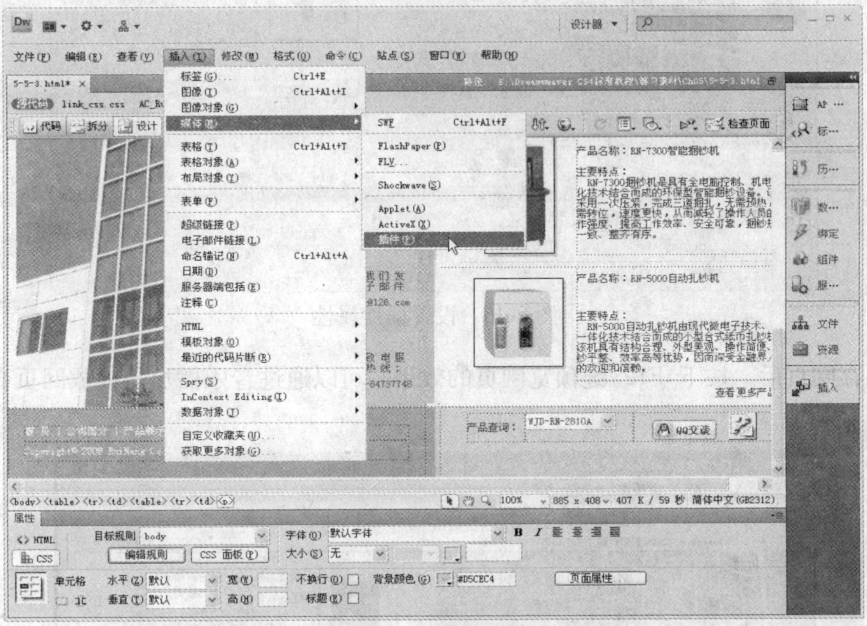

图 5-44　打开【选择文件】对话框

2 打开【选择文件】对话框后，然后在【选择文件】对话框中选择本书光盘中的“..\Example\Ch05\MIDI.MID”声音文件，最后单击【确定】按钮，如图 5-45 所示。

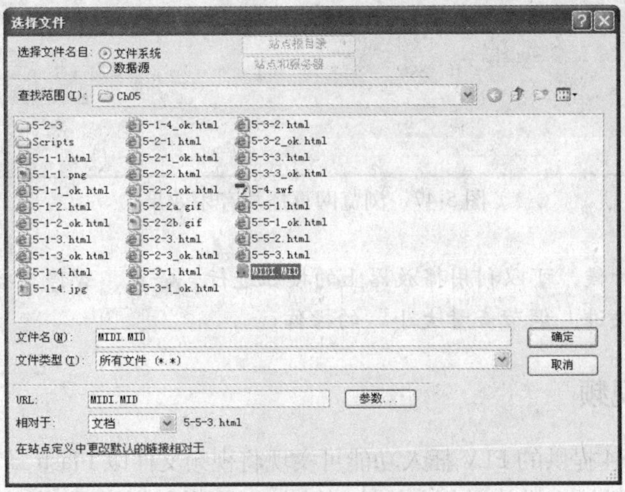

图 5-45　选择声音文件

3 选择插件后，在【属性】面板中调整其宽、高的大小，其他属性值保持默认值，如图5-46所示。

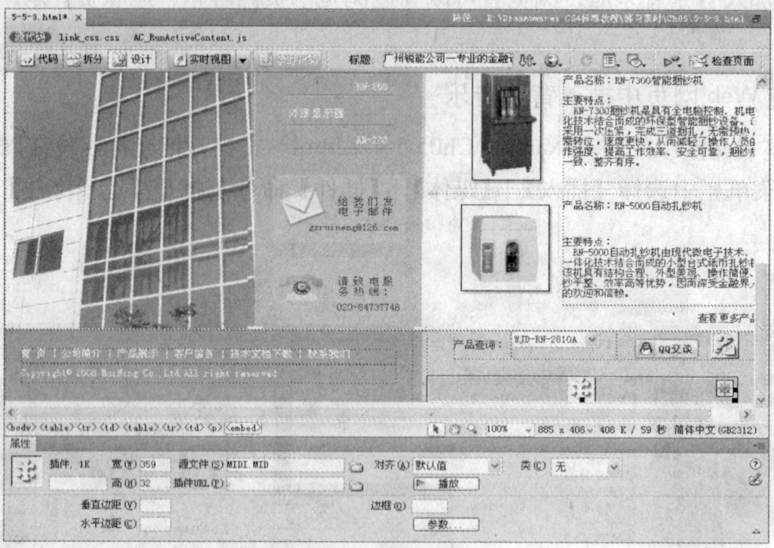

图5-46 设置插件属性

4 保存网页后，按下F12键预览网页的效果，可以通过音乐播放器播放网页音乐，如图5-47所示。

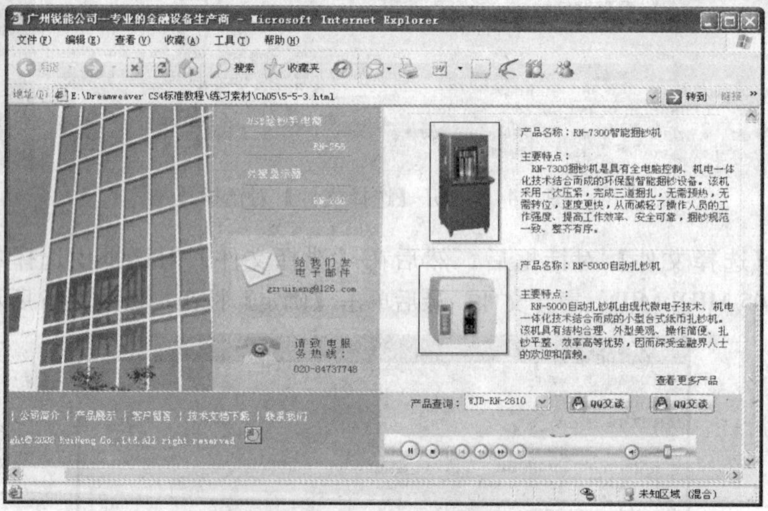

图5-47 浏览网页播放音乐效果

TIPS 浏览网页的时候，可以利用播放器上的按钮进行“停止、暂停、播放、上一曲、下一曲、后退、快进、调节音量大小”的操作。

5.4.3 添加FLV视频

Dreamweaver CS4提供的FLV插入功能可实现将视频文件以Flash动画的方式添加到网页上，浏览者还可以通过该多媒体对象上的控制栏亲自控制播放的视频影片。

Howto 在页面中添加 FLV 视频

1 打开本书光盘中的“..\Example\Ch05\5-4-3.html”文档，把光标定位在网页右下角的位置上，然后在菜单栏中选择【插入】|【媒体】|【FLV】命令，打开【插入 FLV】对话框，如图 5-48 所示。

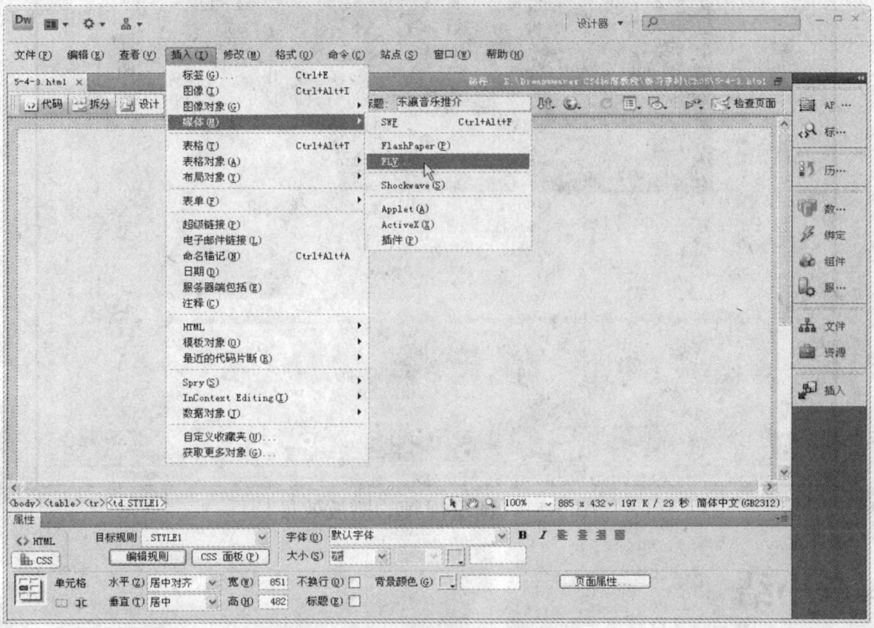

图 5-48　选择插入 FLV 命令

2 单击【插入 FLV】对话框上的【浏览】按钮，打开【选择 FLV】对话框，选择本书光盘中的“\练习文件\Ch05\Musicvedio.flv”视频文件，然后单击【确定】按钮，如图 5-49 所示。

3 返回【插入 FLV】对话框后，设置视频播放器的外观，宽度和高度，并选择【自动播放】复选框，然后单击【确定】按钮即可插入 FLV 视频，如图 5-50 所示。

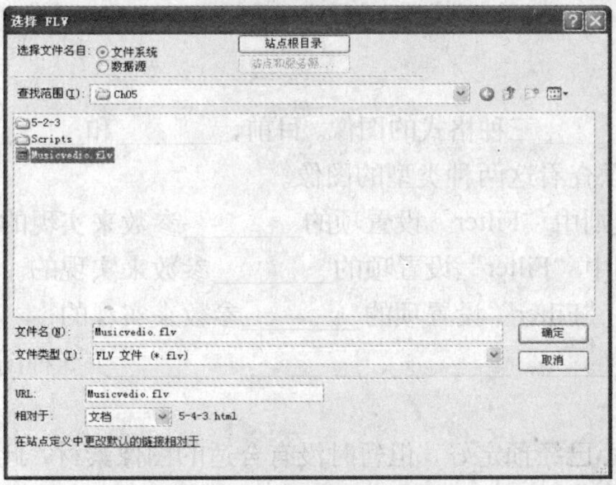

图 5-49　选择 FLV 视频文件

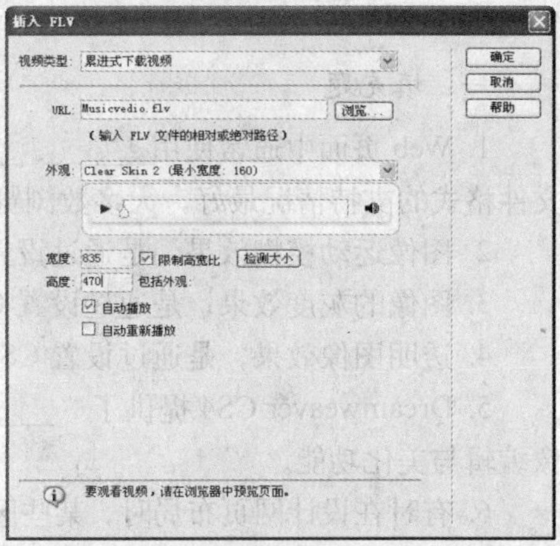

图 5-50　设置视频播放器

4 完成上述设置后，返回 Dreamweaver CS4 文本窗口，然后按下 F12 功能键，即可预览视频的播放效果，如图 5-51 所示。

图 5-51 预览视频的播放效果

5.5 本章小结

本章重点介绍了在 Dreamweaver CS4 中为 Web 页面添加图像和媒体内容的方法，其中包括插入与编辑图像、用图像作为网页背景，还有插入图像占位符、鼠标经过图像、导航条等图像对象，以及插入 Flash 动画、Web 背景音乐、添加 FLV 视频的方法。

5.6 本章习题

一、填充题

1. Web 页面中通常使用______、______和______三种格式的图像。目前，______和______文件格式的支持情况最好，大多数浏览器都可以查看这两种类型的图像。

2. 图像运动模糊效果，是通过设置 CSS 规则中"Filter"设置项的________参数来实现的

3. 图像的灰度效果，是通过设置 CSS 规则中"Filter"设置项的________参数来实现的。

4. 透明图像效果，是通过设置 CSS 规则中"Filter"设置项的________参数来实现的

5. Dreamweaver CS4 提供了"________、________、________、________、________"5 种图像编辑与美化功能。

6. 有时在设计网页布局时，某些区域的大小已经预定好，但暂时没有合适的图像素材，此时可先插入________，以假设图像插入的效果，等到最后找到合适素材后，就可以编辑成的________大小并插入页面了。

7. 鼠标经过图像包括________（原始图像）和________（鼠标经过时出现的图像）两个对象，其中________即是指首次载入页面时显示的图像；________是指光标移动到存在鼠标经过

图像的地方所出现的图像。

8. 导航条由图像或图像组组成，它向用户提供了“________、________、________、________”四种状态的图像设置。

二、选择题

1. 按下哪个快捷键可以打开【选择图像源文件】对话框？（　　）

A. Ctrl+Shift+I　　B. Ctrl+ I

C. Ctrl+Alt+I　　D. Ctrl+Shift+Alt+I

2. 鼠标经过图像包括以下哪组对象？（　　）

A. 主图像和原始图像　　B. 主图像、次图像和原始图像

C. 次图像和鼠标经过图像　　D. 主图像和次图像

3. 导航条由图像或图像组组成，它不包含以下哪种状态的图像设置？（　　）

A. 一般状态　　B. 鼠标经过状态

C. 链接被激活状态　　D. 按下时鼠标经过状态

三、上机实训

实训 1　网页图像的综合设计

综合本章有关网页图像处理功能，分别为网页插入图像素材，然后再分别设置其属性，并编辑图像的亮度和对比度，接着插入一个鼠标经过图像，完成一个内容丰富的网页页面效果。

操作提示：

1. 打开本书光盘中的“..\Example\Ch05\5-6.html”文档，定位光标在网页左边空白单元格内，打开【插入】面板，在【常用】分类中单击【图像：图像】按钮，如图 5-52 所示。

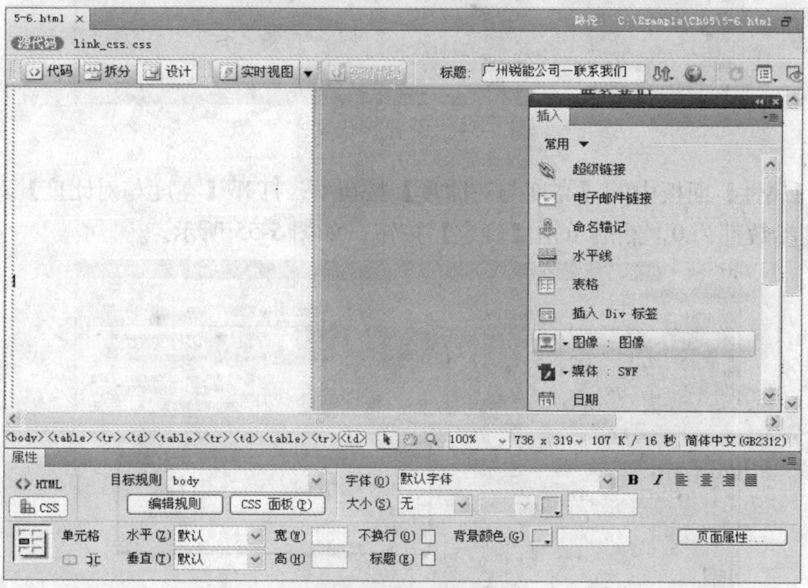

图 5-52　插入图像

2. 打开【选择图像源文件】对话框，指定“..\Example\Ch05\images\join_new.png”图片素材，然后单击【确定】按钮。

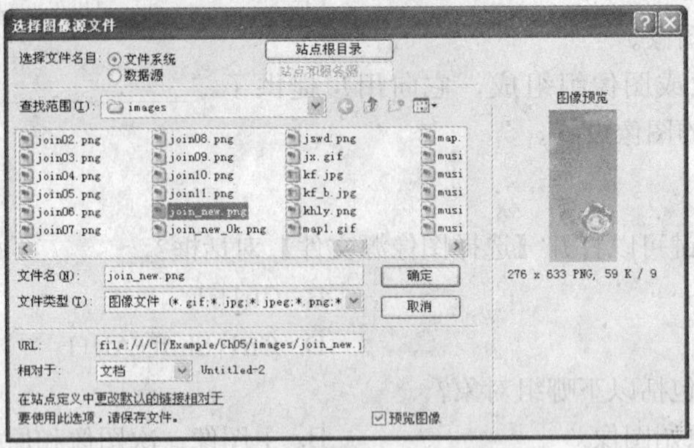

图 5-53 指定图像素材

3. 选择新插入的图像，打开【属性】面板，在【替代】栏中输入替代文本，如图 5-54 所示。

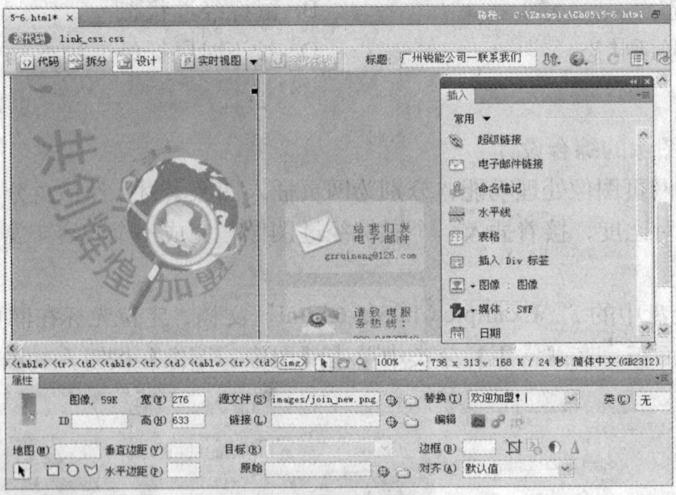

图 5-54 设置替代文本

4. 单击【属性】面板中的【亮度与对比度】按钮，打开【亮度与对比度】对话框，设置亮度和对比度参数都为 0，然后单击【确定】按钮，如图 5-55 所示。

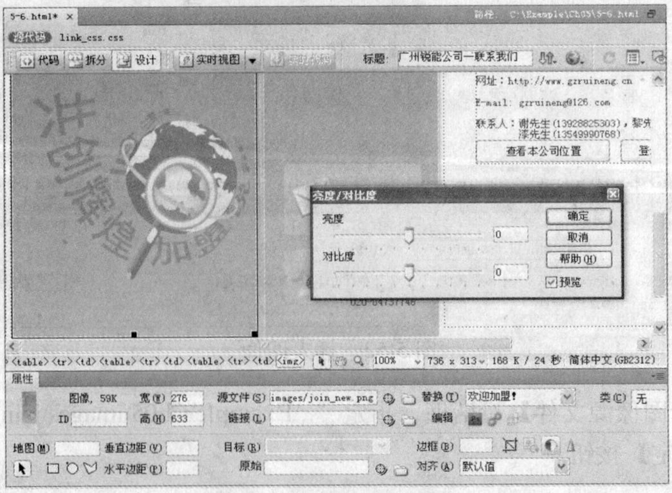

图 5-55 设置亮度与对比度

5. 定位光标在网页右边“联系我们”下方一行，在【插入】面板中单击展开【图像】下拉选单，选择【鼠标经过图像】命令，如图 5-56 所示。

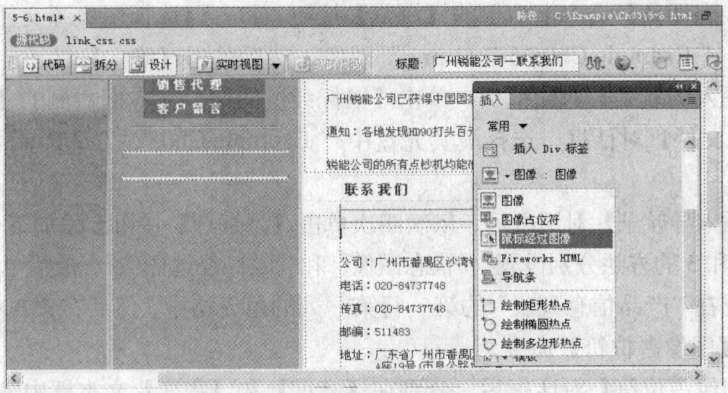

图 5-56　插入鼠标经过图像

6. 打开【插入鼠标经过图像】对话框，分别指定“原始图像”和“鼠标经过图像”素材，再输入替代文本和空链接，然后单击【确定】按钮，如图 5-57 所示。

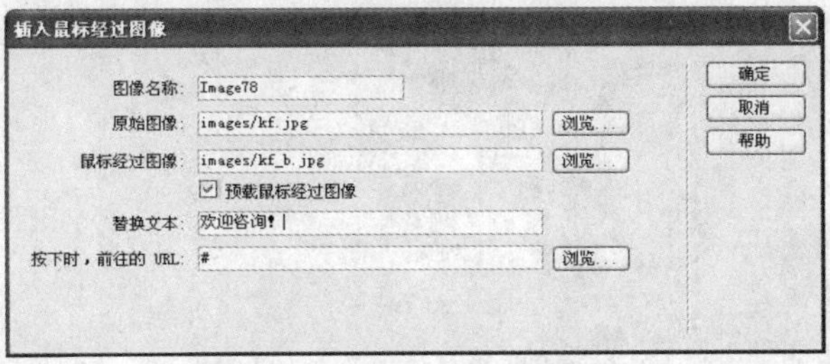

图 5-57　设置鼠标经过图像

实训 2　在网页中插入导航条与图像占位符

打开本书光盘中的“..\Example\Ch05\5-7.html”文档，以“..\Example\Ch05\5-7”文件夹中的图片为素材，在网页上方位置导航条，然后在产品信息列表的第一行第一列的单元格中，插入一个 300*300 的图像占位符，完成的结果如图 5-58 所示。

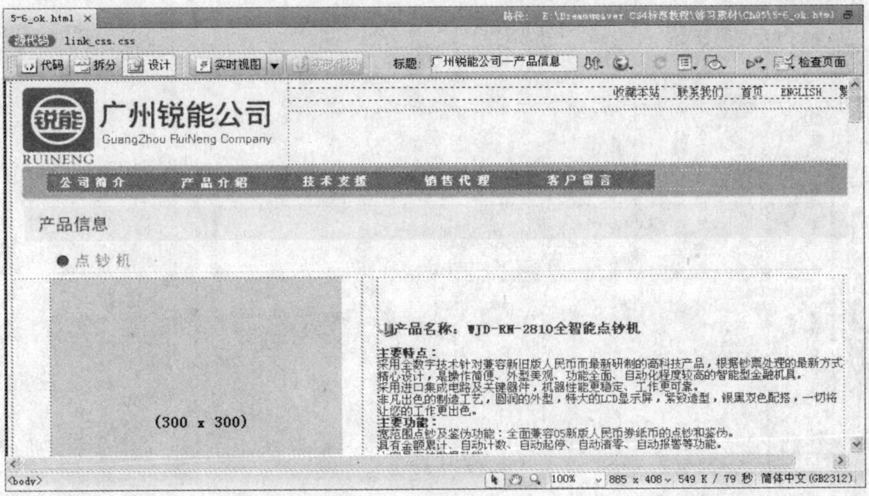

图 5-58　操作题的结果

操作提示：

1. 在菜单栏中选择【插入】|【图像对像】【导航条】命令，打开【插入导航条】对话框。

2. 单击【状态图像】文本框右侧的【浏览】按钮，打开【选择图像源文件】对话框，接着选择配套光盘中“\Example\Ch05\5-7\a1.png”图像，然后单击【确定】按钮。

3. 返回【插入导航条】对话框后，单击【鼠标经过图像】文本框右侧的【浏览】按钮，打开【选择图像源文件】对话框，选择配套光盘中“\Example\Ch05\5-7\a2.png”图像，然后单击【确定】按钮。

4. 返回【插入导航条】对话框后，依次四次单击【添加项】按钮⊞添加下一个导航条元件，接着参照提示 2 和 3 的方法分别设置 “状态图像”和“鼠标经过图像”，最后单击【确定】按钮。

5. 光标定位在“产品信息列表”的第一行第一列的单元格中，然后在菜单栏中选择【插入】|【图像对象】|【图像占位符】命令。

6. 打开【图像占位符】对话框后，分别在【高度】和【宽度】文本框中输入“300”，然后单击【确定】按钮。

第 6 章　框架与链接的应用

教学目标

掌握使用框架进行页面布局以及各种网页链接的创建与管理方法，以便能够通过链接将网站中的网页进行系统的关联。

教学重点与难点

- 了解框架集与框架的概念及作用
- 学习创建框架集与框架的方法
- 学习指定框架源文件和设置框架属性的方法
- 学习调整框架，拆分、删除框架以及插入嵌套框架的技巧
- 学习制作浮动框架与编辑无框架内容的方法
- 学习插入和设置各种超链接的方法
- 学习制作图像热点链接的方法
- 学习插入锚记并创建锚记链接的方法

6.1　关于框架集与框架

通过定义一组框架的布局和属性，其中包括框架的数目、框架的大小和位置，以及在每个框架初始显示的源文件，便可形成一个框架集。而框架主要是指浏览器窗口中的一个独立区域，该区域通过定义其他网页作为源文档而显示相应内容，当为框架集中其他框架指定源文件后，便可形成内容完整而来源不同的框架集网页。

框架集本身并不包含要在浏览器中显示的网页内容，它只是向浏览器提供如何显示一组框架以及在这些框架中应显示哪些文档的有关信息。当为框架集中各区域的框架指定相关的网页源文件后，便可实现在同一页面中显示多个网页文档内容。如图 6-1 所示，即为框架集与框架的关系图。

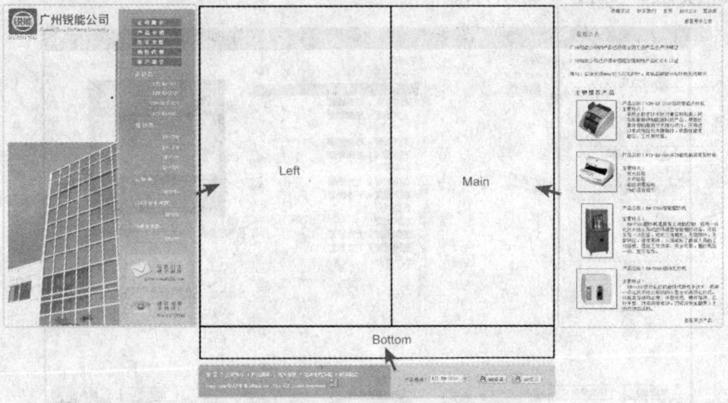

图 6-1　由多个框架页组成框架集

TIPS 当需要插入一组框架时，就需要在浏览器地址栏输入框架集文件的路径，此时浏览器会打开要显示这些框架的对应网页。若只需浏览框架集当中的某个框架，那么只在浏览器地址栏输入该框架文档路径即可。

6.2 设计框架式页面布局

根据版面设计的不同，可以使用不同的框架集结构制作框架网页，以符合版面布局需求，同时也便于浏览者的浏览。

6.2.1 创建框架集与框架

Dreamweaver CS4 提供了创建多种结构的框架集的文档新建功能，可以依照实际需求创建不同结构的框架集。

Howto 创建一个“上方固定，下方固定”的框架集

1 启动 Dreamweaver CS4 程序，在起始页中单击【更多】按钮，如图 6-2 所示。

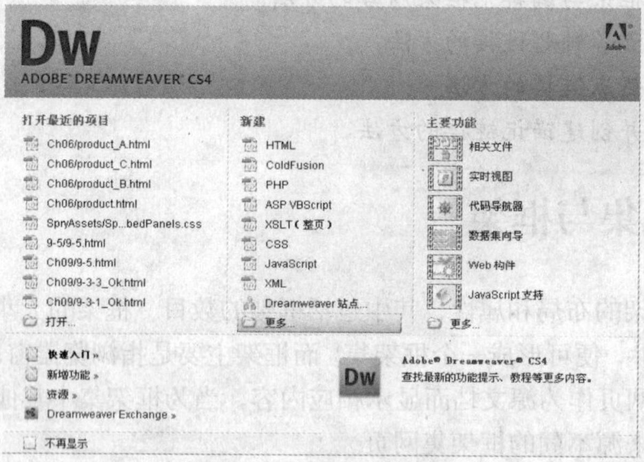

图 6-2 从模板创建框架集

2 打开【新建文档】对话框后，在【示例页】列表框中选择【上方固定，下方固定】选项，然后单击【创建】按钮，如图 6-3 所示。

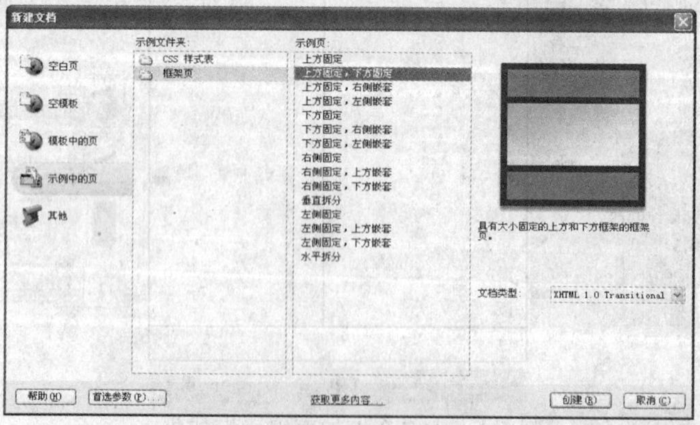

图 6-3 创建“上方固定，下方固定”框架集

TIPS 若启动 Dreamweaver 程序后没有显示起始页，也可以选择【文件】|【新建】命令，打开【新建文档】对话框。

3 显示【框架标签辅助功能属性】对话框后，分别为上、中、下三个框架设置标题为 bottom、main、top，完成后单击【确定】按钮，如图 6-4 所示。

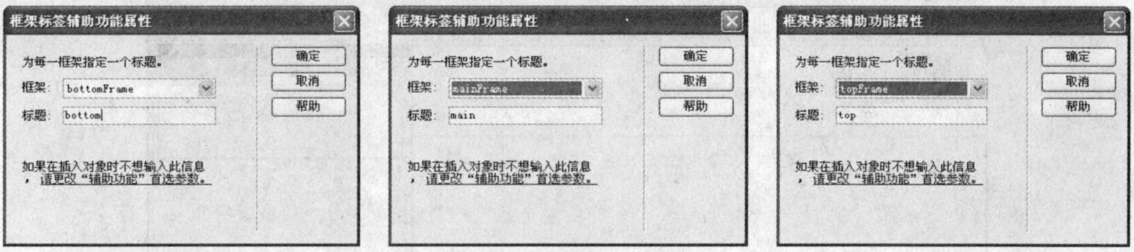

图 6-4　设置框架的标签

TIPS 如果取消框架标签的设置，该框架集依然可以创建，但 Dreamweaver 就不会将框架集与辅助功能标签或属性相关联。

4 经过上述操作后，便产生一个“上方固定，左侧嵌套”结构的框架集，以及组成该框架集的框架，如图 6-5 所示。

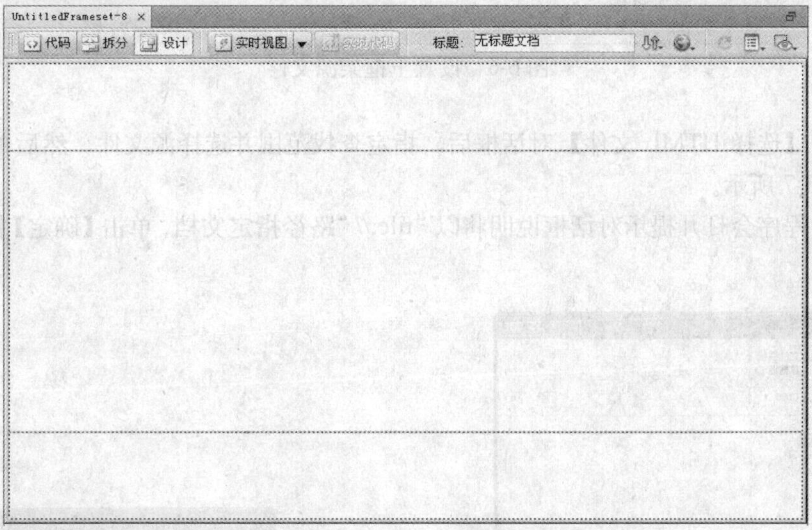

图 6-5　创建框架集的结果

TIPS 如果一个网页在浏览器中显示为三个框架，那么它实际至少包含四个单独的 HTML 文档，即框架集文档以及三个显示于框架的文件（即框架的源文件）。

6.2.2　指定框架源文件

使用 Dreamweaver 创建的框架集默认以空白网页作为每个框架的源文件，可以将预先设计好的网页指定为对应框架的源文件，以便让这些网页显示在框架集内。下面将为框架集的上中下三个框架指定本书光盘中的“..\Example\Ch06\product_A.html、product_B.html、product_C.html”素材网页作为源文件。

Howto 指定框架源文档

1 在菜单栏选择【窗口】|【框架】命令，打开【框架】面板后选择上框架，在【属性】面板中单击【源文档】栏后面的【浏览文件】按钮，如图 6-6 所示。

图 6-6 设置上框架源文件

2 打开【选择 HTML 文件】对话框后，指定查找范围并选择源文件，然后单击【确定】按钮，如图 6-7 所示。

3 此时程序会打开提示对话框说明将以“file:// “路径指定文档，单击【确定】按钮即可，如图 6-8 所示。

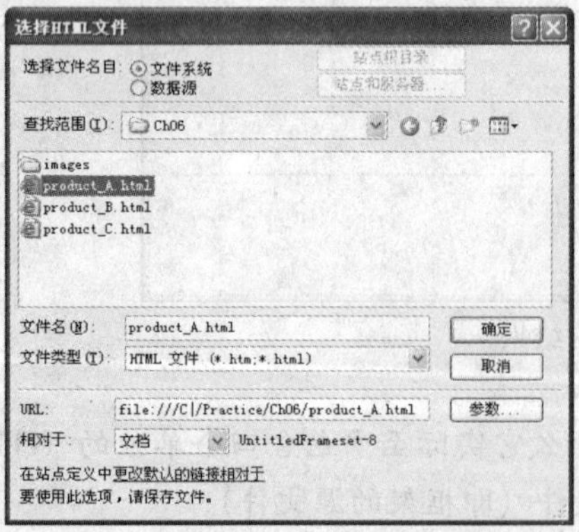

图 6-8 确认提示

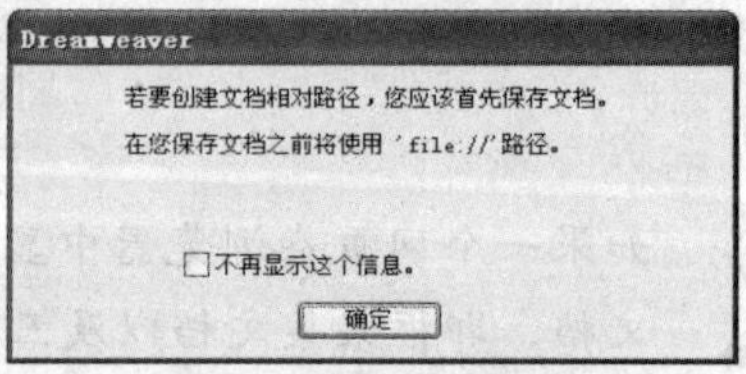

图 6-7 选择 HTML 文件

4 依照上述步骤的方法，分别为左框架和主框架指定源文件为“product_B.html”和“product_C.html”，最终结果如图 6-9 所示。

在框架集未被保存的情况下，Dreamweaver 将以绝对路径将框架源文件与框架集关联起来。只需将框架集文件保存在框架源文件同一目录下，Dreamweaver 就会自动将框架源文件以绝对路径转成相对路径的方式与框架集关联。

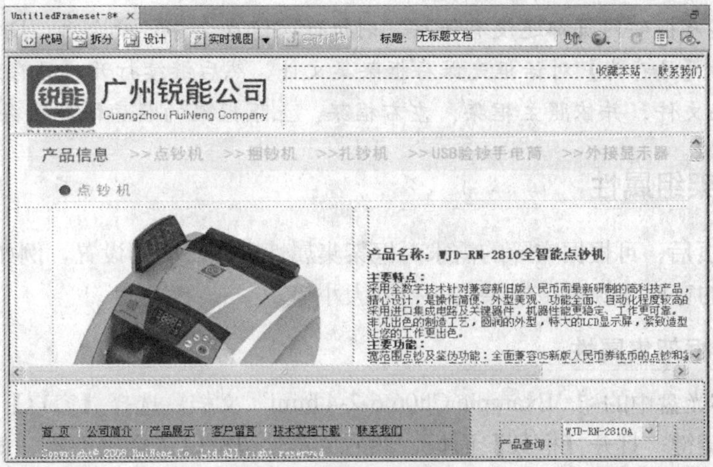

图 6-9　为框架指定源文件后的结果

6.2.3　保存框架集文件

完成创建框架集并指定框架源文件后，接着需要将框架与框架集文件一并保存。因为一个框架集文件通常包含两个或两个以上的框架，所以程序在保存框架集文件时会出现连续保存文件的特殊情况。

Howto　保存框架与框架集文件

1 在菜单栏选择【文件】|【保存全部】命令，Dreamweaver 会检测窗口中未被保存的文件，由于框架源文件已经存在，所以此时只会保存框架集文件。

TIPS 选择【文件】|【框架集另存为】命令，或者按下 Ctrl+Shift+S 快捷键，也可以打开【另存为】对话框保存框架集文件。

2 打开【另存为】对话框后设置框架集文件名，单击【保存】按钮即可，如图 6-10 所示。

若只需保存单个框架文件，即可选择【窗口】|【框架】命令，然后在【框架】面板中选择对应的框架，接着再选择【文件】|【保存框架页】命令即可，如图 6-11 所示。最终效果可参考本书光盘中的“..\Example\Ch06\6-2-3_Ok.html”文件

图 6-10　保存框架集文件

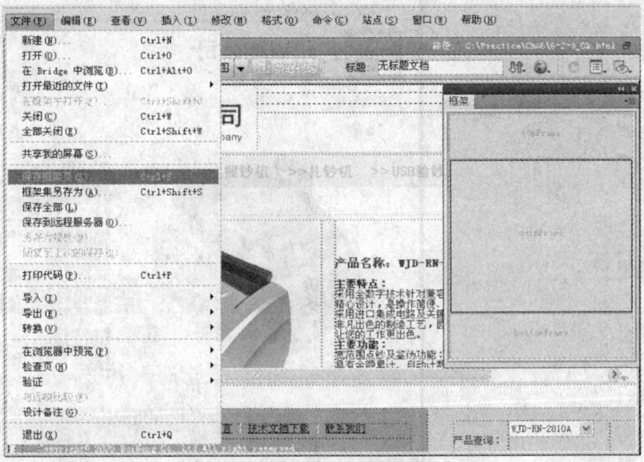

图 6-11　保存框架页

若框架集及框架网页都还没有保存，则执行“保存全部”命令后，Dreamweaver CS4将会打开【另存为】对话框先保存框架集文件，然后继续打开【另存为】对话框保存其他框架文件，并依照主框架、左右框架、上下框架的顺序依此保存文档。

6.2.4 设置框架组属性

创建框架网页后，可根据实际的需求对框架集属性进行必要的设置，例如设置框架集是否显示边框、边框的宽度与颜色、框架集的行列大小等。

Howto 设置框架集属性

1 打开本书光盘中的“..\Example\Ch06\6-2-4.html”文档，选择【窗口】|【框架】命令或按下Shift+F2快捷键，打开【框架】面板，然后单击外边框以选择框架集，如图6-12所示。

2 在【属性】面板设置“边框”为“否”选项（当边框的显示设置为“否”，边框的宽度设置的数值就没有作用了），如图6-12所示。

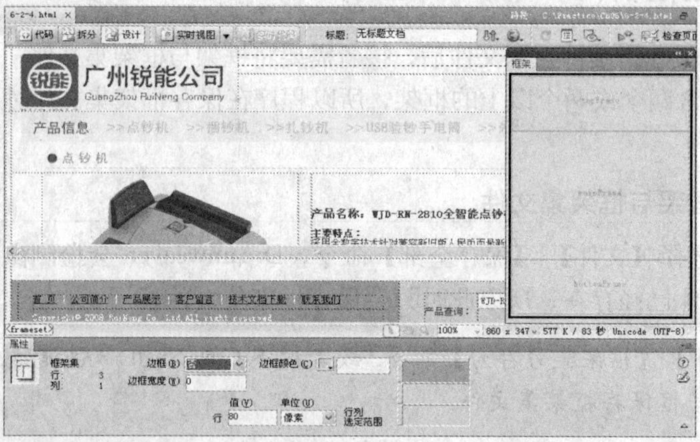

图6-12 设置框架集体边框显示为“否”

3 设置框架集属性后保存框架集文件，按下F12功能键预览网页效果，如图6-13所示。

图6-13 取消框架边框显示的结果

6.2.5　设置框架页属性

当需要为框架集中的框架设置源文件、框架边框、是否显示滚动条等属性，可通过【属性】面板来完成。以下实例的上框架设置了显示滚动，左框架设置了可调整大小。

Howto　通过【属性】面板设置框架页属性

1 打开本书光盘中的“..\Example\Ch06\6-2-5.html”文档，然后在【框架】面板上选择中间的框架，接着打开【属性】面板，设置滚动为“是”，如图 6-14 所示。

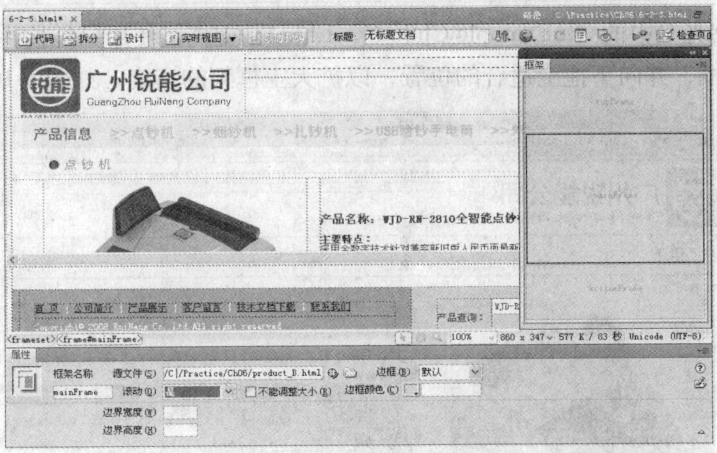

图 6-14　设置上框架可滚动

2 再次在【框架】面板中选择上框架，然后打开【属性】面板，选择“不能调整大小”复选项，如图 6-15 所示。如此左框架在浏览器预览时，浏览者无法调整其大小。

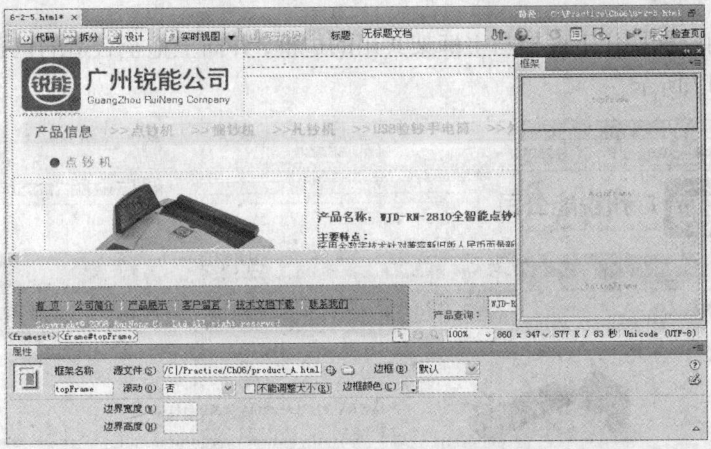

图 6-15　设置左框架不能调整大小

3 根据步骤 2 相同的操作方法，为网页的下方框架设置“不能调整大小”的属性，使浏览者无法调整其大小。

6.3　调整与编辑框架页

由于框架集网页是将不同网页的内容显示在同一浏览器中，为了使显示一起的内容看上去完整无瑕，就需要根据设计需求对框架进行编辑调整，例如调整框架大小、增加与删除框架等。

6.3.1 调整框架大小

为框架集中某个框架指定源文件后，便可根据框架页面所显示的内容调整框架的宽/高，以最佳效果显示网页。调整框架大小的方法有两种：第一是通过【属性】面板直接输入框架的宽高参数；第二是利用鼠标拖动边框，达到调整框架大小的目的。

Howto 手动调整框架大小

1 打开本书光盘中的“..\Example\Ch06\6-3-1.html”文档，使用鼠标按住上框架与其他框架共用的水平边框，并向下拖至适合的位置，以扩大上框架的高度，如图 6-16 所示。

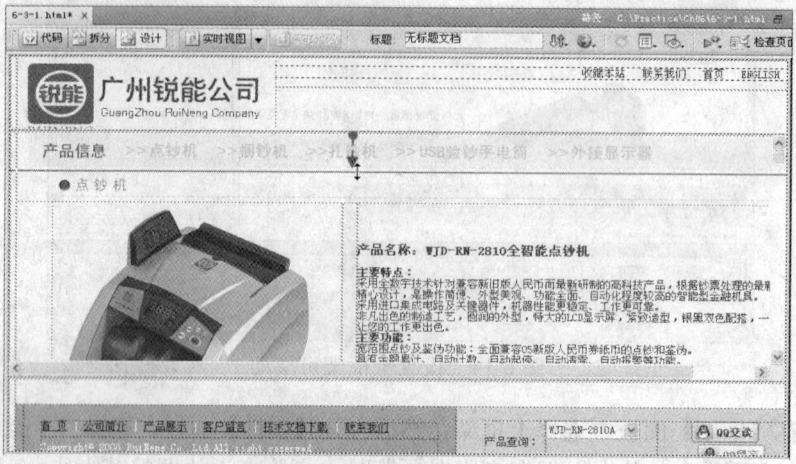

图 6-16 调整上框架大小

2 再次使用鼠标按住下框架与主框架共用的边框，并向上拖至合适的位置，以增大下框架的高度，如图 6-17 所示。

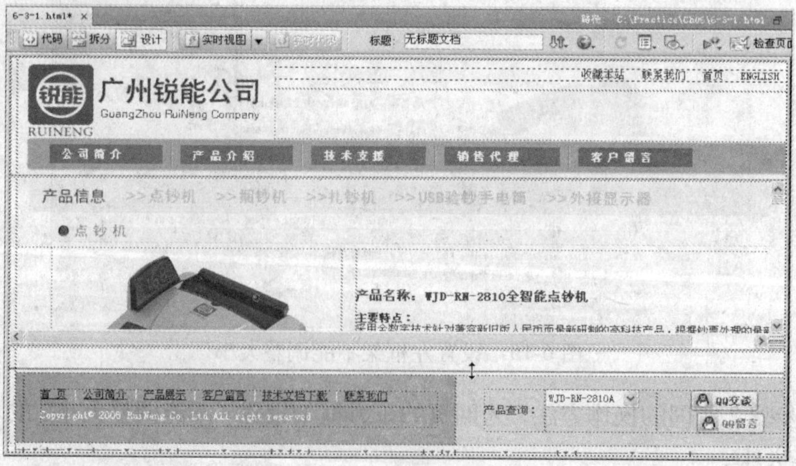

图 6-17 调整左框架大小

6.3.2 拆分框架页

Dreamweaver CS4 所提供的框架集结构类型并不能完全适用个人的网页设计，这就需要对框架结构进行调整，例如将多余的框架拆分，可以让框架集的结构有更丰富的变化，以适合设计的需求。

Howto　将原有的框架集拆分而新增一个底部框架并指定源文件

1 打开本书光盘中的"..\Example\Ch06\6-3-2.html"文档，在【文档】工具栏中单击【可视化辅助】按钮，然后从打开的菜单中选择"框架边框"命令，以显示框架集的边框。如图6-18所示。

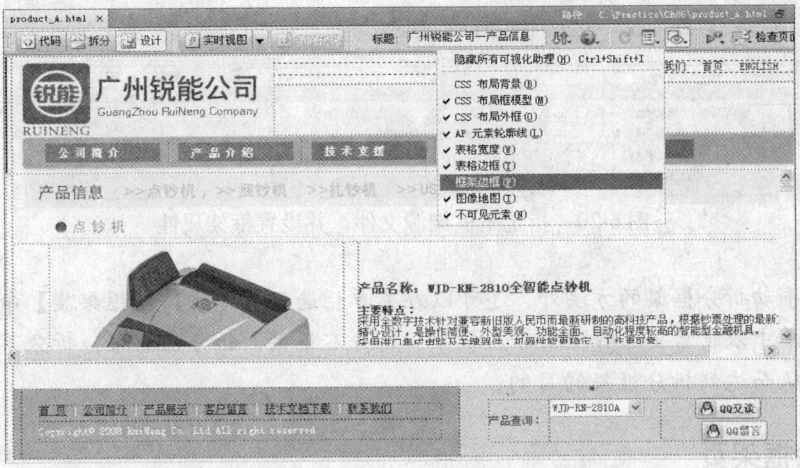

图 6-18　显示框架集边框

TIPS　选择【查看】|【可视化助理】|【框架边框】命令，也可以让框架边框在【文档】窗口的【设计】视图中显示。

2 使用鼠标按住框架集下面的边框，然后向上拖至合适的位置，即可为框架集拆分下框架，如图6-19所示。

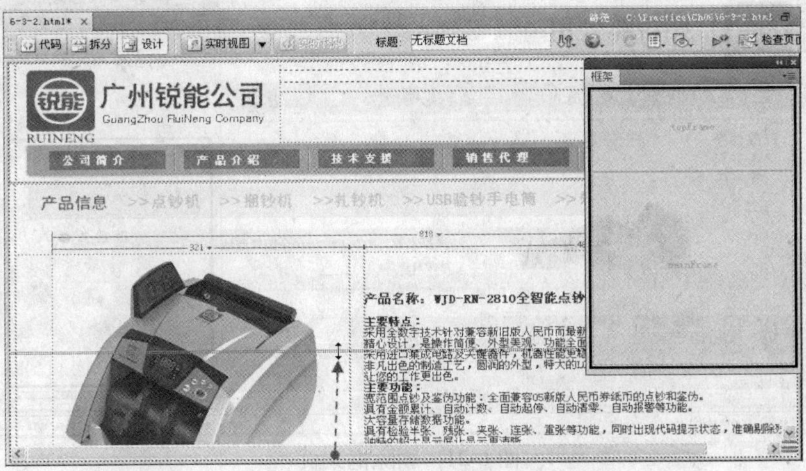

图 6-19　拆分下框架

3 按下 Shift+F2 快捷键打开【框架】面板，选择下框架后打开【属性】面板，指定"..\Example\Ch06\product_C.html.html"作为框架源文件，如图6-20所示。

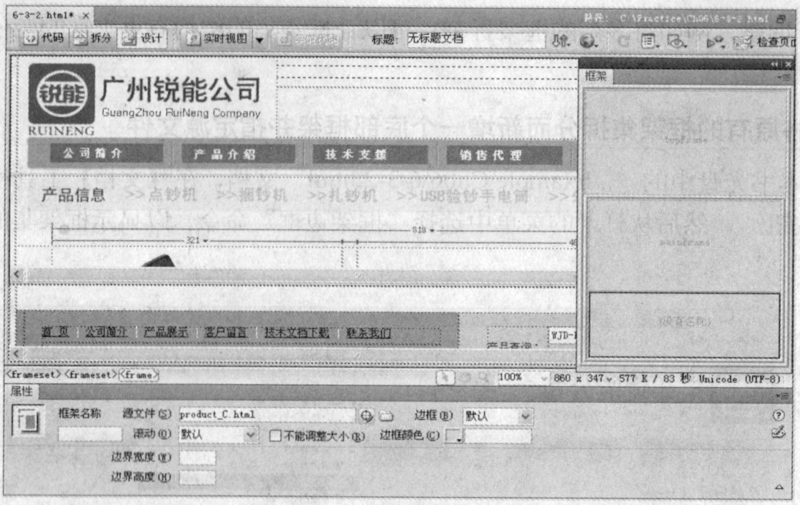

图 6-20　指定下框架源文件，并设置框架属性

除了手动拆分框架的方法外，还可以在菜单栏选择【修改】|【框架集】命令，然后从子菜单中依照需要选择“拆分左框架、拆分右框架、拆分上框架、拆分下框架”等命令，从而达到拆分框架的目的。

6.3.3　删除框架页

框架集中若有多余的框架时，可将其删除。所删除框架的源文件将不再会显示在框架集中。删除框架时，只需将框架的内边框拖出 Dreamweaver 编辑窗口即可。

先打开本书光盘中的“..\Example\Ch06\6-3-3.html”文档，然后使用鼠标按住下框架的内边框，再将之拖出编辑窗口即可，如图 6-21 所示。

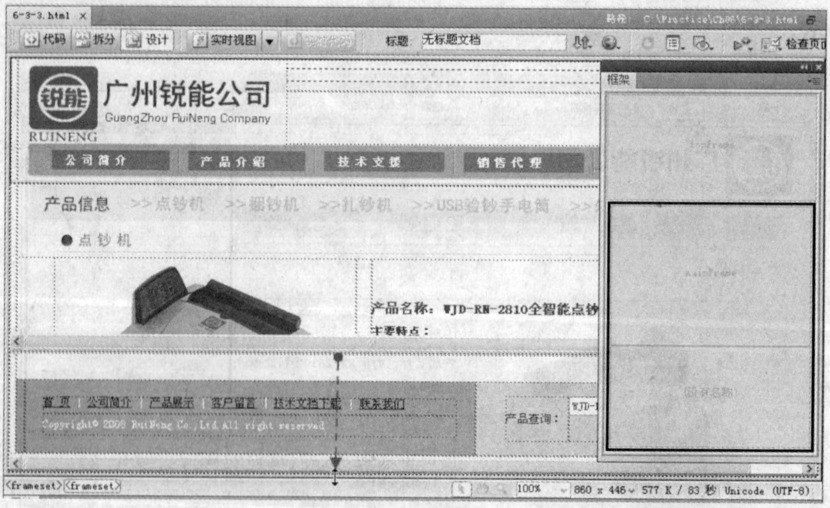

图 6-21　删除框架页

此外，还可以通过“代码”设计视图将框架的 HTML 代码删除，也可以达到删除该框架的目的。如图 6-22 所示，通过【框架】面板选择到下框架，单击【代码】按钮切换到“代码”视图，按下 Delete 键删除已选定的 HTML 代码，以及用于控制产生不同框架的相关代码即可。

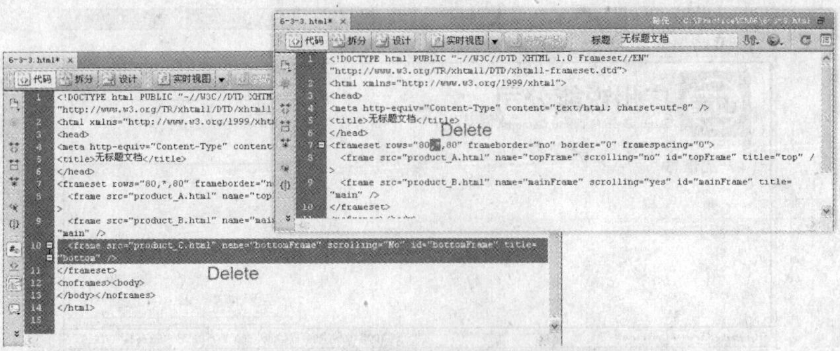

图 6-22　删除 HTML 代码达到删除框架

6.3.4　插入嵌套框架

通过嵌套框架可制作结构复杂的框架集网页，使框架布局符合一些特殊的设计需求，Dreamweaver CS4 的框架模板中提供了多种嵌套式框架集，可通过创建新文档的方法建立嵌套框架。

Howto　为一般网页插入嵌套框架使它转变成框架网页

1 打开本书光盘中的“..\Example\Ch06\6-3-4.html”文档，先定位光标在已有的框架集的下方框架页中，然后在【插入】面板中切换至“布局”分类，单击【框架】按钮打开下拉选单，选择需要插入的框架类型项目即可，如图 6-23 所示

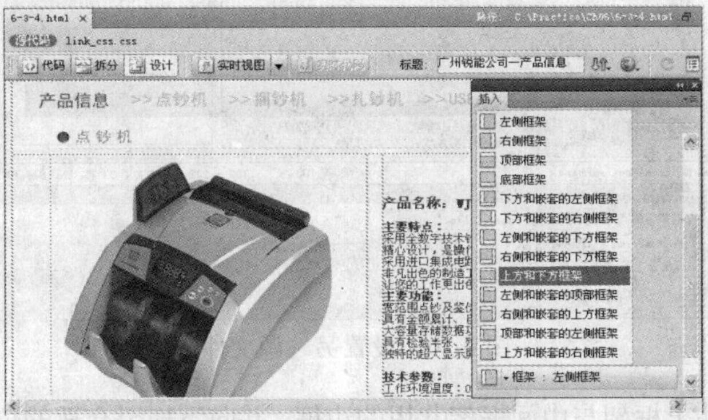

图 6-23　插入产生嵌套框架

2 显示【框架标签辅助功能属性】对话框后，分别为左右框架设置标题为 top 和 bottom，然后单击【确定】按钮，如图 6-24 所示。

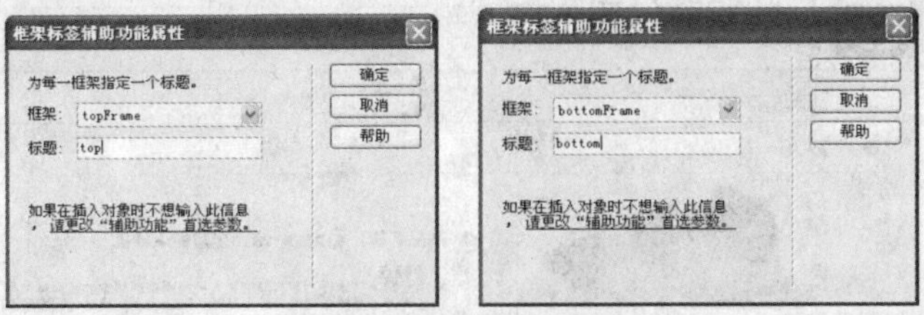

图 6-24　设置框架标题

3 按下 Shift+F2 快捷键打开【框架】面板，选择“topFrame”框架，在【属性】面板的【源文件】栏中指定“..\Example\Ch06\product_A.html”作为框架源文件，如图 6-25 所示。

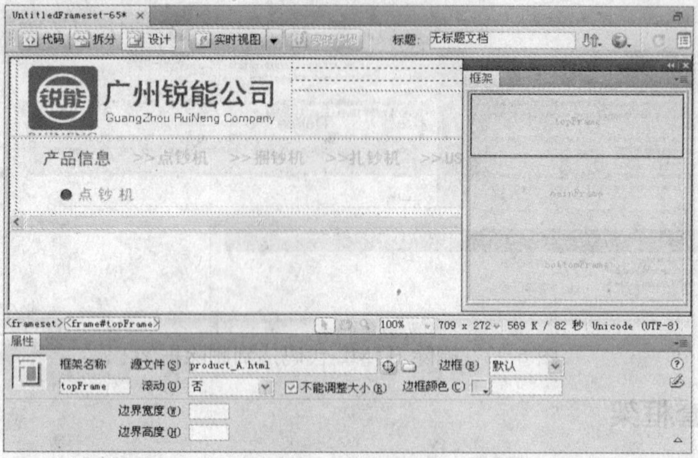

图 6-25　指定源文件

4 根据步骤 3 相同的操作方法，再为“bottomFrame”框架指定原文件为“..\Example\Ch06\product_C.html”，结果如图 6-26 所示。

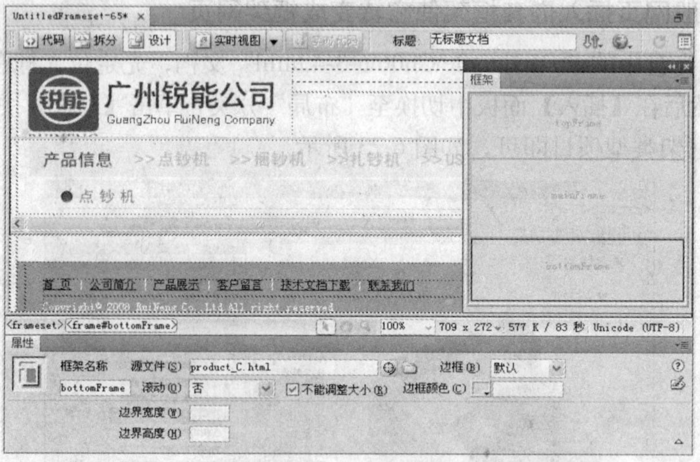

图 6-26　设置另一源文件

5 使用鼠标按住上框架与中间框架共用的边框，并向下拖至合适的位置，扩大左框架的高度，如图 6-27 所示。

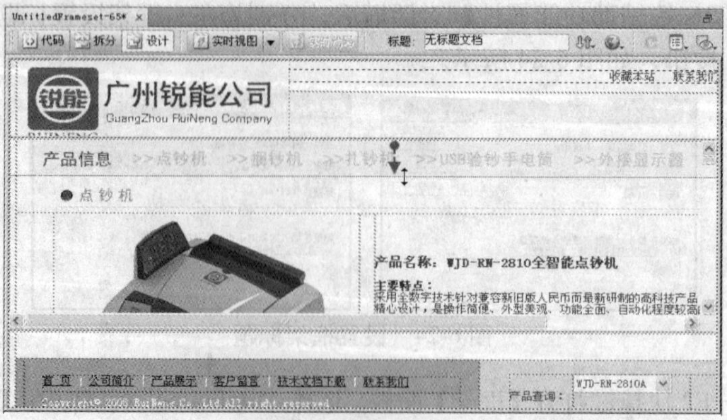

图 6-27　调整框架宽度

6 选择【文件】|【框架集另存为】命令，打开【另存为】对话框，分别指定保存路径和保存名称，然后单击【保存】按钮，将因插入嵌套框架而产生的框架集页面保存起来，如图 6-28 所示。

图 6-28　保存文件

6.3.5　制作浮动框架

浮动框架是以嵌入某个单独网页的方式存在，浮动框架可插入网页任意位置，并且将以被插入网页直接保存，而不再是以框架集的形式存在。使用 Dreamweaver CS4 可通过"代码"视图插入浮动框架的 HTML 标签，再指定浮动框架的的源文件、名称、大小、是否显示滚动等等。

Howto　通过"代码"视图插入浮动框架标签并定义属性

1 打开本书光盘中的"..\Example\Ch06\6-3-5.html"文档，在【文档】工具栏中单击【拆分】按钮同时显示"代码"视图，然后在"设计"视图模式中将光标定位在网页右方空白单元格内，在"代码"视图中快速找到相应位置，如图 6-29 所示。

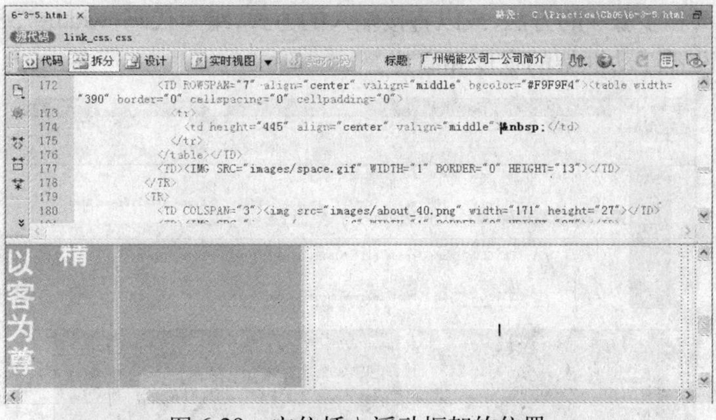

图 6-29　定位插入浮动框架的位置

2 通过"代码"视图定位所找到对应的光标位置，选择【插入】|【HTML】|【框架】|【IFRAME】命令，在"代码"视图插入浮动框架标签"<iframe></iframe>"。

3 再定位光标在"代码"模式中已插入的"iframe"代码的"<iframe>"标签内，然后按下 Enter 键，自动打开下拉选单，选择"src"选项，如图 6-30 所示。

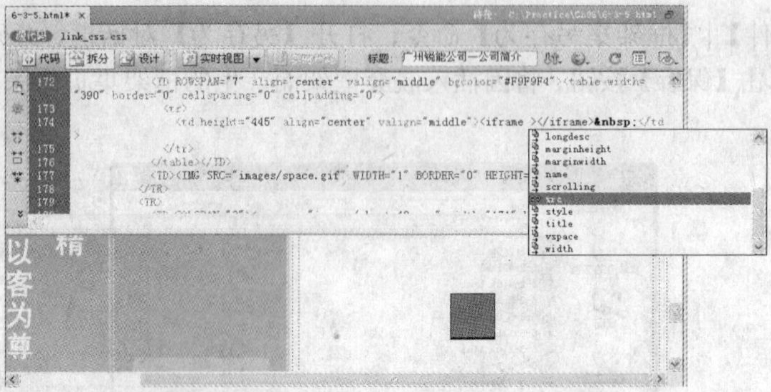

图 6-30　选择插入代码

4 显示【浏览】选项，按下Enter键或单击该项打开【选择文件】对话框，先在【查找范围】栏指定“Ch06”文件夹，再双击“6-3-5a.html”素材文件直接选用该网页作为浮动框架源文件，如图6-31所示。

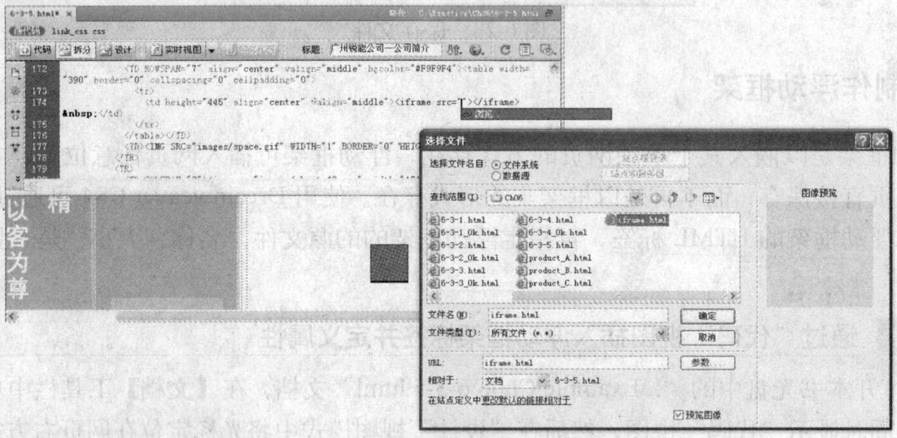

图 6-31　指定源文件

5 依照步骤3和步骤4的方法，或以直接输入的方式，编写代码“width=”380” height=”440””，如图6-32所示，设置浮动框架的宽度和高度。

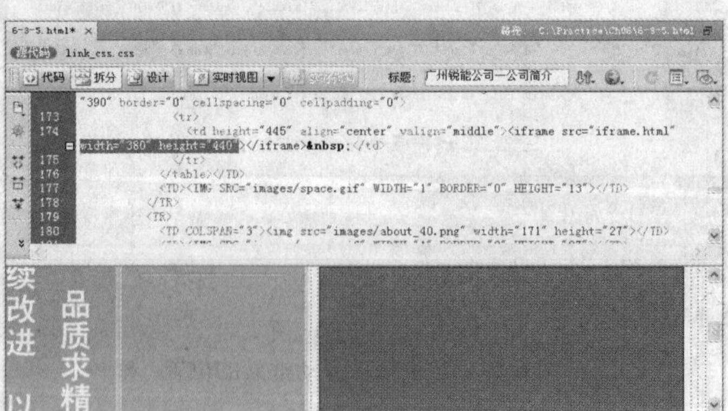

图 6-32　设置宽/高参数

6 插入浮动框架后，即可在菜单栏选择【文件】|【保存全部】命令，保存制作好的浮动框架。接着按下F12功能键，打开浏览器预览网页，结果如图6-33所示。

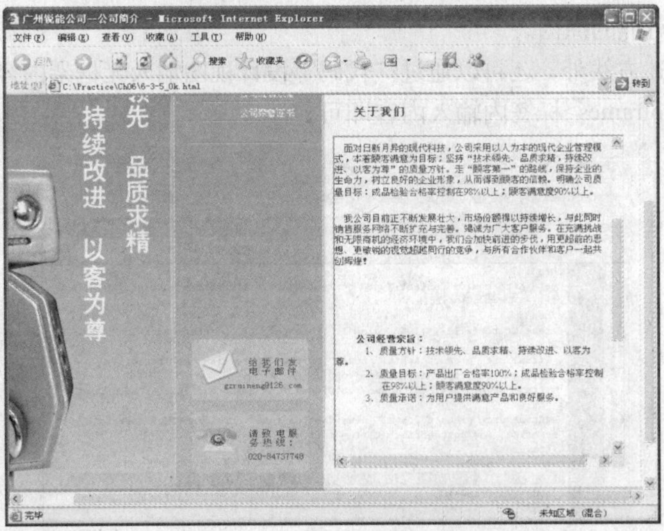

图 6-33　插入浮动框架后的结果

6.3.6　编辑无框架内容

虽然目前大多数的浏览器都已经支持框架显示（从 IE 4.0（包括 4.0）起，IE 浏览器就可以支持框架网页）。由于有些用户仍在使用版本较低的浏览器，因此无法正常显示框架集网页，为了给这些用户提供必要的提示信息，可以为框架集编辑无框架内容，如此，因浏览器问题而无法正常浏览框架网页时，便可显示提示内容。

Howto　编辑无框架内容

1 打开本书光盘中的“..\Example\Ch06\6-3-6.html”文档，然后选择【修改】|【框架集】|【编辑无框架内容】命令，打开无框架内容编辑视图。

2 进入无框架内容页面编辑视图后，输入说明浏览器不支持框架显示的原因或者相关的提示内容，如图 6-34 所示。

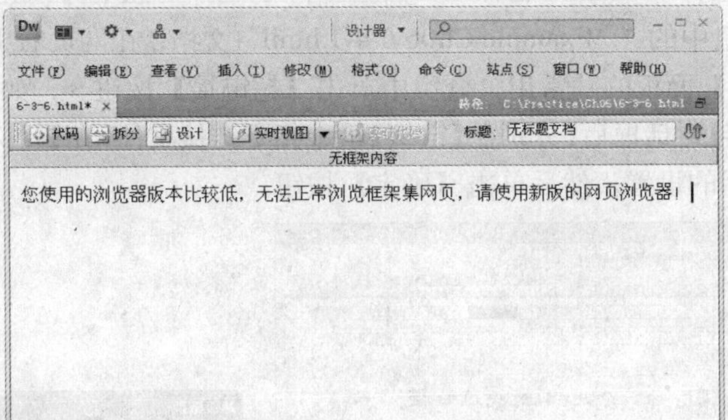

图 6-34　编辑无框架内容

3 再次选择【修改】|【框架集】|【编辑无框架内容】命令，以切换回正常的网页编辑窗口。设置无框架内容后，当浏览者无法显示框架内容时，即会出现无框架内容，以告知浏览者

无法浏览框架网页可能的原因。

另外，除了上述方法外，还可以通过“代码”设计视图输入无框架内容。如图6-35所示，在<noframes>和</noframes>标签内输入内容即可。

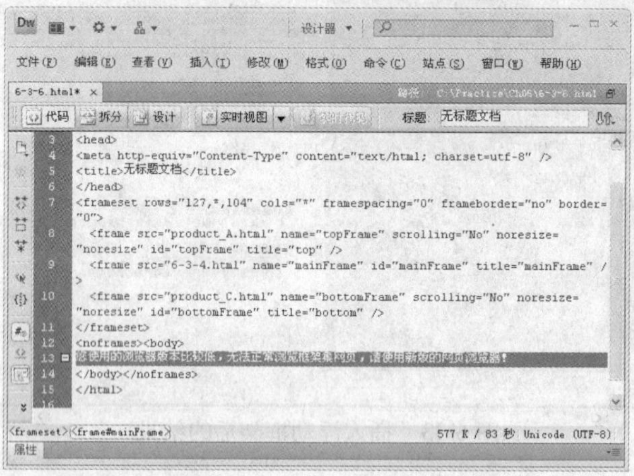

图6-35 通过“代码”设计视图输入无框架内容

6.4 插入网页超链接

超链接是网页中最基本的元素之一，只有通过超链接才可以实现在不同网页，乃至不同网站之间跳转。Dreamweaver CS4提供了多种创建超链接的方法，可为网页制作文本、图像、电子邮件、以及文档下载等链接类型。

6.4.1 文本超链接

以文本作为超链接是网页中最常见的超链接方式。

Howto 插入文本超链接

1 打开本书光盘中的“..\Example\Ch06\6-4-1.html”文档，在网页右上方选择“联系我们”文本，然后在【插入】面板的“常用”分类中单击【超链接】按钮，如图6-36所示。

2 打开【超链接】对话框后，分别在【链接】栏中指定链接文件，在【目标】栏中选择“_blank”选项，如图6-37所示的设置，然后单击【确定】按钮。

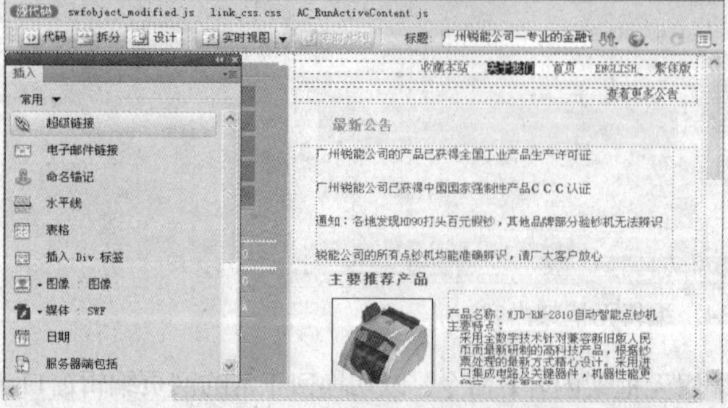

图6-36 插入文本超链接

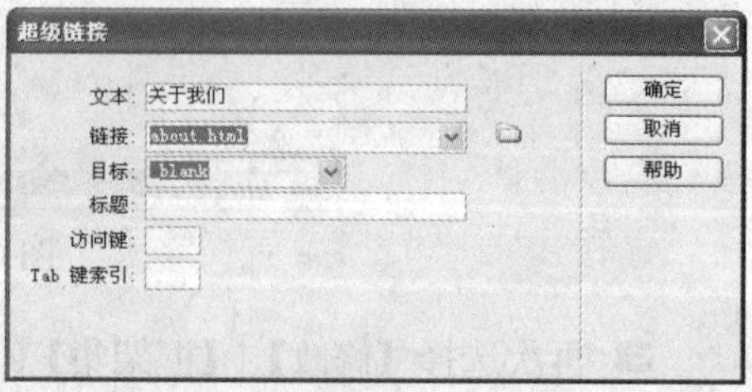

图6-37 设置超链接的属性

TIPS

超链接目标的解析如下：

- _blank：将链接的文件载入一个未命名的新浏览器窗口中。
- _parent：将链接的文件载入含有该链接的框架的父框架集或父窗口中。如果包含链接的框架不是嵌套的，则链接文件加载到整个浏览器窗口中。
- _self：将链接的文件载入该链接所在的同一框架或窗口中。此目标是默认的，所以通常不需要指定它。
- _top：将链接的文件载入整个浏览器窗口中，因而会删除所有框架。

3 插入文本超链接后，即可按下 F12 功能键打开浏览器测试链接效果，如图 6-38 所示。

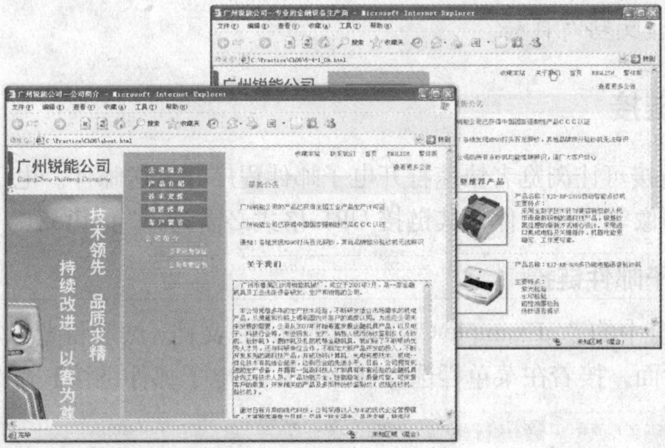

图 6-38　测试文本超链接

6.4.2　图像超链接

图像超链接是网络上另一种常见的超链接方式，例如一些链接按钮，其实就是为具有按钮图案的图片所设置的超链接。

Howto　通过【属性】面板为图像设置超链接

1 打开本书光盘中的“..\Example\Ch06\6-4-2.html”文档，选择网页中间导航列中内容为“公司简介”的图像，单击【属性】面板“链接”选项后的【浏览文件】按钮，如图 6-39 所示。

2 打开【选择文件】对话框后，选择“..\Example\Ch06\about.html”文件，然后单击【确定】按钮，如图 6-40 所示。

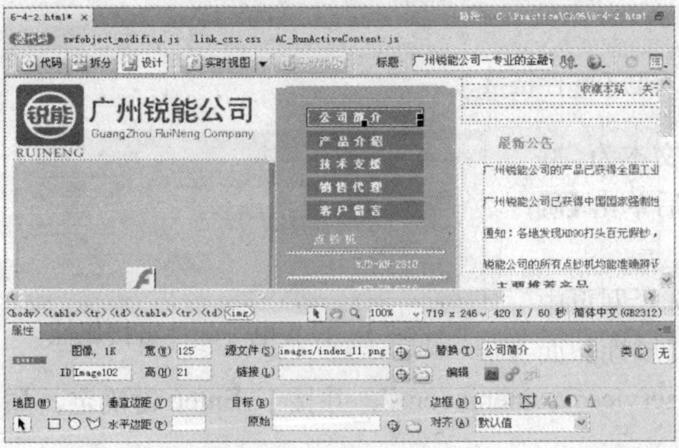

图 6-39　选择图像

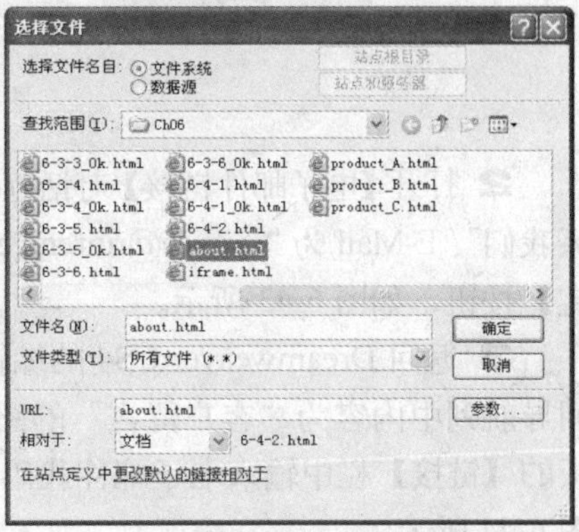

图 6-40　选择图像链接目标文档

3 返回 Dreamweaver CS4 的编辑窗口，在【属性】面板中设置链接目标为“_blank”，以便让链接目标从新窗口中打开，如图 6-41 所示。

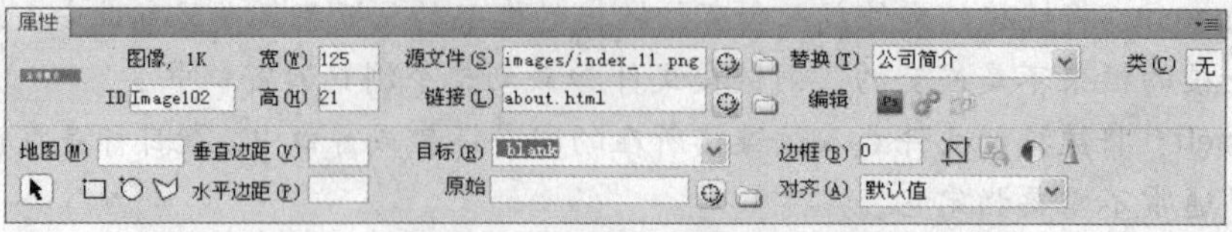

图 6-41　设置图像链接目标

> 对于文本超链接，也可以使用上例的方法进行设置，即可选择文本后，通过【属性】面板设置链接文档与目标。(TIPS)

6.4.3 电子邮件链接

通过电子邮件链接可让浏览者快速打开电子邮件程序并发送邮件。电子邮件链接的对象可以是文本也可以是图像等媒体文件，其链接 URL 格式必需为：“mailto:” + “电子邮件地址”。

Howto 插入电子邮件链接

1 打开本书光盘中的“..\Example\Ch06\6-4-3.html”文档，然后将光标定位在页面底部“技术文档下载”文本后面，接着在菜单栏选择【插入】|【电子邮件链接】命令，如图 6-42 所示。

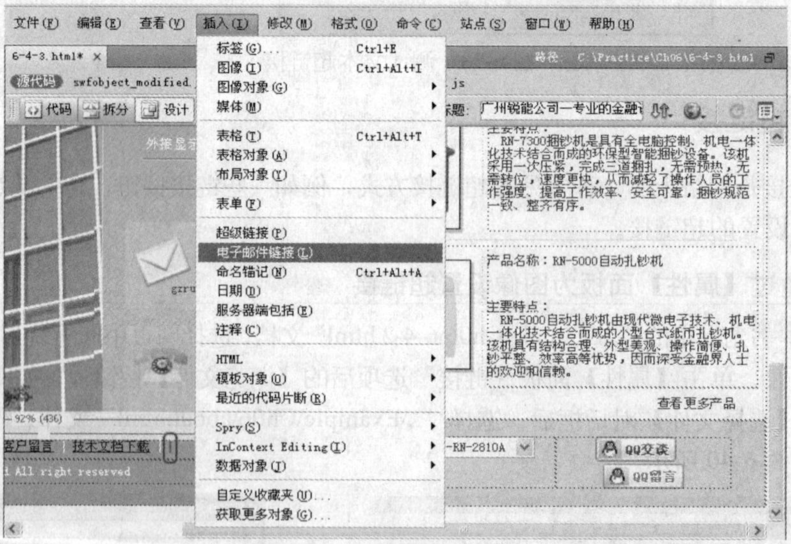

图 6-42　插入电子邮件链接

2 打开【电子邮件链接】对话框后，输入文本为“联系我们”、E-Mail 为“service@ruireng.com”，然后单击【确定】按钮，如图 6-43 所示。

图 6-43　设置电子邮件链接属性

3 返回 Dreamweaver CS4 的编辑窗口，选择网页中间导航列中内容为“客户留言”的图像，在【属性】面板的【链接】栏中输入电子邮件代码“mailto:service@ruineng.com”，并按下 Enter 键确定，如图 6-44 所示。

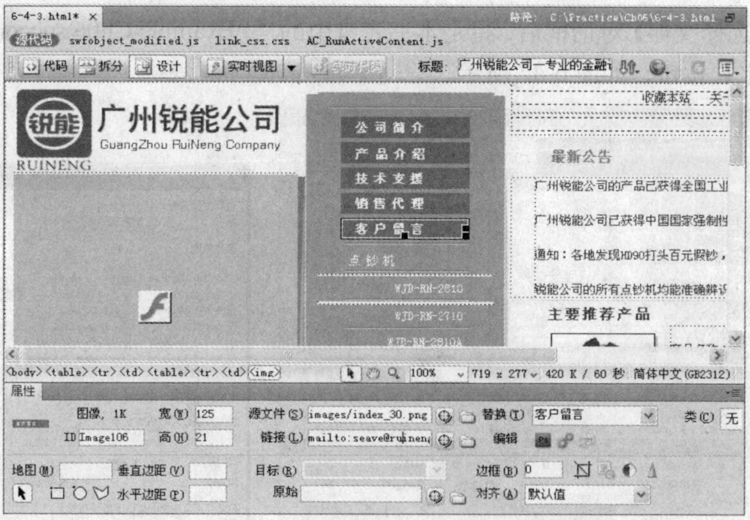

图 6-44　通过【属性】面板设置电子邮件链接

创建电子邮件链接并保存后，按下 F12 功能键打开浏览器测试链接效果。当浏览者单击网页中的电子邮件链接时，将打开一个新的邮件发送窗口（使用的是与用户浏览器相关联的邮件程序）。在该窗口中的"收件人"文本框自动更新为显示电子邮件链接中指定的地址，如图 6-45 所示。

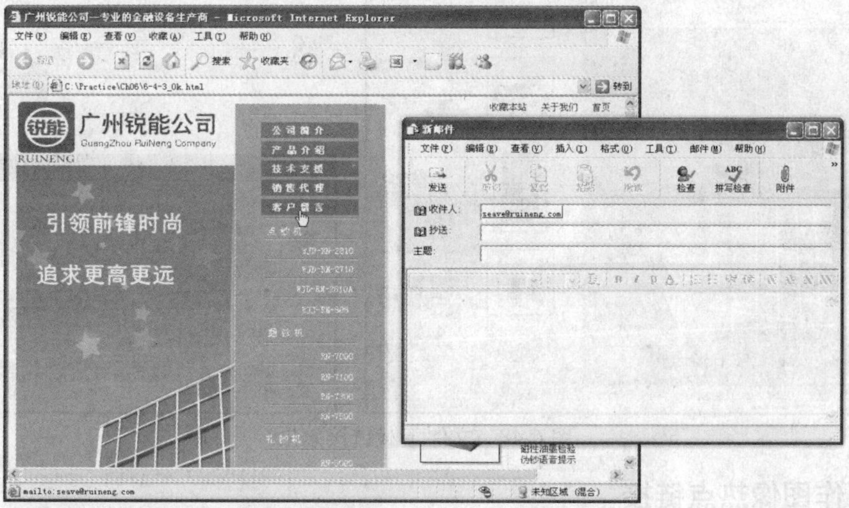

图 6-45　单击电子邮件链接后，即可快速发送邮件

6.4.4　文件下载链接

创建文件下载链接的方法很简单，就是指定链接目标文件，而且该文件无法在浏览器中打开，因此便会弹出提示框要求保存链接目标文件，达到下载文件的目的。而不能被浏览器直接打开文件有很多种，最常见的就是 RAR 格式的压缩文件，也就是人们常说的打包文件。

Howto　创建文件下载链接

1 打开本书光盘中的"..\Example\Ch06\6-4-4.html"文档，选择网页底部的"技术文档下载"文本。在【属性】面板的【链接】栏单击【浏览文件】按钮，如图 6-46 所示。

2 打开【选择文件】对话框后，指定本书光盘中的“..\Example\Ch06\succor.rar”素材文件，然后单击【确定】按钮，如图 6-47 所示。

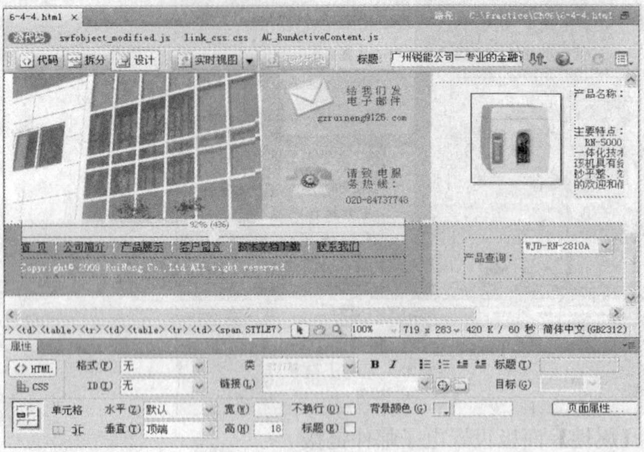

图 6-46　创建文件下载链接

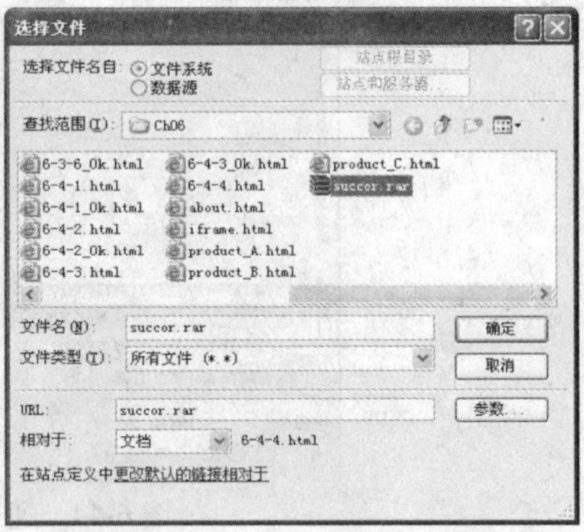

图 6-47　执行链接后，可以下载文件

创建文件下载链接后，可以通过浏览器打开网页再执行所设置的文件下载链接，打开【文件下载】对话框，浏览者便可将文件下载到本地电脑所指定的位置，如图 6-48 所示。

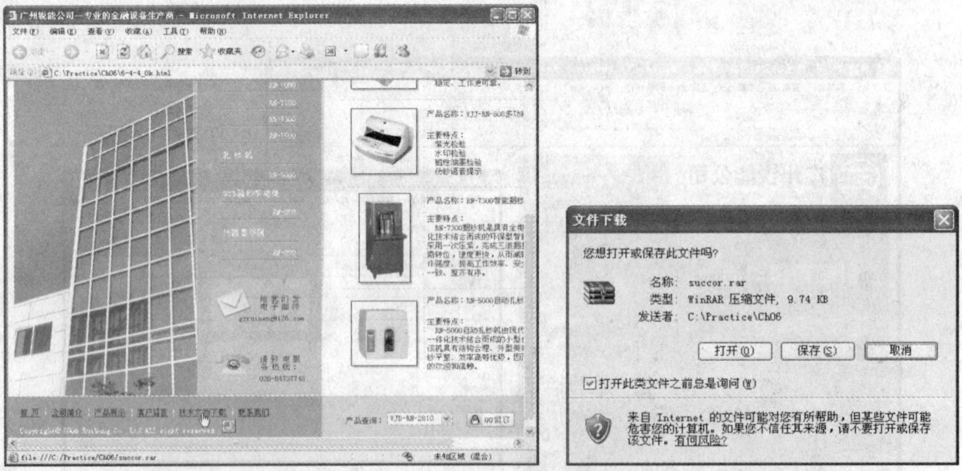

图 6-48　文件下载链接效果

6.4.5　制作图像热点链接

除了指定一整张图像创建超链接，还可以在图像上指定某个区域制作超链接，方法是先绘制图像热点区域，再为该热点区域指定链接，从而实现在同一图像上建立多个超链接的目的。

为图像绘制热点区域后，区域默认链接为空链接（设置链接地址为“#”），因此可为热点区域重新设置其他超链接。Dreamweaver CS4 提供了“矩形热点工具、椭圆形热点工具、多边形热点工具”三种创建热点的工具，其使用分别如下：

(1) **椭圆形热点工具**：选择工具后并将鼠标指针拖至图像上，将创建一个圆形或椭圆形热点。

(2) **矩形热点工具**：选择工具后并将鼠标指针拖至图像上，将创建一个矩形或正方形热点。

(3) **多边形热点工具**：选择工具后并将鼠标指针拖至图像上，在各个顶点上单击一下，定义一个不规则形状的热点，然后单击箭头工具封闭此形状。

在图像中完成绘制热点区域后，还可以对热点区域进行编辑，其操作包括选择热点、移动热点、调整热点大小等。

TIPS 图像热点链接需要浏览器支持，从 Netscape Navigator 2.0 后续版本、NCSA Mosaic 2.1 和 3.0 以及 Internet Explorer 的所有版本都支持客户端图像热点链接。

Howto 创建图像地图热点

1 打开本书光盘中的“..\Example\Ch06\6-4-5.html”文档，先选择网页左上方的 Logo 图像，如图 6-48 所示。

2 在【属性】面板中单击【椭圆形热点工具】按钮，然后在图像上拖动绘制一个圆形热点区域，随之弹出提示框提示可描述图像映射，单击【确定】按钮即可，如图 6-49 所示。

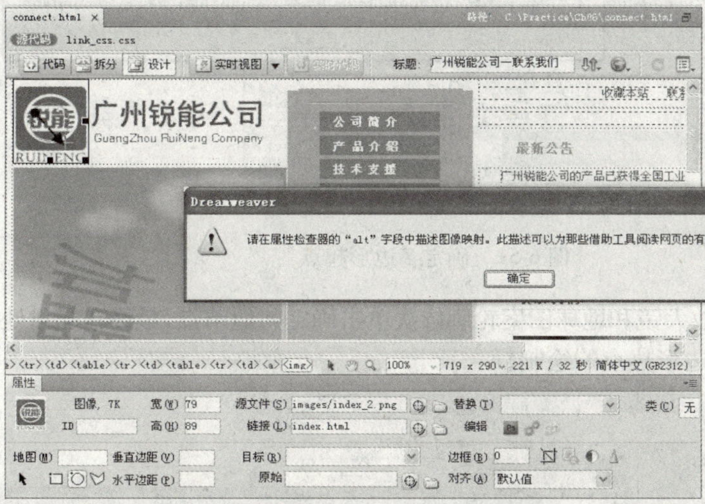

图 6-49　创建图像地图的热点

3 创建圆形热点区域后，在【属性】面板中显示热点区域的各项属性设置，可在【链接】栏中输入 URL，如图 6-50 所示，设置热点区域的超链接。

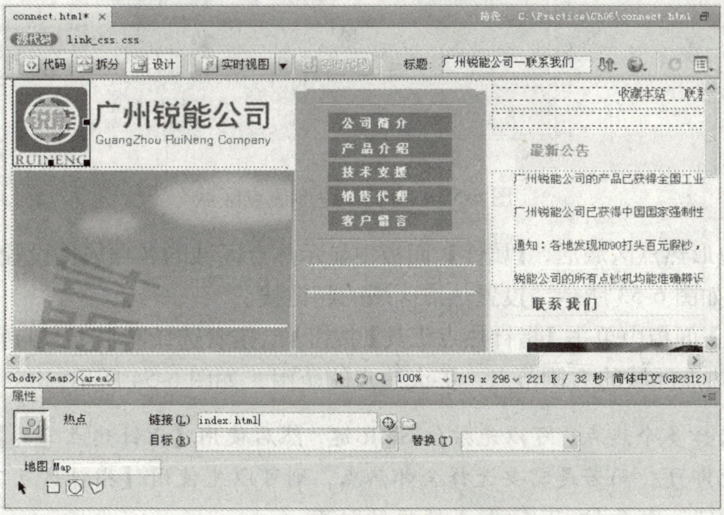

图 6-50　设置热点区域的链接

TIPS 除上述编辑外，还可以将含有热点的图像从一个文档复制到其他文档，或者复制某图像中的一个或多个热点，然后将其粘贴到其他图像上，以达到移动热点链接的目的。

4 选择网页右上方的横幅图像，在【属性】面板中单击【多边形热点工具】按钮，然后在网页左侧图像中的放大镜图案边单击确定起点，弹出提示框提示可描述图像映射，单击【确定】按钮，如图 6-51 所示。

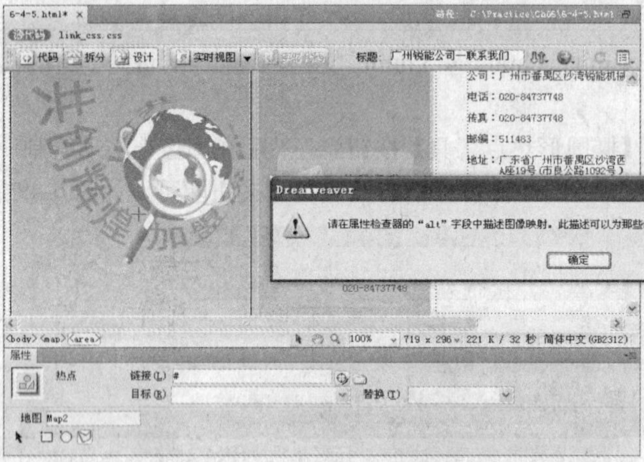

图 6-51 确定多边形起点

5 拖动鼠标，依照放大镜和地球图案轮廓依次单击确定其他节点，最终在起点处单击汇合，如图 6-52 所示，完成多边形热点的绘制。

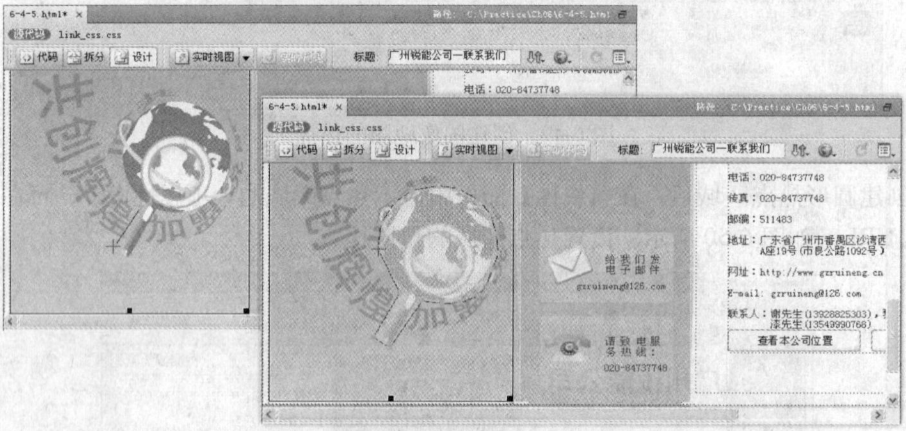

图 6-52 绘制多边形热点区域

6 创建多边形热点区域后，【属性】面板中显示热点区域的各项属性设置，可在【链接】栏中输入 URL，如图 6-53 所示，设置热点区域的超链接。

7 在【属性】面板中单击【指针热点工具】按钮，接着选择网页上方的椭圆形热点区域，向右拖动椭圆形热点区域的右侧节点，扩大热点的范围，如图 6-54 所示。

TIPS 若需要选择多个热点，可以先按住 Shift 键，然后使用【指针热点工具】单击需要选择的热点即可。而若是需要选择全部热点，则可以先使用【指针热点工具】选择其中一个热点，然后按 下 Ctrl+A 快捷键即可。

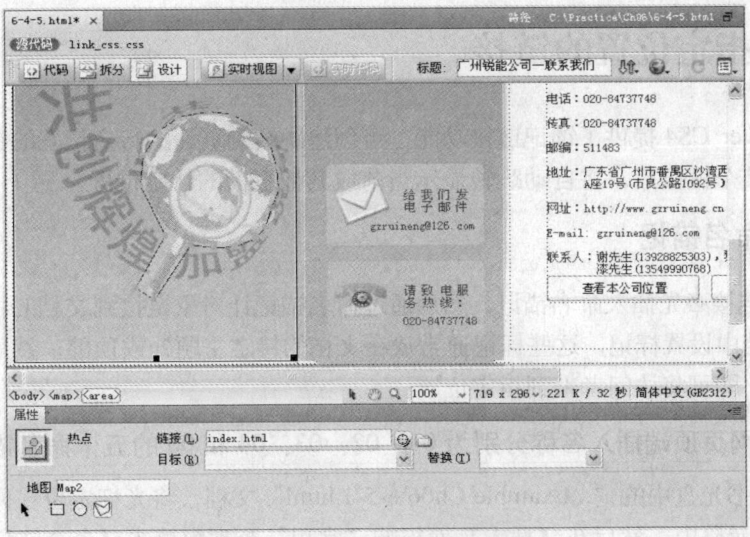

图 6-53　设置热点区域超链接

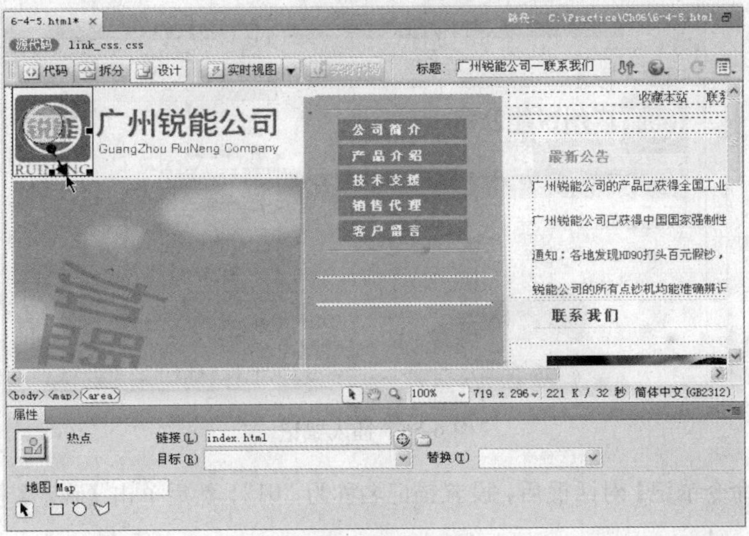

图 6-54　调整热点区域大小

8 按住该热点区域不放移动其位置，使该热点区域与图像中的内容位置吻合，如图 6-55 所示。

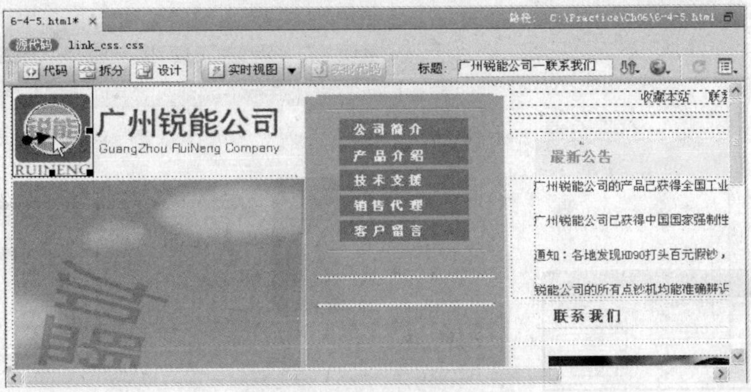

图 6-55　移动热点区域

6.5 建立指定位置的链接

Dreamweaver CS4提供了锚记链接功能，可创建跳转到页面的特定位置的链接，当浏览者在网页上执行某个链接后，将自动跳转显示当前或其他页面的特定位置。

6.5.1 插入命名锚记

创建锚记链接必先插入命名锚记，然后通过命名锚记让对象链接到文档的特定部分。命名锚记可以在文档中设置标记，这些标记通常放在文档的特定主题处或顶部，然后创建到这些命名锚记的链接，即可将访问者带到指定位置。

Howto 在网页顶端插入名称分别为01、02、03、04和05的五个命名锚记

1 打开本书光盘中的“..\Example\Ch06\6-5-1.html”文档，将光标定位在网页上方内容为“点钞机”的单元格中，然后在【插入】面板的“常用”分类中单击【命令锚记】按钮，如图6-56所示。

图6-56 插入锚记

2 打开【命令锚记】对话框后，设置锚记名称为“01”，然后单击【确定】按钮，如图6-57所示。

3 根据前面两个步骤的相同操作，分别为背景内容为“捆钞机”、“扎钞机”、“USB验钞手电筒”和“外接显示器”的单元格内，再分别插入名称为02、03、04和05的命名锚记，结果如图6-58所示。

图6-57 设置命名锚记的名称

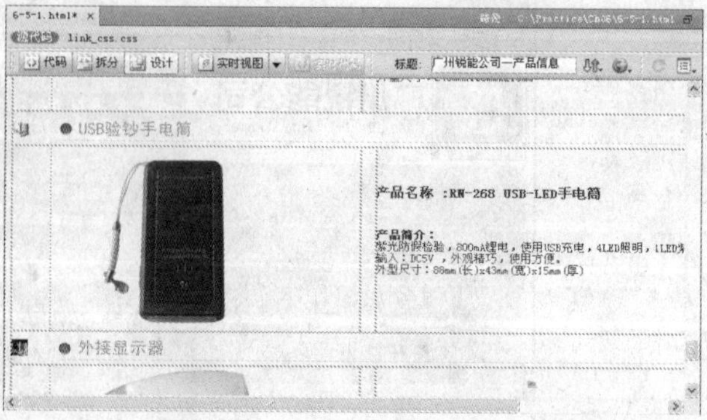

图6-58 插入命名锚记的结果

TIPS 如果看不到锚记元素的图示，可在菜单栏选择【查看】|【可视化助理】|【不可见元素】命令，将锚记显示出来。

6.5.2　创建锚记链接

Howto　创建命令锚记链接

1 打开本书光盘中的“..\Example\Ch06\6-5-2.html”文档，在网页上方有选择背景内容为“点钞机”的热点区域，然后在【属性】面板的【链接】栏中输入内容为“#01”，如图 6-59 所示。

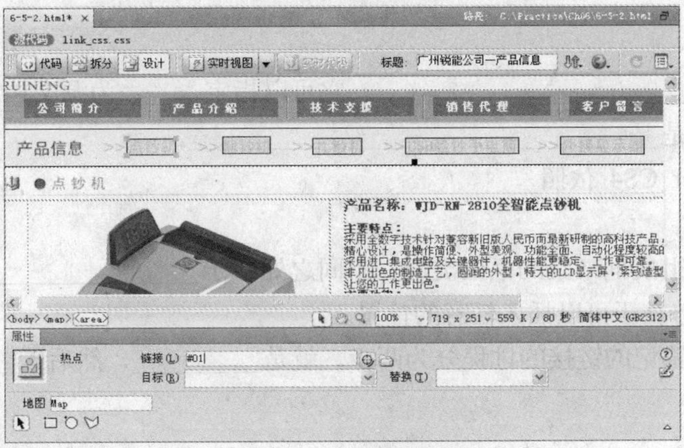

图 6-59　设置锚记链接

2 根据步骤 1 相同的操作，分别为背景内容为“捆钞机”、“扎钞机”、“USB 验钞手电筒”和“外接显示器”的热点区域设置锚记链接为“#02”“#03”“#04”和“#05”，从而完成本例锚记链接的制作。

TIPS 锚记名称区分大小写。
若要链接到其他网页文件的命令锚记，则需要在锚记链接前添加网页文档名称，例如文档是“about.html”、其中的命名锚记为“01”，那么完整的链接 URL 即为“about.html#01”。

创建锚记链接后，可以通过浏览器打开成果档，单击网页中的锚记链接，这时网页将跳转到所指定的相应锚记位置，如图 6-60 所示。

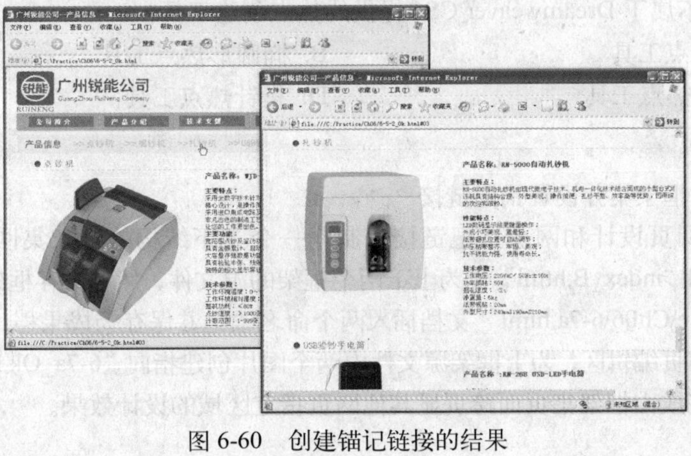

图 6-60　创建锚记链接的结果

6.6 本章小结

本章介绍了框架集与框架的概念，接着介绍框架集创建与保存、设置属性，以及框架的调整与编辑方法。然后再介绍网页中各种超链接的创建与设置，再延伸到图像地图链接和命名锚记链接的制作，由浅入深掌握使用框架来布局网页和制作网页链接的知识。

6.7 本章习题

一、填充题

1. 框架是____________________，它可以指定______为源文档。

2. 嵌套框架就是____________________。

3. Dreamweaver CS4 依照__________、__________、__________、__________的顺序来保存框架集文件。

4. 浮动框架和组成框架集的框架类似，不同之处在于____________________，所以它比一般框架的优势在于可以插入任意的位置。

5. 创建到命名锚记的链接的过程分为两步，就是__________，然后______________。

二、选择题

1. 在 Dreamweaver 中，必须在什么设计视图下才可以插入浮动框架？（　）

A.“代码”视图　B.“框架”视图　C.“设计”视图　D.“行为”视图

2. 如果一个网页在浏览器中显示为 2 个框架，请问这个网页包含了几个文件？（　）

A. 1 个　B. 2 个　C. 3 个　D. 4 个

3. 可以通过“代码”视图在哪个 HTML 标签内输入信息，即可作为浏览器不可正常浏览框架网页时出现的内容？（　）

A. <iframes>和</iframes>标签　B. <setframes>和</setframes>标签

C. <frames>和</frames>标签　D. <noframes>和</noframes>标签

4. 以下哪个目标设置可以让链接的文件载入到一个未命名的新浏览器窗口中？（　）

A. _parent　B. _blank　C. _top　D. _self

5. 以下哪种不属于 Dreamweaver CS4 提供的热点创建工具？（　）

A. 矩形热点工具　B. 椭圆形热点工具

C. 多边形热点工具　D. 指针热点工具

三、上机实训

实训 1　创建框架集并设置锚记链接

先综合框架网页设计和网页锚记链接，制作一个上下结构的框架集网页，并分别指定“index_A.html”和“index_B.html”作为上下两个框架的源文件，然后保存框架集。接着再为素材文件“..\Example\Ch06\6-7a.html”文档插入两个命名锚记并保存为成果档“6-7a_Ok.html”，然后返回框架集网页编辑区，为上框架源文件中两个图片创建指向“6-7a_Ok.html”文件中新插入的两个锚点，完成由框架集页面跨页显其他网页指定区域的设计效果。

操作提示:

1. 启动 Dreamweaver CS4 程序，在起始页中单击【更多】按钮，如图 6-61 所示。

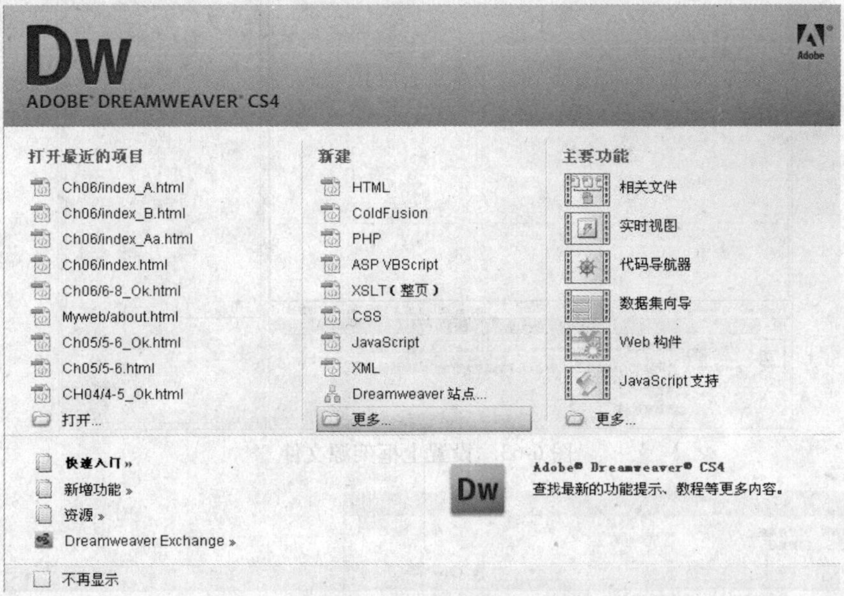

图 6-61 新建文件

2. 打开【新建文档】对话框后，在【示例页】列表框中选择【下方固定】选项，然后单击【创建】按钮，显示【框架标签辅助功能属性】对话框后，单击【取消】按钮跳过此设置，如图 6-62 所示。

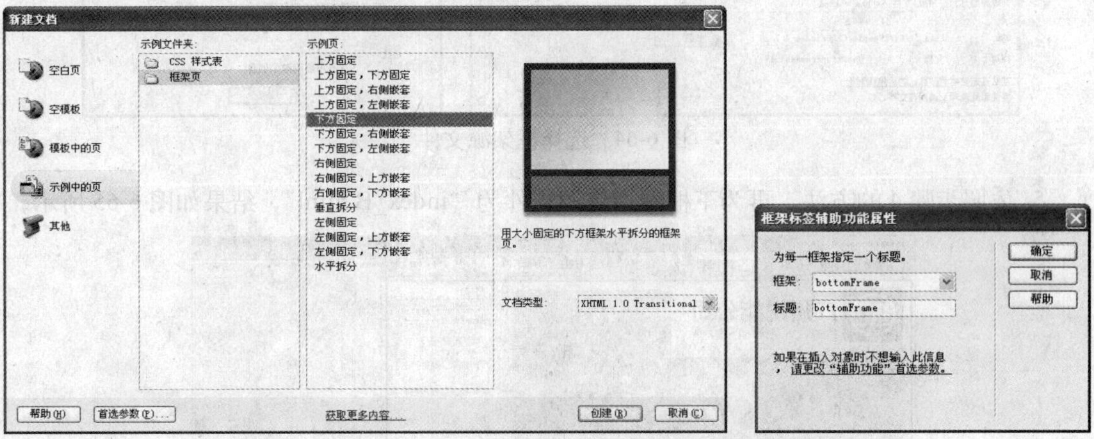

图 6-62 创建“上方固定，下方固定”框架集

3. 选择【窗口】|【框架】命令打开【框架】面板，选择上框架，在【属性】面板中单击【源文档】栏后面的【浏览文件】按钮，如图 6-63 所示。

4. 打开【选择 HTML 文件】对话框，指定查找范围并选择源文件，然后单击【确定】按钮，随之弹出提示对话框说明将以“file://“路径指定文档，单击【确定】按钮，如图 6-64 所示。

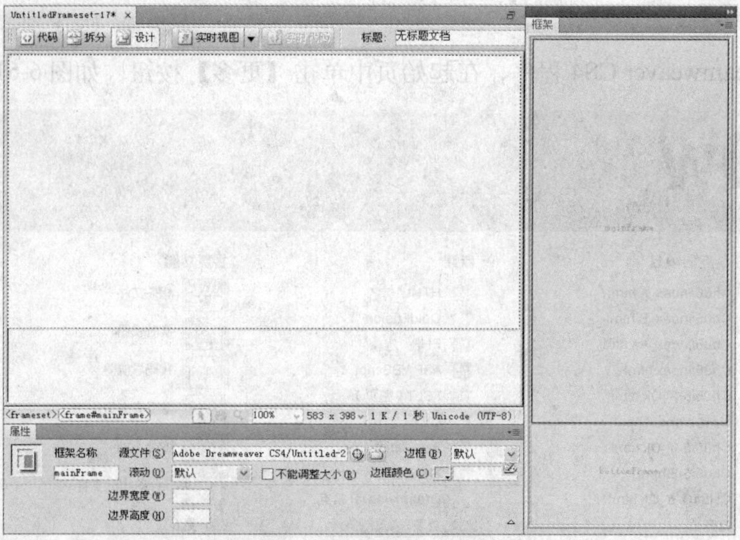

图 6-63　设置上框架源文件

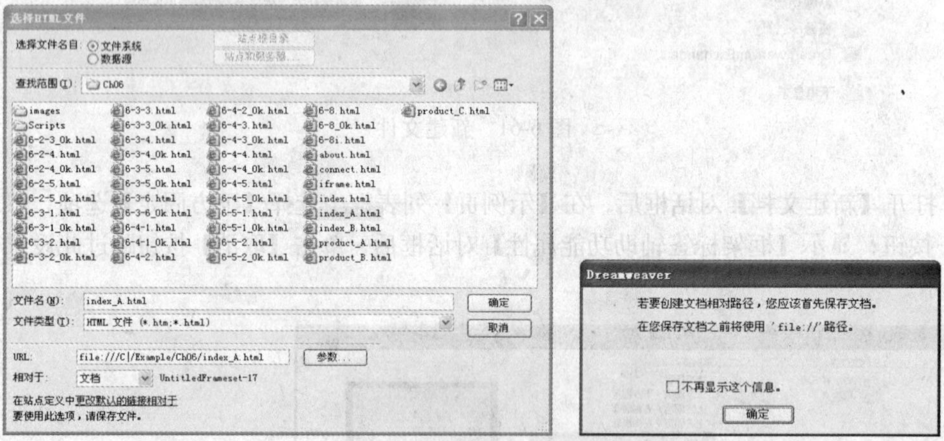

图 6-64　选择框架源文件

5. 依照步骤 4 的方法，再为下框架指定源文件为“index_B.html”，结果如图 6-65 所示。

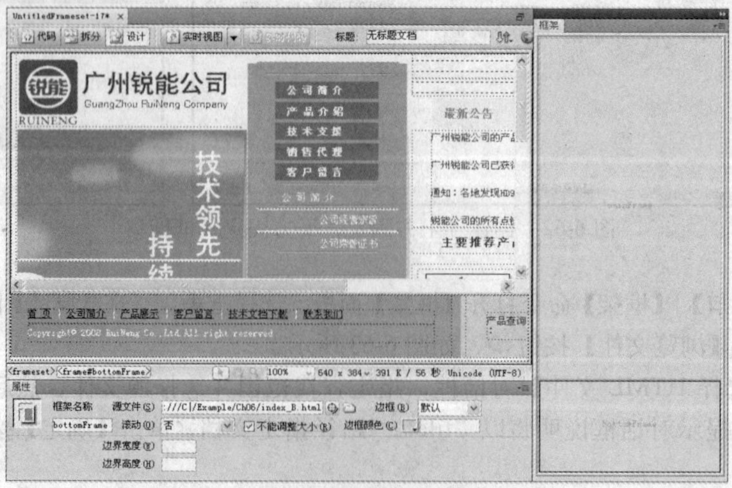

图 6-65　为下框架指定源文件后

6. 选择【文件】|【保存全部】命令，打开【另存为】对话框后指定保存路径，再输入框架集文件名，然后单击【保存】按钮，如图 6-66 所示。

7. 打开本书光盘中的“..\Example\Ch06\6-7a.html”文档，将光标定位在网页中内容为“公司经营宗旨”文本之前，然后在【插入】面板的“常用”分类中单击【命令锚记】按钮，如图 6-67 所示。

图 6-66　保存框架集文件

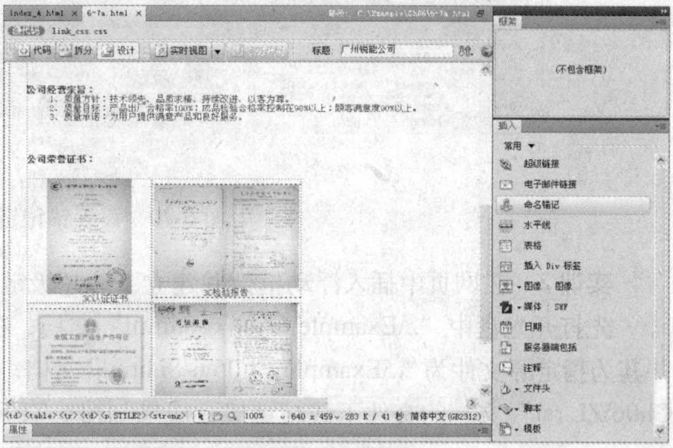

图 6-67　插入锚记

8. 打开【命令锚记】对话框后，设置锚记名称为“A”，然后单击【确定】按钮，如图 6-68 所示。

9. 根据前面两个步骤的相同操作，再为内容为“公司荣誉证书”文本前插入名称为“B”的命名锚记，结果如图 6-69 所示。

图 6-68　设置命名锚记的名称

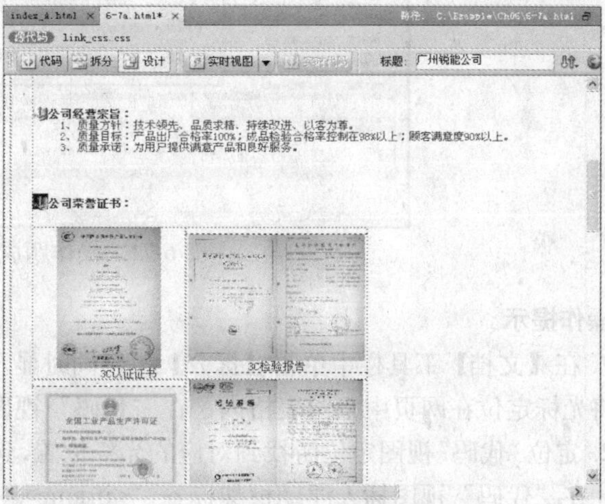

图 6-69　插入命名锚记的结果

10. 通过【文件】|【另存为】命令将插入命名描点后的网页保存名称为“6-7a_Ok.html”的成果档。

11. 返回前面步骤已保存的框架集编辑区，在网页上框架中间选择内容为“公司经营宗旨”的图像，然后在【属性】面板的【链接】栏中输入内容为“6-7a_Ok.html#A”，如图 6-70 所示。

12. 接着根据步骤 11 相同的操作，分别为内容为“公司荣誉证书”的图片设置锚记链接为“6-7a_Ok.html#B”，完成本例上机练习制作。

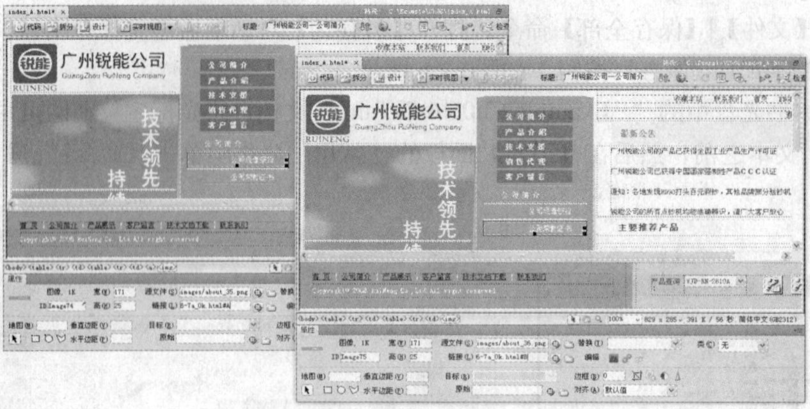

图 6-70　设置锚记链接

实训 2　在网页中插入浮动框架并建立下载超级链接

先打开光盘中“..\Example\Ch06\6-8.html”文档，在网页中的空白位置插入一个浮动框架，并其为指定源文件为“..\Example\Ch06\6-8i.html”文档，然后为右下方插入一个指定“..\Example\Ch06\ZL.rar”文档的文件下载超链接，成果如图 6-71 所示。

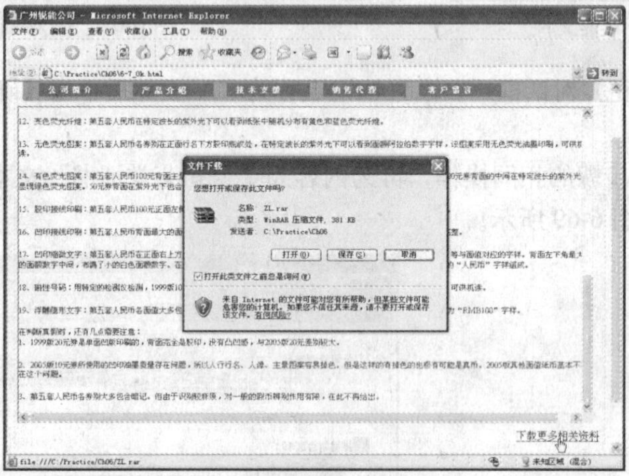

图 6-71　操作题成果

操作提示：

1. 在【文档】工具栏中单击【拆分】按钮同时显示“代码”视图，然后在“设计”视图模式中将光标定位在网页中空白表格内，在“代码”视图中快速找到相应位置。

2. 定位“代码”视图定位所找到对应的光标位置，选择【插入】|【HTML】|【框架】|【IFRAME】命令，在“代码”视图插入浮动框架标签“<iframe></iframe>”。

3. 再定位光标在“代码”模式中已插入的“iframe”代码的“<iframe>”标签内，然后按下 Enter 键，打开下拉选单选择“src”选项，接着单击显示的【浏览】选项，在打开的【选择文件】对话框中指定“..\Practice\Ch06\6-8i.html”文档。

4. 根据提示 3 相同的操作再编写代码“width=‘880’　height=‘490’”。

5. 定位光标在浮动框架下方单元格，然后在【插入】面板中单击单击【超链接】按钮。

6. 打开【超链接】对话框，先在“文本”栏中输入“下载更多相关资料”内容，然后在【链接】栏中指定链接文件“..\Practice\Ch06\ZL.rar”，最后单击【确定】按钮。

第 7 章　制作 AP Div、行为和 Spry 特效

教学目标

掌握 AP Div、行为和 Spry 特效这三种功能在网页页面动态设计上应用的方法。

教学重点与难点

- 理解 AP Div 的概念及其作用
- 学习插入 AP Div 和使用 AP Div 的方法
- 理解行为的概念以及作用
- 学习添加、修改行为的方法
- 学习 Spry 行为特效的应用
- 学习 Spry 页面局部动态设计

7.1　用 AP Div 定位内容

AP Div 是由 Dreamweaver CS3 开始使用的一个概念，其实，AP Div 就是旧版本中的层，其作用是能够将内容随意定位在页面的任何位置，是网页设计中一种特殊的页面布局应用。

7.1.1　关于 AP Div

AP Div 是一种能够随意定位的页面元素，如同浮动在页面里的透明层，可以将 AP Div 放置在页面的任何位置。由于 AP Div 中可以放置包含文本、图像或多媒体对象等其他内容，很多网页设计师都会使用 AP Div 定位一些特殊的网页内容。

TIPS 由于从 IE 4.0 开始，浏览器才支持 AP Div 的显示，若使用旧的网页浏览器的访问者，很可能会因为浏览器版本过旧而导致无法正常浏览 AP Div 的内容。

在 Dreamweaver CS4 中，可以将 AP Div 按顺序叠放，也可将其隐藏或显示。利用 AP Div 这些特性便可制作不同的视觉效果，例如在一个 AP Div 中输入灰色文本，然后在该 AP Div 的上面放置第二个输入红色文本的 AP Div，便可制作成有阴影效果的文本，如图 7-1 所示。

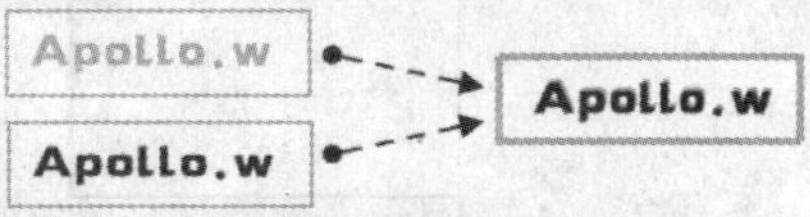

图 7-1　利用 AP DIV 重叠制作文本阴影效果

7.1.2　插入 AP Div

在网页中添加 AP Div 有多种方法，既可像插入图片素材一样的快速操作，还可以通过拖动绘制的方式产生。然后，只要将插入点定位在 AP Div 内，便可将各种不同的网页内容插入 AP Div 内，从而随意定位这些内容的位置。

Howto 在页面插入 AP Div

1 打开本书光盘中的“..\Example\Ch07\7-1-2.html”文档，然后将光标定位在整个页面表格外。

2 在菜单栏选择【插入】|【布局对象】|【AP Div】命令，在页面中插入一个 AP Div，如图 7-2 所示。

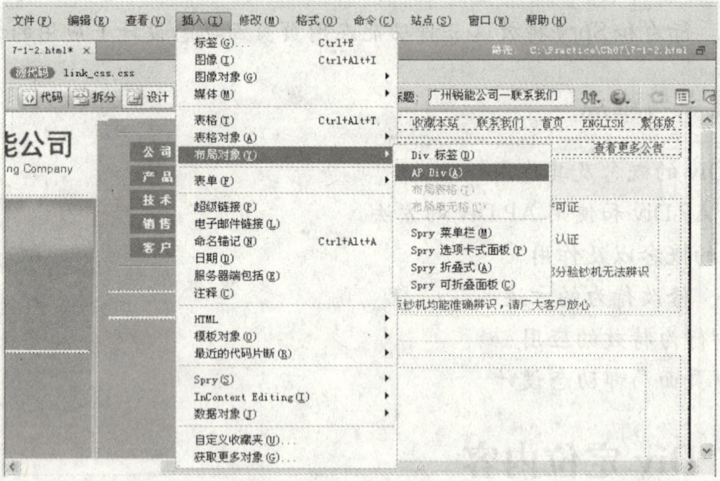

图 7-2 在页面中插入 AP Div

3 插入的 AP Div 自动置于网页底部，将光标定位在 AP Div 内，然后打开【插入】面板在“常用”分类单击【图像：图像】按钮，如图 7-3 所示。

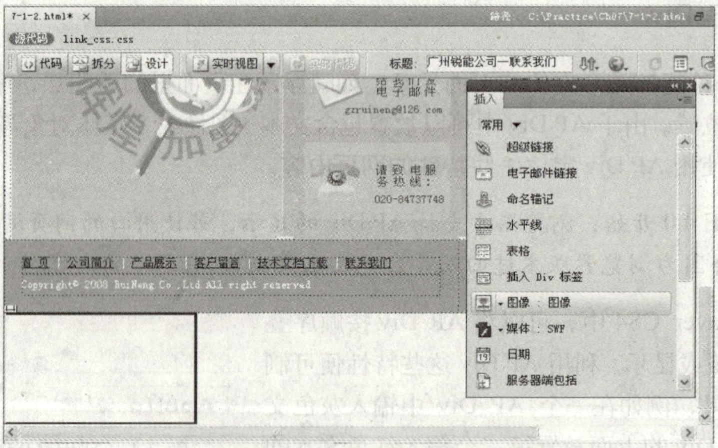

图 7-3 在 AP DIV 内插入图像

4 弹出【选择图像源文件】对话框后，选择“..\Example\Ch07\images\kf.jpg”素材文档，然后单击【确定】按钮，如图 7-4 所示。

5 弹出【图像标签辅助功能属性】对话框后，设置替换文本为“欢迎来电”，然后单击【确定】按钮，如图 7-5 所示。

6 按住 AP Div 的边框，然后向右上拖动 AP Div，将 AP Div 放置在页面右上方位置，如图 7-6 所示。

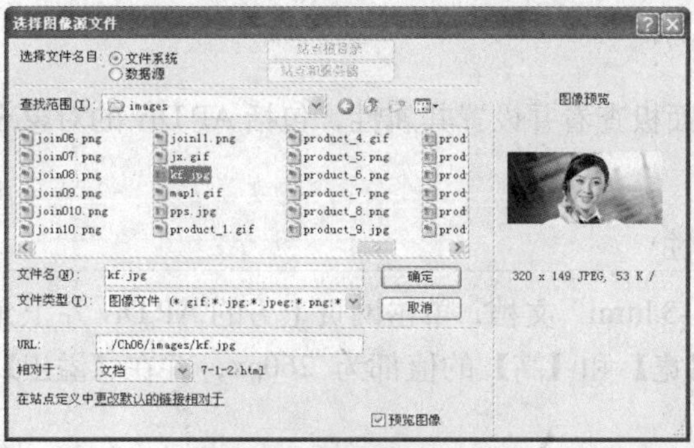

图 7-4 选择图像源文件

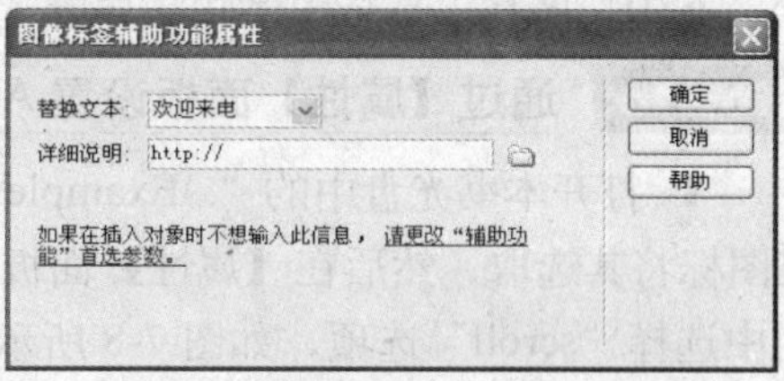

图 7-5 设置图片替换文本

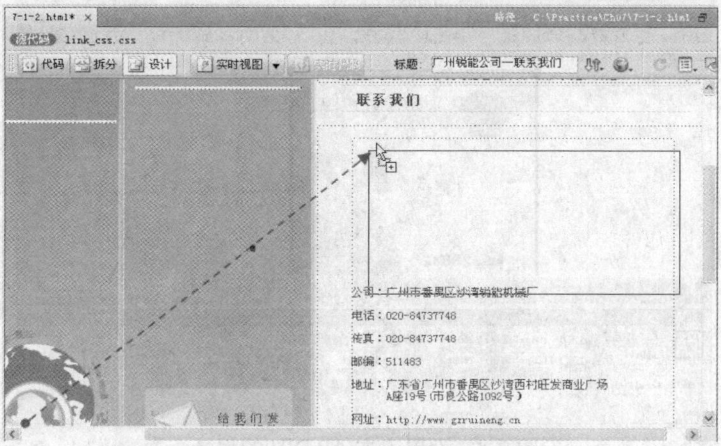

图 7-6 调整 AP Div 的位置

7 完成上述操作后，可以保存文档，并通过浏览器预览网页效果。

除了通过菜单插入 AP Div 的方法外，还可以通过【插入】面板的【绘制 AP Div】按钮，直接在页面中绘制任意大小的 AP Div。方法是打开【插入】面板后切换至"布局"分类，然后单击【绘制 AP Div】按钮，在页面中拖动鼠标即可绘制出 AP Div，如图 7-7 所示。

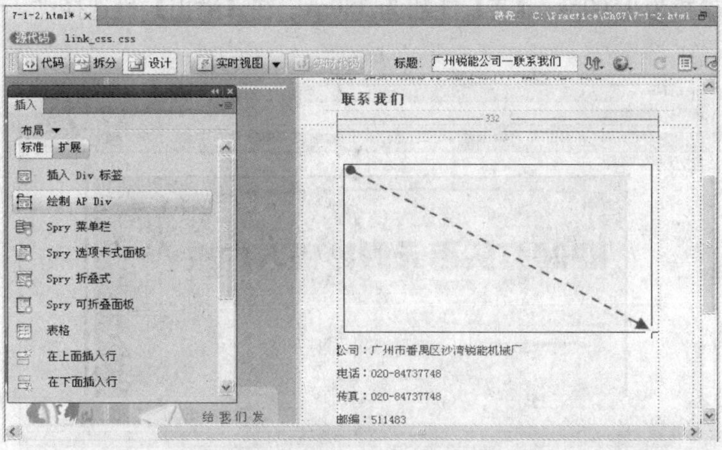

图 7-7 绘制任意大小的 AP Div

TIPS 若需要连续绘制多个 AP Div，可以按住 Ctrl 键绘制 AP Div，只要不松开 Ctrl 键，就可以继续绘制新的 AP Div。

7.1.3 设置 AP Div 属性

在网页上添加 AP Div 后，可通过【属性】面板查看并设置其属性，包括 AP Div 的对象名称、大小、位置、背景图像和颜色等。

Howto 通过【属性】面板设置 AP Div 属性

1 打开本书光盘中的“..\Example\Ch07\7-1-3.html”文档，单击网页上方的 AP Div 左上角▣图标将其选取，然后在【属性】面板中设置【宽】和【高】的值都为 260px，并在【溢出】栏中选择“scroll”选项，如图 7-8 所示。

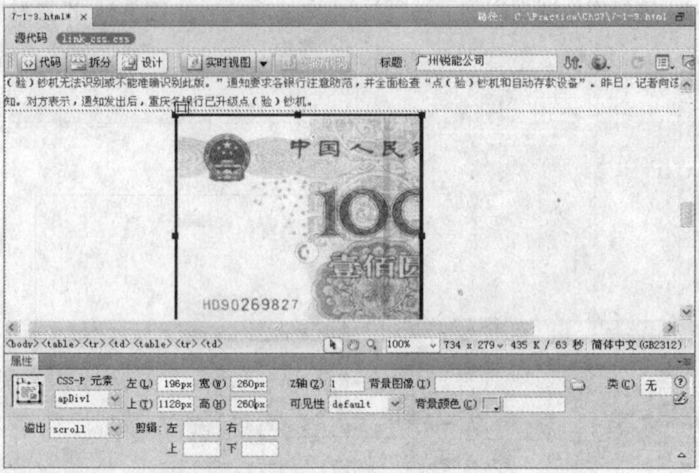

图 7-8　设置上方 AP DIV 的属性

TIPS：位置和大小的默认单位为像素（px），可更改成 pc（pica）、pt（点）、in（英寸）、mm（毫米）、cm（厘米）或百分比等单位。需要注意：单位的缩写必须紧跟数值之后，中间不能留有空格，例如 3mm 表示 3 毫米。

2 选择网页下方的 AP Div，然后在【属性】面板中设置【左】参数为 240px、【上】参数为 169px、【宽】参数为 1500px、【高】能数为 380px、在【溢出】栏选择“scroll”选择，如图 7-9 所示。

图 7-9　设置下方 AP DIV 的属性

完成上述操作后，可以保存文档，并通过浏览器预览网页效果，如图7-10所示为设置AP Div属性的结果。

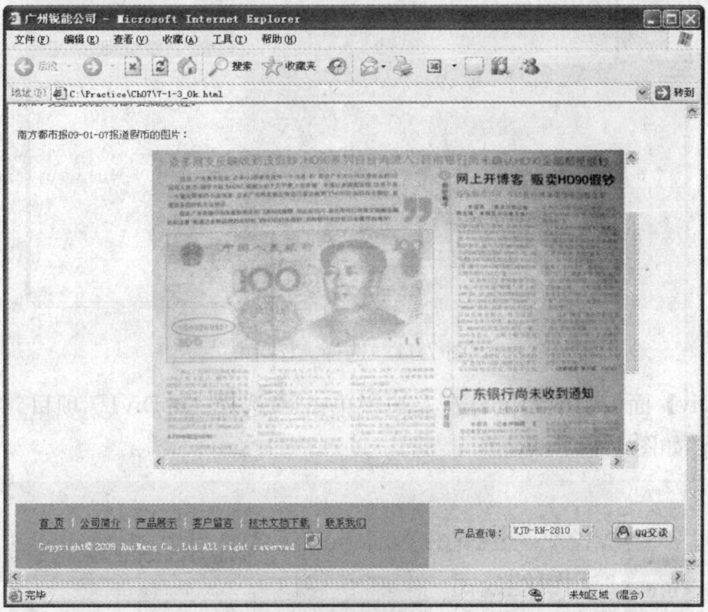

图7-10 AP DIV在浏览器中预览的结果

关于AP Div属性项目的解析，详细说明如下：

- **AP Div编号**：用于指定一个名称，以便在【AP Div】面板和JavaScript代码中标识AP Div。
- **左/上**：指AP Div的左上角相对于页面左上角的位置。
- **宽/高**：指AP Div的宽度与高度。
- **Z轴**：指定AP Div在z轴的顺序，即AP Div的堆叠顺序。
- **背景图像/背景颜色**：设置AP Div的背景图像或背景颜色。
- **不可见**：指定AP Div最初是否是可见。其中"默认"不指定可见性属性；Inherit（继承）指使用该AP Div父级的可见性属性；visible（可见）指显示AP Div的内容；hidden（隐藏）指隐藏AP Div的内容。
- **溢出**：控制当AP Div的内容超过AP DIV宽/高时如何在浏览器中显示。
- **剪辑**：用来定义AP Div的可见区域。

7.1.4 显示与隐藏AP Div

根据AP Div的特性，可任意显示与隐藏AP Div，从而制作一些特殊效果，例如通过行为来控制AP Div的隐藏/显示。

Howto 通过【AP Div】面板隐藏AP Div

1 打开本书光盘中的"..\Example\Ch07\7-1-4.html"文档，选择网页左上角的AP Div，在菜单栏选择【窗口】|【AP Div】命令，或按下F2功能键打开如图7-11所示的【AP Div】面板。

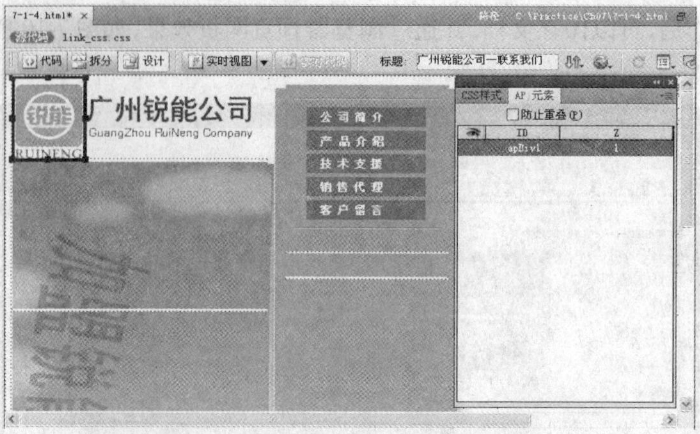

图 7-11　选择 AP Div

2 在【AP Div】面板中使用鼠标在左边栏单击选择“apDiv1”项目，待出现图标时即隐藏该 AP Div，如图 7-12 所示。

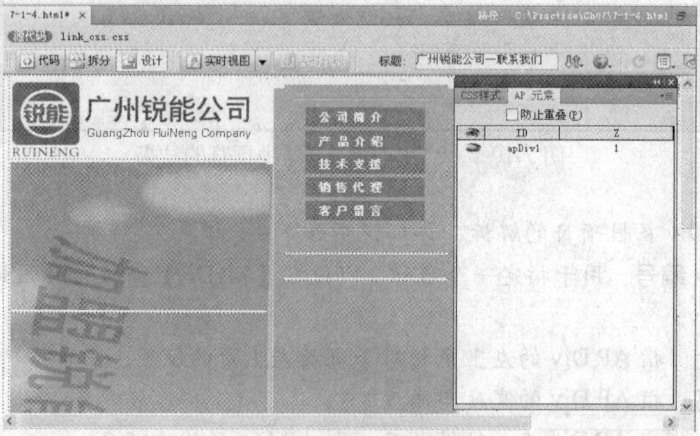

图 7-12　隐藏 AP Div

TIPS　若需要显示被隐藏的 AP Div，只需单击 AP Div 名称前的位置，直至出现图标，或者没有图标出现即可。

7.1.5　设置 AP Div 重叠

AP Div 具有可重叠的特征，因此，可将网页中的两个或两个以上 AP Div 放在同一位置，使多个 AP Div 在竖直空间上产生堆叠，因此可通过设置 Z 轴值，调整不同 AP Div 的重叠顺序。利用 AP Div 的重叠，可以制作不同的效果。

Howto　利用 AP Div 的重叠制作阴影文本效果

1 打开本书光盘中的“..\Example\Ch07\7-1-5.html”文档，将光标定位在网页横幅位置的 AP Div 内，然后输入文本“广州锐能公司”，并通过【属性】面板设置其字体、大小与粗体，如图 7-13 所示。

2 根据步骤 1 相同的操作方法，在网页横幅下方的 AP Div 中输入内容相同的文本并设置相同的属性，再为文本选择颜色为淡灰色（#CCC），如果如图 7-14 所示。

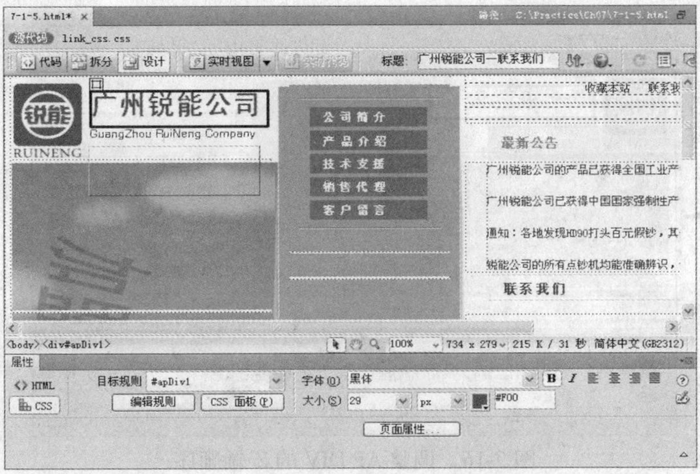

图 7-13　在 AP Div 中输入文本并设置属性

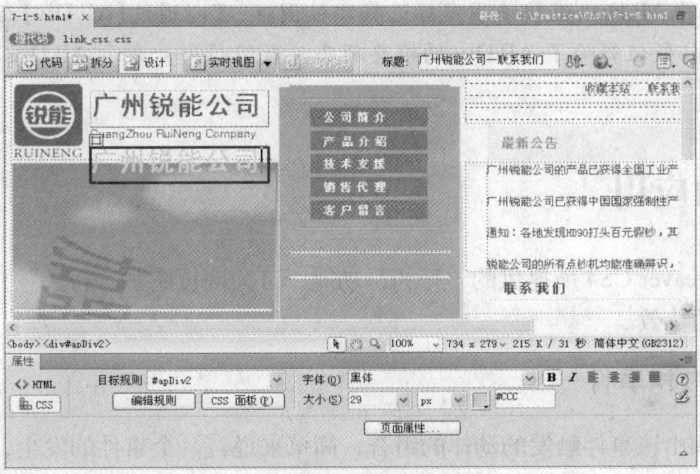

图 7-14　编辑另一 AP Div 中的文本

3 将下方的横幅下方的 AP Div 移至横幅中 AP Div 的上方，注意两个 AP Div 不要处于相同位置，让它们稍微有一点位置差距，如图 7-15 所示。

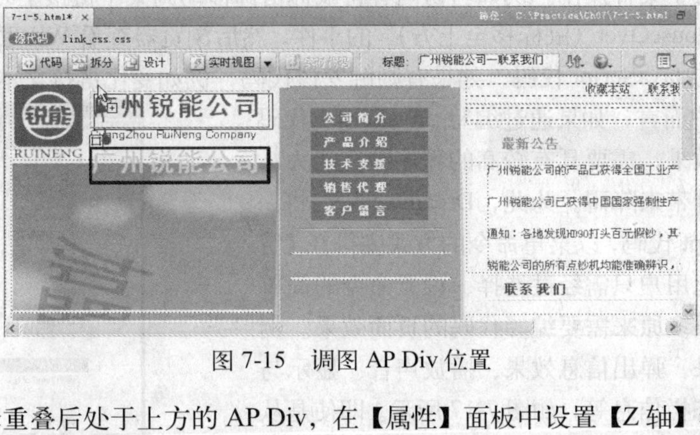

图 7-15　调图 AP Div 位置

4 接着选择重叠后处于上方的 AP Div，在【属性】面板中设置【Z 轴】参数为 2，使所选的 AP Div 置于下方（数值越小，表示 AP Div 在堆叠顺序中越靠下方），如图 7-16 所示。经过上述操作后，具有阴影的文本效果即制作完成。

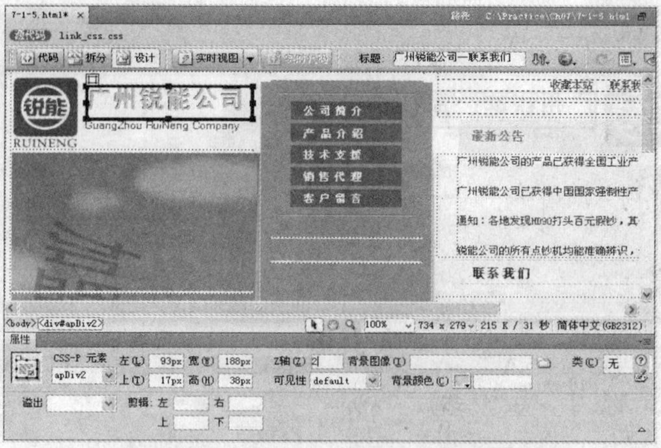

图 7-16　调整 AP DIV 的 Z 轴顺序

TIPS 对于重叠的AP Div，直接使用鼠标选择比较困难，可以通过【AP Div】面板选择AP Div。另外，Z轴数值影响了AP Div的堆叠顺序，数值越大，表示AP Div在堆叠顺序中排得越前。

7.2　行为的应用

使用Dreamweaver CS4所提供的“行为”功能，可为网页添加“行为”并设置相应的“事件”从而产生互动特效。

7.2.1　关于行为和事件

行为是事件和由该事件触发的动作的组合，简单来说：一个事件的发生，会对应地产生一个动作，例如为网页加入“弹出讯息”行为，并设置事件为“onLoad”，那么当网页打开时，就会弹出设置的讯息（“onLoad”事件触发的动作），这整个过程就是一个行为所产生的作用。

实际上，事件并非由Dreamweaver程序所提供产生，而是浏览器生成的内容，它主要是指该页的浏览者执行了某种操作。例如当访问者将鼠标指针移动到某个链接上时，浏览器为该链接生成一个“onMouseOver（鼠标移至上方）”的事件，然后浏览器查看Web页是否存为该链接的事件设置响应的JavaScript代码，如果有则触发该代码，例如变化链接文本的颜色。

对于一般用户而言，如果通过编写JavaScript代码的方法制作页面效果，需要具有较高的程序编写能力，所以会给网页设计带来障碍。为此，Dreamweaver将一些常用的JavaScript代码，以菜单命令的方式安排在【行为】面板上，如此用户只需经过选择、设置命令的简单操作，即可完成很多原来需要编写代码的页面效果。例如，交换图像效果、弹出信息效果、播放声音、显示与隐藏AP Div、状态栏信息等，如图7-17所示。即使是从来没有接触过JavaScript程序的初学者，也可以通过添加行为的简单操作制作出很炫的页面效果。

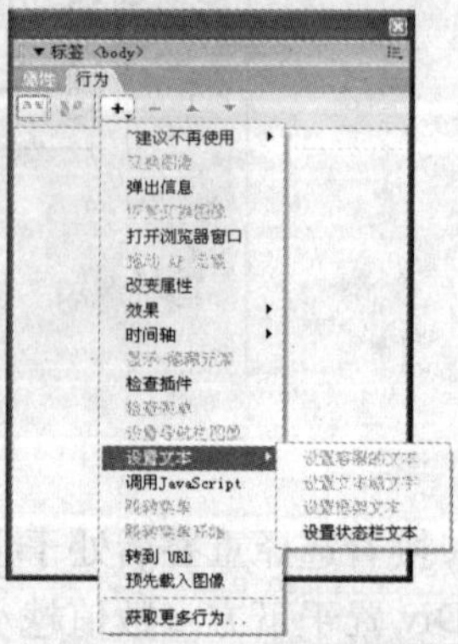

图 7-17　【行为】面板提供的行为命令

7.2.2　添加与删除行为

为网页添加行为的操作主要通过【行为】面板来完成，先在网页中选择要添加行为的对象（若直接为网页添加行为，则无需选择对象内容），再按下 Shift+F4 快捷键打开【行为】面板，单击面板上方的【添加行为】图示，打开下拉选单选择所需的行为即可，如图 7-18 所示。

若发现为网页或网页中的对象所添加的行为不适用，可以将行为删除，方法很简单：打开【行为】面板后，在面板中选择多余的行为项目后，单击【删除】按钮即可，如图 7-19 所示。

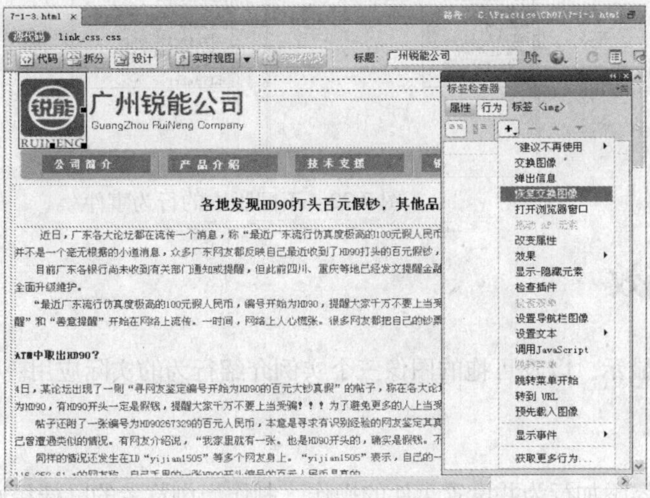

图 7-18　添加行为

图 7-19　删除行为

7.2.3　修改行为的事件

为网页添加行为后默认设置了相应的事件，若是直接为整个网页添加行为，其默认事件为“onLoad”，若是为网页中选择某个对象而添加的行为，其默认的事件则通常为“onClick”、“onBeforeUnload”等。而根据不同的设计需求，这些默认的事件可能不适用，因此需要修改行为的事件。

修改行为事件之前可按下 Shift+F4 快捷键，打开【行为】面板，选择需要修改事件的行为，然后在左边一栏选择单击图示，打开下拉菜单并选择所需的事件项目即可，如图 7-20 所示。

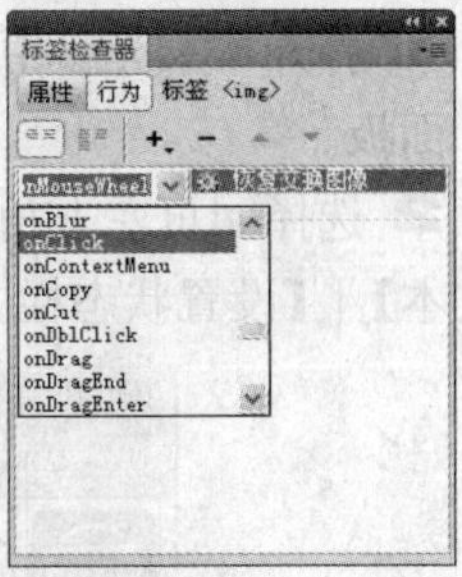

图 7-20　修改行为事件

7.2.4　设置行为事件显示版本

行为的事件是由浏览器产生，不同类型或不同版本的浏览器所提供的事件都不尽相同。通常版本比较低的浏览器，提供的事件相对比较少，若需要应用更多的事件，建议设置较高版本的浏览器事件菜单。Dreamweaver CS4 提供多种版本的浏览器事件，让用户依照设计需要选择合适的浏览器事件。

设置行为事件显示版本时，可先按下 Shift+F4 快捷键打开【行为】面板，然后在【行为】面板中单击【添加行为】按钮，从打开的菜单中选择【显示事件】选项，再展开子菜单，从而根据需要选择一种浏览器版本，例如【IE6.0】，如图 7-21 所示。

完成行为事件显示版本的设置后，可选择网页所添加的行为，展开其中的事件选单，可发现不同的版本的行为事件多寡有别，如图 7-22 所示。

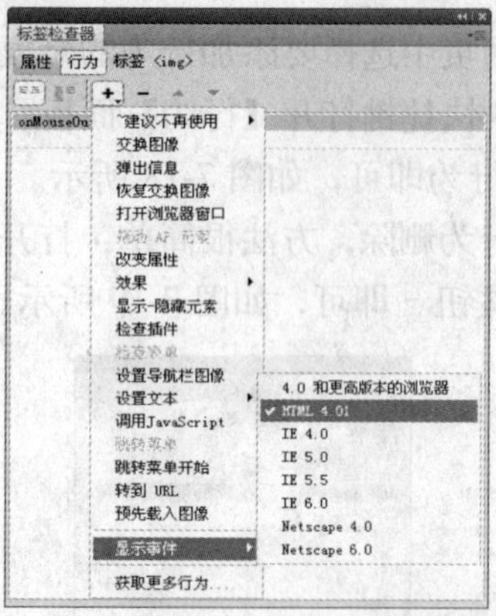

图 7-21　设置行为事件显示版本

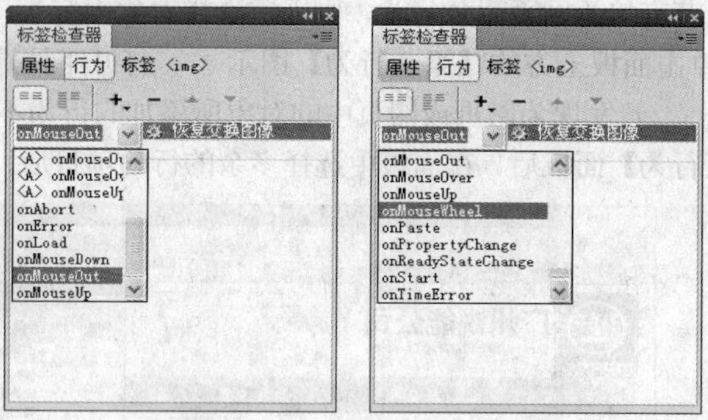

图 7-22　不同版本的行为事件

7.3　制作网页的行为特效

本节将通过状态栏文本、内容显示、以及可拖的图像三个实例介绍行为的实际应用。

7.3.1　设置状态栏文本

本小节的实例将通过为网页内容添加行为并设置事件的操作，制作当浏览者的鼠标经过网页上的 Logo 图像时，在浏览器的状态栏将显示相关文本信息的特效。

Howto　制作显示状态栏文本

1 打开本书光盘中的“..\Example\Ch07\7-3-1.html”文档，按下 Shift+F4 快捷键打开【行为】面板。

2 选择网页左上角的 Logo 图像，在【行为】面板中单击【添加行为】按钮 +，选择【设置文本】|【设置状态栏文本】命令，如图 7-23 所示。

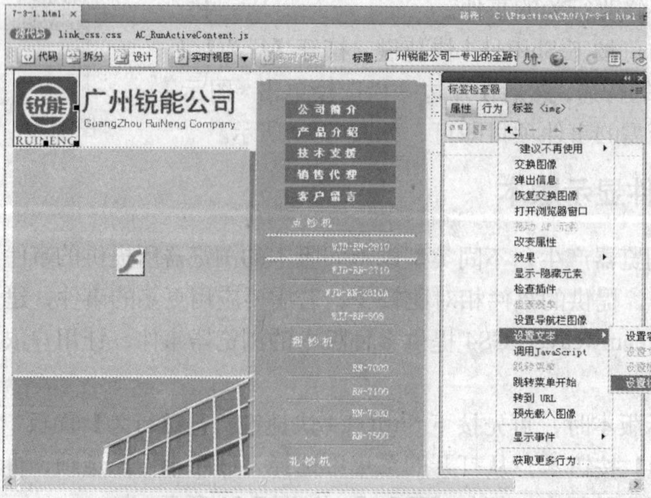

图 7-23　添加“设置状态栏文本”行为

3 打开【设置状态栏文本】对话框，在【消息】栏中输入文本，然后单击【确定】按钮，如图 7-24 所示。

4 在【行为】面板中修改行为事件为“onMouseOver”，以使鼠标经过时产生行为效果，如图 7-25 所示。

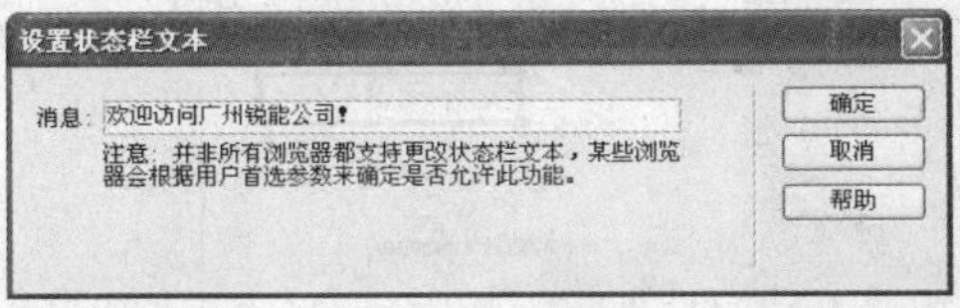

图 7-24　设置状态栏文本

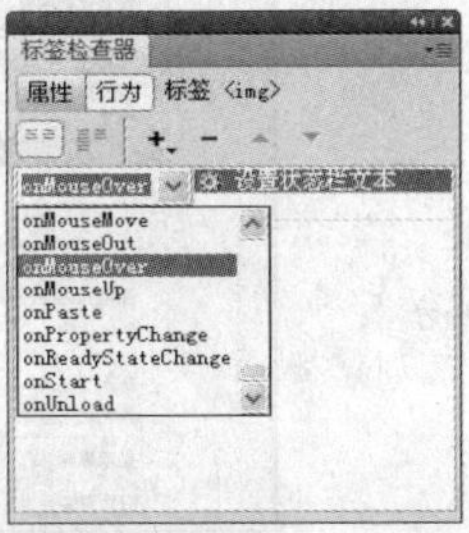

图 7-25　设置行为事件

完成添加行为后，保存为成果档，然后按下 F12 键通过浏览器预览特效，如图 7-26 所示，当鼠标经过 Logo 图像时，状态栏中显示所设置的文本信息。

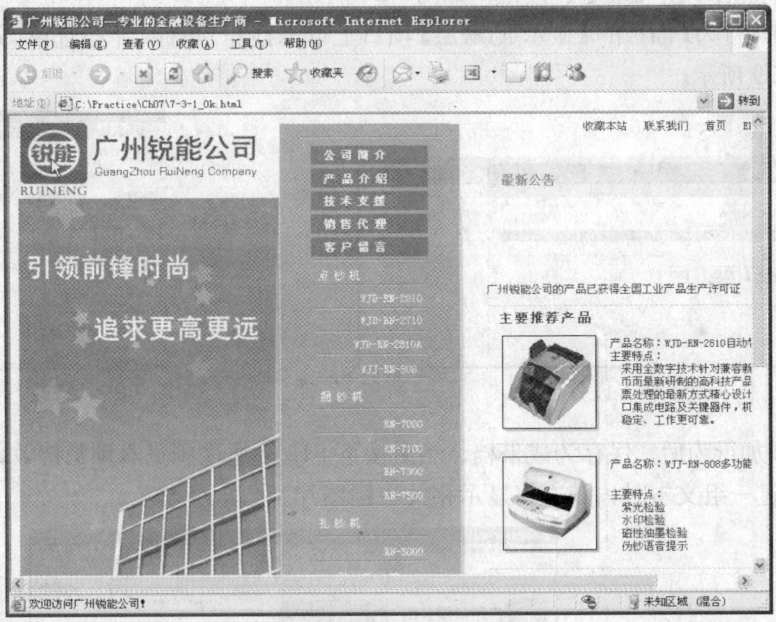

图 7-26　状态栏文本特效

7.3.2　利用行为控制 AP Div 显示/隐藏

Dreamweaver CS4 提供了用于控制 AP Div 的行为，能够使 AP Div 在某个事件的作用下显示或隐藏。

Howto　利用行为控制 AP Div 的显示/隐藏

1 打开本书光盘中的“...\Example\Ch07\7-3-2.html”文件，按下 Shift+F4 快捷键打开【行为】面板。

2 在【行为】面板中单击【添加行为】按钮+，打开下拉选单选择【显示-隐藏元素】命令，如图 7-27 所示。

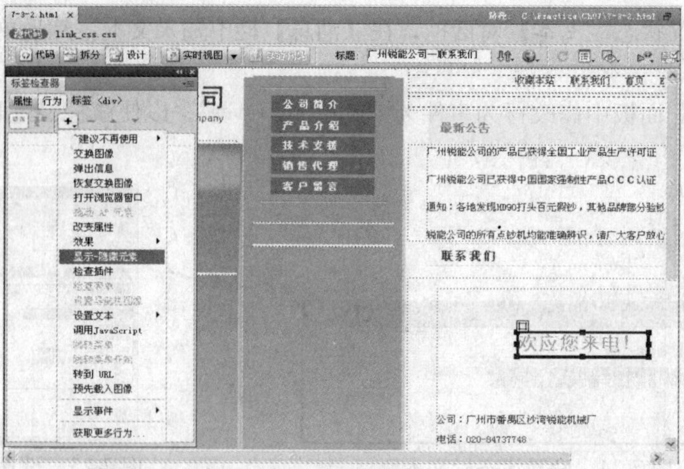

图 7-27　添加“显示-隐藏层”行为

3 弹出【显示-隐藏层】对话框，在【命名的层】区中选择【层"apDiv1"】选项，再单击【显示】按钮，然后单击【确定】按钮，如图 7-28 所示。

4 接着在【行为】面板的【显示-隐藏层】项目上单击打开“事件”下拉选单，选择【onClick】命令，如图 7-29 所示。

图 7-28　设置显示层

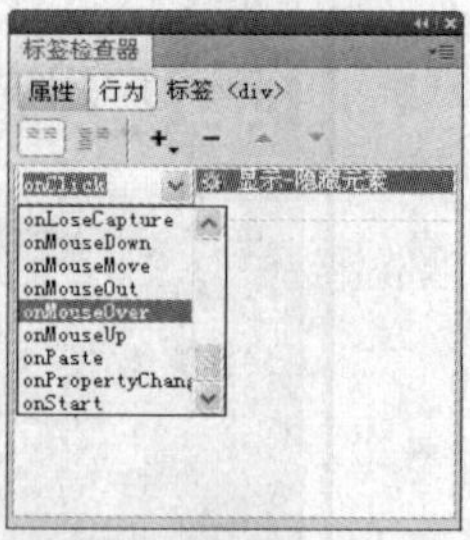

图 7-29　修改行为事件

5 完成添加行为后，保存为成果档，然后按下 F12 键通过浏览器预览特效，如图 7-30 所示，当鼠标经过一组文本时，随之将显示相关主题图片。

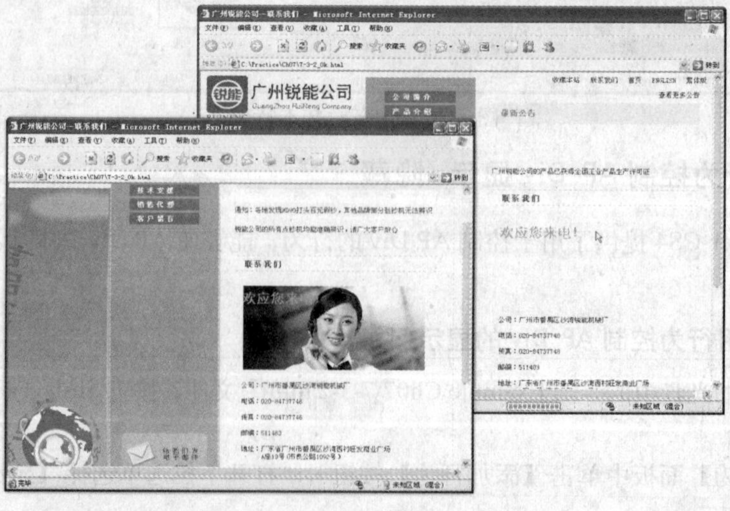

图 7-30　AP Div 控制显示特效

7.3.3　可以拖动的图像

使用"拖动 AP 元素"行为可制作让浏览者随意拖动的网页内容，使用该行为之前，网页中必须已创建 AP Div。

Howto　使用"拖动 AP 元素"行为制作可以拖动的图像

1 打开本书光盘中的"...\Example\Ch07\7-3-3.html"文件，首先定位光标在网页内容之外，再按下 Shift+F4 快捷键打开【行为】面板，单击【添加行为】按钮，打开选单选择【拖动 AP 元素】命令，如图 7-31 所示。

图 7-31　添加行为

TIPS　若【拖动 AP 元素】行为不可用，则可能是因为用户选择了网页中的 AP Div。由于 4.0 版本的 IE 或 Netscape 浏览器都不支持 AP Div 和与之相关的事件，因此，使用该行为之前，先将光标定位于网页其他位置，而不必选取 AP 元素对象，同时通过【行为】面板为网页修改"显示事件"。

2 打开【拖动 AP 元素】对话框，在默认显示的【基本】选项卡的【AP 元素】栏中选择"div 'apDiv3'"选项，再于【移动】栏中选择【不限制】选项，然后单击【确定】按钮，如图 7-32 所示。

图 7-32　设置行为

3 完成添加行为后，保存为成果档，然后按下 F12 键通过浏览器预览特效，如图 7-33 所示，可随意拖动调整图像位置。

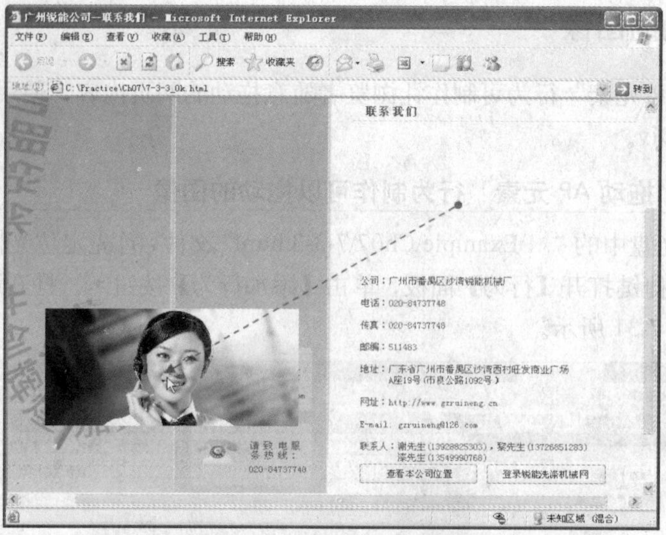

图 7-33　网页图像可拖动效果

7.4　制作 Spry 特效

Dreamweaver CS4 的【行为】面板中提供了一组 Spry 类型的特效设计功能，本节介绍"晃动"、"增大/收缩"和"显示/渐隐"三种 Spry 行为特效的操作应用。

7.4.1　制作图像晃动特效

使用"晃动"Spry 行为可制作在某个事件作用下网页对象产生左右晃动的特效。可以先在网页中选择某个对象，然后使用该行为直接完成特效制作。

Howto 使用"晃动"Spry 行为制作图像晃动效果

1 打开本书光盘中的"..\Example\Ch07\7-4-1.html"文件，在网页中选择主题图片，再按下 Shift+F4 快捷键打开【行为】面板，单击【添加行为】按钮 +，打开选单选择【效果】|【晃动】命令，如图 7-34 所示。

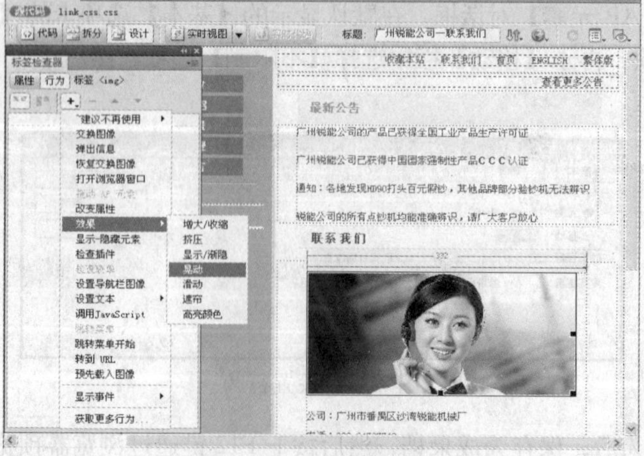

图 7-34　添加行为

2 打开【晃动】对话框，可看到【目标元素】栏显示“(当前选定内容)”选项，直接单击【确定】按钮，如图 7-35 所示。

3 接着在【行为】面板中选择新增的行为，打开其事件下拉选单，选择“onMouseOver”事件，如图 7-36 所示。

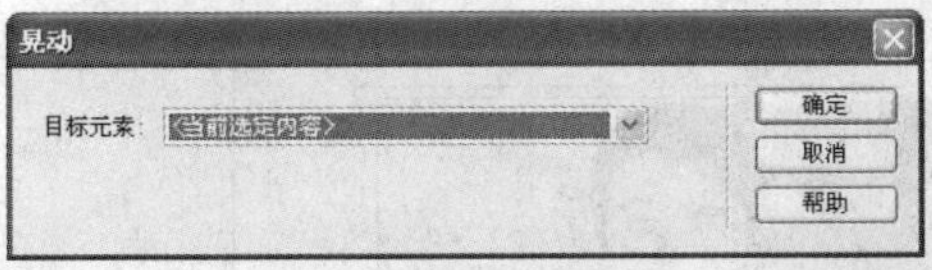

图 7-35　设置“晃动”效果

图 7-36　修改行为事件

4 完成 Spry 行为特效的制作后，保存为成果档，然后按下 F12 键通过浏览器预览特效，如图 7-37 所示，可看到鼠标经过图像时，图像产生左右晃动效果。

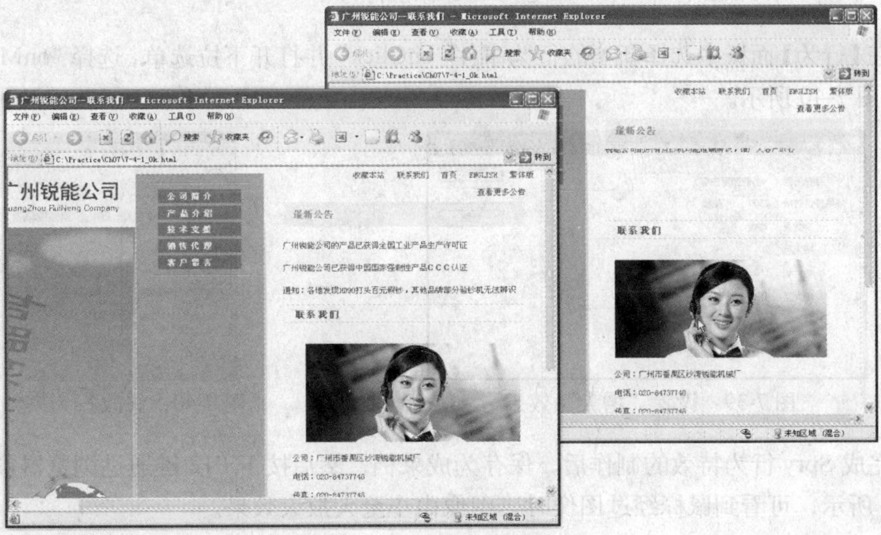

图 7-37　图像晃动特效

7.4.2　制作图像缩放特效

使用“增大/收缩”Spry 行为可制作在某个事件作用下网页对象增大或收缩的动态特效。可以先在网页中选择某个对象，然后应用该功能的“效果持续时间”、“效果”和“增大/缩小”等设置完成特效的制作。

Howto　使用“增大/收缩”Spry 行为制作图像收缩特效

1 打开本书光盘中的“..\Example\Ch07\7-4-2.html”文件，在网页中选择横幅图像，再按下 Shift+F4 快捷键打开【行为】面板，单击【添加行为】按钮 +，打开选单选择【效果】|【增大/收缩】命令，如图 7-38 所示。

2 打开【增大/收缩】对话框，在【效果持续时间】栏中设置参数为 2500 毫秒，然后在【效果】栏中选择【增大】选项，在【增大自】和【增大到】栏中设置参数分别为 20%和 100%，并选择【切换效果】复选框，最后单击【确定】按钮，如图 7-39 所示。

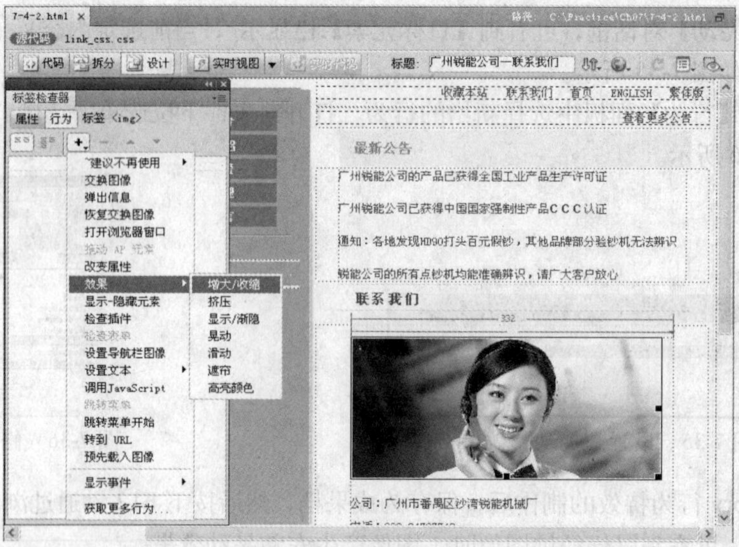

图 7-38　添加行为

3 在【行为】面板中选择新增的行为事件“onClick”并打开下拉选单，选择“onMouseOver”事件，如图 7-40 所示。

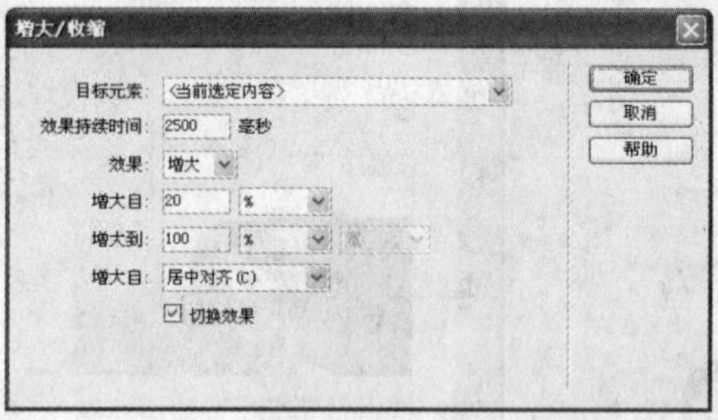

图 7-39　设置“增大”效果

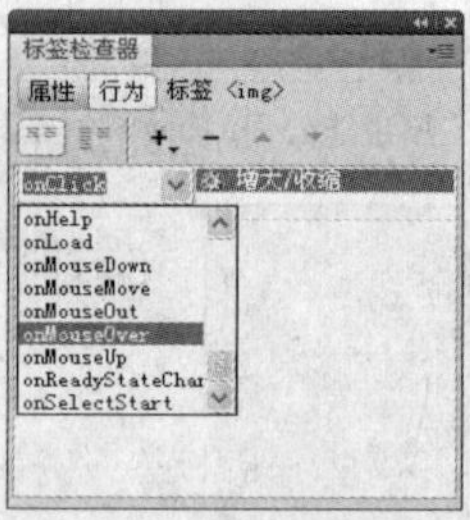

图 7-40　修改行为事件

4 完成 Spry 行为特效的制作后，保存为成果档，然后按下 F12 键通过浏览器预览特效，如图 7-41 所示，可看到鼠标经过图像时，图像由小至大放大效果。

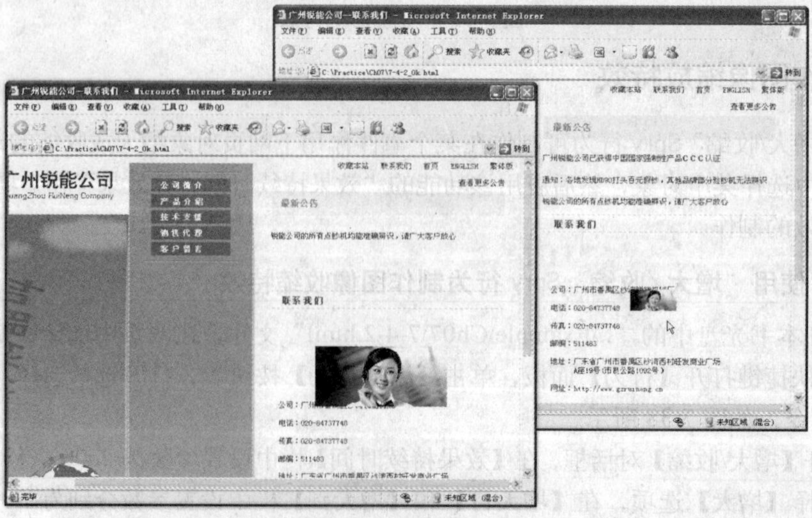

图 7-41　图像缩放特效

7.4.3　制作图像渐显特效

使用“显示/渐隐”Spry 行为可制作在某个事件作用下网页对象从无到有逐渐显示或从有到无渐隐的动态特效。可以先在网页中选择某个对象，然后应用该功能的“效果持续时间”、“效果”和“渐隐”等设置完成特效的制作。

Howto　使用“显示／渐隐”Spry 行为制作图像渐隐特效

1 打开本书光盘中的“..\Example\Ch07\7-4-2.html”文件，在网页中选择左侧的图像，再按下 Shift+F4 快捷键打开【行为】面板，单击【添加行为】按钮 +，打开选单选择【效果】|【显示/渐隐】命令，如图 7-42 所示。

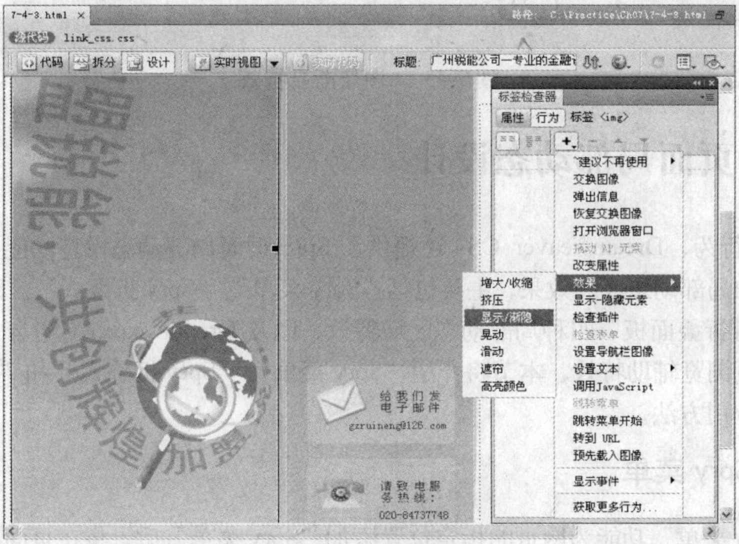

图 7-42　添加行为

2 打开【显示/渐隐】对话框，在【效果持续时间】栏中设置参数为 2000 毫秒，然后在【效果】栏中选择【显示】选项，在【显示自】和【显示到】栏中设置参数分别为 100%和 10%，并选择【切换效果】复选框，最后单击【确定】按钮，如图 7-43 所示。

3 在【行为】面板中选择新增的行为，打开其事件下拉选单，选择“onLoad”事件，如图 7-44 所示。

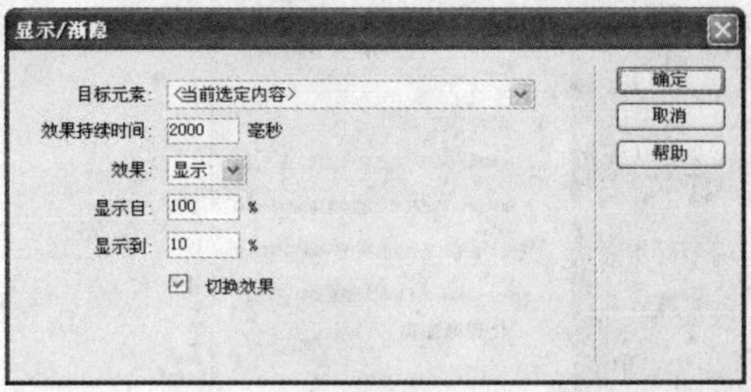

图 7-43　设置“渐隐”效果

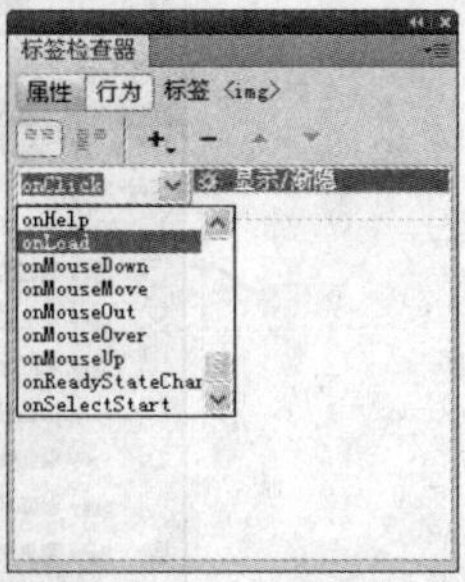

图 7-44　修改行为事件

4 完成 Spry 行为特效的制作后，保存为成果档，然后按下 F12 键通过浏览器预览特效，如图 7-45 所示，可看到载入网页后，图像由透明至清晰完整显示的效果。

图 7-45　图像渐显特效

7.5　Spry 页面局部动态设计

除了 Spry 行为，Dreamweaver CS4 还提供了 Spry 页面局部动态设计功能，可为网页制作具备互动效应的局部动态区域效果，主要包括“Spry 菜单”、“Spry 折叠式”、“Spry 选项卡式面板”和“Spry 可折叠面板”四种局部动态区域特效，以及 Dreamweaver CS4 新增的一项“Spry 工具提示”网页浏览辅助特效，本节将介绍“Spry 菜单”、“Spry 折叠式”和“Spry 工具提示”这三种特效的应用方法。

7.5.1　制作 Spry 菜单

使用“Spry 菜单”功能为网页的指定位置添加“Spry 菜单”后，将在页面上产生类似导航条的按钮元件，并且当第一级菜单项目拥有下一级菜单项目时，将会在浏览者的控制下弹出下一级菜单项目，使浏览者快速的链接到网站中其他页面。

Howto　使用“Spry 菜单”功能为网页的指定位置添加“Spry 菜单”

1 打开本书光盘中的“..\Example\Ch07\7-5-1.html”文档，定位光标在网页中间的空白单元格内，在“Spry”分类的【插入】面板中单击【Spry 菜单栏】按钮，如图 7-46 所示。

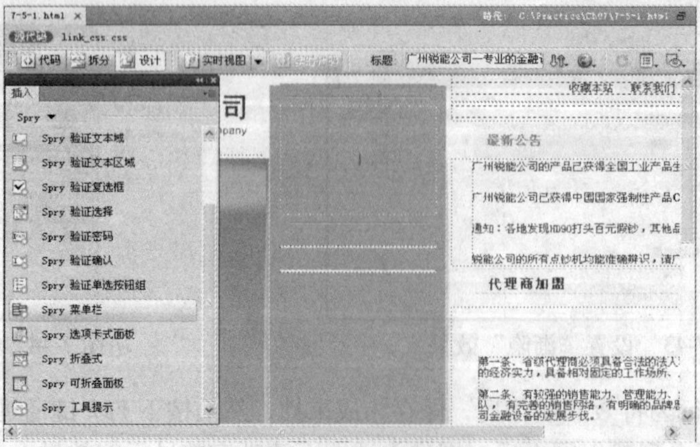

图 7-46　插入“Spry 菜单栏”

2 打开【Spry 菜单栏】对话框，选择【垂直】选项，然后单击【确定】按钮，如图 7-47 所示。

3 插入 Spry 菜单栏后，在【属性】面板的第一个项目栏中上方单击【添加菜单项】图示+，添加菜单项目，如图 7-48 所示。

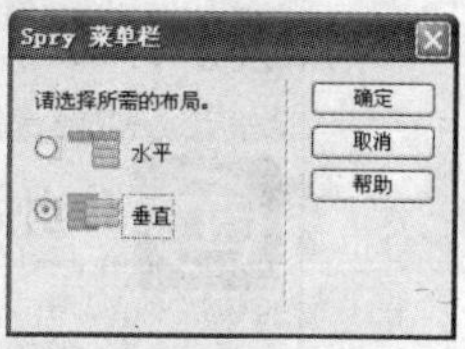

图 7-47　选择布局

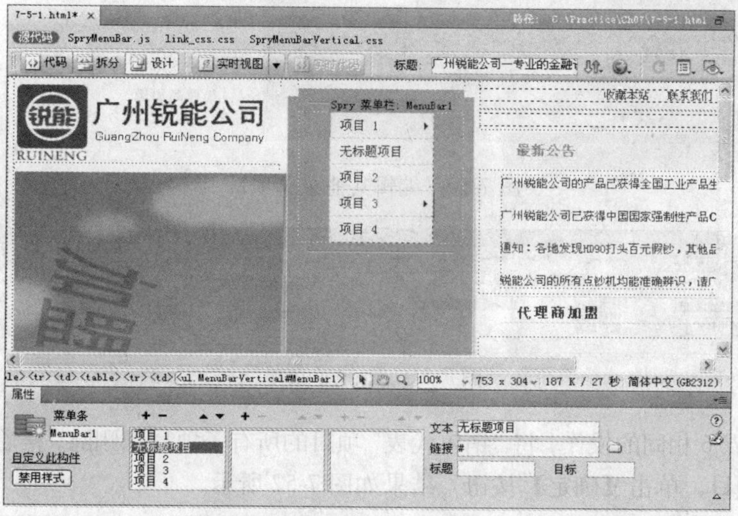

图 7-48　添加一级单菜项目

4 在网页中单击“Spry 菜单栏”标签“Spry 菜单栏：MenuBar1”选取整个对象，选择其中的“项目 1”文本，然后输入修改为“公司简介”文本，如图 7-49 所示。

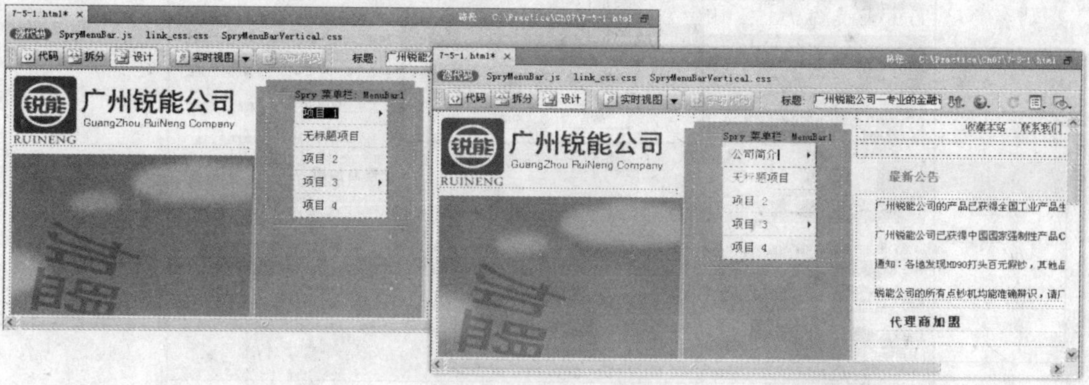

图 7-49　编辑菜单项目

TIPS　使用 Dreamweaver CS4 为网页所插入的 Spry 元素主要由 Div 和 CSS 样式所组成，特别是其中的内容和外观样式都由 CSS 控制，因此当修改其中的文本资料时，建议先选取，再直接输入其他内容，以“替代”的方式修改 Spry 元素中的文本资料。

5 根据步骤 4 相同操作，再修改其他菜单项目文本，从上到下依次为“产品介绍”、“技术支援”、“销售代理”和“客户留言”，结果如图 7-50 所示。

6 在【属性】栏中的第一个项目栏中选择“公司简介”项目，然后在第二项目栏上方单击“删除菜单项”图示−，如图 7-51 所示，删除其中一个子项目。

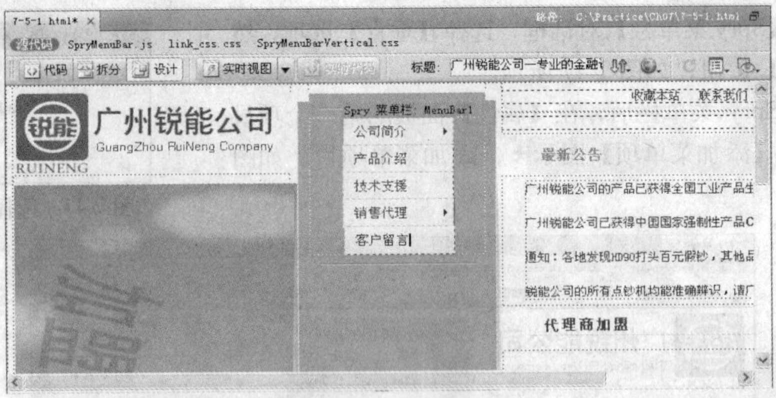

图 7-50 编辑其他菜单项目

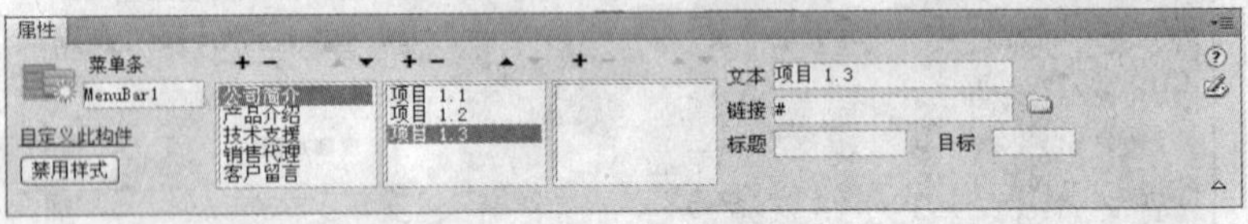

图 7-51 删除子菜单

7 根据步骤 6 相同的操作，将“销售代表”项目的所有子项目都删除，接着将弹出提示框，询问删除所选项目，单击【确定】按钮，结果如图 7-52 所示。

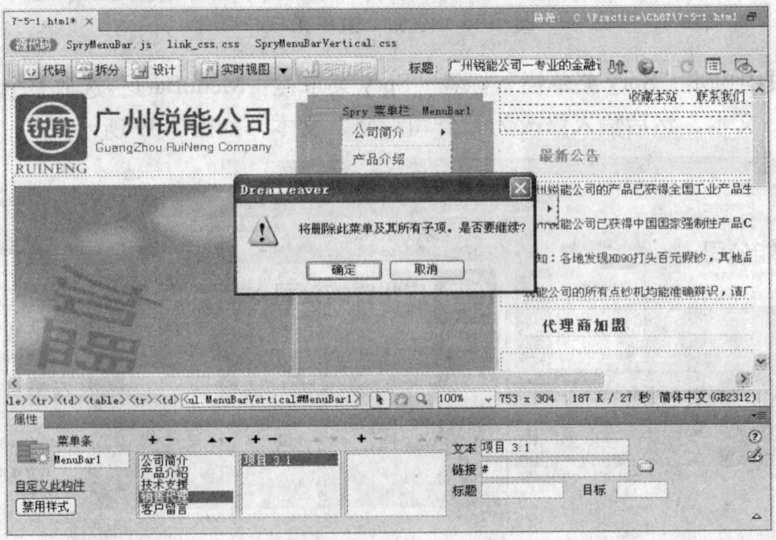

图 7-52 删除另一子菜单

8 在第一个项目栏中选择“产品介绍”项目，然后在第二项目栏上方单击五次【添加菜单项】图示**+**，如图 7-53 所示，新增一个子菜单项目，接着以相同操作再新增四个子项菜单项目，结果如图 7-54 所示。

图 7-53 添加子菜单

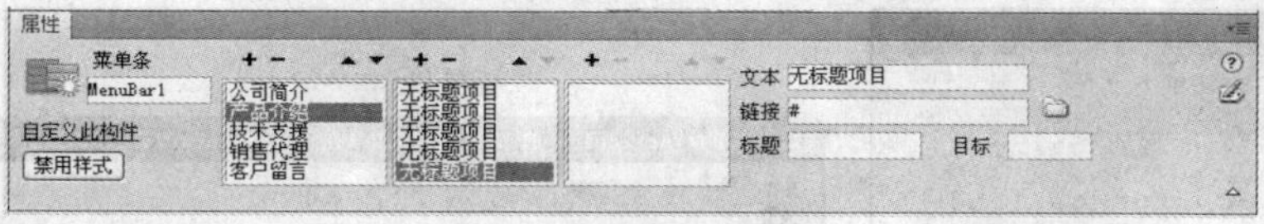

图 7-54　添加其他子菜单

9 在【属性】面板中保持选择"产品介绍"菜单项目，然后根据步骤 4 相同的操作方法，依次修改其子菜单项目依次为"点钞机"、"捆钞机"、"扎钞机"、"USB 验钞手电筒"和"外接显示器"，结果如图 7-55 所示。

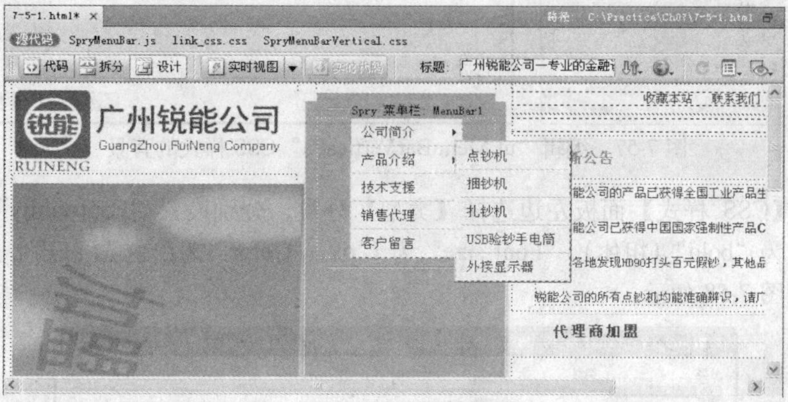

图 7-55　修改子单菜项目

10 按下 Shift+F11 快捷键打开【CSS 样式】面板，在面板中展开"Spry MenuBarVertical.css"样式表，再选择其中的"ul.MenuBarVertical"样式项目，然后在面板下方单击【编辑样式表】按钮，如图 7-56 所示。

11 打开样式表编辑对话框，默认显示【边框】分类设置，修改"Style"类型为"groove"选项，再修改"Color"为深色"#930"，然后单击【确定】按钮，如图 7-56 所示。

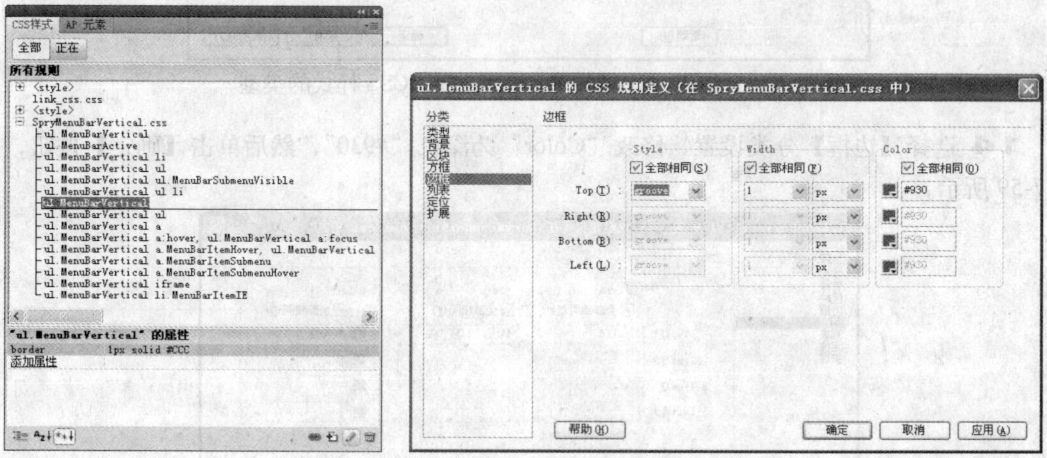

图 7-56　编辑"ul.MenuBarVertical"CSS 样式

12 返回【CSS 样式】面板，选择"ul.MenuBarVertical a"样式项目，然后在面板下方单击【编辑样式表】按钮，打开样式表编辑对话框，默认显示【背景】分类设置，修改"Background-color"为红色"#C30"，如图 7-57 所示。

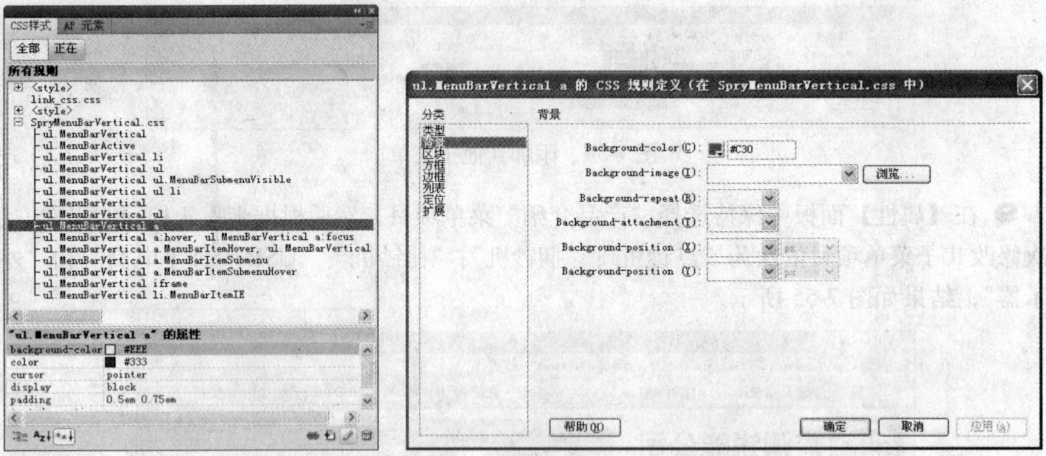

图 7-57　编辑“ul.MenuBarVertical a”CSS 样式的背景

13 在【CSS 样式】面板左边选择【类型】分类，分别设置“Font-fanily”为“宋体”，“Font-weght”为“bold”（粗体），“Font-size”为 12px，“Color”为白色“#FFF”，然后单击【确定】按钮，如图 7-58 如示。

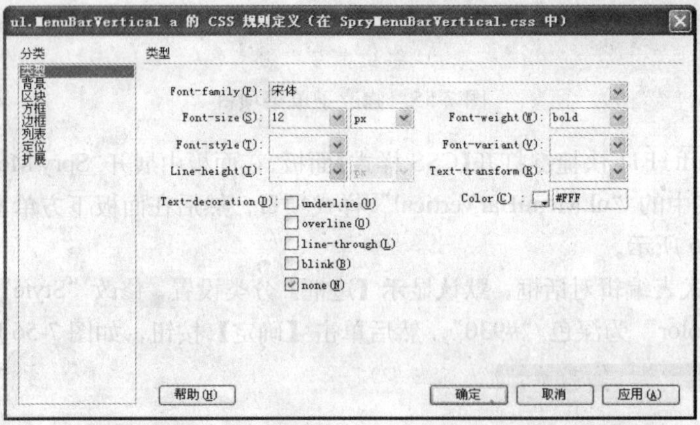

图 7-58　编辑“ul.MenuBarVertical a”CSS 样式的类型

14 选择【边框】分类设置，修改“Color”为深色“#930”，然后单击【确定】按钮，如图 7-59 所示。

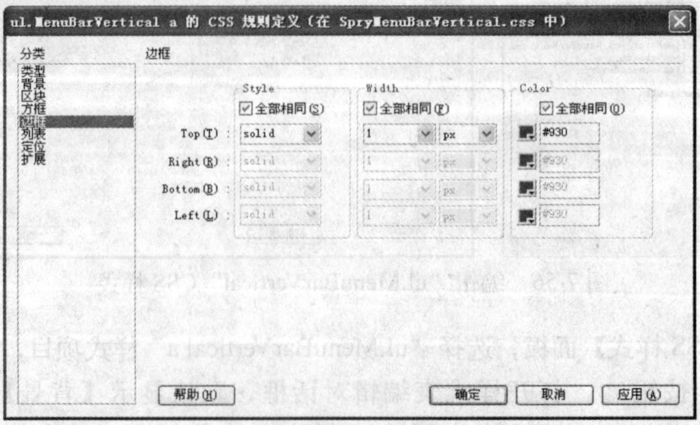

图 7-59　设置菜单项目超链接

15 返回 Dreamweaver 编辑区，再次选取整个 Spry 对象，在【属性】面板中选择第一项目栏中的“公司简介”项目，在第二项目栏中选择“经营宗旨”项目，然后在【链接】栏中设置超链接为“about.html”文档，如图 7-60 所示。

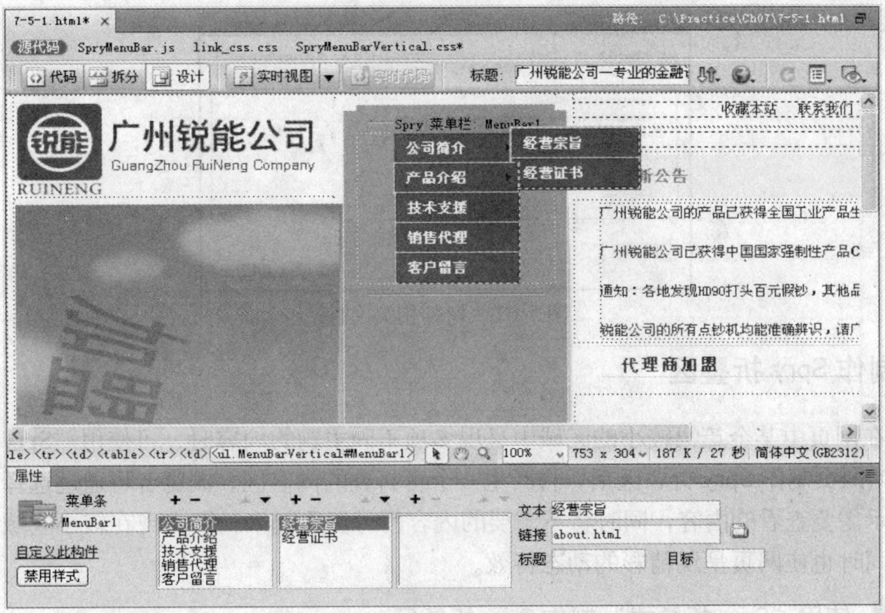

图 7-60　Spry 菜单栏设计效果

16 完成 Spry 菜单特效的制作后，保存网页为成果文档，然后按下 F12 功能键预览网页的 Spry 菜单效果，结果如图 7-61 所示。

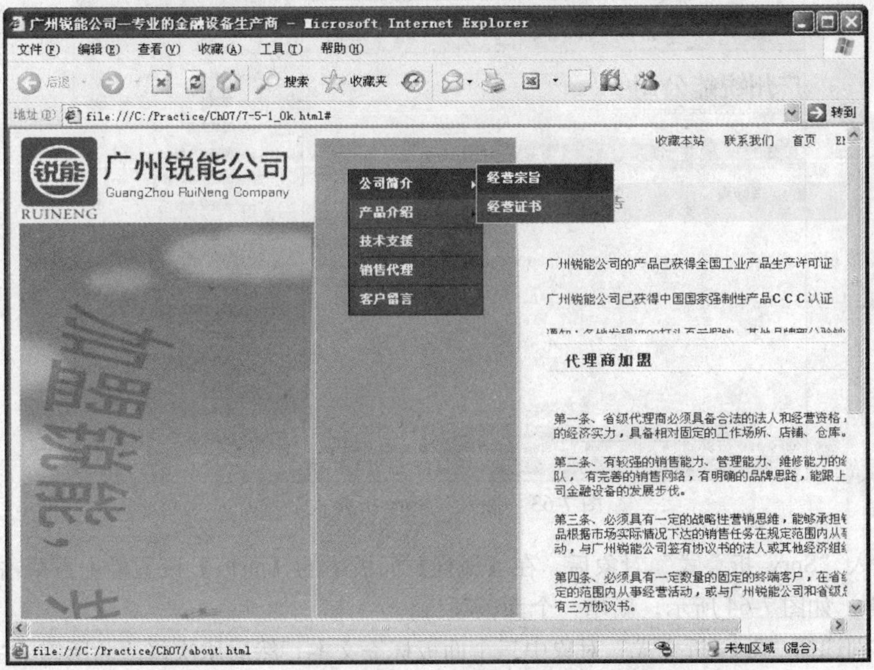

图 7-61　Spry 菜单特效

TIPS 保存添加“Spry”特效的网页时，将弹出【复制相关文件】对话框，如图 7-62 所示，提示将在网页所在的文件夹中新增“SpryAssets”文件夹，以放置支持特效运行的相关文件。

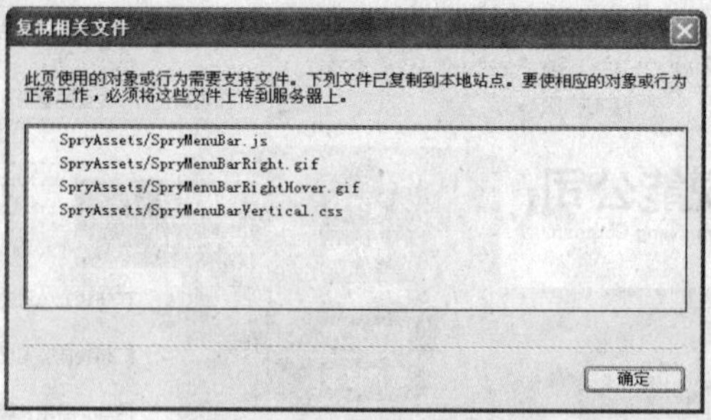

图 7-62　复制相关文件

7.5.2　制作 Spry 折叠区

需要在网页中某个篇幅较小的区域中呈现多项不同主题的内容时，可使用“Spry 折叠式”来实现。为网页制作 Spry 折叠区后，将产生一个可折叠的内容区，浏览者可通过选择不同主题标签，显示需要查看的内容，同时将不需要的内容暂时折叠起来，即实现在较小区域内呈现丰富信息，同时也使网页呈现精彩的动态特效。

Howto　使用“Spry 折叠式”制作 Spry 折叠区

1 打开本书光盘中的“..\Example\Ch07\7-5-2.html”文档，定位光标在网页中间空白单元格内，在“Spry”分类的【插入】面板中单击【Spry 折叠式】按钮，如图 7-63 所示。

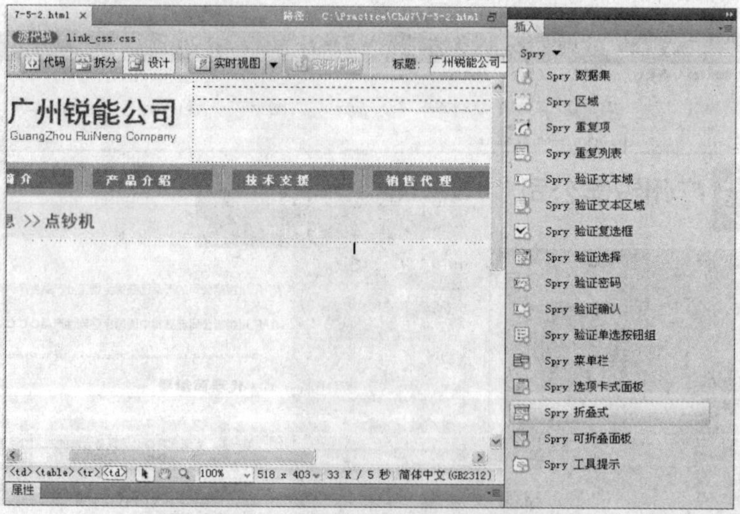

图 7-63　插入“Spry 折叠式”

2 插入“Spry 折叠式”对象后，在【属性】面板中的【面板】设置栏上方单击【添加面板】图示+，如图 7-64 所示，新增一个面板项目。

3 分别选择“Spry 折叠式”对象中三个面板标签文本，然后依次修改为所需的主题内容，结果如图 7-65 所示。

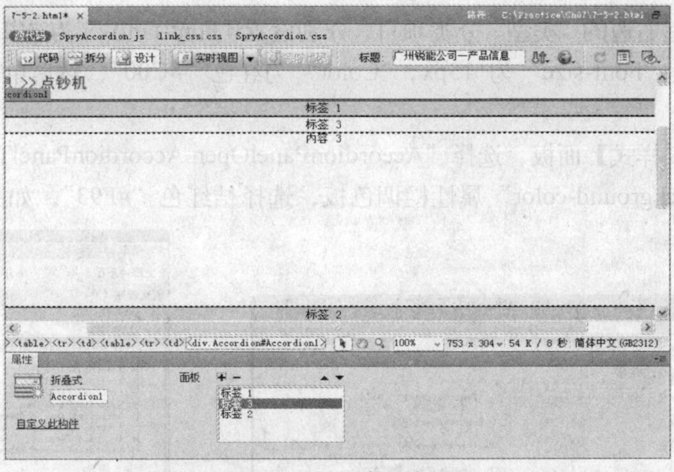

图 7-64　添加面板

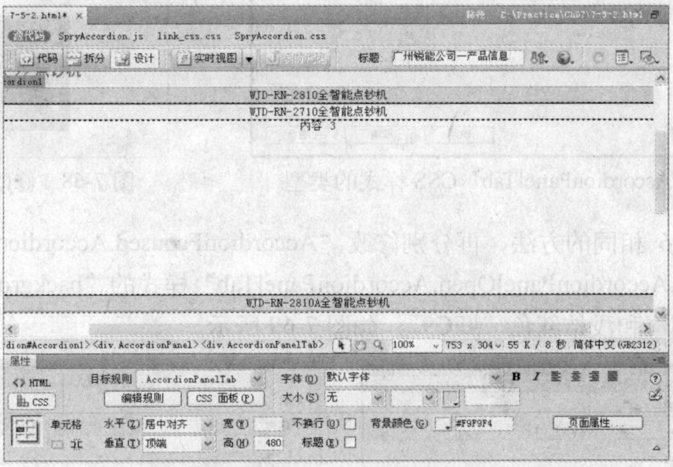

图 7-65　编辑标签项目文本

4 按下 Shift+F11 快捷键打开【CSS 样式】面板，在面板中展开“SpryAccordion.css”样式表，再选择其中的“AccordionPanelTab”样式项目，然后在面板下方单击【编辑样式表】按钮，打开样式表编辑对话框，默认显示“背景”分类设置，修改设置“Background-color”为浅桔红色“#FC9”，如图 7-66 所示。

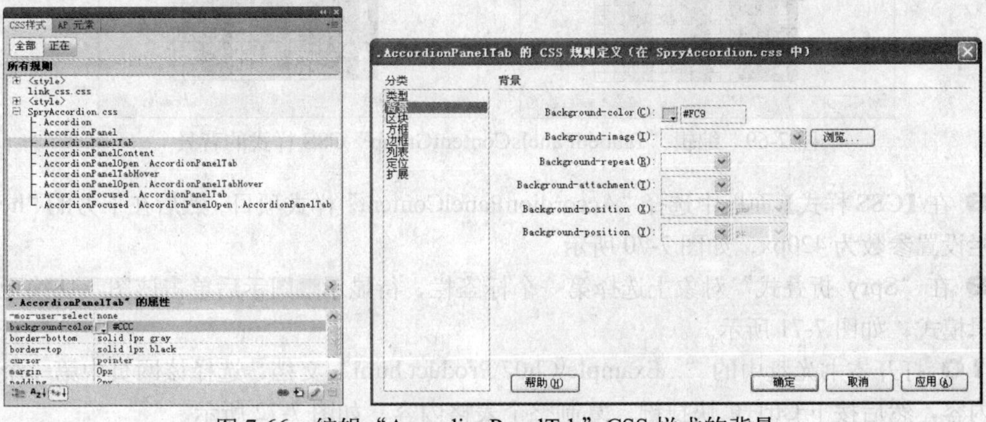

图 7-66　编辑“AccordionPanelTab”CSS 样式的背景

5 选择对话框右边的“类型”分类项目，分别设置“Font-fanily”为“宋体”，“Font-weght”为“bold”（粗体），“Font-size”为 15px，“Color”为红色“#C00”，然后单击【确定】按钮，如图 7-67 所示。

6 返回【CSS 样式】面板，选择“AccordionPanelOpen.AccordionPanelTab”样式项目，然后在下方打开“background-color”属性栏调色板，选择桔红色“#F93”，如图 7-68 所示。

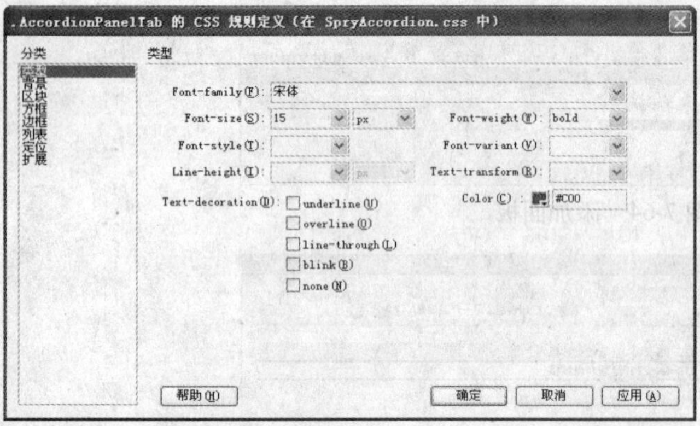

图 7-67　编辑“AccordionPanelTab”CSS 样式的类型

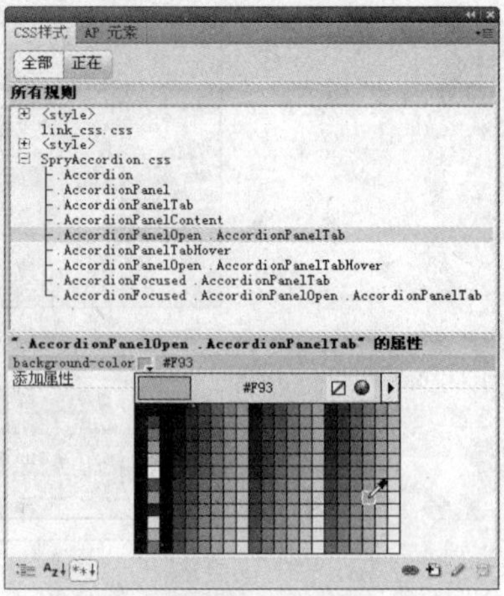

图 7-68　修改 CSS 样式背景色

7 根据步骤 6 相同的方法，再分别修改“AccordionFcoused.AccordionPanelTab”样式和“AccordionFcoused.AccordionPanelOpen.AccordionPanelTab”样式的“background-color”属性分别为桔红 色“#F93”和浅桔红色“#FC9”，如图 7-69 所示。

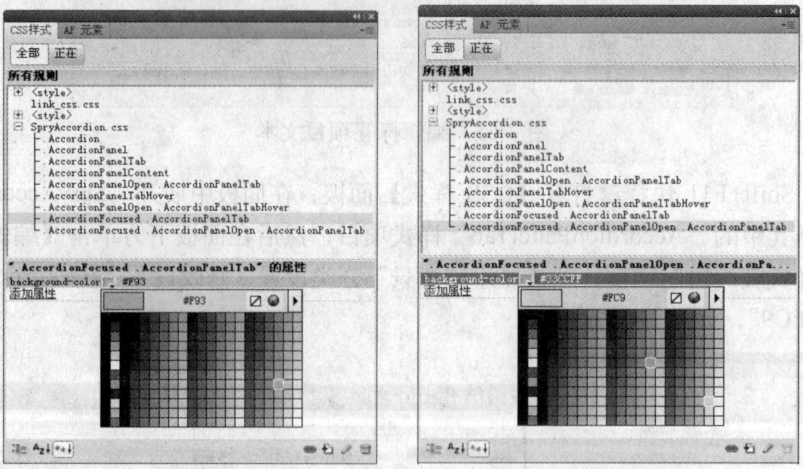

图 7-69　编辑“TabbedPanelsContentGroup”CSS 样式的背景

8 在【CSS 样式】面板中选择“AccordionPanelContent”样式项目，然后在下方的“height”属性栏设置参数为 420px，如图 7-70 所示。

9 在“Spry 折叠式”对象上选择第一个标签栏，待显示图示后单击该图示切换至该面板编辑模式，如图 7-71 所示。

10 打开本书光盘中的“..\Example\Ch07\Product.html”文档，选择该网页中第一个表格及其内容，然后按下 Ctrl+C 快捷键，复制整个表格内容，如图 7-72 所示。

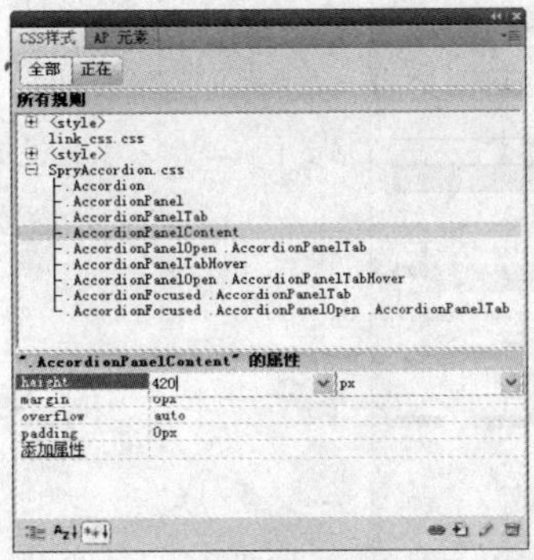

图 7-70　修改“AccordionPanel Content”样式的高度

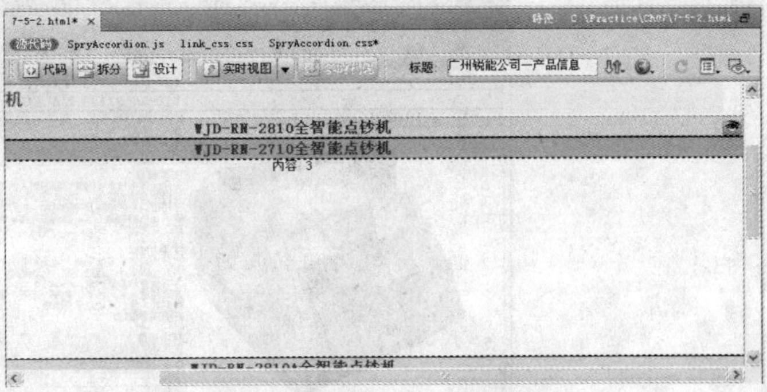

图 7-71　切换面板编辑

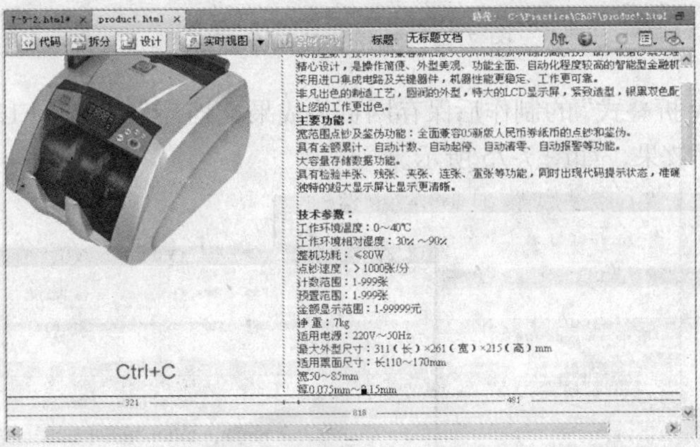

图 7-72　复制表格内容

11 在【文档】工具栏上方选择“7-5-2.html”标签切换至该网页编辑区，选择“Spry 折叠式”对象中的“内容 1”文本，再按下 Delete 键将其删除，然后再按下 Ctrl+V 快捷键，将复制的表格内容粘贴至此处，如图 7-73 所示。

12 随之弹出【图像描述（Alt 文本）】对话框，要求输入图像描述资料，直接单击【取消】按钮，跳过该设置，如图 7-73 所示。

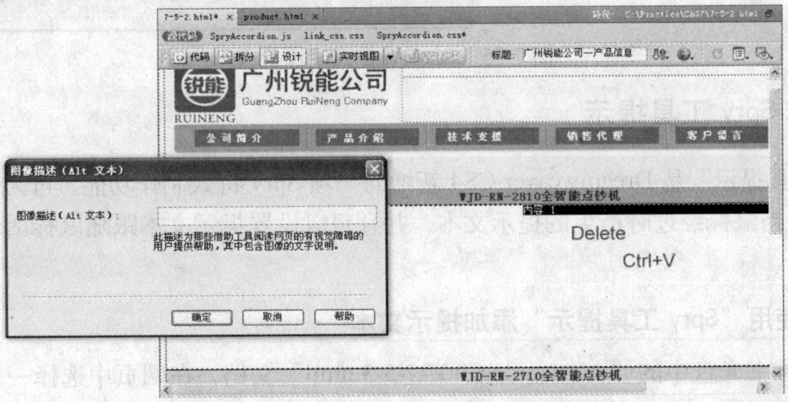

图 7-73　粘贴表格内容

13 根据步骤 10 至步骤 12 相同的操作方法，将“Product.html”网页中其他两项表格内容复制，然后贴粘到“7-5-2.html”练习文档“Spry 折叠式”对象另外两个面板中，结果如图 7-74 所示。

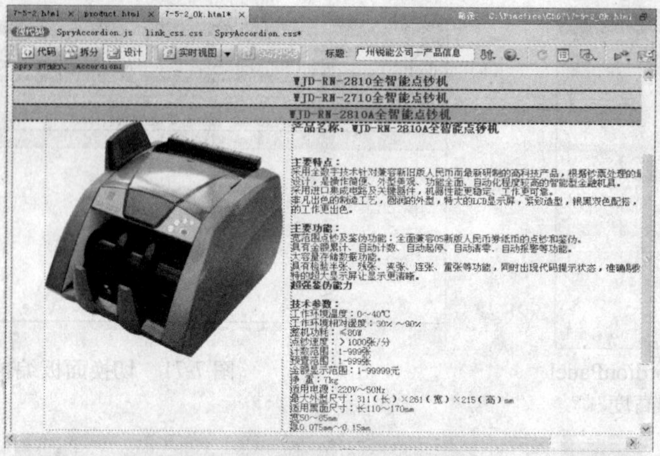

图 7-74　编辑其他两个面板

14 完成“Spry 折叠式”的制作后保存网页为成果文档，然后按下 F12 功能键，预览“Spry 折叠式”局部动态区效果，如图 7-75 所示。

图 7-75　Spry 折叠式设计效果

7.5.3　制作 Spry 工具提示

“Spry 工具提示”是 Dreamweaver CS4 新增的一项 Spry 特效制作功能，可为网页中指定的元素添加一个当鼠标经过时产生的提示文本，并且可以设置提示文本跟随鼠标活动、遮帘和渐隐等效果。

Howto　使用“Spry 工具提示”添加提示文本

1 打开本书光盘中的“..\Example\Ch07\7-5-3.html”文档，在网页中选择一个图像，打开【插入】面板并切换至“Spry”分类，单击【Spry 工具提示】按钮，如图 7-76 所示。

2 插入的“Spry 工具提示”对象默认置于网页底部，根据需要修改其中的提示文本，然后打开【属性】面板，选择“跟随鼠标”和“鼠标移开时隐藏”两个复选框，再选择效果为“渐隐”，如图 7-77 所示。

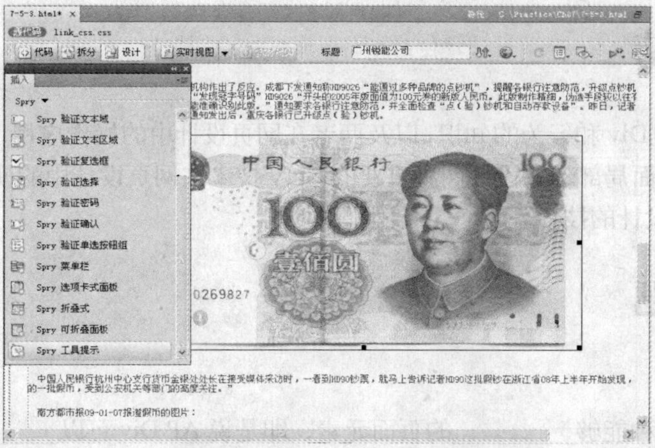

图 7-76　插入 Spry 工具提示

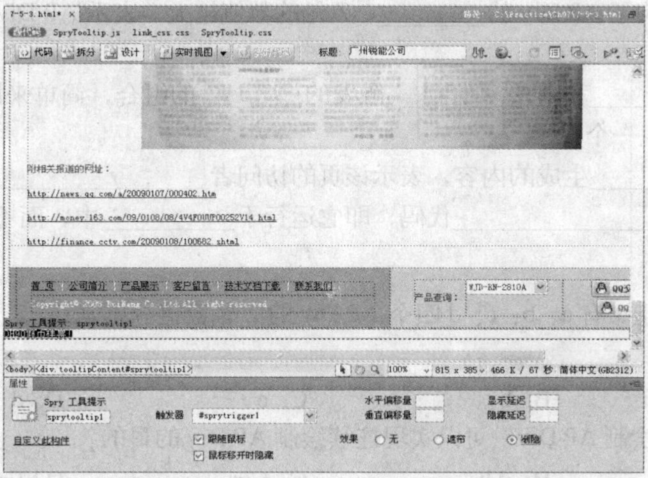

图 7-77　设置“Spry 工具提示”属性

3 由此完成“Spry 工具提示”的制作，保存网页为成果文档，再按下 F12 功能键预览“Spry 工具提示”的效果，如图 7-78 所示。

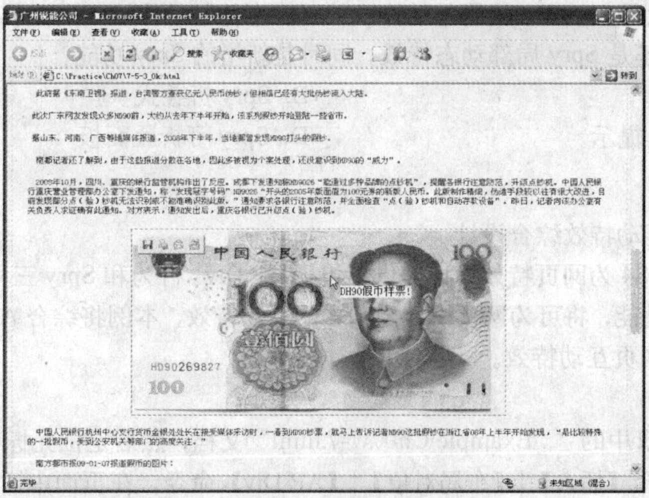

图 7-78　Spry 工具提示的设计效果

7.6　本章小结

本章介绍了 AP Div 和行为的知识，以及两者在网页设计中的操作应用，接着分别介绍 Spry 行为特效和 Spry 页面局部动态设计两种重要的 Spry 技术在网页设计中的使用，从而学习到更加专业的页面动态设计的技巧。

7.7　本章习题

一、填充题

1. AP Div 是一种能够________的页面元素，即是说 AP Div 可以________在页面，用户可以将 AP Div 放置在页面的任何位置。

2. Z 轴数值影响了 AP Div 的________，Z 轴的数值越大，表示 AP Div 在堆叠顺序中排得________。

3. 行为是________和由该________触发的________的组合，简单来说：一个________的发生，会相应地产生一个________。

4. 事件是________生成的内容，表示该页的访问者________________。

5. 行为代码是______________代码，即它运行于__________中，而不是__________上。

二、选择题

1. 在同一页面上，有 a、b、c、d 四个 AP Div 的 Z 轴数值分别是 2、5、4、3，哪个 AP Div 处于最顶 AP DIV？（　）

A. a　B. b　C. c　D. d

2. 按住哪个键绘制 AP Div，可以实现连续绘制 AP Div 的目的？（　）

A. Shift　B. Alt　C. Ctrl　D. End

3. 从哪个浏览器版本开始，浏览器即可支持 AP Div 的显示？（　）

A. IE 3.0　B. IE 4.0　C. IE 5.0　D. IE 6.0

4. 行为由以下哪一项组成？（　）

A. 事件与代码　B. 代码与动作　C. 事件与动作　D. 属性与事件

5. 以下哪一项不是 Spry 局部动态特效，同时是新增的 Spry 功能？（　）

A. Spry 菜单”　B. Spry 折叠式

C. Spry 工具提示　D. Spry 可折叠面板

三、上机实训

实训 1　网页互动特效综合设计

Dreamweaver CS4 为网页特效设计提供了包括 AP Div、行为和 Spry 三种特效设计功能，若能巧妙的结合这些功能，将可为网页设计出精彩的互动特效，本例将综合 AP Div、行为和 Spry 功能制一个精美的网页互动特效。

操作提示：

1. 打开本书光盘中的“..\Example\Ch07\7-7.html”文档，然后定位光标在整个页面表格外。

2. 在菜单栏选择【插入】|【布局对象】|【AP Div】命令，在页面中插入一个 AP Div，如图 7-79 所示。

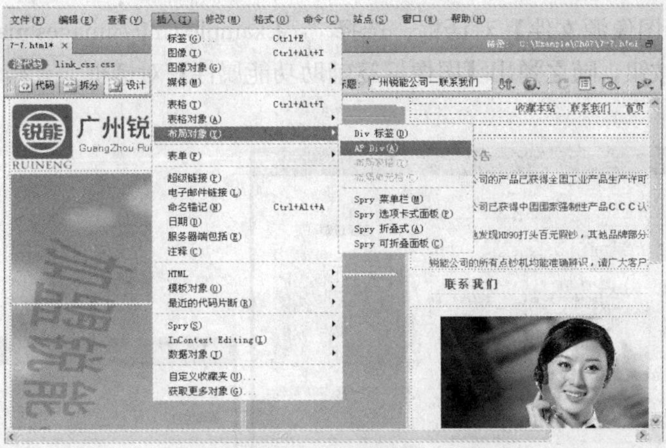

图 7-79　在页面中插入 AP Div

3. 选择新插入的 AP Div，在【属性】面板中设置【上】参数为 169px、【宽】参数为 488px、【高】能数为 353px、在【溢出】栏选择【scroll】选项，如图 7-80 所示。

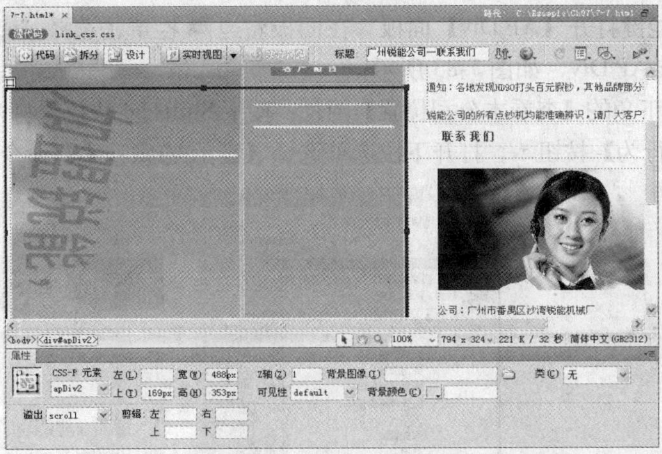

图 7-80　设置 AP Div 属性

4. 定位光标在 AP Div 内，然后打开【插入】面板在【常用】分类单击【图像：图像】按钮，如图 7-81 所示。

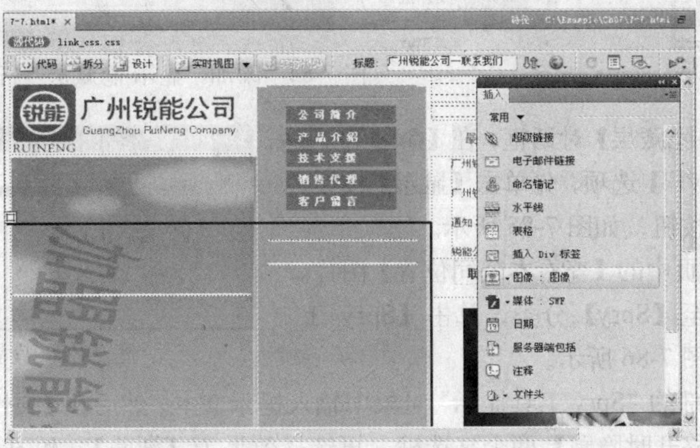

图 7-81　在 AP DIV 内插入图像

5. 打开【选择图像源文件】对话框，选择“..\Example\Ch07\images\map.jpg”素材图片，然后单击【确定】按钮，随之弹出【图像标签辅助功能属性】对话框，直接单击【取消】按钮，如图 7-82 所示。

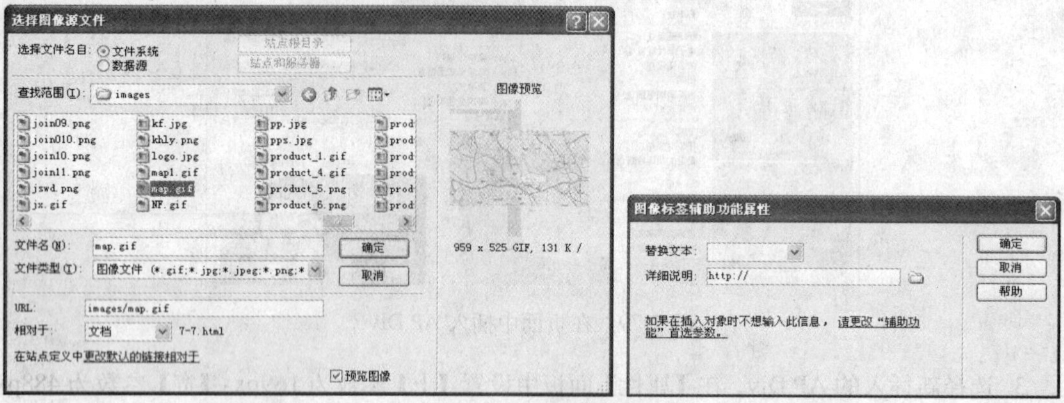

图 7-82　指定图像源文件

6. 按下 F2 功能键打开【AP Div】面板，在面板左边栏单击选择“apDiv1”项目，待出现图标时隐藏该 AP Div，如图 7-83 所示。

7. 选择网页右下角的【查看本公司位置】图片，按下 Shift+F4 快捷键打开【行为】面板。单击面板中的【添加行为】按钮，打开下拉选单选择【显示-隐藏元素】命令，如图 7-84 所示。

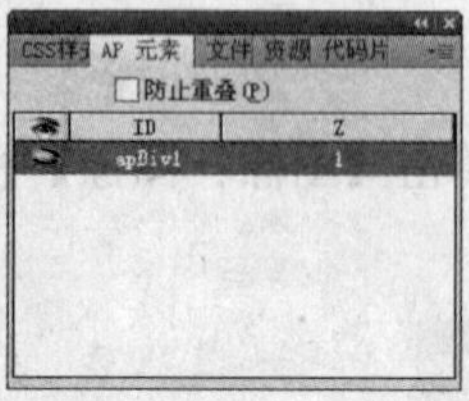

图 7-83　隐藏 AP Div

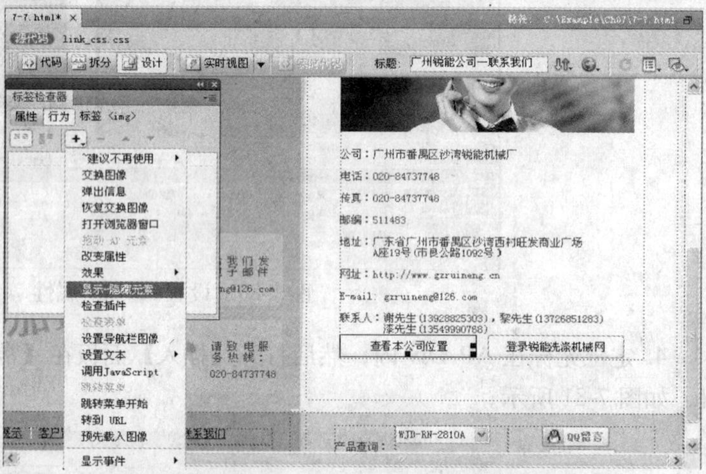

图 7-84　添加“显示-隐藏层”行为

8. 弹出【显示-隐藏层】对话框，在【命名的层】区中选择【层”apDiv1”】选项，先单击【显示】按钮，然后单击【确定】按钮，如图 7-85 所示。

图 7-85　设置显示层

9. 再次选择网页中的【查看本公司位置】图片，切换【插入】面板至【Spry】分类，单击【Spry 工具提示】按钮，如图 7-86 所示。

10. 在网页底部的“Spry 工具提示”对象中输入提示文本，然后在【属性】面板中选择【跟随鼠标】和【鼠标移开时隐藏】两个复选框，再选择效果为【渐隐】，如图 7-87 所示。

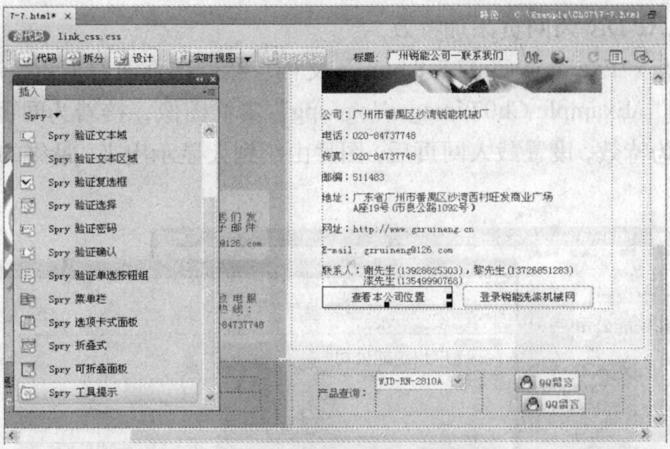

图 7-86　插入 Spry 工具提示

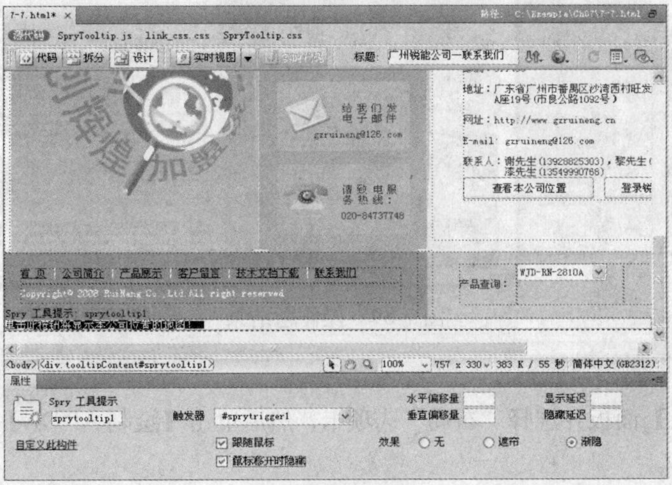

图 7-87　设置“Spry 工具提示”属性

11. 由此完成本例的网页特效综合设计，保存网页为成果文档，再按下 F12 功能键预览其效果，如图 7-88 所示。

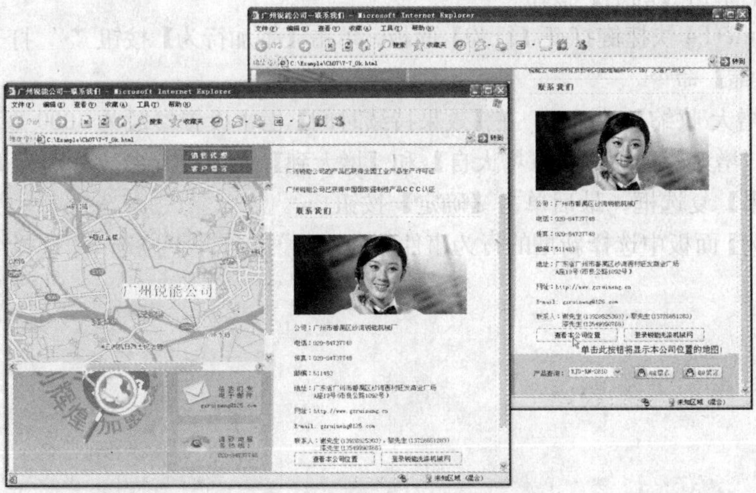

图 7-88　网页特效综合设计效果

实训 2　利用 AP Div 为网页添加特效

先打开光盘中“..\Example\Ch07\7-8.html”文档，然后在页面右上角绘制一个 AP Div，并在 AP Div 内插入“..\Example\Ch07\images\logo.jpg”素材图像，接着为网页左则的主题图片添加“增大/收缩”行为特效，设置载入网页后，图片由小到大显示出来，最终的完成结果如图 7-89 所示。

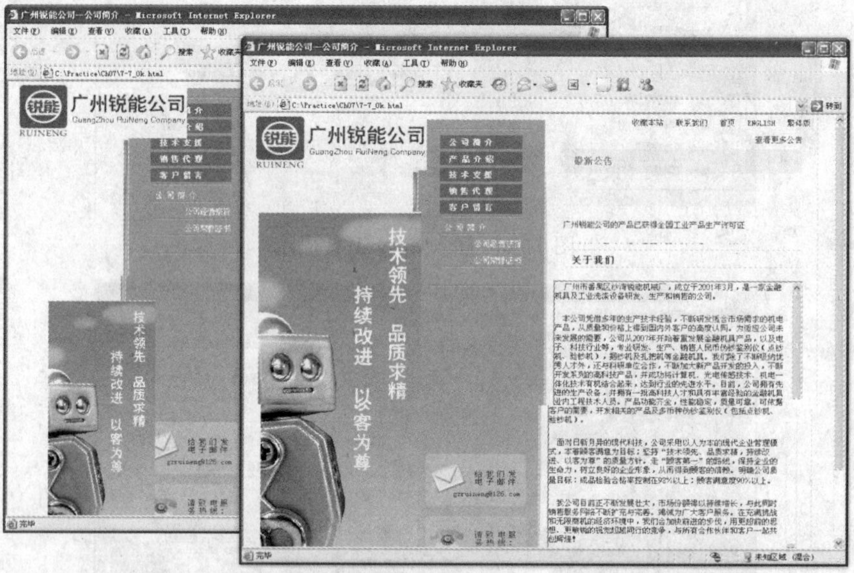

图 7-89　操作题结果

操作提示：

1. 打开【插入】面板并选择“布局”选项卡，然后单击【绘制 AP Div】按钮，在网页左上角拖动绘制 AP Div。

2. 选取新绘制的 AP Div，在【属性】面板中设置宽/高参数为 261px 和 84px。

3. 将光标定位在 AP Div 内，然后打开【插入】面板并选择“常用”选项卡，接着单击【图像：图像】按钮，弹出【选择图像源文件】对话框后，选择“..\Practice\Ch07\images\logo.jpg”素材图像，然后单击【确定】按钮

4. 按下 Shift+F4 快捷键打开【行为】面板，单击【添加行为】按钮 +，打开选单选择【效果】|【增大/收缩】命令。

5. 打开【增大/收缩】对话框，在【效果持续时间】栏中设置参数为 3000 毫秒，然后在【效果】栏中选择“增大”选项，在【增大自】和【增大到】栏中设置参数分别为 1%和 100%，并选择【切换效果】复选框，最后单击【确定】按钮。

6. 在【行为】面板中选择新增的行为事件“onClick”并打开下拉选单，选择“onMouseOver”事件。

第 8 章　动态站点与数据库管理

教学目标

掌握使用 Dreamweaver CS4 开发动态网页的基础以及方法，为后续有关动态站点的设计操作做准备。

教学重点与难点

- 安装 IIS 系统组件
- 设置与测试 IIS
- 设计网页表单
- 使用 Spry 验证表单对象
- 创建数据库和数据表
- 设置 ODBC 数据源和 DSN
- 提交表单数据至数据库

8.1　配置站点服务器

制作及测试动态站点需要特殊的操作环境，主要是先配置一个能够支持动态网页正常工作的 Web 服务器。在 Windows XP 操作系统中，主要使用 IIS 作为动态站点的服务器，以测试与开发动态网页。

8.1.1　安装 IIS 系统组件

默认情况下，Windows XP 和 Windows 2000 的内置系统组件 IIS 是未安装的，所以要使用 IIS 服务器，就需要先安装这个组件。安装这个组件后，就可以将网页所在的文件夹共享成 IIS 网站，也就是使在 IIS 服务器环境下工作。以下将以在 Windows XP 中安装 IIS 组件为例，说明该组件的安装方法。

TIPS IIS 是 Internet Information Server（互联网信息服务）的英文缩写，它由 Microsoft 开发，是一个允许在公共 Intranet 或 Internet 上发布信息的 Web 服务器平台，它包括了 Web 服务器、FTP 服务器、NNTP 服务器和 SMTP 服务器，分别用于网页浏览、文件传输、新闻服务和邮件发送等方面。

Howto　在 Windows XP 系统中安装 IIS 组件

1 在 Windows XP 操作系统桌面的左下角单击【开始】按钮，打开【开始】菜单，选择【控制面板】命令，如图 8-1 所示。

2 打开【控制面板】窗口，然后单击左边窗格中的“切换到经典视图”标题，将控制面板切换到经典视图模式，如图 8-2 所示。

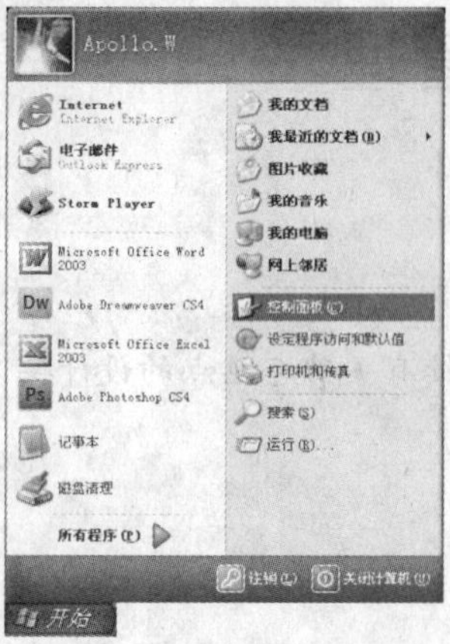

图 8-1　打开控制面板

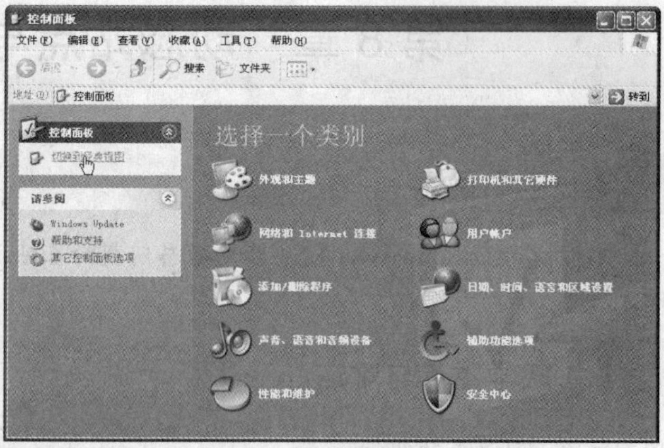

图 8-2　将控制面板切换到经典视图模式

3 切换视图后，双击【添加或删除程序】图标，如图 8-3 所示。打开【添加或删除程序】对话框后，单击【添加/删除 Windows 组件】按钮，如图 8-4 所示。

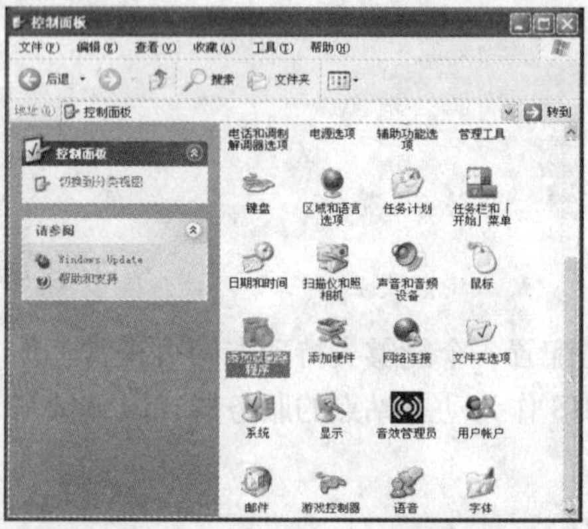

图 8-3　添加或删除程序

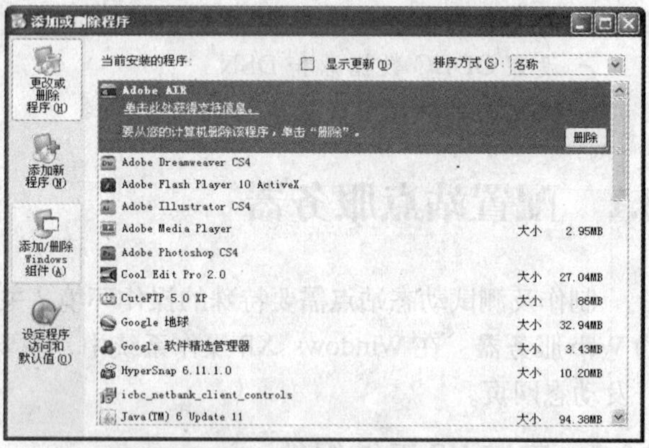

图 8-4　添加或删除 Windows 组件

4 打开【Windows 组件向导】对话框后，在【组件】列表框选择【Internet 信息服务（IIS）】复选框，然后单击【详细信息】按钮，如图 8-5 所示。

5 打开【Internet 信息服务（IIS）】对话框后，选择需要安装的 IIS 服务子组件，然后单击【确定】按钮，如图 8-6 所示。

图 8-5　选择 Internet 信息服务（IIS）

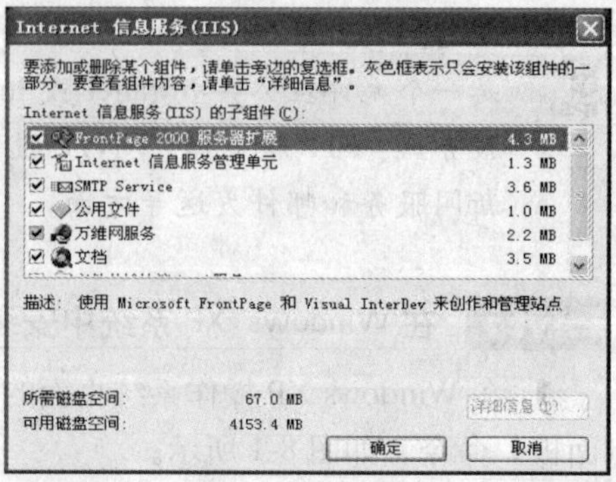

图 8-6　选择需要安装的 IIS 子组件

TIPS：如果只通过 IIS 服务器提供动态网页测试与开发环境，可只选择“Internet 信息服务管理单元、公用文件、万维网服务”这些基本 IIS 子组件即可。不过 IIS 的子组件并非需要占用大量空间，所以安装所有子组件亦可。

6 此时返回【Windows 组件向导】对话框，然后单击【下一步】按钮，安装 IIS 组件，如图 8-7 所示。

7 当安装过程需要提供 Windows XP 安装光盘时，只需将安装光盘放入驱动器，然后单击【确定】按钮即可，如图 8-8 所示。

8 当显示【完成“Windows 组件向导”】安装画面后，即表示已经成功安装 IIS 组件，此时单击【完成】按钮结束安装，如图 8-9 所示。

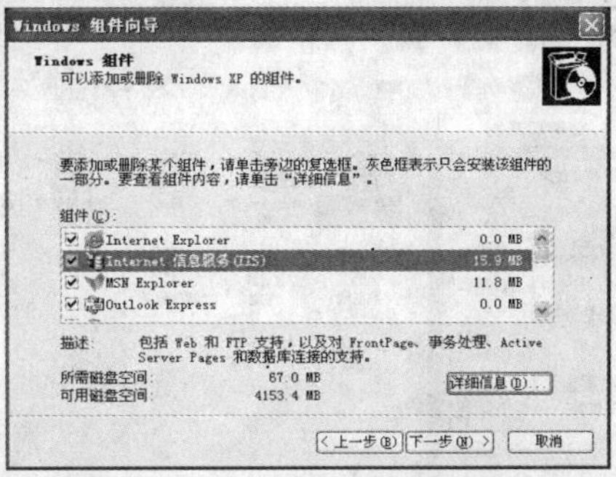

图 8-7　开始安装 IIS 组件

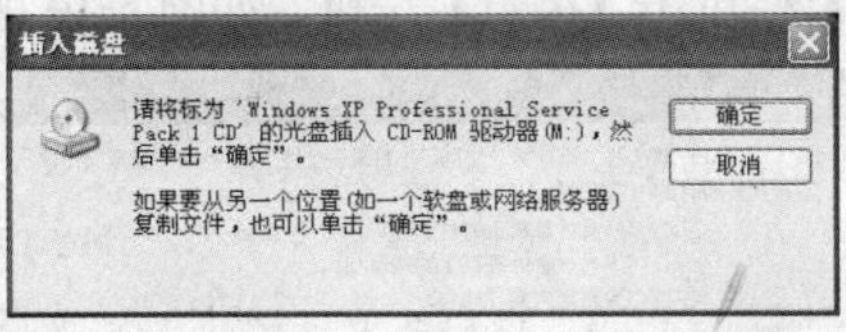

图 8-8　放入 Windows XP 安装光盘

图 8-9　成功安装 IIS 组件

8.1.2　设置 IIS 属性

完成 IIS 组件的安装后，系统便具备满足动态站点正常运作的环境条件，而为了方便后续在 IIS 服务器中测试与开发动态网页，需要对 IIS 属性稍做设置，以配置最佳的动态网页服务器环境。

Howto　配置 IIS 网站属性

1 单击电脑桌面任务栏的【开始】按钮，然后从弹出的菜单中选择【控制面板】命令。打开【控制面板】窗口后，单击【管理工具】图标，如图 8-10 所示。

图 8-10　单击【管理工具】图标

2 打开【管理工具】文件夹窗口后，双击【Internet信息服务】图标，如图8-11所示。

3 弹出【Internet信息服务】对话框后，打开本地计算机的“网站”列表，然后单击右键，并从弹出的菜单中选择【属性】命令，如图8-12所示。

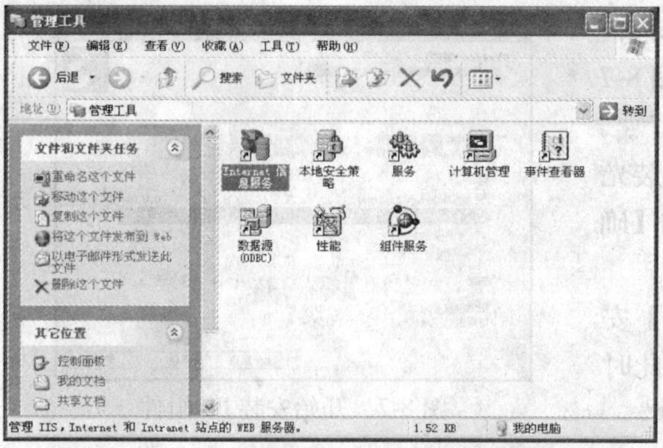

图8-11 双击【Internet信息服务】图标

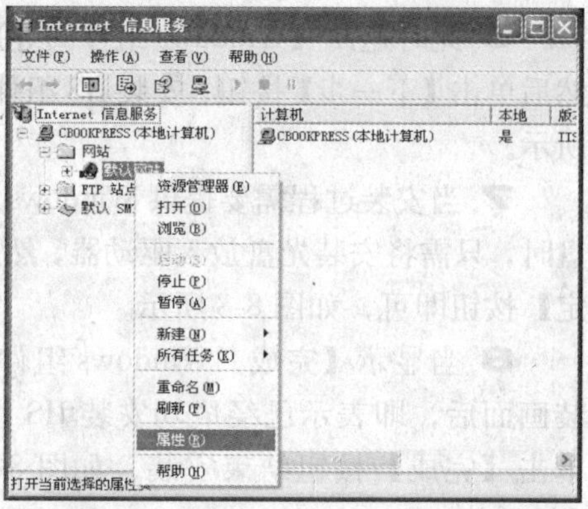

图8-12 打开【默认网站属性】对话框

4 弹出【默认网站属性】对话框后，选择【网站】选项卡，并设置如图8-13所示的网站属性。

5 选择切换至【主目录】选项卡，在【本地路径】栏单击【浏览】按钮，如图8-14所示。

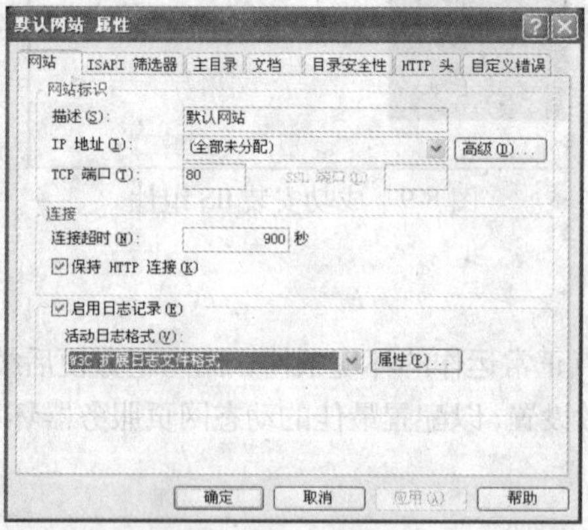

图8-13 设置网站属性

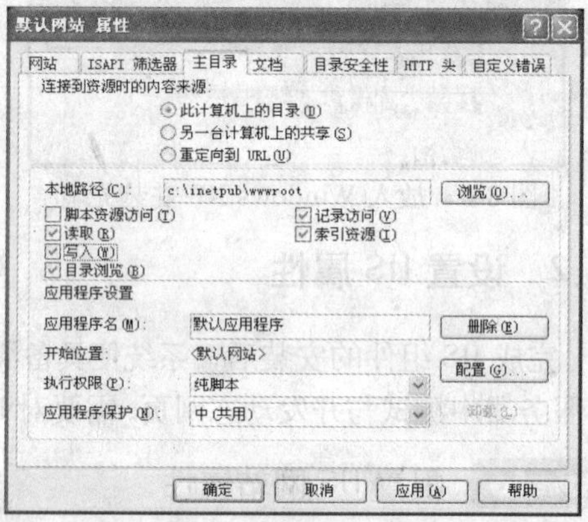

图8-14 设置网站主目录属性

6 打开【浏览文件夹】对话框，指定需要进行动态制作网站文件夹，然后单击【确定】按钮，如图8-15所示。

7 选择【文档】选项卡，然后单击【添加】按钮，并在弹出的【添加默认文档】对话框中设置默认文档名“index.asp”，然后单击【确定】按钮，如图8-16所示。

8 返回【默认网站属性】对话框后，单击【确定】按钮应用所有设置。此时会弹出【继承覆盖】对话框，单击【全选】按钮选择所有子节点，最后单击【确定】按钮即可，如图8-17所示。

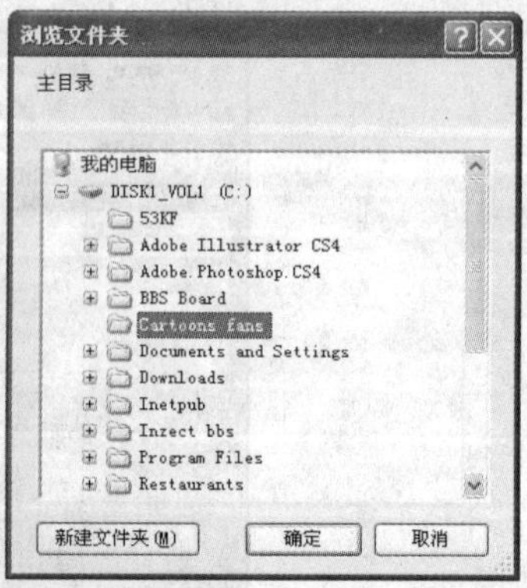

图8-15 添加默认文档

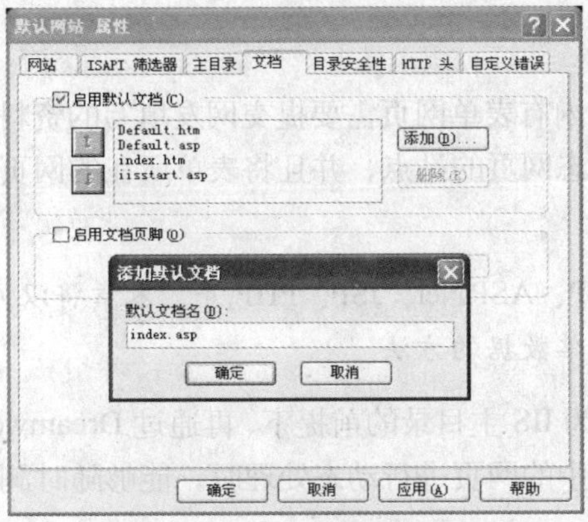

图 8-16　添加默认文档

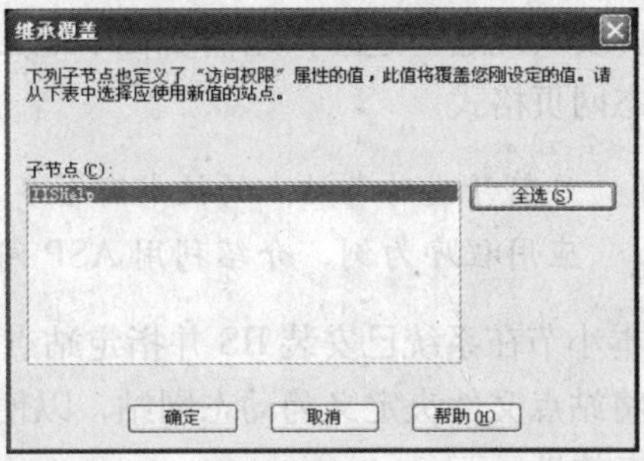

图 8-17　继承覆盖子节点

9 完成上述操作后，网站属性的设置即作用于所有在 IIS 服务器环境下的动态网站。

TIPS 安装 IIS 组件后，默认的本地 IIS 网站文件夹位置是“C:\inetpub\wwwroot”，就是说该文件夹内的所有本地站点都可以在 IIS 服务器环境中运行。为了要在 IIS 服务器环境中测试与开发动态站点，所以一般用户会将本地站点的文件夹复制到“C:\inetpub\wwwroot”目录内。

此外，也可通过其他技巧，避免移动本地文件夹位置，而同样可以在 IIS 服务器环境下运行。这种技巧就是将本地站点根文件夹共享成 IIS 站点，即将该文件夹作为默认网站下的一个站点。由于这种方法不用移动本地站点文件夹，所以比较受用户欢迎。

8.1.3　测试 IIS 服务器

安装 IIS 并进行相应的设置后，为了验证动态网站是否能够正常运行，可通过 IE 浏览器进行测试。只需打开浏览器，然后通过 IE 浏览器测试 IIS 服务器内的网页是否能够正常打开即可。具体的操作方法如下。

安装 IIS 服务器后，打开 IE 浏览器并在网址栏输入“http://localhost/localstart.asp”网址，然后按下 Enter 键。如果浏览器显示如图 8-18 所示的页面，即表示 IIS 服务器正常运作。

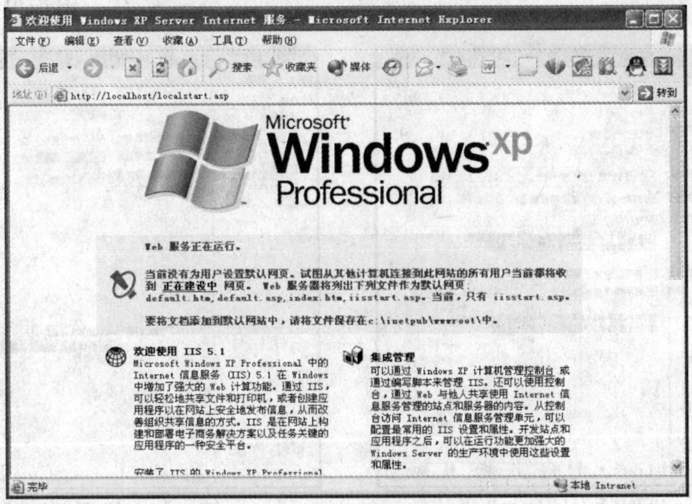

图 8-18　测试 IIS 服务器

8.1.4 定义动态站点

动态站点的制作涉及动态数据处理，例如站点内有表单网页需要提交网友填写的资料到数据库，要实现这一过程，还需要在本地架设支持动态网页的站点，并且将表单所在的网页另存为动态网页格式。

TIPS 目前开发动态站点的技术有很多，例如 ASP、ASP.Net、JSP、PHP 等，本章将以 ASP 应用程序为例，介绍利用 ASP 网页提交表单数据的方法。

本小节在系统已安装 IIS 并指定站点文件夹作为 IIS 主目录的前提下，再通过 Dreamweaver CS4 将站点文件夹定义为动态网站，以便后续为其中的网页进行动态处理时，能够随时测试预览动态效果。

Howto 定义动态站点

1 先在电脑 C 盘中创建一个文件“Cartoons fans”文件夹，再打开光盘中的“..\Example\Ch08\8-1-4\”文件夹，将其中的“member.html”文件与“images”文件夹复制到 C 盘的“Cartoons fans”文件夹中。

2 启动 Dreamweaver CS4，按下 F8 功能键打开【文件】面板，在面板上单击【管理站点】链接文本，如图 8-19 所示。

3 打开【管理站点】对话框后，单击【新建】按钮，打开下拉选单，选择【站点】命令，如图 8-20 所示。

4 显示“定义站点”窗口，切换至【高级】选项卡，先在默认显示的【本地信息】分类中设置站点名称、本地根文件夹、默认图像文件夹等基本设置，如图 8-21 所示。

5 再选择【测试服务器】分类，分别设置【服务器模型】为“ASP JavaScript”，【访问】为“本地/网络”然后在【测试服务器文件夹】栏中指定动态站点文件夹路径，再设置【URL 前缀】为“http://localhost/”，然后单击【确定】按钮。如图 8-22 所示。

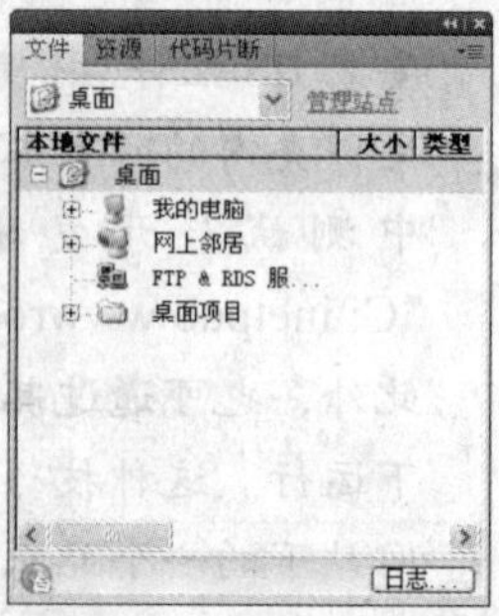

图 8-19 管理站点

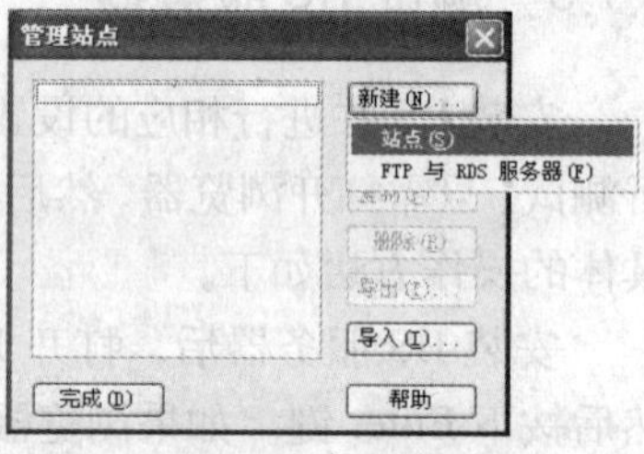

图 8-20 新建站点

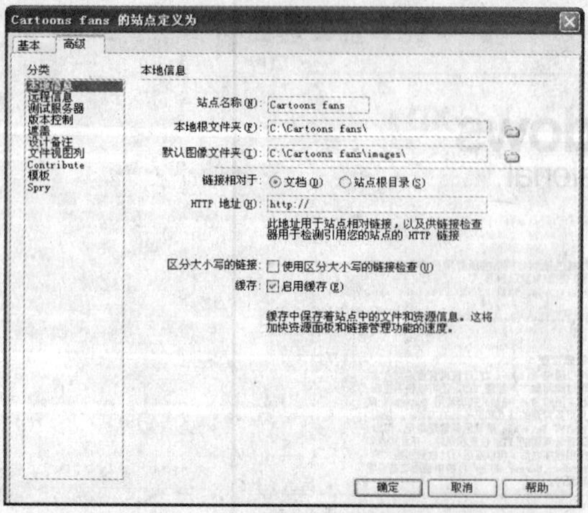

图 8-21 设置“本地信息”

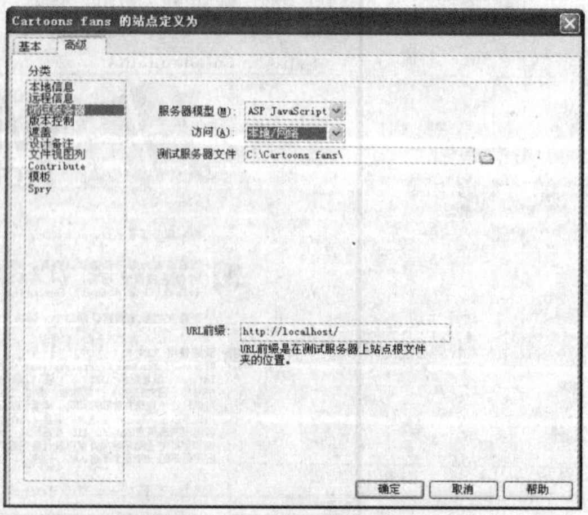

图 8-22 设置“测试服务器”

6 打开"member.html"网页，然后按下 Ctrl+Shift+S 快速键打开【另存为】对话框，并设置保存类型为【Active Server Page（*.asp;*.asa)】，最后单击【保存】按钮，将网页保存为动态网页格式，如图 8-23 所示。

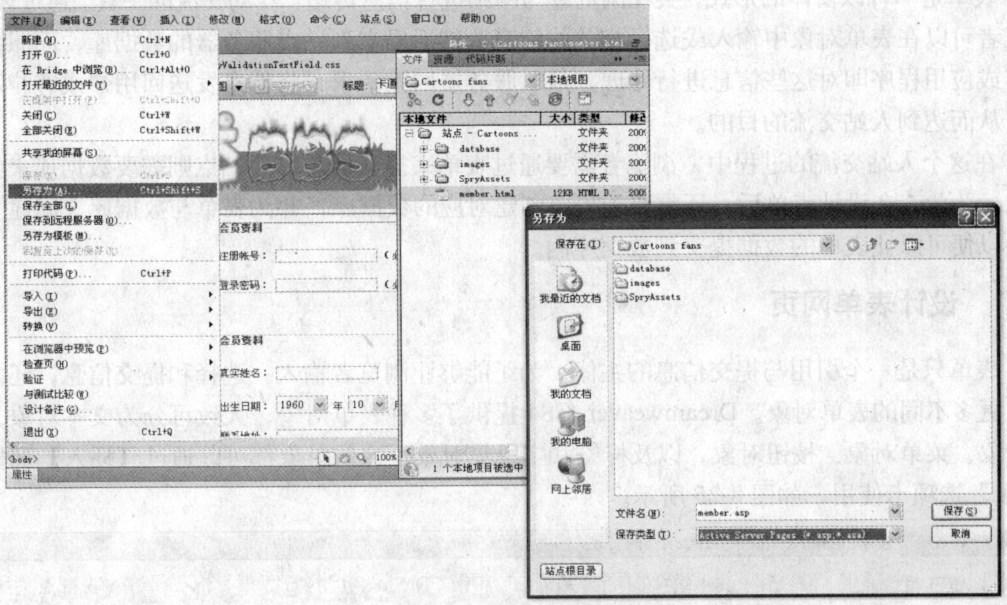

图 8-23　将静态网页保存为动态网页

7 按下 F12 功能键，通过浏览器预览"member.asp"网页，以测试本地服务器是否能够正常运行。在预览".asp"网页前，Dreamweaver 会提示更新服务器的文件并上传文件，此时单击【是】按钮即可。当更新服务器的文件后，"member.asp"网页即可在浏览器中打开，如图 8-24 所示。

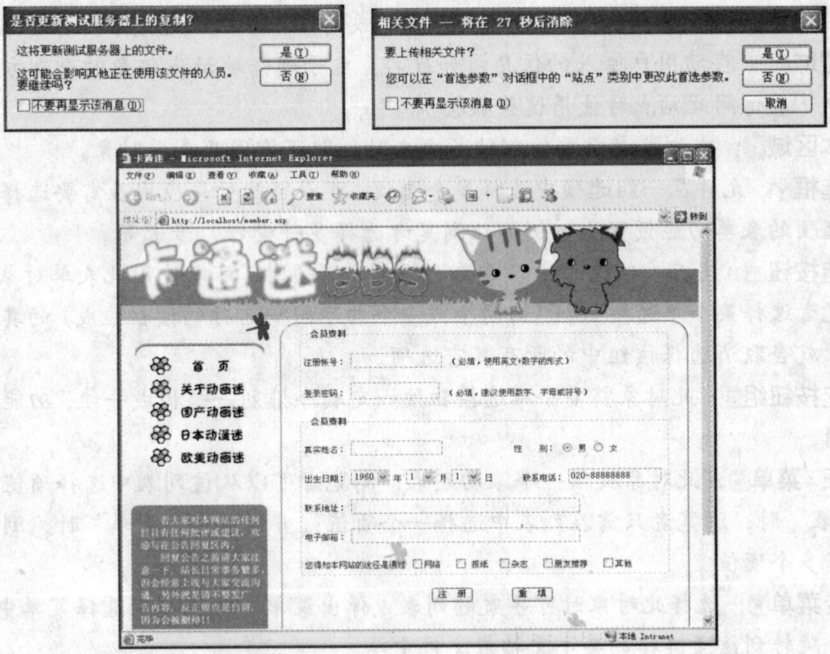

图 8-24　预览动态网页

8.2 设计网页表单

表单是一种以窗体的形式，实现浏览者与网站进行信息传递、互动交流的工具。通过表单，浏览者可以在表单对象中输入或选择相关的信息，然后提交到站点服务器的数据库，而服务器脚本或应用程序即对这些信息进行处理，最后服务器回应请求，将信息发送回用户或客户端页面，从而达到人站交流的目的。

在这个人站交流的过程中，浏览者需要通过表单来提交信息，而站点则需要数据库来保存信息。为此，在设计表单后，还需要为表单创建对应的数据库，并为表单与数据库之间建立关联，以便可以让表单的数据提交到数据库内。

8.2.1 设计表单网页

表单只是一个引用与提交信息的主体，为了能够让浏览者输入、选择和提交信息，还需要插入更多不同的表单对象。Dreamweaver CS4 提供了多种表单对象，大致可分为文本对象、选择对象、菜单对象、按钮对象，以及标签和字段集对象，这些对象都可以通过【插入】面板的“表单”选项卡使用，如图 8-25 所示。

图 8-25　Dreamweaver 为用户提供的表单对象

以下为常用表单对象的作用：

- **表单**：用于创建包含文本域、密码域、单选按钮、复选框、跳转菜单、按钮以及其他表单对象的范围。
- **文本字段**：可以接受任何类型的字母、数字、文本内容，也可设置为设置密码之用（在这种情况下，输入文本将被替换为星号或项目符号，以避免旁观者看到这些文本）。
- **隐藏域**：存储用户输入的信息，如姓名、电子邮件地址或偏爱的查看方式，并在该用户下次访问此站点时使用这些数据。
- **文本区域**：当浏览者需要输入较多文本时，即可使用此表单对象。
- **复选框**：允许在一组选项中选择多个选项，可以将此对象应用在需要选择任意多个适用选项的表单功能设置上，例如让浏览者选择多种爱好、专长等。
- **单选按钮**：当在一组选项中只需要选择单一选项时，可以使用此表单对象。它可以在浏览者选择某个单选按钮组（由两个或多个共享同一名称的按钮组成）的其中一个选项时，就会取消选择该组中的所有其它选项。
- **单选按钮组**：此对象将多个单选按钮按一定顺序排列一起构成一组，功能和单选按钮相同。
- **列表/菜单**：此对象提供一个滚动列表，浏览者可以从该列表中选择项值。当设置为“列表”时，浏览者只需在列表中选择一个项值；当设置为“菜单”时，浏览者则可以选择多个项值。
- **跳转菜单**：选择此对象时可导航的列表或弹出菜单，当浏览者选择菜单中的项值时，即会跳转到该项链接的某个文档或文件中。

- **图像域**：此对象可以在表单中插入一个图像，常用于制作图形化按钮。如果使用图像来执行任务而不是提交数据，则需要将某种行为附加到表单对象。
- **文件域**：此对象使用户可以浏览到计算机上的某个文件，并将该文件作为表单数据上传。
- **按钮**：此对象包含“提交表单”与“重设表单”两种动作类型，“提交表单”动作就是将表单数据提交到服务器或其他用户指定的目标位置；“重设表单”动作就是清除当前表单中已填写的数据，并将表单回复到初始状态。
- **标签**：在网页中插入<label></label>标签。
- **字段集**：提供一个区域放置表单对象。
- **Spry 验证文本域**：此对象是一个文本域，该域用于在站点访问者输入文本时显示文本的状态（有效或无效）。例如，用户可以向访问者键入电子邮件地址的表单中添加验证文本域构件。如果访问者无法在电子邮件地址中键入“@”符号和句点，验证文本域构件会返回一条消息，提示访问者输入的信息无效。
- **Spry 验证文本区域**：此对象是一个文本区域，该区域在访问者输入几个文本句子时显示文本的状态（有效或无效）。如果文本区域是必填域，而访问者没有输入任何文本，该构件将返回一条消息，提示必须输入值。
- **Spry 验证复选框**：此对象是表单中的一个或一组复选框，该复选框在访问者选择（或没有选择）复选框时会显示构件的状态（有效或无效）。例如，用户可以向表单中添加验证复选框构件，该表单可能会要求访问者进行三项选择。如果访问者没有进行所有这三项选择，该对象会返回一条消息，提示不符合最小选择数要求。
- **Spry 验证选择**：此对象是一个下拉菜单，该菜单在访问者进行选择时会显示构件的状态（有效或无效）。例如，用户可以插入一个包含状态列表的验证选择构件，这些状态按不同的部分组合并用水平线分隔。如果访问者意外选择了某条分界线（而不是某个状态），验证选择构件会向访问者返回一条消息，提示选择无效。

下面将以一个加入会员的应用为例，说明制作表单网页的方法，操作结果如图 8-26 所示。

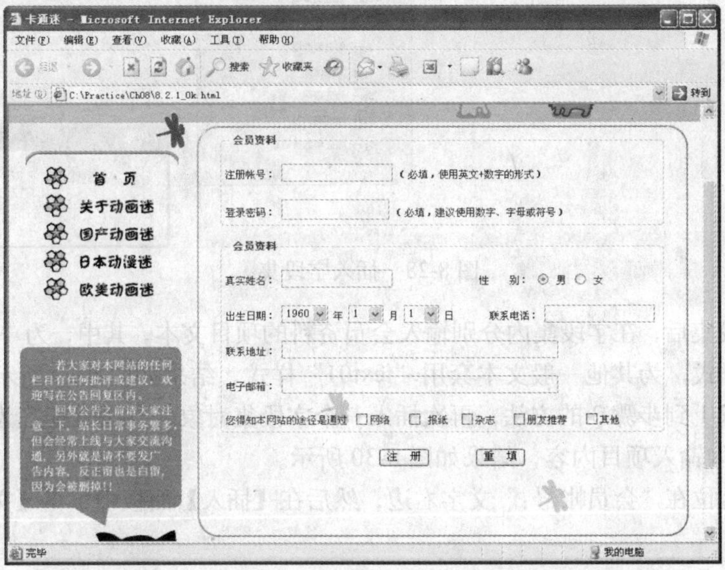

图 8-26 制作表单网页的效果

Howto 制作表单网页

1 先打开光盘中的“..\Example\Ch08\8-2-1.html”文件，然后将光标定位在表格内，在【插入】面板中选择【表单】分类，再单击【表单】按钮，在表格内插入表单，如图 8-27 所示。

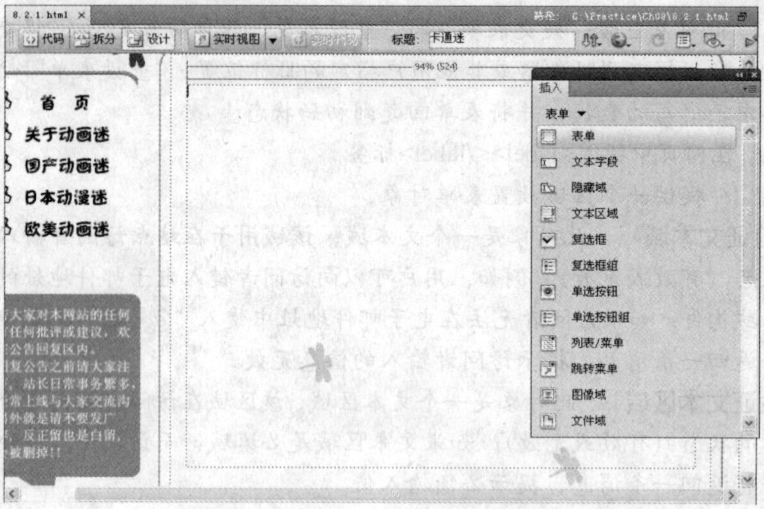

图 8-27　插入表单和字段集

2 插入表单后，将光标定位在表单内，在【插入】面板中单击【字段集】按钮，并在打开的【字段集】对话框中输入标签，然后单击【确定】按钮，如图 8-28 所示。

图 8-28　插入字段集

3 插入字段集后，在字段集内分别输入会员资料的项目文本，其中，为“会员资料”标题套用“text02”样式，为其他一般文本套用“text01”样式，结果如图 8-29 所示。

4 使用步骤 1 到步骤 3 的方法，再次插入一个字段集对象，并设置标签为“个人资料”，然后在该字段集内输入项目内容，结果如图 8-30 所示。

5 将光标定位在“会员帐号:”文字右边，然后在【插入】面板中单击【文本字段】按钮，如图 8-31 所示。

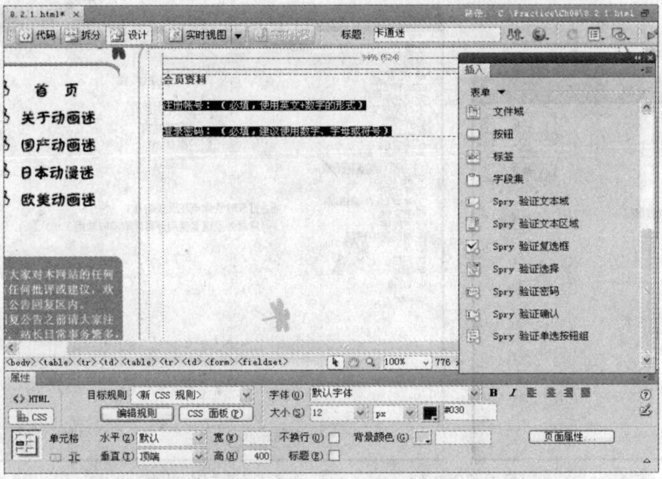

图 8-29　添加“会员资料”的内容

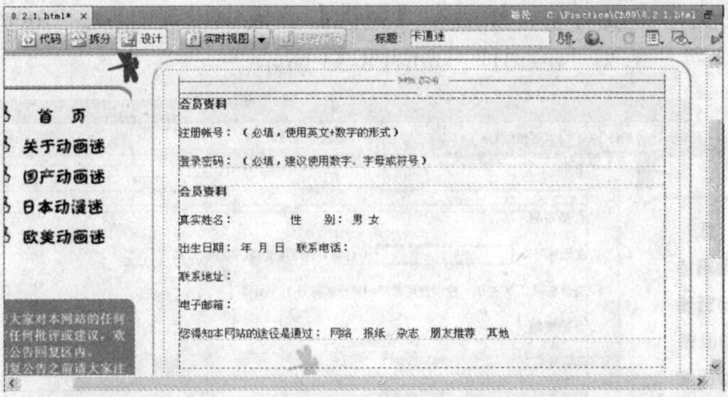

图 8-30　添加另外一个字段集并输入内容

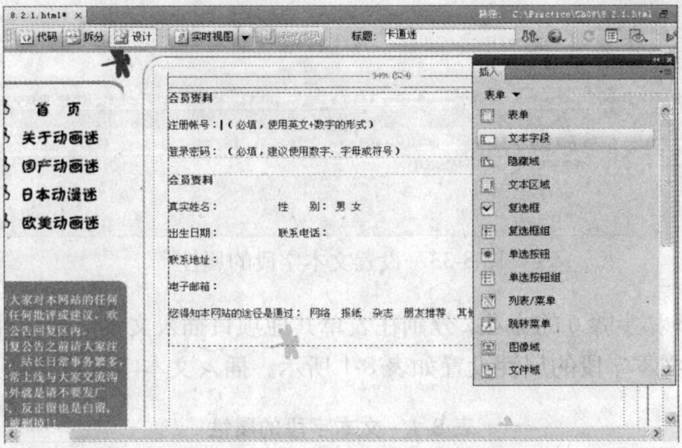

图 8-31　插入文本字段对象

TIPS 使用 Dreamweaver CS4 在网页中插入表单元件时，默认弹出一个【输入标签辅助功能属性】对话框，如图 8-31 所示，为所插入的表单设置属性。若使用者不习惯预先为插入的网页内容设置相关属性，可选择【编辑】|【首选参数】命令，打开【首选参数】对话框，在【辅助功能】分类中取消【表单对象】复选项。如此，后续的操作中，便不再询问输入标签辅助功能属性，如图 8-32 所示。

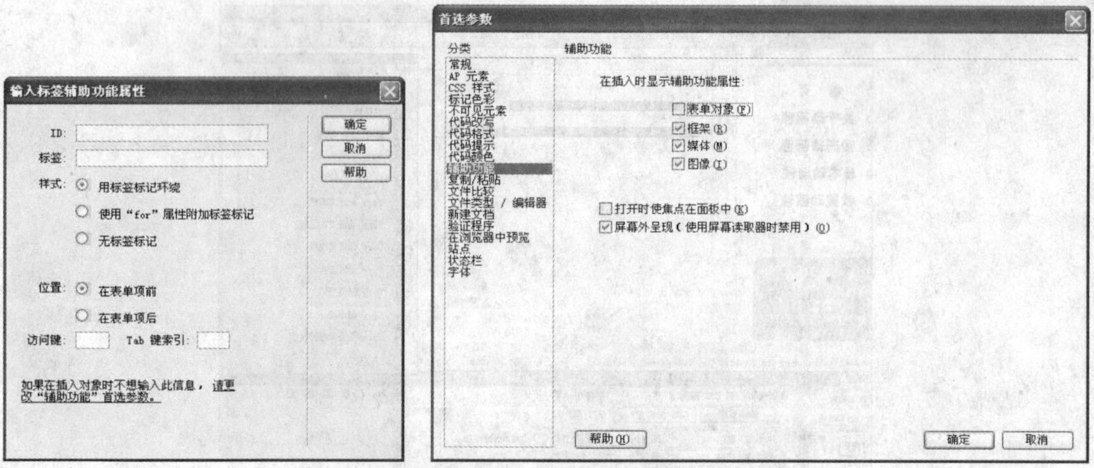

图 8-32　Dreamweaver CS4 辅助功能

6 选择插入的文本字段对象，然后在【属性】面板中设置 ID 为"member_id"、字符宽度为 17、类型为"单行"、类为"text01"，如图 8-33 所示。

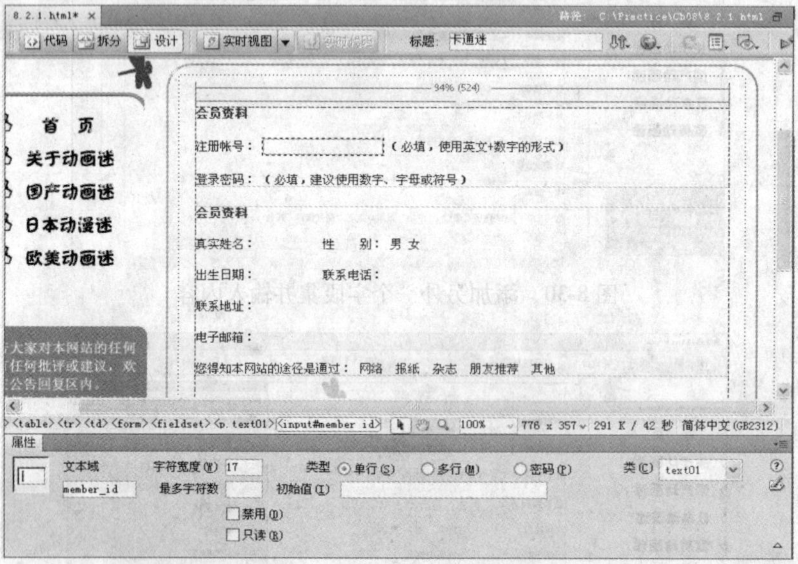

图 8-33　设置文本字段的属性

7 依照步骤 5 和步骤 6 的方法，分别在表单其他项目插入文本字段元件，并设置文本字段的属性。其中各个文本字段的属性设置如表 8-1 所示。插入文本字段后的结果如图 8-34 所示。

表 8-1　文本字段的属性

项目	ID	字符宽度	类型	类
登录密码	member_pw	17	密码	Text01
真实姓名	member_name	17	单行	Text01
联系电话	member_tel	17	单行	Text01
联系地址	member_add	45	单行	Text01
电子邮件	member_email	45	单行	Text01

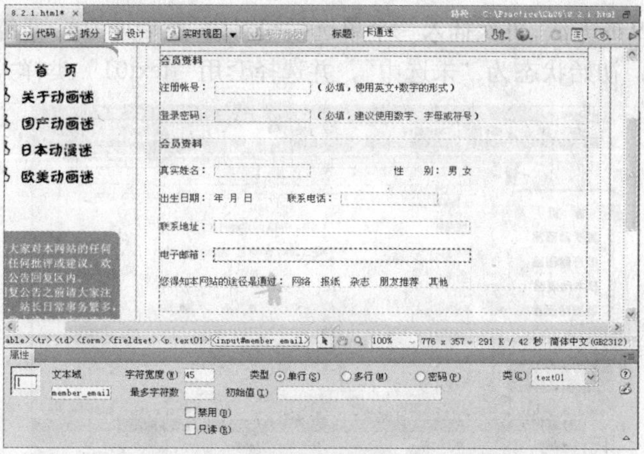

图 8-34　插入各个文本字段的结果

8 将光标定位在“性别:”文字右边，然后在【插入】面板中单击【单选按钮】按钮，如图 8-35 所示。

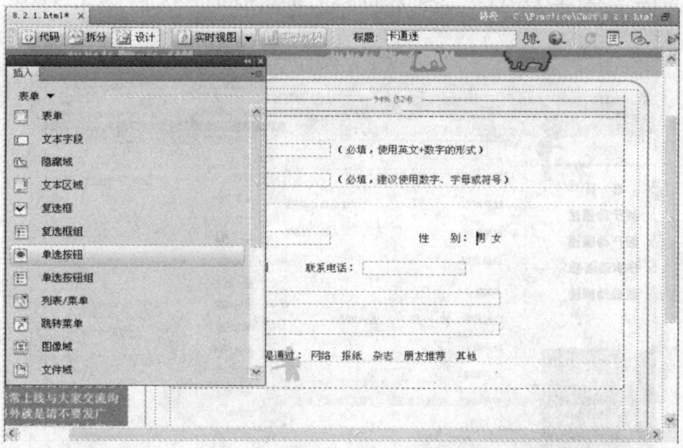

图 8-35　插入标签文本为【男】的单选按钮

9 选择插入的单选按钮对象，在【属性】面板中设置按钮名称为“member_sex”，再设置选定值为“男”，初始状态为“已勾选”，并选择套用“text01”类样式，如图 8-36 所示。

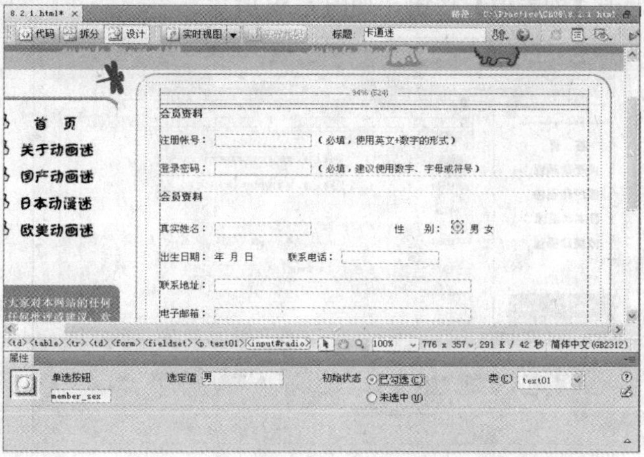

图 8-36　设置单选按钮的属性

10 使用步骤 9 的方法，再次插入一个单选按钮对象，然后设置按钮名称为“member_sex”，设置选定值为“女”，初始状态为“未选中”，并选择套用“text01”类样式，如图 8-37 所示。

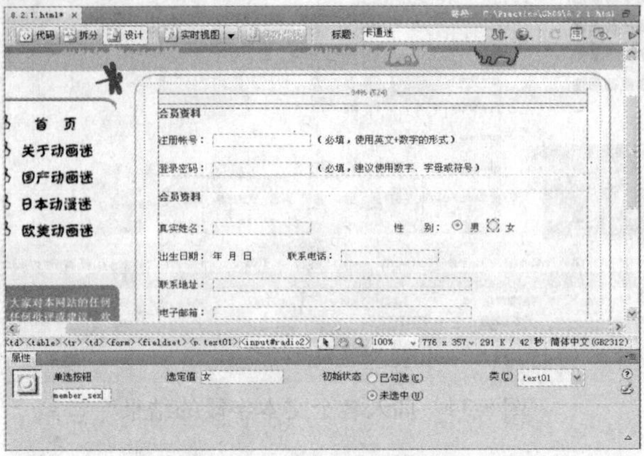

图 8-37　插入另一单选按钮

11 将光标定位在“出生日期：”文字右边，在【插入】面板中单击【列表/菜单】按钮，如图 8-38 所示。

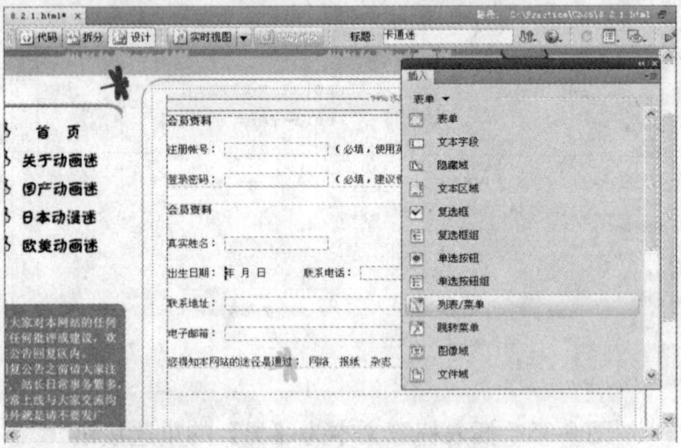

图 8-38　插入【列表/菜单】对象

12 选择插入的【列表/菜单】对象，然后打开【属性】面板，并设置元件名称为“member_year”，再单击【列表值】按钮，如图 8-39 所示。

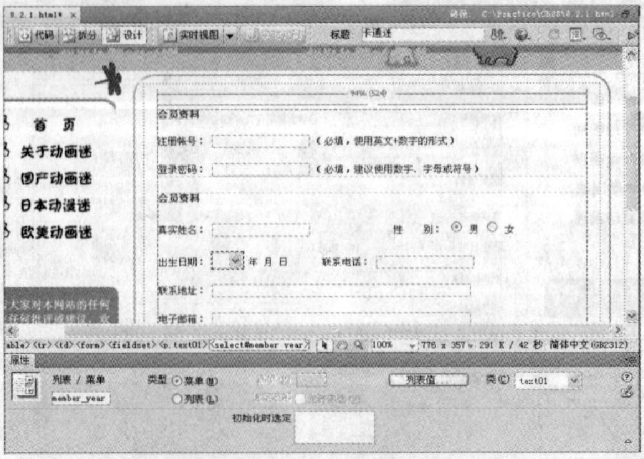

图 8-39　设置列表属性和列表值

13 打开【列表值】对话框，并分别添加值为 1960 至 2000 的项目标签，最后单击【确定】按钮，如图 8-40 所示。

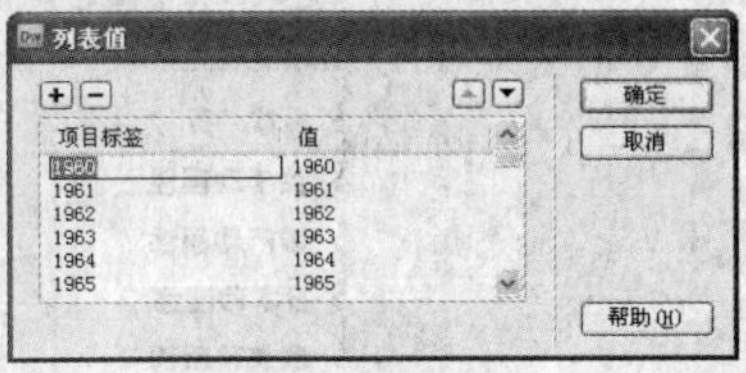

图 8-40　设置列表值

14 依照步骤 11 至步骤 13 的方法，分别在“出生日期:”文本右边插入 2 个【列表/菜单】对象，然后通过【属性】面板设置对象名称为“member_month”和“member_day”，并相应的设置月份和天数列表值，插入结果如图 8-41 所示。

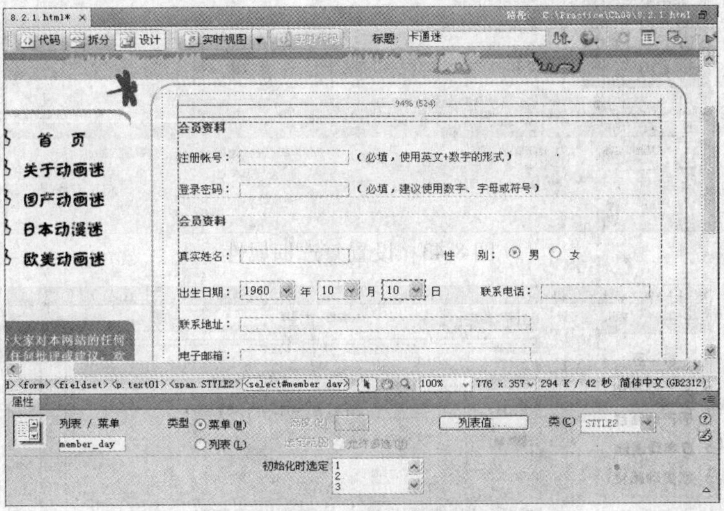

图 8-41　设置列表属性和列表值

15 将光标定位在最后一个项目文字右边，然后在【插入】面板中单击【复选框】按钮，如图 8-42 所示。

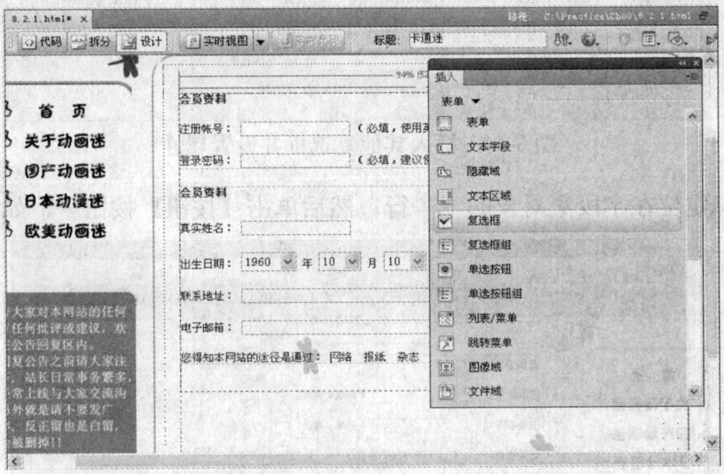

图 8-42　插入复选框对象

16 接着通过【属性】面板设置新插入元件的名称为“internet”，选定值为“网络”，状态为“未选中”，并套用“text01”类样式，如图 8-43 所示。

17 依照步骤 16 的方法，插入多个复选框，然后分别设置这些复制框名称为“paper”、“book”、“commend”和“other”，并输入相应的选定值，初状状态都为“未选中”，结果如图 8-44 所示。

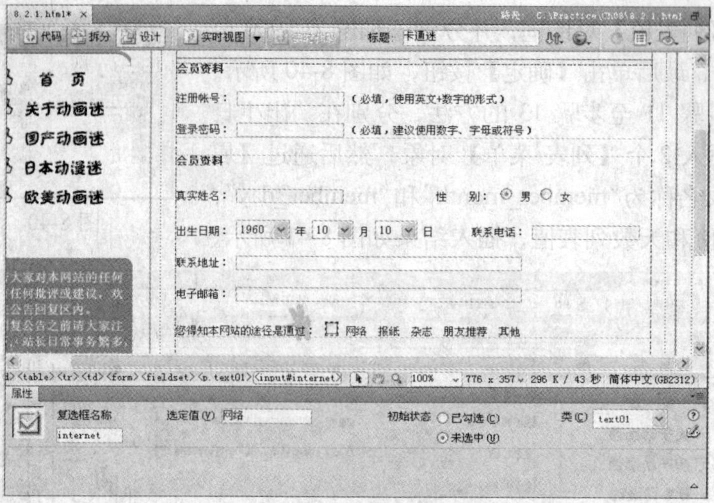

图 8-43　设置复选框属性

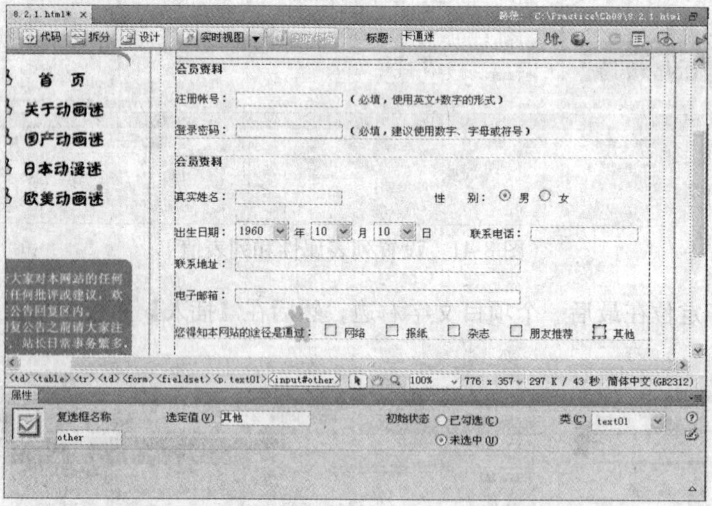

图 8-44　插入其他复选框并设置属性

18 将光标定位在字段集对象的下一行，然后单击【按钮】按钮，如图 8-45 所示。

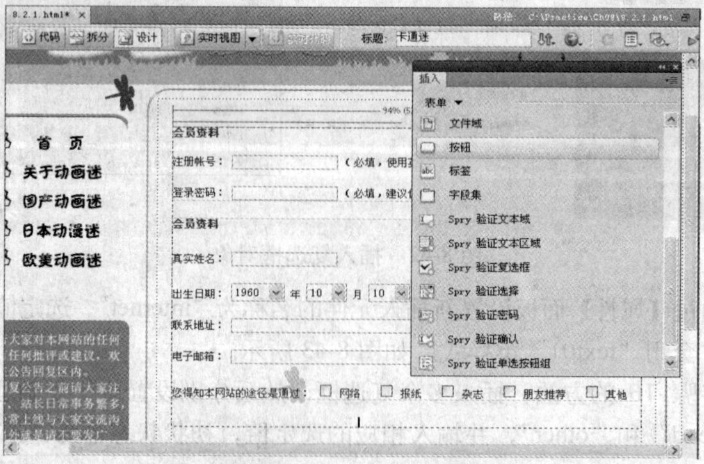

图 8-45　插入一个按钮对象

19 通过【属性】面板为新插入的按钮元件设置值为“注册”，动作为“提交表单”，并选择套用“text01”类样式，如图 8-46 所示。

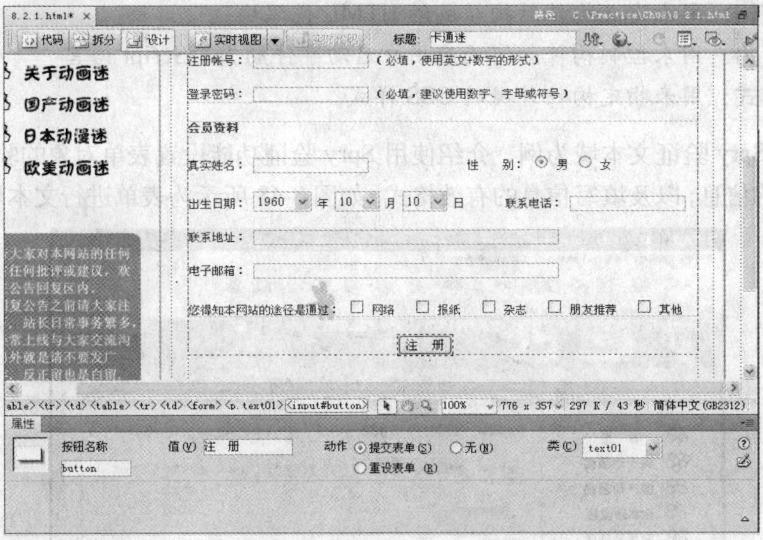

图 8-46　设置按钮元件属性

20 依照步骤 18 和步骤 17 的方法，在右边插入另一个按钮元件，并使用空格符分隔，再通过【属性】面板中为按钮元件设置值为“重填”，选择动作为“重设表单”，再选择套用“text01”类样式，结果如图 8-47 所示。

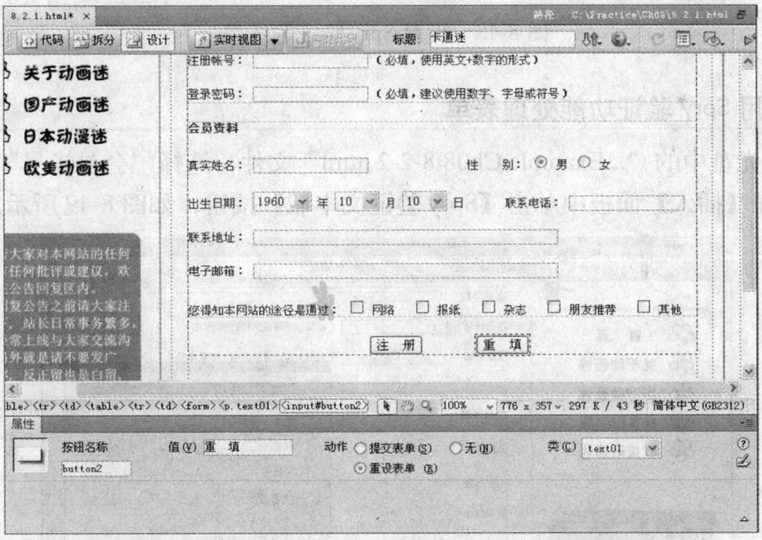

图 8-47　插入另外一个按钮对象并设置属性

8.2.2　Spry 验证处理

由 Dreamweaver CS3 版本开始应用的 Spry 技术，除了可以制作动态页面特效，还可以应用于表单验证处理，用户可以使用 Spry 验证文本域、Spry 验证文本区域、Spry 验证复选框、Spry 验证选择 4 种常用对象，验证文本域、文本区域、复选框和菜单的有效性和填写格式。

Spry 构件是一个页面元素，通过启用用户交互来提供更丰富的用户体验。Spry 构件由以下几个部分组成：

(1) **结构**：用来定义构件结构组成的 HTML 代码块。

(2) **行为**：用来控制构件如何响应用户启动事件的 JavaScript 语言。

(3) **样式**：用来指定构件外观的 CSS 样式。

本例将以 Spry 验证文本域为例，介绍使用 Spry 验证功能设置表单对象的验证处理，以验证表单中必填的信息，以及填写信息的有效格式。如图 8-48 所示为表单进行文本域验证的结果。

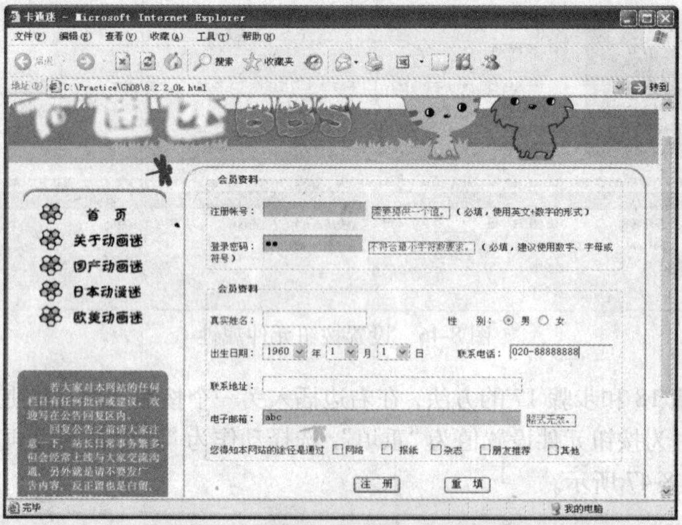

图 8-48　设置 Spry 验证的结果

Howto 使用 Spry 验证功能处理表单

1 先打开光盘中的“..\Example\Ch08\8-2-2.html”文件，选择“会员帐号”文本后面的文本字段元件，在【插入】面板中单击【Spry 验证文本域】按钮，如图 8-49 所示。

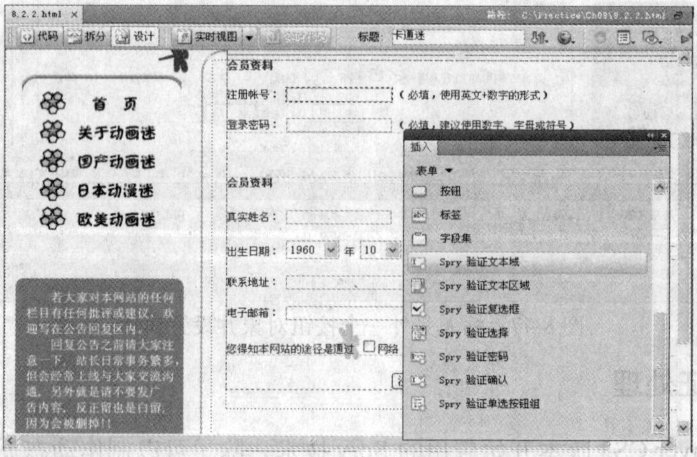

图 8-49　添加 Spry 验证文本域

2 添加 Spry 验证文本域后，打开【属性】面板，然后设置预览状态为【必填】，类型为【无】，再设置 Spry 文本域的 ID，并选择【必需的】复选框，以设置必填文本域信息的验证，如图 8-50 所示。

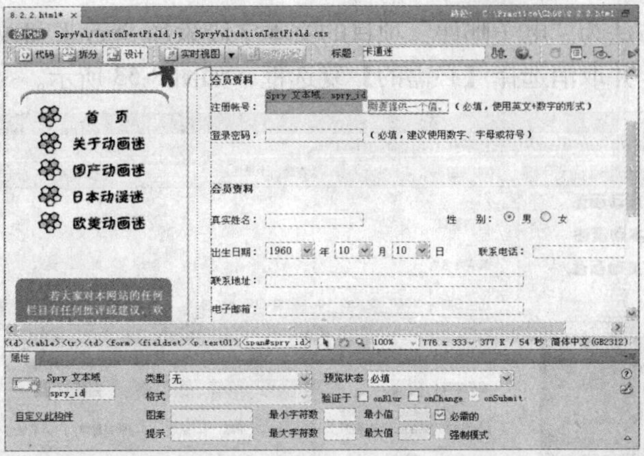

图 8-50　设置“会员帐号”的文本域验证

3 根据步骤 1 和步骤 2 的方法，为“登录密码”项目的文本字段添加 Spry 验证文本域，然后打开【属性】面板，设置如图 8-51 所示的属性。

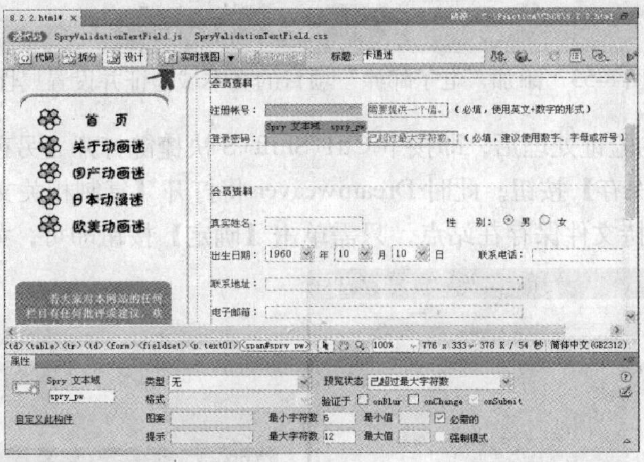

图 8-51　添加“登录密码”项目的文本域验证并设置属性

4 使用相同的方法为“联系电话”项目的文本字段添加 Spry 验证文本域，然后设置类型为【电话号码】、格式为【自定义模式】，接着输入提示内容，并取消选择【必需的】复选框，如图 8-52 所示。

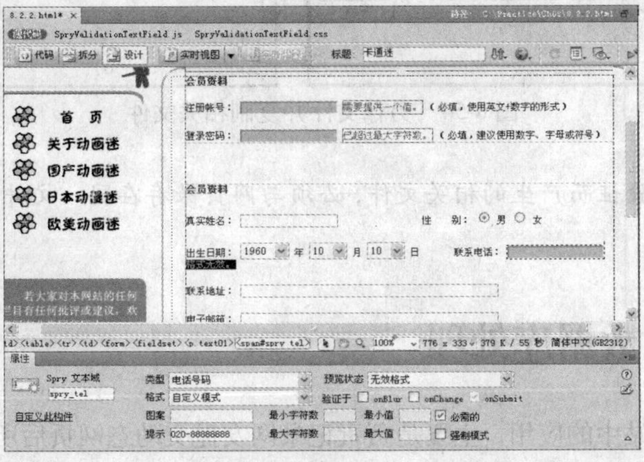

图 8-52　添加“联系电话”项目的文本域验证并设置属性

5 使用相同的方法为“电子邮件”项目的文本字段添加 Spry 验证文本域，然后设置类型为【电子邮件地址】，并取消选择【必需的】复选框，如图 8-53 所示。

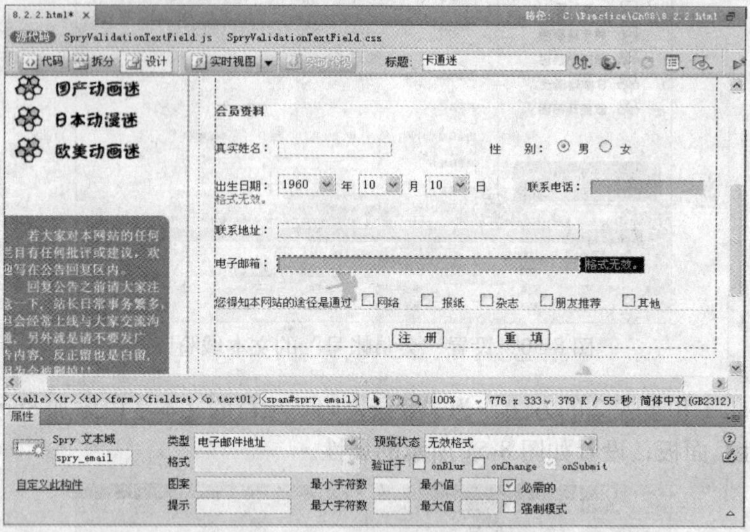

图 8-53　添加“电子邮件”项目的文本域验证并设置属性

6 完成文本域的验证处理后，即按下 Ctrl+Shift+S 快捷键打开【另存为】对话框，然后设置文本名，并单击【保存】按钮。此时 Dreamweaver 将打开【复制相关文件】对话框，提示将 Spry 验证而产生的支持文件保存在站点，只需单击【确定】按钮即可，如图 8-54 所示。

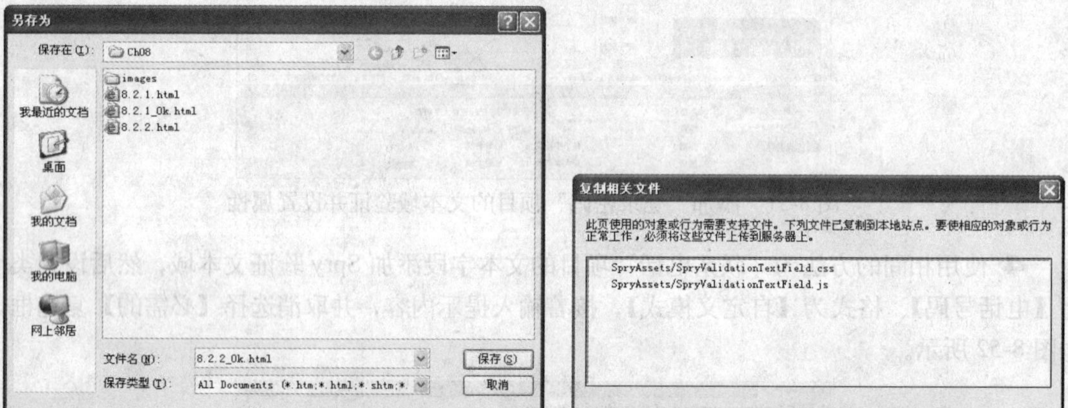

图 8-54　另存文件并复制相关文件

TIPS 应用了 Spry 验证而产生的相关文件，必须与网页保存在同一文件夹内，才可以让 Spry 验证生效。

8.3　动态站点数据库处理

数据库在动态网站中的应用，主要是负责记录网友提交动态网页后所收集的各种类数据信息，例如，注册网站会员时，网友先填写表单资料并提交，当数据库完成对所提交资料的记录，则表示会员申请成功；同时，网友也可使用注册帐号登录网站，获得管理数据库信息的权限，以便根据需要添加、修改、删除数据库中的数据记录，例如网站管理者以管理员身份登录后，根据情况修改会员的状态或删除会员。

8.3.1　创建数据库和数据表

常用的数据库创建及管理软件有 Microsoft SQL Server、Oracle、Microsoft Access 等，而使用最为简单就是 Access。

Howto　使用 Access 2003 创建数据库文件

1 单击电脑桌面任务栏的【开始】按钮，然后从弹出的菜单中选择“所有程序｜Microsoft Office｜Microsoft Office Access 2003”命令，打开 Access 2003 程序，如图 8-55 所示。

2 打开【Microsoft Access】窗口后，选择【文件】｜【新建】命令，打开【新建文件】窗格后，单击“空数据库”链接文本，如图 8-56 所示。

图 8-55　启动 Access 2003 程序

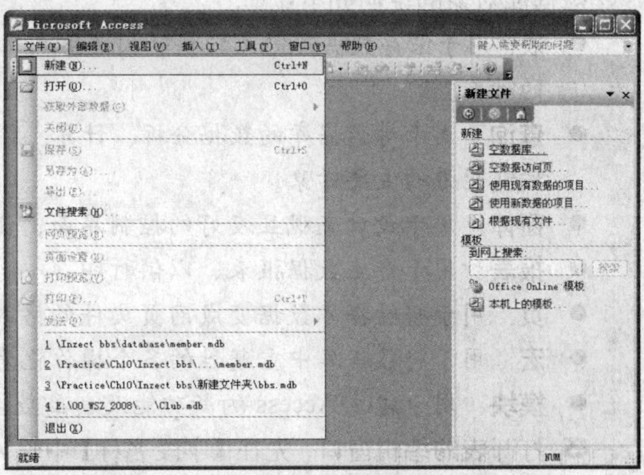

图 8-56　打开【新建文件】工作窗格

3 打开【文件新建数据库】对话框，指定数据库文件保存的目录并设置数据库文件名称，然后单击【创建】按钮即可，如图 8-57 所示。

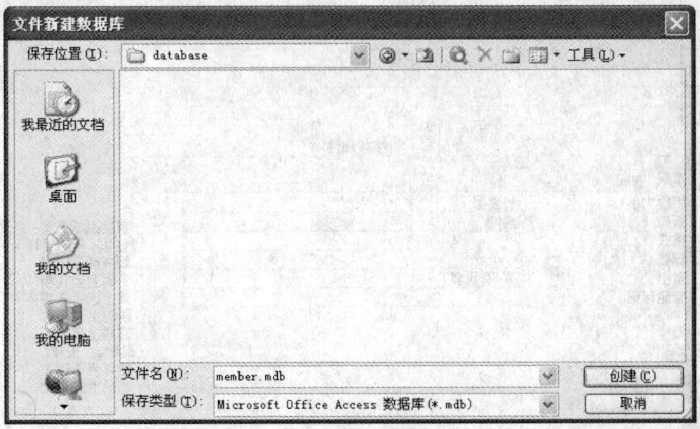

图 8-57　创建数据库文件

4 返回 Microsoft Access 窗口，即可看到 Access 的数据库提供编辑与管理该数据库文件的工作区。此时在数据库窗口中单击【新建】按钮，然后在打开的对话框中选择【设计视图】选项，并单击【确定】按钮，以便通过表设计视图创建数据表，如图 8-58 所示。

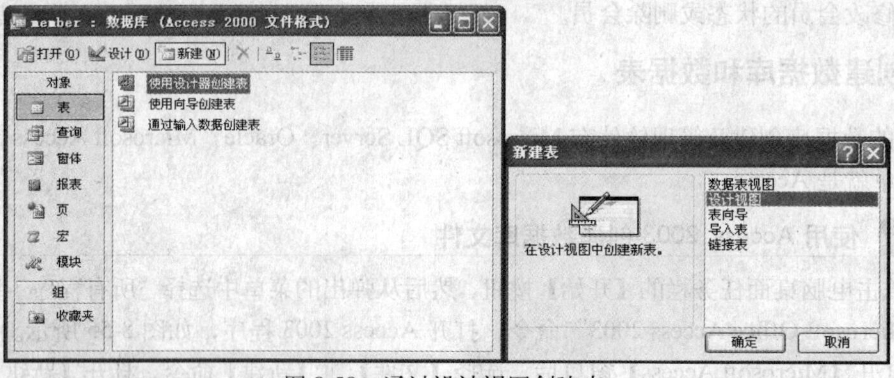

图 8-58　通过设计视图创建表

数据库对象的说明如下：

- **表**：用于保存数据及定义数据的相关格式与信息，是数据库最基础的对象，也是最重要的对象。
- **查询**：用于对数据库的数据分析、计算、筛选。它是 Access 表现出具有对数据的强大控制能力的主要对象。
- **窗体**：用于设计直观且友好的控制界面，让用户输入与浏览数据。
- **报表**：用于产生数据报表，以供打印。
- **页**：用于将数据库数据变成网页文件的格式，传送至网络使用。
- **宏**：用于将数据库中重复性的多个操作化为一个单一操作。
- **模块**：用于建立 Access 的新功能及新函数，扩展数据库的应用范围。

5 打开表的编辑窗口，先在【字段名称】中输入数据记录字段，再选择【数据类型】为“自动编号”列表框，然后输入字段说明文本，如图 8-59 所示。

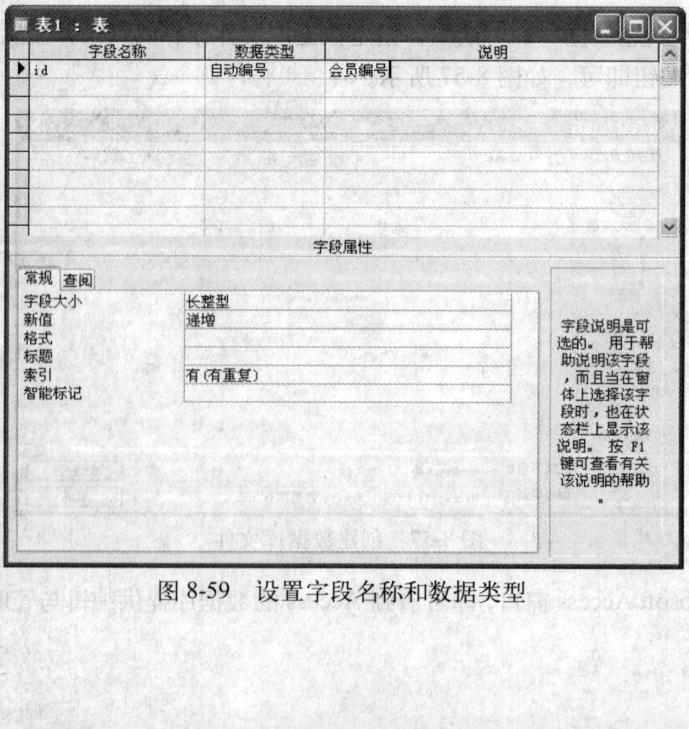

图 8-59　设置字段名称和数据类型

Access 提供了“文本、备注、数字、日期/时间、货币、自动编号、是/否、OLE 对象、超链接、查阅向导”等十种数据类型，其说明如下：

- “文本”类型：可以输入文本字符，例如中文、英文、数字、符号、空白等等，最多可以保存 255 个字符。
- “备注”类型：可以输入文本字符，但它不同于文字类型，它可以保存约 64k（指保存字节的容量，一般一个字为 1 字节，1k 相当于 1000 字节）字符，适用于长度不固定的文字数据。
- “数字”类型：用来保存诸如正整数、负整数、小数、长整数等数值数据。
- “日期/时间”类型：用来保存和日期、时间有关的数据。
- “货币”类型：适用于无需很精密计算的数值数据，例如：单价、金额等。
- “自动编号”类型：适用于自动编号类型，可以在增加一笔数据时自动加 1，产生一个数字的字段，自动编号后，用户无法修改其内容。
- “是/否”类型：关于逻辑判断的数据，都可以设定为此类型。
- “OLE 对象”类型：为数据表链接诸如电子表格、图片、声音等对象。
- “超链接”类型：用来保存超链接数据，例如网址、电子邮件地址等。
- “查阅向导”类型：用来查阅可预知的数据字段或特定数据集。

6 依照步骤 5 的方法，分别输入其他数据项的字段名称，以及设置对应的数据类型和说明文本，结果如图 8-60 所示。

7 选择“id”字段，然后单击右键展开下拉选单，选择【主键】命令，将【编号】字段设置为数据表主键，如图 8-61 所示。

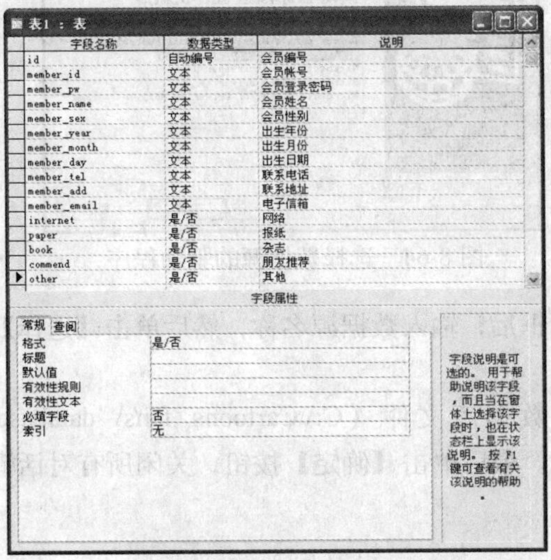

图 8-60　设置数据表记录的字段与数据类型

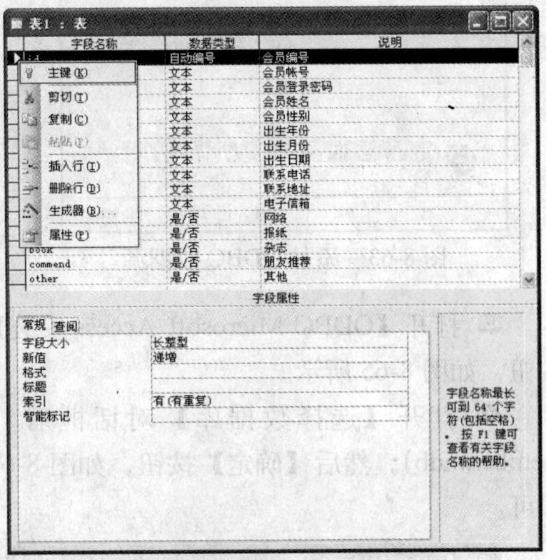

图 8-61　设置记录主键

8 设置数据表主键后单击【关闭】按钮，弹出对话框后，单击【是】按钮，以保存数据表，弹出【另存为】对话框后，设置数据表名称，最后单击【确定】按钮，如图 8-62 所示。

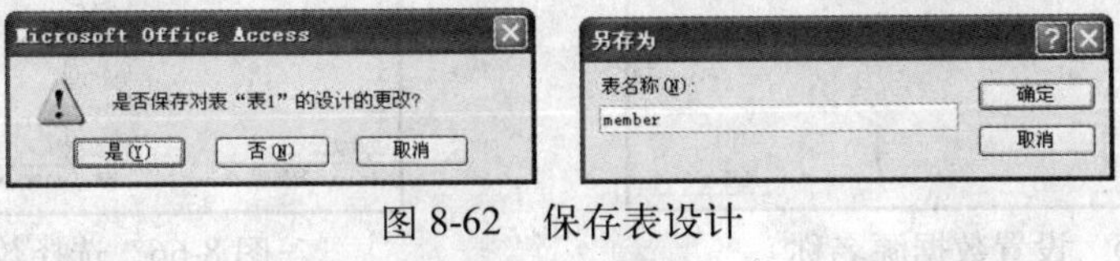

图 8-62　保存表设计

8.3.2 设置 ODBC 数据源

ASP 动态网页设计中，就必须通过开放式数据库连接（ODBC）驱动程序或嵌入式数据库（OLE DB）提供程序连接到数据库。开放式数据库连接（ODBC）在动态网页设计中较为常用，所以本例即通过开放式数据库连接（ODBC）驱动程序，设置用于站点的数据源。

TIPS 在进行本例操作前，先将“..\Example\Ch08\Cartoons fans”文件夹复制到电脑 C 盘，再根据 8-1-4 小节所介绍发的方法，指定该文件夹为 IIS 服务器主目录，然后打开 Dreamweaver CS4 程序，通过【文件】面板定义该文件夹为站点，后续各小节的操作将接续本小节进行操作，包括指定数据源名称和提交表单到数据库两项操作主题。

Howto 设置 ODBC 数据源

1 打开【控制面板】窗口，然后双击【管理工具】图标打开【管理工具】窗口，然后双击【数据源（ODBC)】图标打开【ODBC 数据源管理器】对话框，此时选择【系统 DSN】选项卡，最后单击【添加】按钮，如图 8-63 所示。

2 打开【创建新数据源】对话框后，在列表框中选择“Microsoft Access Driver（*.mdb)”项目，最后单击【完成】按钮，如图 8-64 所示。

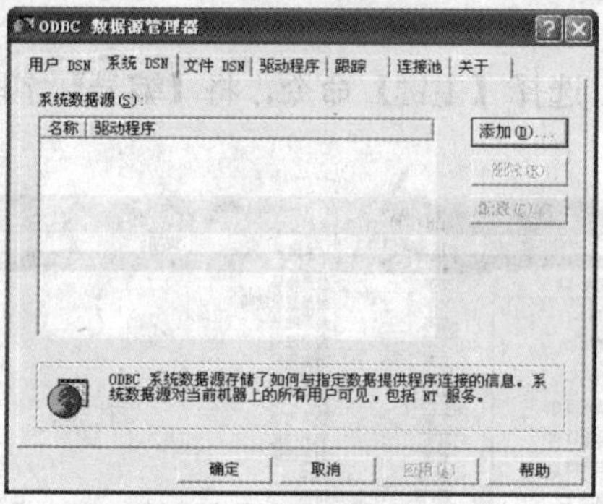

图 8-63　添加 ODBC 数据源

图 8-64　选择数据源的驱动程序

3 打开【ODBC Microsoft Access 安装】对话框后，输入数据源名称，然后单击【选择】按钮，如图 8-65 所示。

4 打开【选择数据库】对话框后，选择数据库文件（C:\\Cartoons fans\ database\member.mdb)，然后【确定】按钮，如图 8-66 所示。最后单击【确定】按钮，关闭所有对话框即可。

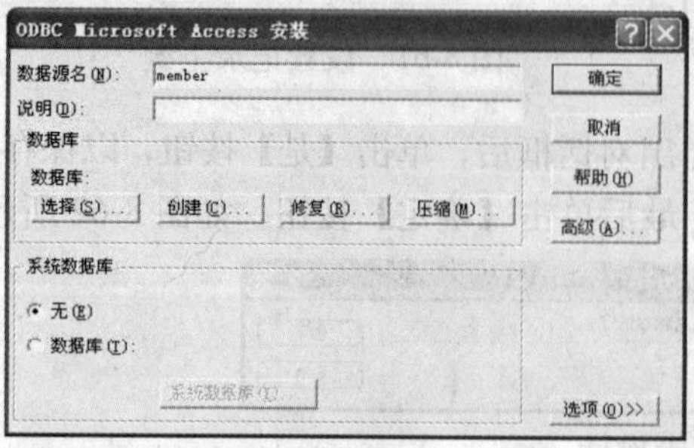

图 8-65　设置数据源名称

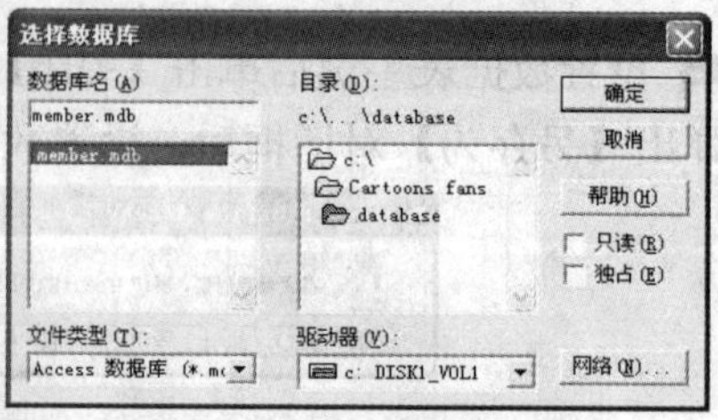

图 8-66　选择数据库

8.3.3　指定数据源名称（DSN）

对于本地站点操作而言，动态网页需要在支持动态网页程序的服务器环境中运行，并可以访问数据库，要达到这个条件，必须满足 4 个条件。

（1）将网页文件夹定义成本地网站。

（2）设置动态网页的文件类型。

（3）设置网站的测试服务器。

（4）指定数据源名称（DSN）。

经过上面的操作，已经满足了前 3 个条件，本例将通过 Dreamweaver 指定数据源名称（DSN），以实现将表单数据提交到数据库的动态网页制作的条件。

Howto　指定数据源名称（DSN）

1 在 Dreamweaver CS4 中通过【文件】面板打开“member.asp”练习文件，再按下 Ctrl+Shift+F10 快捷键打开【数据库】面板，准备通过已打开的网页为站点指定数据源名称，如图 8-67 所示。

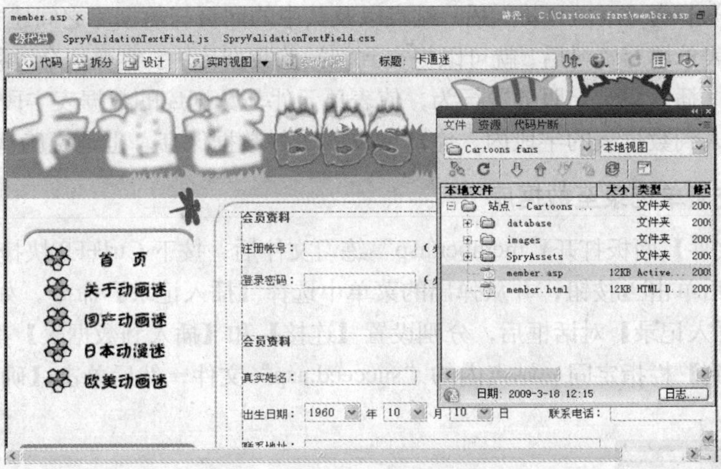

图 8-67　指定数据源名称（DSN）

2 在【数据库】面板上单击⊞按钮，并从弹出的菜单中选择【数据源名称（DSN）】命令，弹出【数据源名称（DSN）】对话框后，设置连接名称，接着在【数据源名称（DSN）】栏选择数据源名称，如图 8-68 所示。

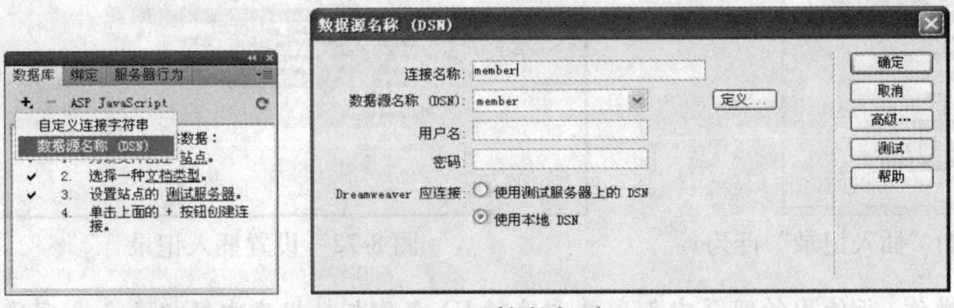

图 8-68　连接数据库

3 此时可以单击对话框中的【测试】按钮，以测试数据库是否成功连接。若成功连接，则会弹出提示对话框，只需单击【确定】按钮即可，如图 8-69 所示。

成功连接数据库后，返回 Dreamweaver 的【数据库】面板即可查看已经连接的数据库，如图 8-70 所示。

图 8-69　成功连接数据库

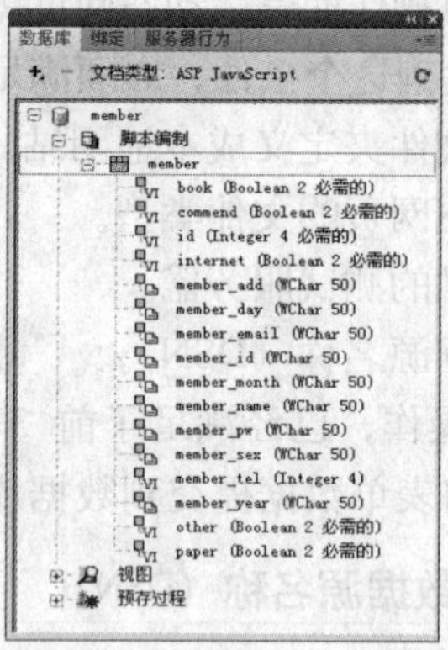

图 8-70　成果连接数据库的结果

8.3.4　提交表单记录至数据库

为站点指定数据源名称（DSN）后，站点以及其中的网页与数据库之间建立的关联，如此，当网友通过网页表单填写资料后，就可以提交到网站的数据库中。实现这个过程的方法很简单，就是为表单添加“插入记录”服务器行为，使表单元件与数据库的数据表字段相对应，并将数据一一对应地插入到数据表的字段内，完成网友的资料数据保存，也是说确认其会员申请。

Howto　提交表单记录至数据库

1 通过【文件】面板打开“member.asp”练习文件后，按下 Ctrl+F9 快捷键打开【服务器行为】面板，然后单击⊞按钮，并从弹出的菜单中选择【插入记录】命令，如图 8-71 所示。

2 打开【插入记录】对话框后，分别设置【连接】和【插入到数据表】都为“member”，在【插入后，转到】栏指定同一站点内的“succeed.asp”文件，然后单击【确定】按钮，如图 8-72 所示。

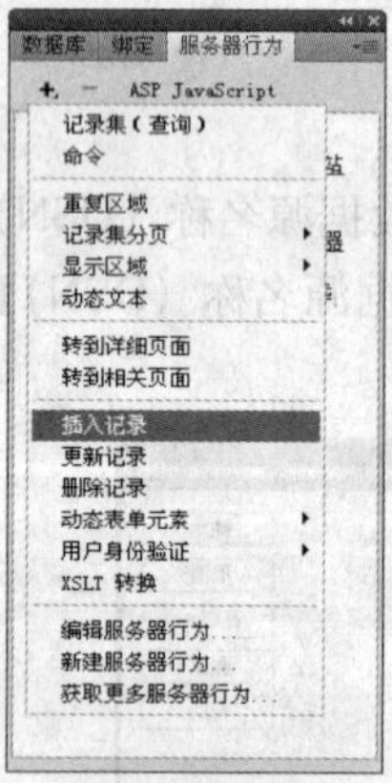

图 8-71　添加“插入记录”行为

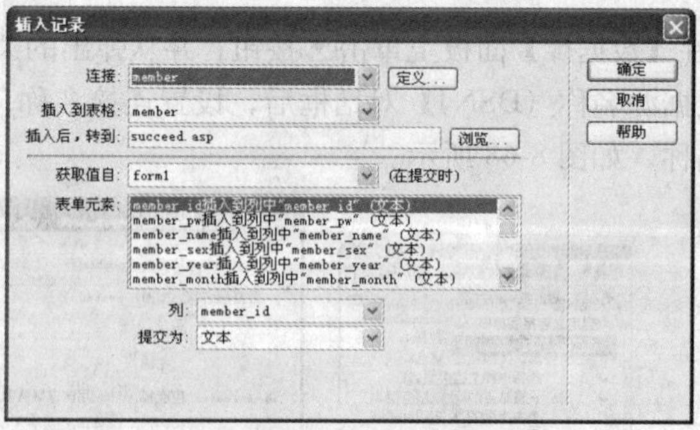

图 8-72　设置插入记录

TIPS 本例操作，所使用的网页中各表单元件的ID名称与数据库中数据表各个字段相同，因此，在“插入记录”的设置中，指定连接的数据库和数据表后，会自动将表单元件名称与数据表字段相对应。然后是两者所用名称不同，则需要依次选择表单元件，再通过下方的【列】栏分别指定相应的数据字段，如此，才可以准确的将表单资料添加到数据库中。

完成上述操作后，将网页另存为成果文件，按下 F12 功能键打开浏览器预览网页。打开网页后，在表单上填写各项信息，然后单击【提交】按钮。此时表单的数据将提交到数据库，并自动转到指定的网页，如图 8-73 所示。当表单成功提交后，表单的资料就保存在数据库的数据表内，如图 8-74 所示。

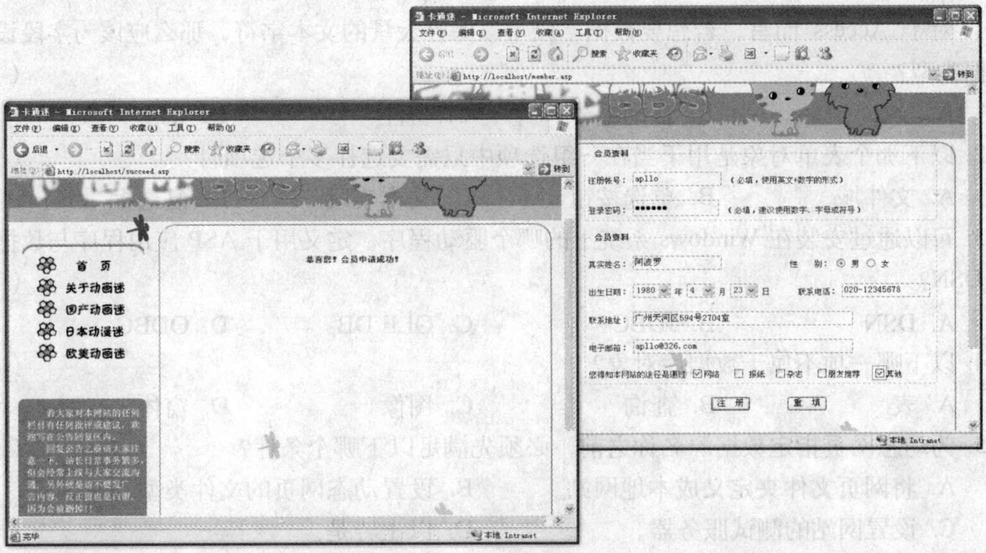

图 8-73　提交表单资料

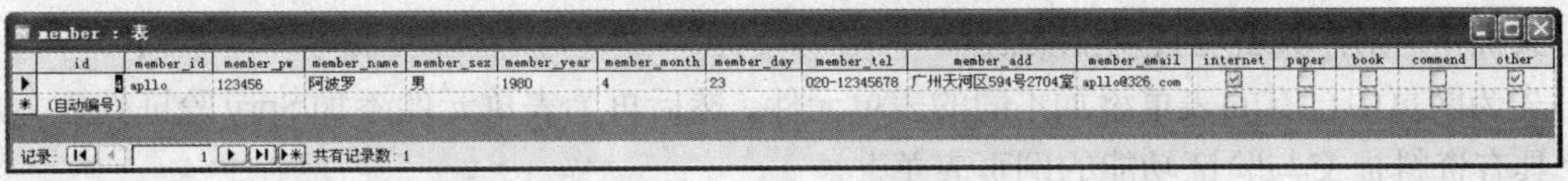

member ：表

	id	member_id	member_pw	member_name	member_sex	member_year	member_month	member_day	member_tel	member_add	member_email	internet	paper	book	commend	other
▶	4	apllo	123456	阿波罗	男	1980	4	23	020-12345678	广州天河区594号2704室	apllo@326.com	☑	☐	☐	☐	☑
*	(自动编号)											☐	☐	☐	☐	☐

记录：1　共有记录数：1

图 8-74　表单成功提交后，资料保存在数据库内

8.4　本章小结

本章先介绍了在本地计算机中配置 IIS 服务器和定义动态站点的方法，然后讲解了设计表单网页和验证表单对象两项实例操作，接着再介绍创建数据库、设置 ODBC 数据源、为站点指定数据源名称，以及提交表单记录至数据库的方法。让各位能够从认识动态站点的架设到开发动态网页，再到表单数据的提交，完整地了解与掌握使用 Dreamweaver 开发动态网页的基本知识与操作。

8.5　本章习题

一、填充题

1. IIS 是__________和__________内置的系统组件，但在默认的状态下是没有安装的，所以要使用 IIS 服务器，就需要先________这个组件。

2. 表单是以一种__________的形式，为站点与浏览者进行信息传递、互动交流的工具。

3. Spry 构件由__________、__________、__________3 部分组成。

4. Access 提供了________、________、________、________、________、________、

________、________、________、________等10种数据类型。

5. 要使用 ASP 应用程序设计动态网页，就必须通过________________或____________提供程序连接到数据库

二、选择题

1. 对于 Access 而言，若想要数据字段可以保存大量的文本字符，那么应该为字段设置什么数据类型？ (　　)

A. 文本　　B. 自动编号　　C. 备注　　D. OLE 对象

2. 以下那个表单对象是用于当在一组选项中只需要选择多个选项时？ (　　)

A. 文件域　　B. 单选按钮　　C. 文本字段　　D. 复选框

3. 可以通过安装在 Windows 系统上的哪个驱动程序，定义用于 ASP 应用程序与数据库链接的 DSN？ (　　)

A. DSN　　B. JDBC　　C. OLE DB　　D. ODBC

4. 以下哪一项不属于数据库对象？ (　　)

A. 表　　B. 查询　　C. 图像　　D. 窗体

5. 为动态网页指定数据源名称之前，必须先满足以下哪个条件？ (　　)

A. 将网页文件夹定义成本地网站。　　B. 设置动态网页的文件类型。

C. 设置网站的测试服务器。　　D. 以上皆是。

三、上机实训

实训1　制作具备验证功能的表单

先为网页中已有的表单添加不同的表单元件，然后再为表单元件添加Spry验证处理，完成一个具有资料提交与验证功能的网页表单。

操作提示:

1. 先打开光盘中的“..\Example\Ch08\8-5.html”练习文件，将光标定位在“用户帐号:”文字右边单元格，然后在【插入】面板中单击【文本字段】按钮，如图8-75所示。

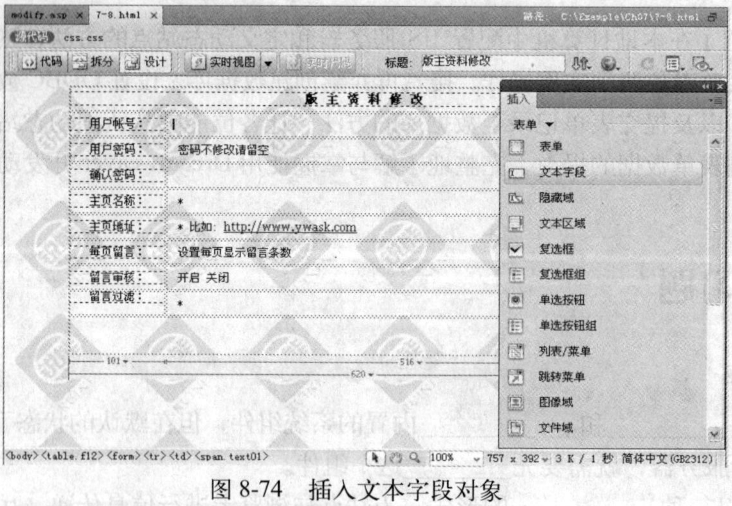

图8-74　插入文本字段对象

2. 选择插入的文本字段对象，然后在【属性】面板中设置ID为“id”、字符宽度为20，如图8-76所示。

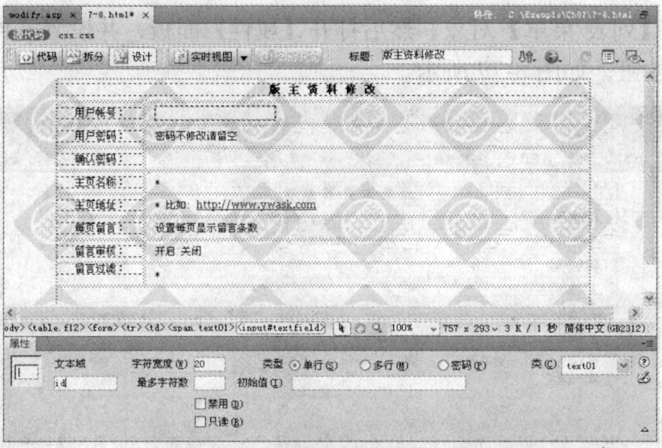

图 8-76 设置文本字段的属性

3. 依照步骤1和步骤2的方法，分别在表格第三至第七行右边单元格内插入文本字段元件，并设置元件属性，插入文本字段后的结果如图 8-77 所示。

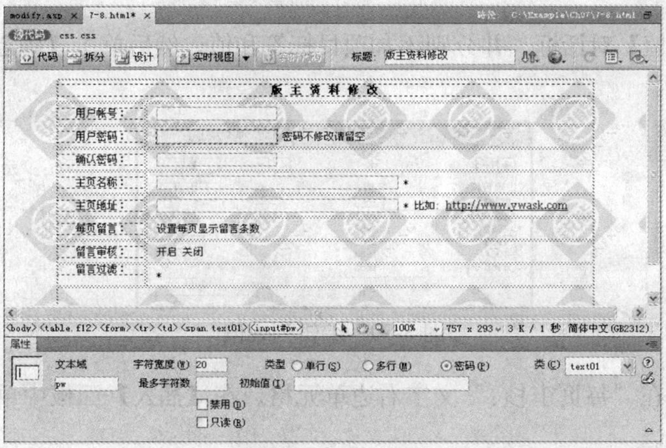

图 8-77 插入各个文本字段的结果

4. 将光标定位在“每页留言：”文字右边单元格，在【插入】面板中单击【列表/菜单】按钮，如图 8-78 所示。

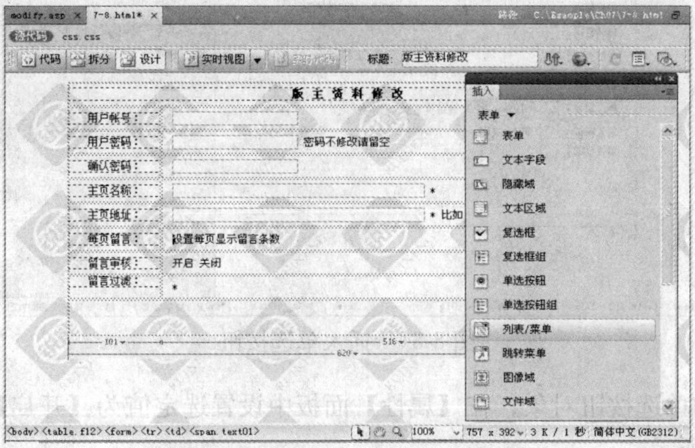

图 8-78 插入【列表/菜单】对象

5. 选择插入的【列表/菜单】对象，然后打开【属性】面板，并设置元件名称为“mes_m”，再单击【列表值】按钮，如图 8-79 所示。

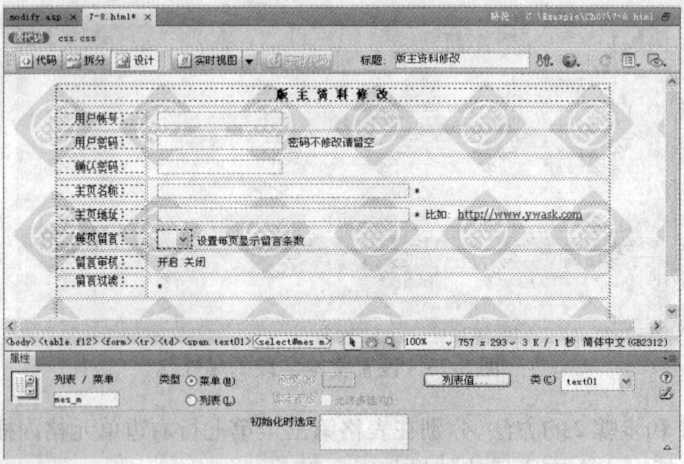

图 8-79　设置列表属性和列表值

6. 打开【列表值】对话框，并分别添加项目标签和值，然后单击【确定】按钮，如图 8-80 所示。

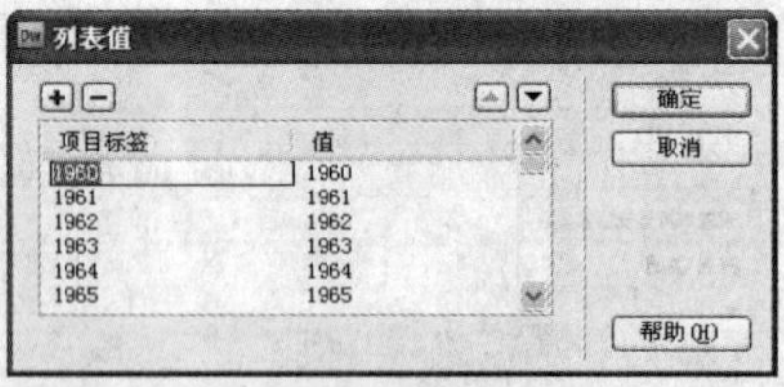

图 8-80　编辑列表值

7. 将光标定位在“每页审核：”文字右边单元格，在【插入】面板中单击【单选按钮】按钮，如图 8-81 所示。

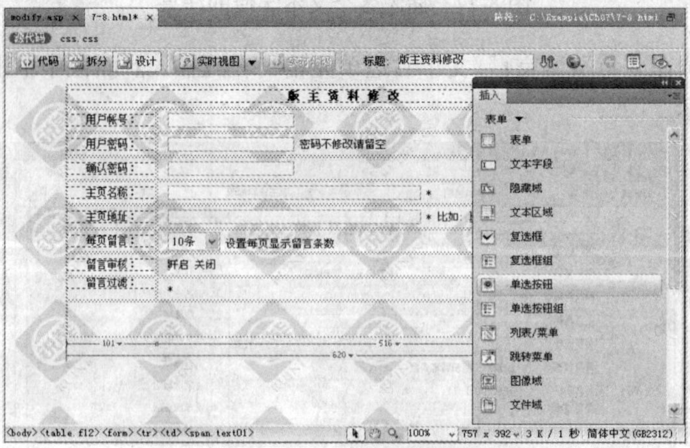

图 8-81　插入单选按钮

8. 选择插入的单选按钮对象，在【属性】面板中设置选定值为【开启】，初始状态为【已勾选】，如图 8-82 所示。

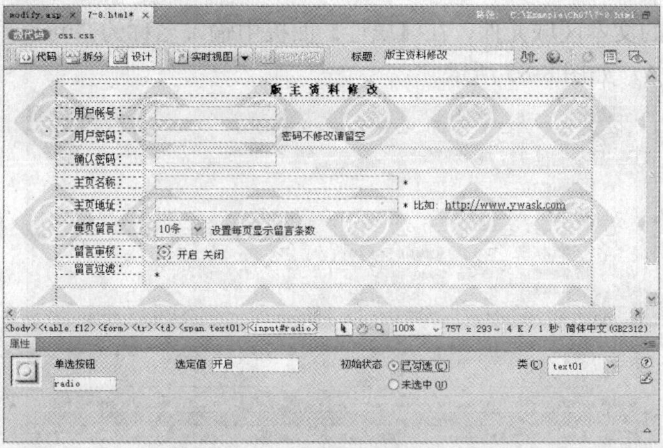

图 8-82　设置单选按钮的属性

9. 使用步骤 8 的方法，再次插入一个单选按钮对象，然后设置选定值为【关闭】，初始状态为【未选中】，如图 8-83 所示。

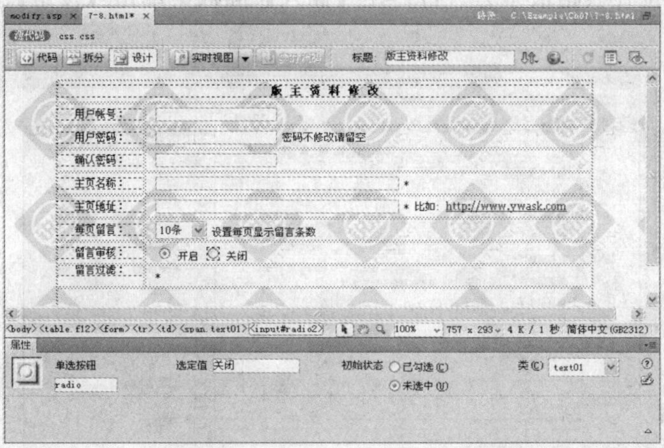

图 8-83　插入另一单选按钮

10. 将光标定位在“留言过滤：”文字右边单元格，在【插入】面板中单击【文本区域】按钮，如图 8-84 所示。

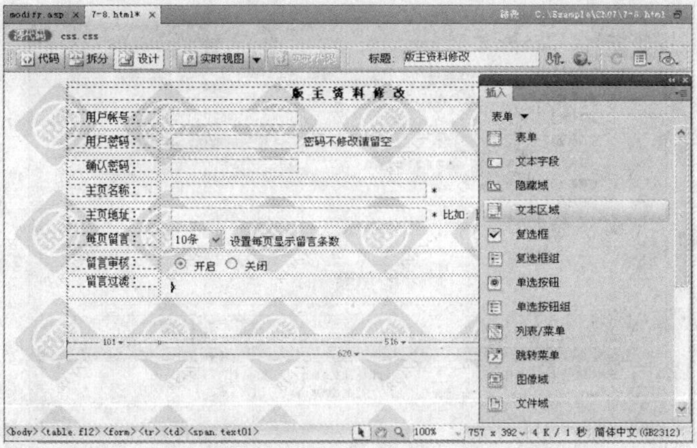

图 8-84　插入文本区域

11. 选择插入的文本区域元件，在【属性】面板中输入名称为“mes_g”，再分别设置字符宽度为40，行数为6，如图8-85所示。

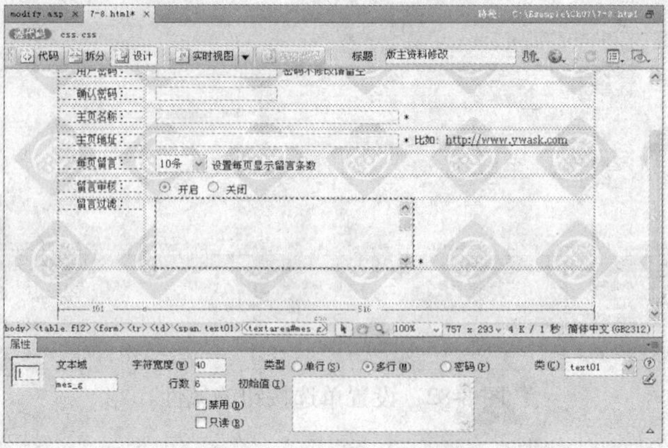

图8-85 设置文本区域属性

12. 将光标定位在表格最下方一行，在【插入】面板中单击【按钮】按钮，如图8-86所示。

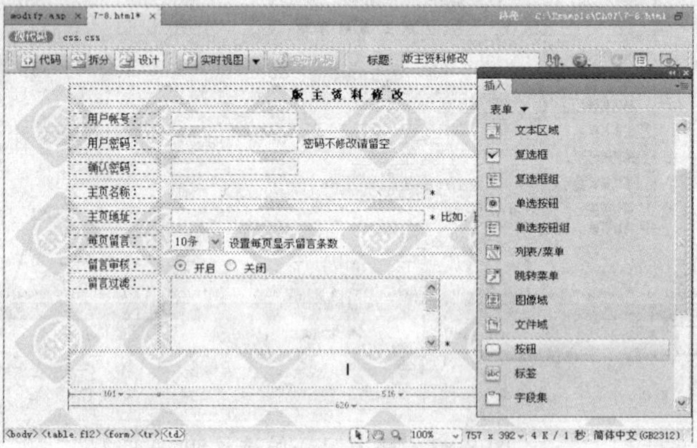

图8-86 插入一个按钮对象

13. 通过【属性】面板为新插入的按钮元件设置值为【修改】，动作为【提交表单】，如图8-87所示。

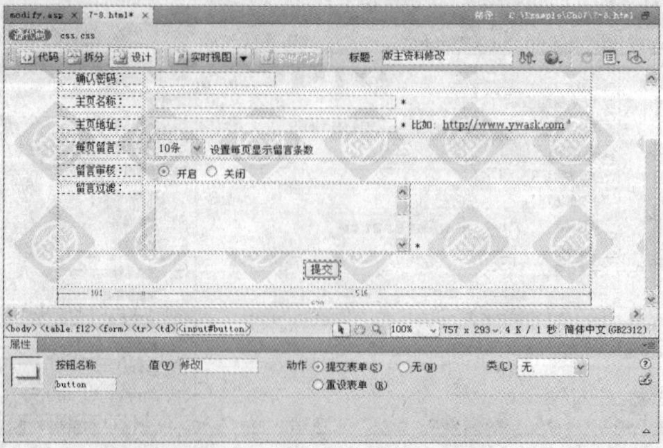

图8-87 设置按钮元件属性

14. 依照步骤 12 和步骤 13 的方法，在右边插入另一个按钮元件，再通过【属性】面板中为按钮元件设置值为【重填】，选择动作为【重设表单】，结果如图 8-88 所示。

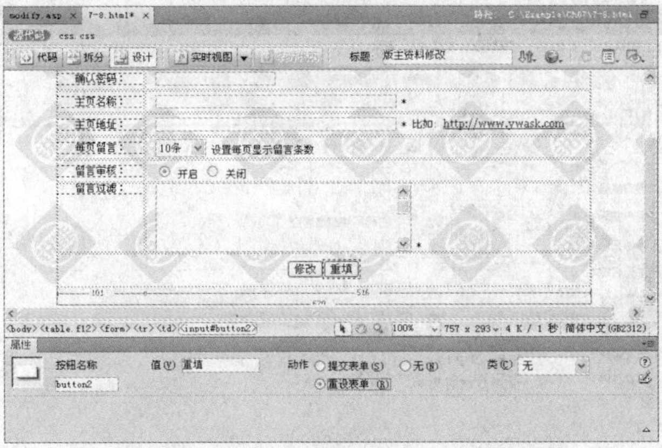

图 8-88　插入另一按钮对象并设置属性

15. 选择“留言过滤”文本右边的文本区域元件，在【插入】面板中单击【Spry 验证文本域】按钮，如图 8-89 所示。

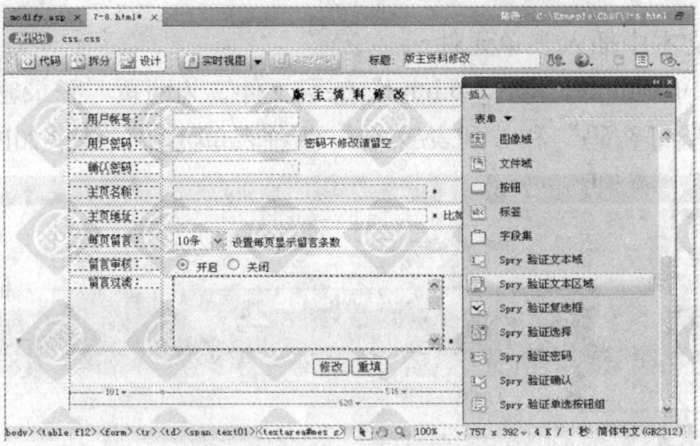

图 8-89　添加 Spry 验证文本域

16. 添加 Spry 验证文本域后，在【属性】面板中设置预览状态为【必填】，并在【提示】栏中输入提示内容，如图 8-90 所示。

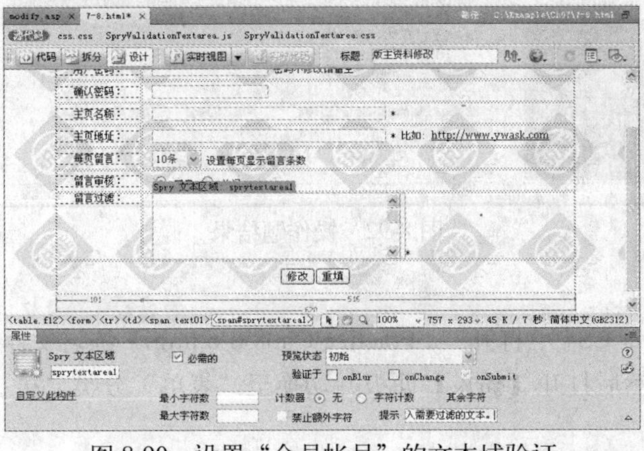

图 8-90　设置“会员帐号”的文本域验证

17. 完成表单制作以及 Spry 表单验证处理后，按下 F12 功能键，预览表单设计结果，如图 8-91 所示。

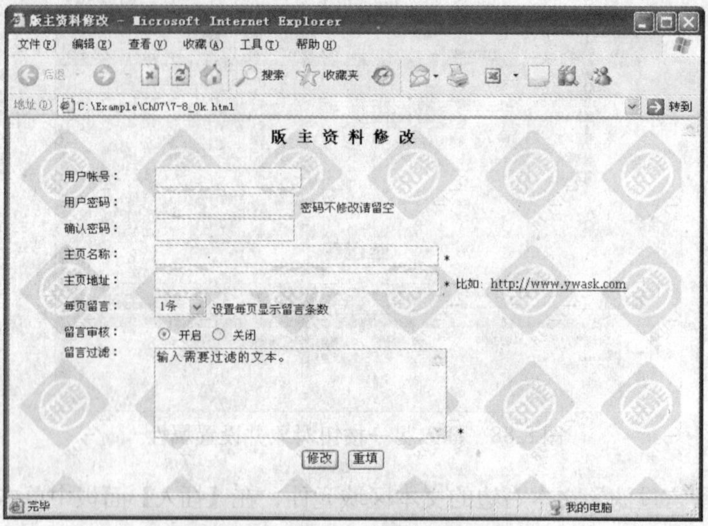

图 8-91　预览表单设计效果

实训 2　在网页文本中插入表单元件

打开光盘中的“..\Example\Ch08\8-6.html”练习文件，为网页“登录密码”和“性别”两处文本后方插入“Spry 验证密码”和“列表/菜单”两种表单元件，结果如图 8-92 所示。

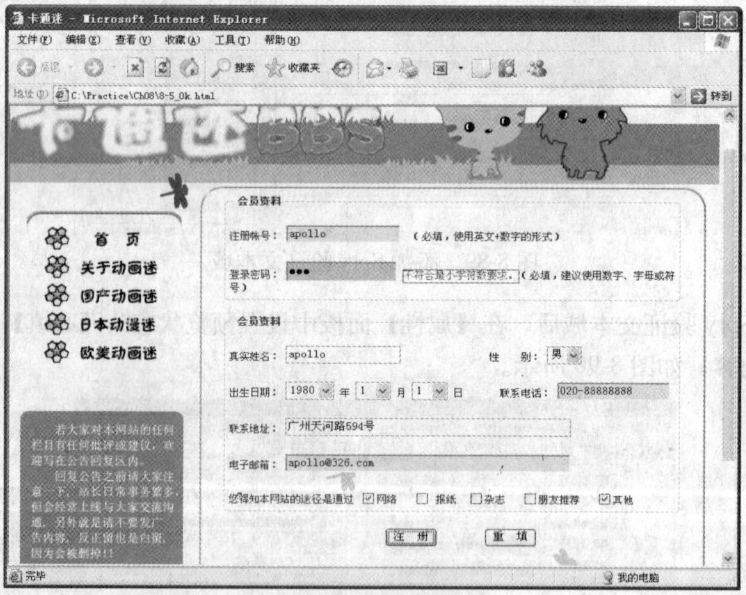

图 8-92　操作题结果

操作提示：

1. 在 Dreamweaver CS4 中打开“..\Practice\Ch08\8-6.html”练习文件夹，定位光标在“登录密码”文本后方，然后打开【插入】面板并切换至“表单”分类，单击【Spry 验证密码】按钮。

2. 选择新插入的“Spry 验证密码”元件的蓝色标签，打开【属性】面板，在【最小字符数】栏中输入数字为 6。

3. 再选取整个“Spry 验证密码”元件，在【属性】面板中设置其名称为“member_pw”，并设置其字符宽尧为 17。

4. 接着定位光标在“性别”文本后面，在【插入】面板中单击【列表/菜单】按钮，插入该表单元件后，在【属性】面板先设置其名称为“member_sex”，然后单击【列表值】按钮。

5. 在打开的【列表值】对话框中分别添加“男”和“女”两个项目标签，分别设置值为“男”和“女”，最后单击【确定】按钮。

第 9 章　个人网站主页设计

教学目标

通过从无到有全程介绍一个网页页面的综合设计，掌握个人网站主页设计的方法，进一步提升网页设计水平。

教学重点与难点

- 网页版面布局设计
- 网页内容编排
- 网页多媒体与特效设计

9.1　网页版面布局设计

个人网站主页的设计将由新建网页文件开始，再通过插入多层表格布局网页版面，然后再分别为已规划好的表格布局添加图像或设置背景，完成网页外观的初步设计，如图 9-1 所示为本节网页版面布局设计的流程。

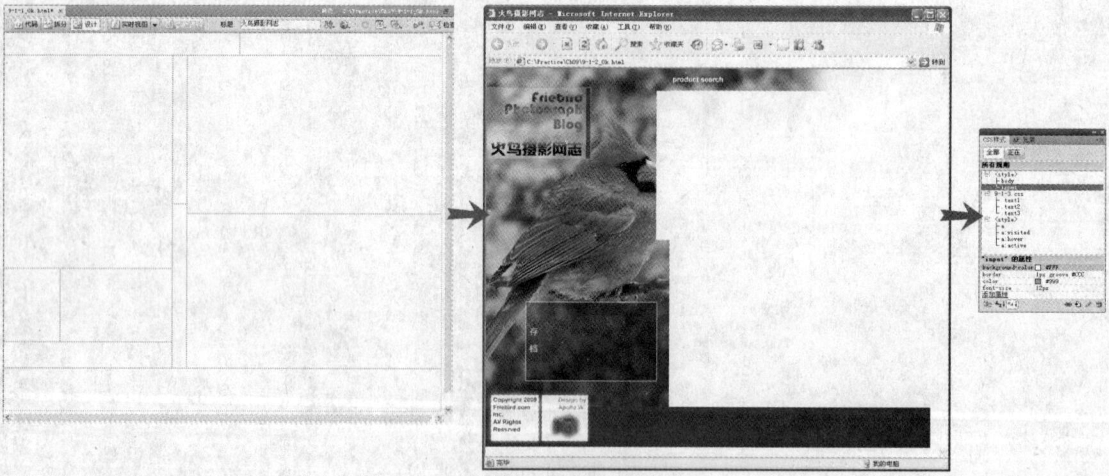

图 9-1　网页版面布局设计流程

9.1.1　网页版面布局处理

首先通过 Dreamweaver CS4 的起始页新建网页文件，再设置包括边距、标题、跟踪图像在内的页面属性，然后通过插入多个表格布局网页版面，如果如图 9-2 所示。

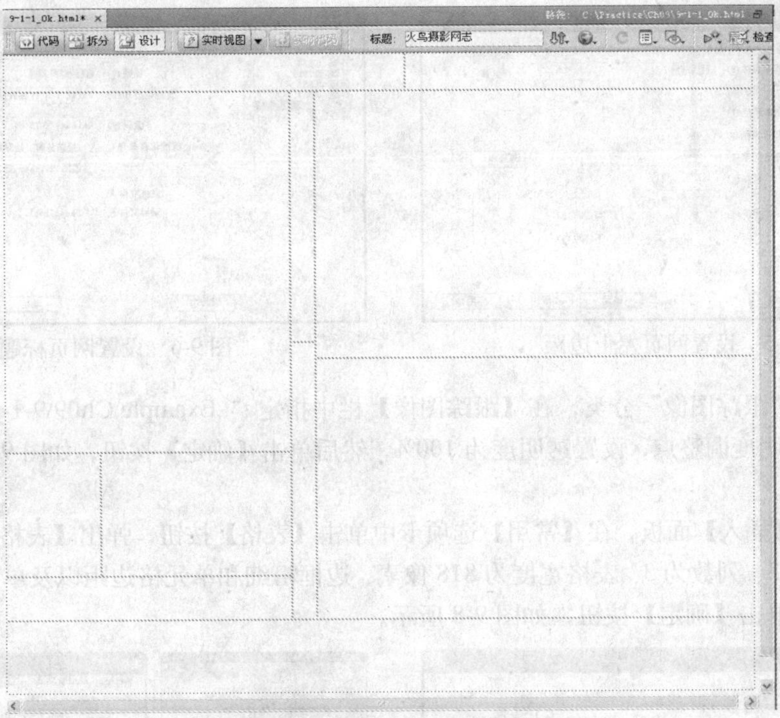

图 9-2　网页版面布局处理结果

Howto 进行网页版面布局

1 打开 Dreamweaver CS4 网页设计程序，在起始页中单击【HTML】项目，如图 9-3 所示，新建空白的网页文档。

2 在菜单栏选择【文件】|【保存】命令，打开【另存为】对话框，指定保存路径并设置保存名称后，单击【保存】按钮，如图 9-4 所示。

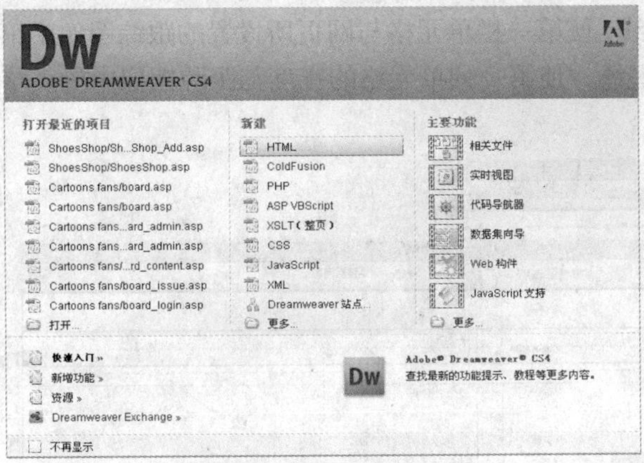

图 9-3　新建网页文档

图 9-4　保存网页文件

3 在菜单栏选择【修改】|【页面属性】命令，打开【页面属性】对话框后，在默认的“外观（CSS）”分类中设置【左边距】和【上边距】参数都为 0，如图 9-5 所示。

4 在【页面属性】对话框中选择“标题/代码”分类，然后在【标题】栏中输入网页标题，如图 9-6 所示。

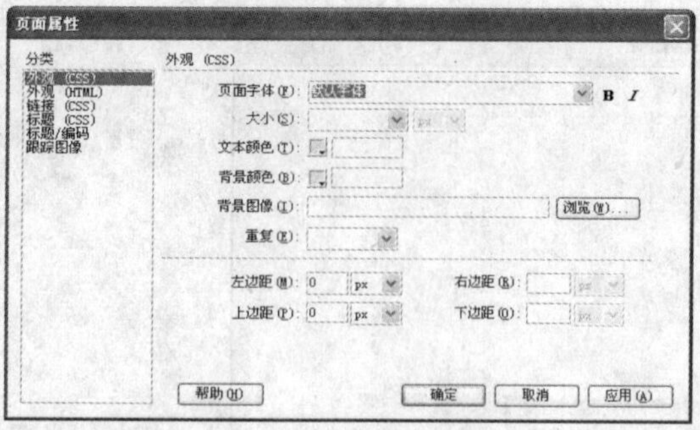

图 9-5　设置网页左上边距

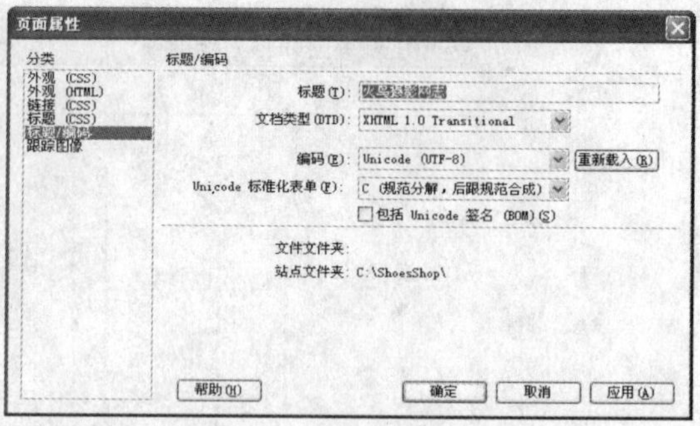

图 9-6　设置网页标题

5 选择“跟踪图像”分类，在【跟踪图像】栏中指定“..Example\Ch09\9-1-1.png”文档，再拖动下方透明度调整点，设置透明度为 100%，然后单击【确定】按钮，如图 9-7 所示，完成网页属性设置。

6 打开【插入】面板，在【常用】选项卡中单击【表格】按钮，弹出【表格】对话框，设置表格行数为 3、列数为 3、表格宽度为 818 像素、边框粗细和单元格边距以及单元格间距参数均为 0，然后单击【确定】按钮，如图 9-8 所示。

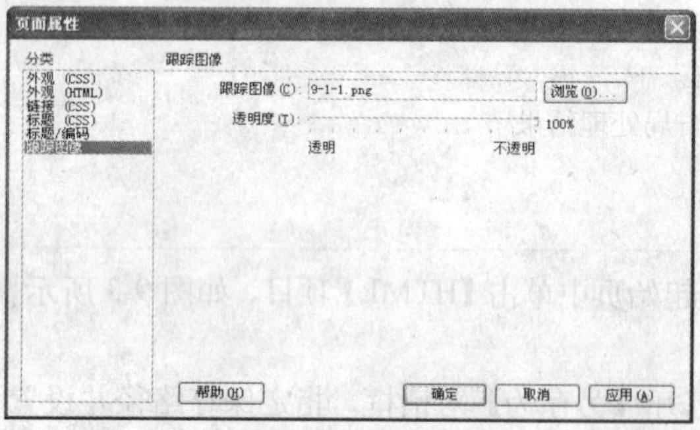

图 9-7　设置跟踪图像

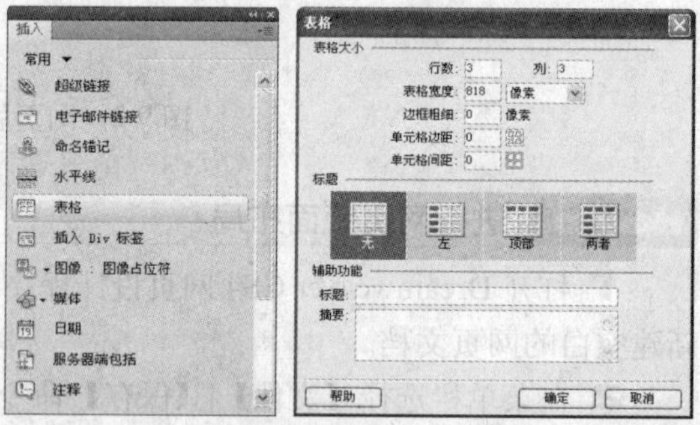

图 9-8　插入表格

7 插入表格后，向下拖动第二条水平框线，使第一栏单元格与网页所设置的跟踪图像中第一栏高度相等，再向右拖动表格第二条垂直框线，使第一列单元格的宽度与跟踪图像中的表格相对应，如图 9-9 所示。

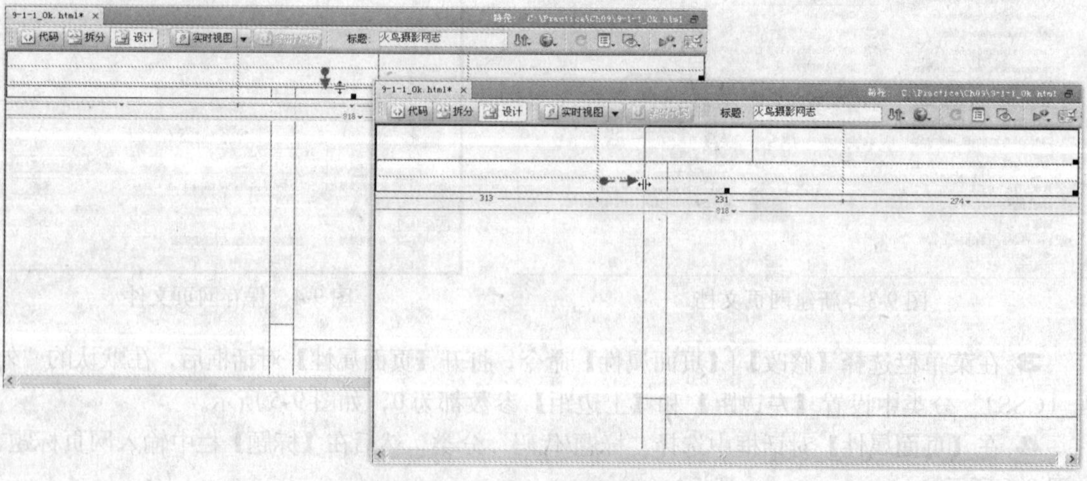

图 9-9　拖动调整单元格宽高

8 依照步骤 7 相同的操作方法，并根据网页所设置的跟踪图像，以拖动的方式再调整其他单元格的宽高，结果如图 9-10 所示。

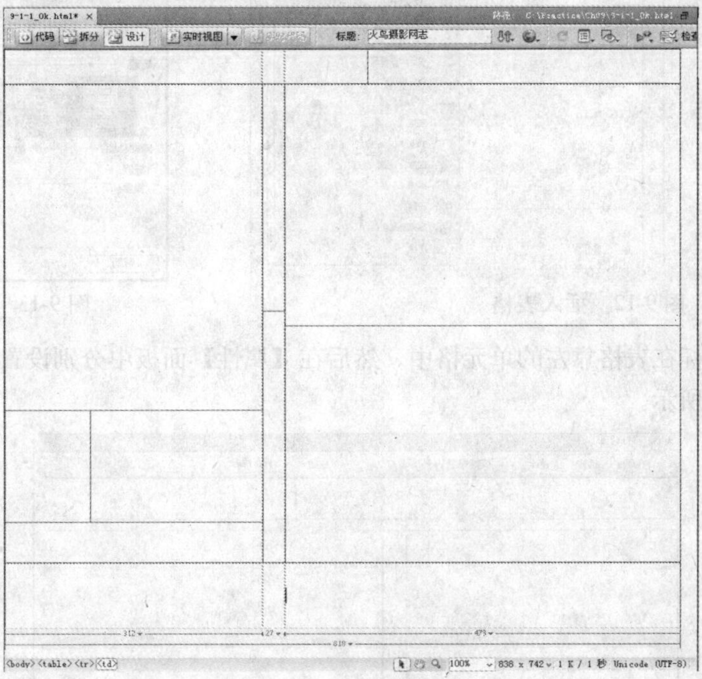

图 9-10　拖动调整其他单元格

9 拖动选择表格第一栏单元格，然后在【属性】面板的“HTML”分类中单击【合并所选单元格，使用跨度】按钮▭，将所选单元格合并，如图 9-11 所示。

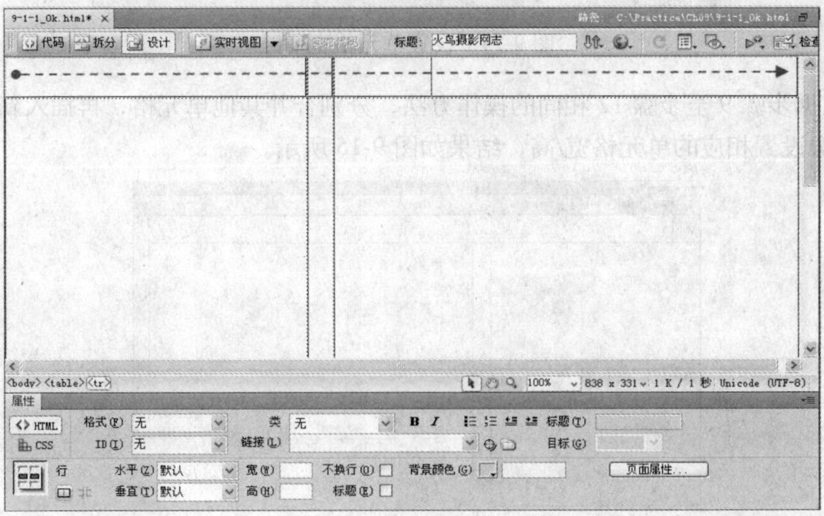

图 9-11　合并单元格

10 再定位光标在刚合并的单元格中，然后在【插入】面板中单击【表格】按钮，如图 9-12 所示。

11 打开【表格】对话框，设置表格行数为 1、列数为 2、表格宽度为 100%、边框粗细和单元格边距以及单元格间距参数均为 0，然后单击【确定】按钮，如图 9-13 所示。

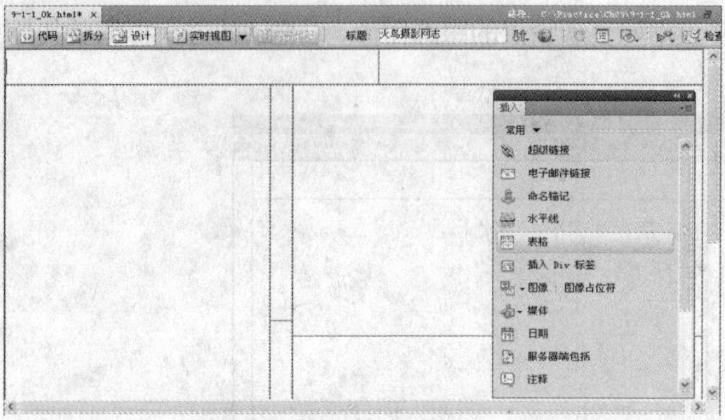

图 9-12　插入表格

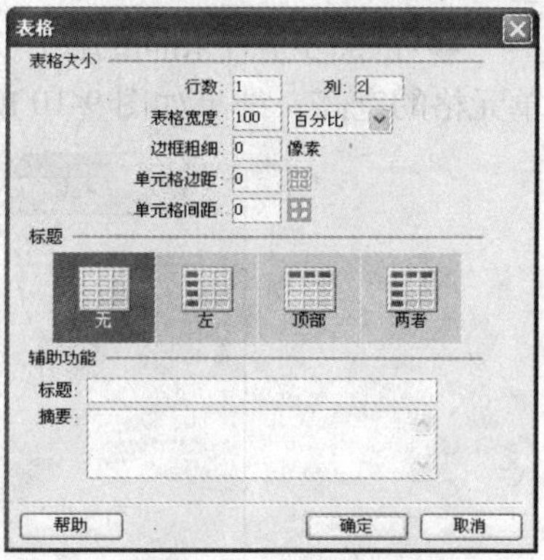

图 9-13　设置表格

12 定位光标在表格靠左的单元格中，然后在【属性】面板中分别设置宽/高参数为 438 和 42，如图 9-14 所示。

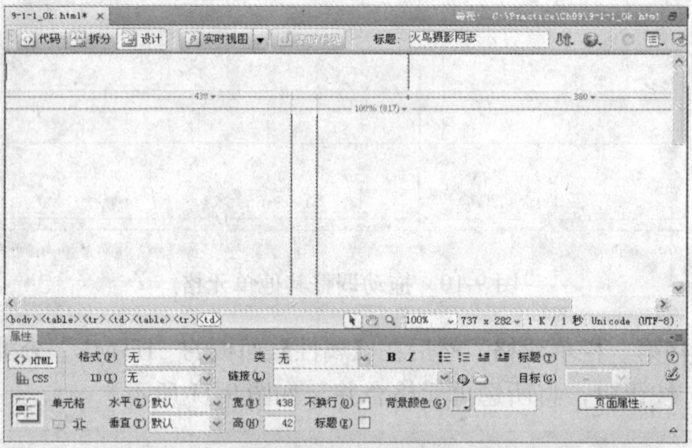

图 9-14　设置单元格宽/高

13 根据步骤 9 至步骤 12 相同的操作方法，分别合并其他单元格，再插入新的表格，并根据跟踪图像设置相应的单元格宽/高，结果如图 9-15 所示。

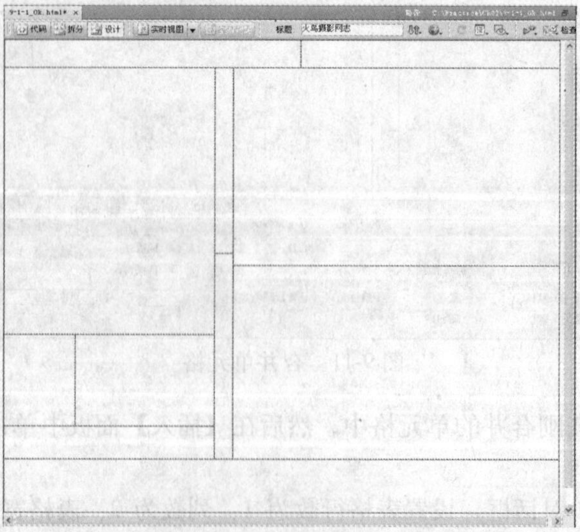

图 9-15　合并、插入并设置其他单元格的结果

14 选择【修改】|【页面属性】命令打开【页面属性】对话框，选择【跟踪图像】分类，设置透明度为 0%，然后单击【确定】按钮，如图 9-16 所示，取消显示跟踪图像。

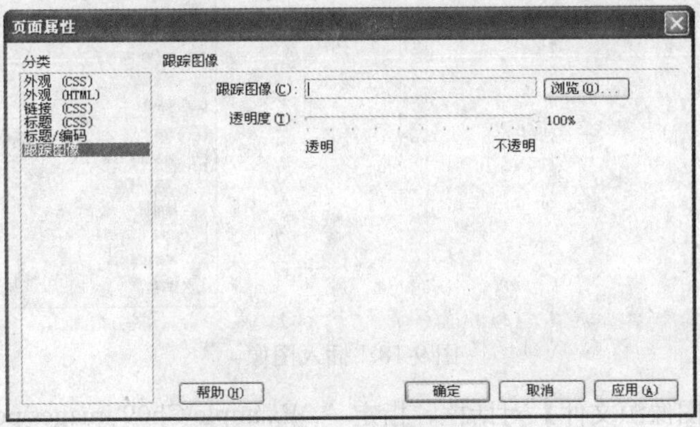

图 9-16　隐藏跟踪图像

9.1.2　定位网页图像

利用表格完成网页版面布局后，接着将分别在一些单元格中插入由网页版面设计图像所切割的图像素材，同时也为相应的另一些单元格中指定图像作为其背景，使网页具有漂亮的外观，结果如图 9-17 所示。

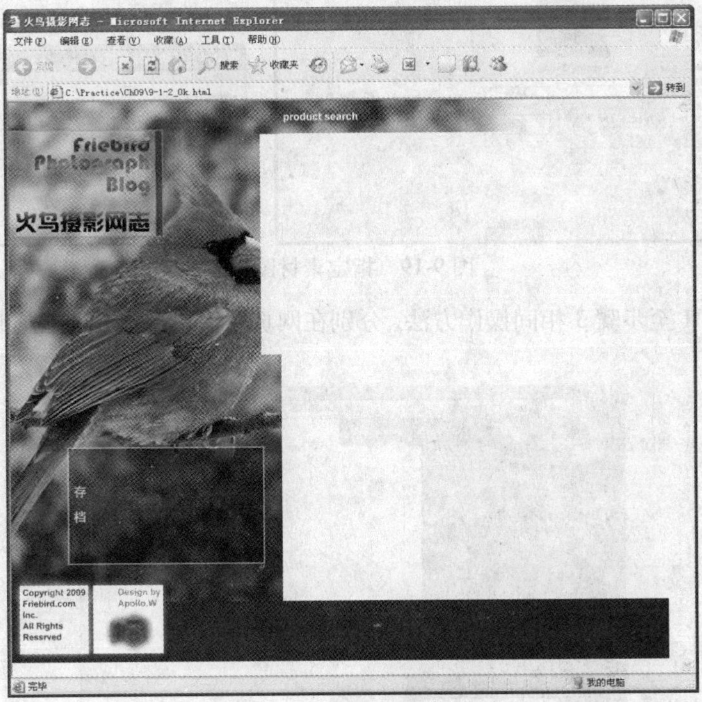

图 9-17　定位网页图像的结果

Howto　定位网页图像

1 打开光盘中的“..\Example\Ch09\9-1-2.html”文档，将光标定位在网页右上角的单元格内，在【插入】面板中单击【图像：图像】按钮，如图 9-18 所示。

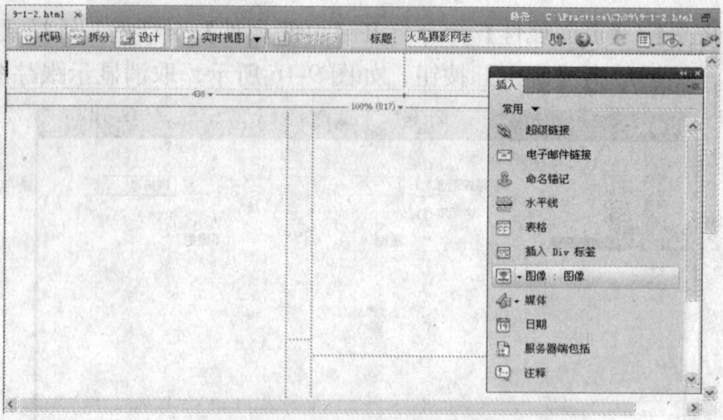

图 9-18　插入图像

2 打开【选择图像源文件】对话框，指定“..\Example\Ch09\images\person_1.png”图像，然后单击【确定】按钮，自动弹出【图像标签辅助功能属性】对话框，直接单击【确定】按钮，如图 9-19 所示。

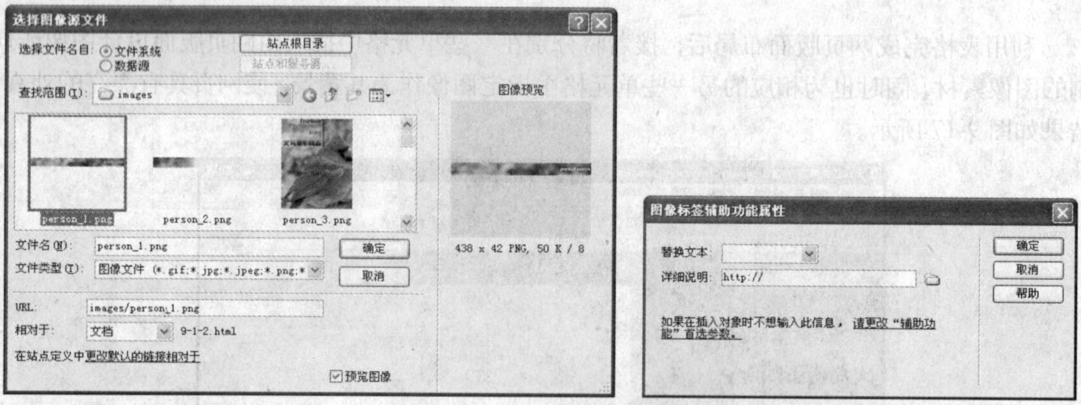

图 9-19　指定素材图像

3 根据步骤 1 至步骤 3 相同操作方法，分别在网页中对应单元格内插入图像素材，结果如图 9-20 所示。

图 9-20　插入其他图像

4 定位光标在表格第一栏靠右单元格内，然后在【文档】工具栏中单击【拆分】按钮，切换至“代码”视图与“设计”视图一起显示的模式，在“代码”模式中找到光标定位处的相应代码位置，如图 9-21 所示。

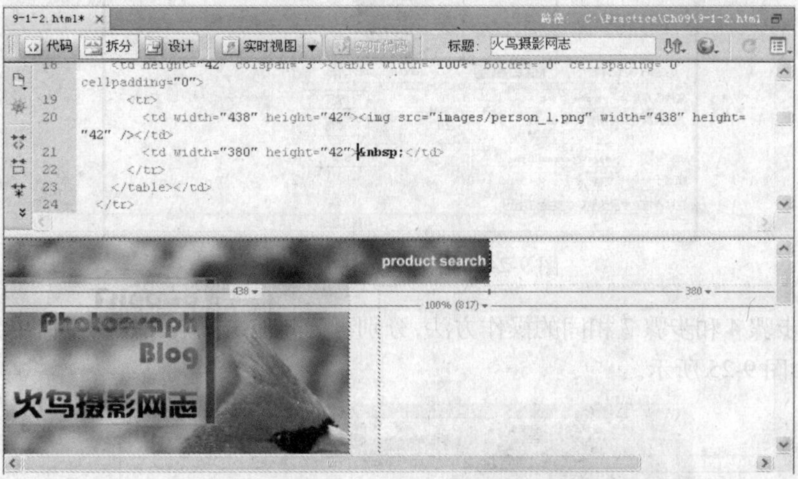

图 9-21　定位光标

5 移动光标至<td…>标签内，然后按下 Enter 键，展开下拉选单，双击【background】选项，如图 9-22 所示。

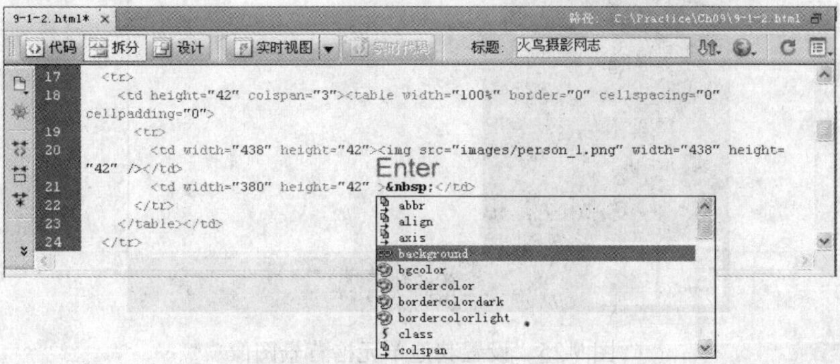

图 9-22　添加背景标签

6 再展开下拉选单，单击【浏览】选项，如图 9-23 所示。

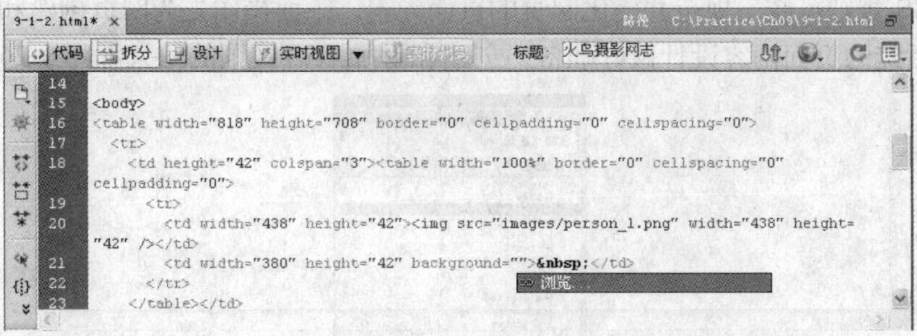

图 9-23　浏览背景图像

7 打开【选择图像源文件】对话框后，指定“..\Example\Ch09\images\Person_2.png”图像，然后单击【确定】按钮，如图 9-24 所示。

图 9-24　指定单元格背景图像

8 根据步骤 4 和步骤 7 相同的操作方法，分别再为其他未插入图像的空白单元格设置背景图像，结果如图 9-25 所示。

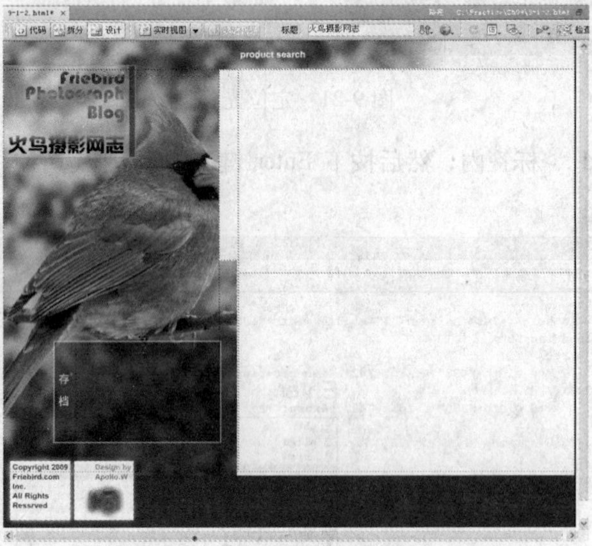

图 9-25　设置其他单元格背景图像

9.1.3　定义 CSS 规则

利用 CSS 规则可统一规范并美化网页的页面元素，下面操作先为网页创建和附加 CSS 规则，以便为后续的页面内容设计做好准备，创建和附加 CSS 规则的结果如图 9-26 所示。

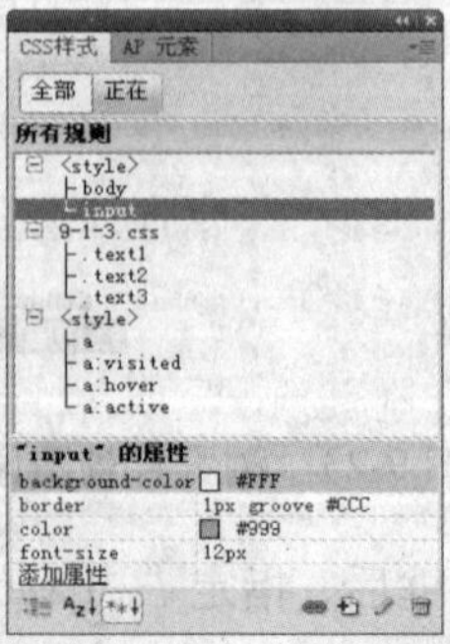

图 9-26　定义 CSS 规则

Howto 定义 CSS 规则

1 打开光盘中的“..\Example\Ch09\9-2-1.html”文档，然后选择【窗口】|【CSS 样式】命令，打开【CSS 样式】面板，单击【新建 CSS 规则】按钮，如图 9-27 所示。

2 弹出【新建 CSS 规则】对话框，选择【标签（重新定义 HTML 元素）】选项，然后选择标签为“input”，并选择“仅对该文档”选项，然后单击【确定】按钮，如图 9-28 所示。

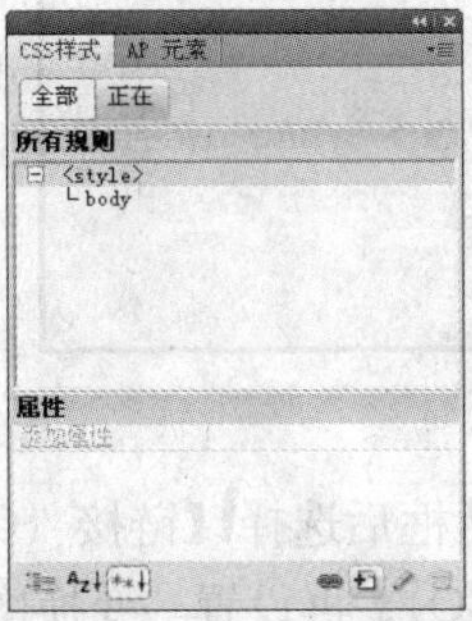

图 9-27　新建 CSS 规则

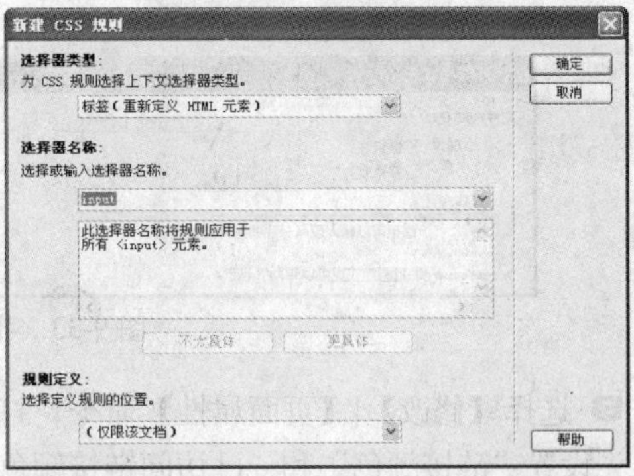

图 9-28　选择新建“input”标签规则

3 弹出【input 的 CSS 规则定义】对话框，选择“类型”分类，在右边窗格中设置“Font-size”参数为 12px，再设置“Color”参数为“#999”，如图 9-29 所示。

4 选择【背景】分类，在右边窗格中设置“Background-color”为白色（#FFF），如图 9-30 所示。

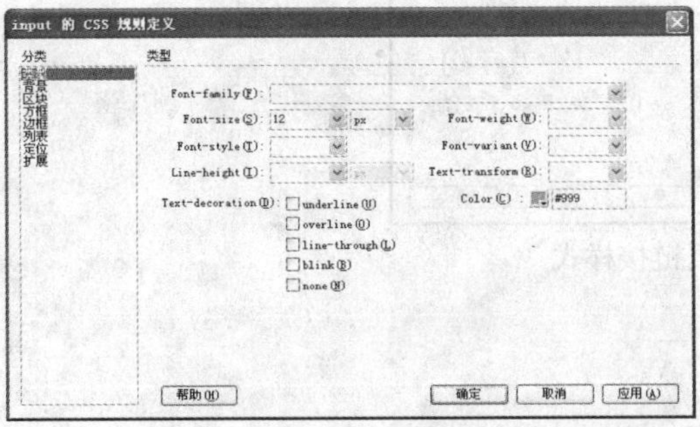

图 9-29　定义字体大小

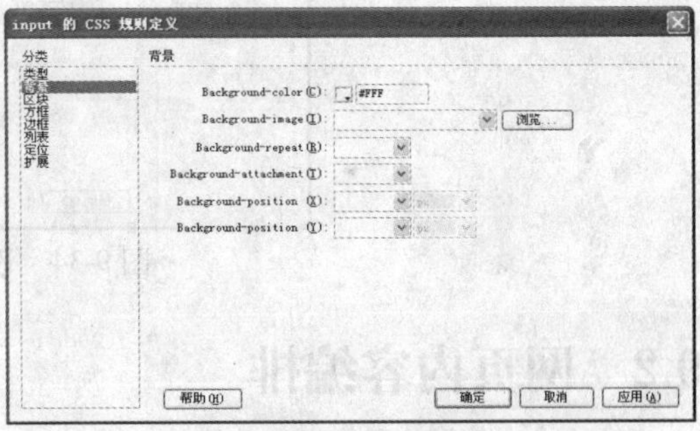

图 9-30　设置背景

5 选择【边框】分类，设置“Style”都为“groove”、“Width”都为 1px、“Color”为浅灰色（#CCC），然后单击【确定】按钮，如图 9-31 所示。

6 返回【CSS 样式】面板，单击【附加样式表】按钮，如图 9-32 所示。

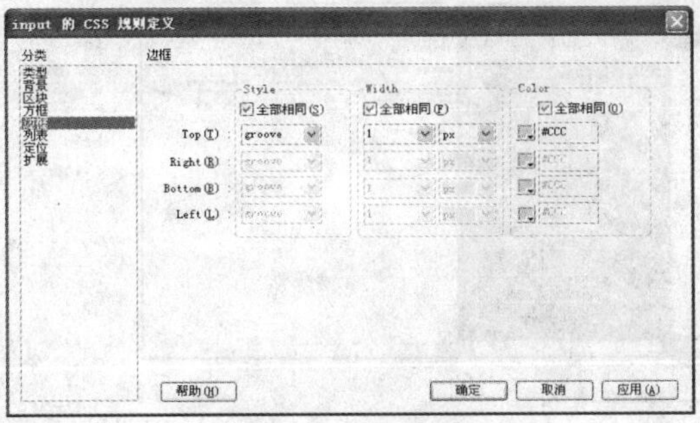

图 9-31　设置边框

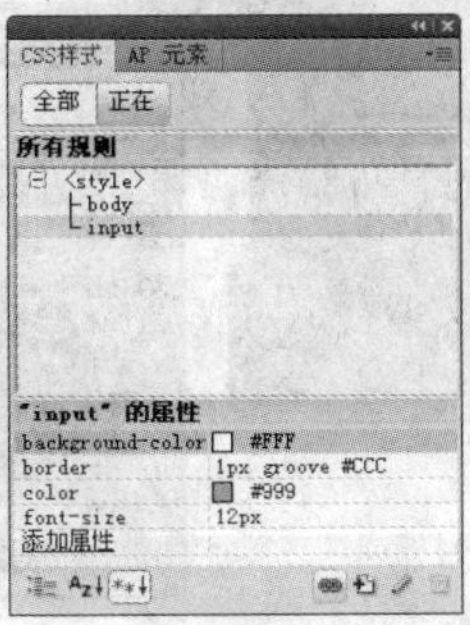

图 9-32　附加样式表

7 打开【链接外部样式表】对话框后，在“文件/URL”栏单击【浏览】按钮，打开【选择样式表文件】对话框，选择“..\Example\Ch09\9-1-3.css”文档，然后单击【确定】按钮，如图 9-33 所示。

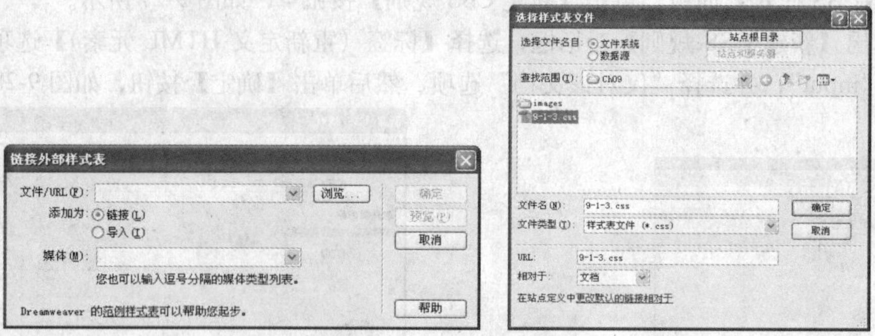

图 9-33 指定样式表文件

8 选择【修改】|【页面属性】命令，打开【页面属性】对话框后选择【链接（CSS)】分类，先设置“链接颜色”和“已访问链接颜色”都为浅灰色（#CCC），再设置“变换图像链接”和“活动链接”颜色都为浅黄色（#FFC），然后单击【确定】按钮，如图 9-34 所示。

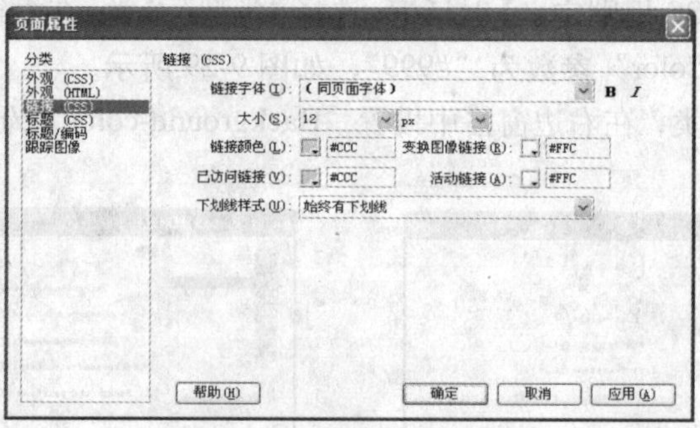

图 9-34 设置网页链接样式

9.2 网页内容编排

完成整个网页的版面布局处理后，本节将接着为网页编排具体的内容，包括网站搜索元件、导航条和日志与存档等模块，其流程如图 9-35 所示。

图 9-35 网页内容编辑流程

9.2.1　制作搜索元件

个人网站的主页中将专门制作一个搜索元件，以便于浏览者通过该元件搜索网站的资料，下面将通过插入不同表单元件制作网页搜索元件，结果如图 9-36 所示。

图 9-36　网站搜索元件

Howto 制作搜索元件

1 打开光盘中的“..\Example\Ch09\9-2-1.html”文档，定位光标在网页右上方的单元格内，然后在【文档】工具栏中单击【拆分】按钮，切换至“代码”视图与“设计”视图一起显示的模式，如图 9-37 所示。

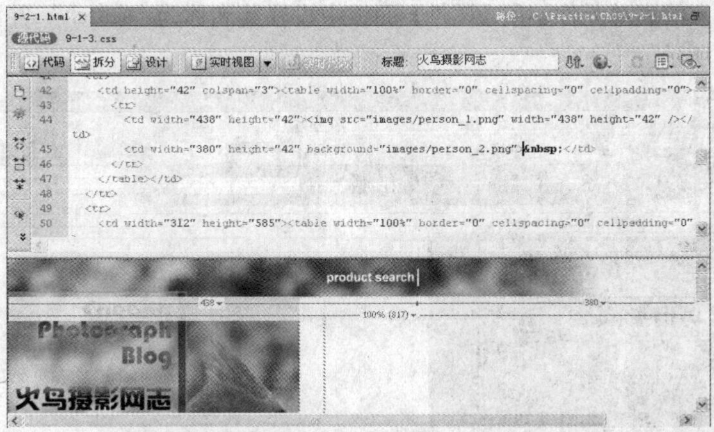

图 9-37　定位光标

2 在“代码”模式中找到光标定位处的相应代码，然后在<td...>和</td>外围添加<form>代码，具体如图 9-38 所示，为网页的指定位置添加一个表单。

TIPS 使用 Dreamweaver CS4 为网页中高度参数比较小的单元格添加表单后，若接着插入其他表单元件，将会使单元格的高度产生变化（即使表单元件的高度不超过单元格高度），从而破坏整个网页的版面布局。因此，步骤 2 的操作中，通过“代码”模式为网页指定的单元格添加一个表单，便可使后续插入其他表单元件时不影响单元格的高度。

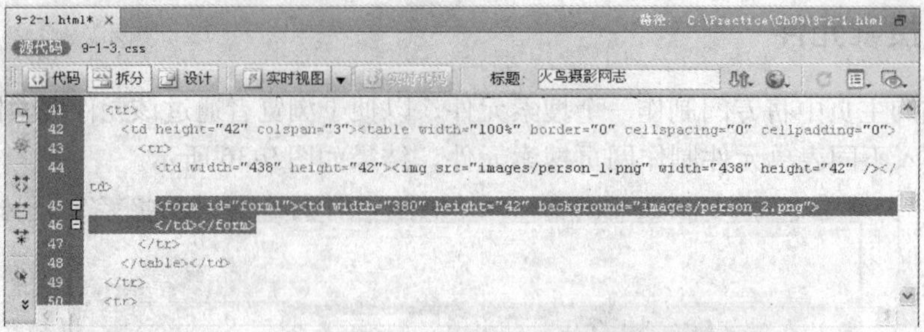

图 9-38　添加<form>代码

3 打开【插入】面板并切换至【表单】分类，然后单击【文本字段】按钮，随之弹出【输入标签辅助功能属性】对话框，单击【取消】按钮，如图 9-39 所示。

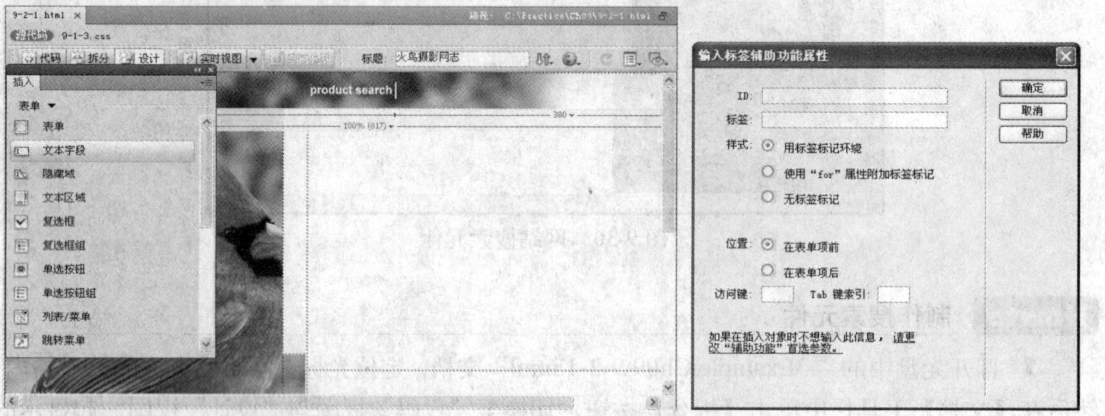

图 9-39　插入文本字段元件

4 选择已插入的表单元件，在【属性】面板中设置其名称为“search”，并设置“字符宽度”为 20，如图 9-40 所示。

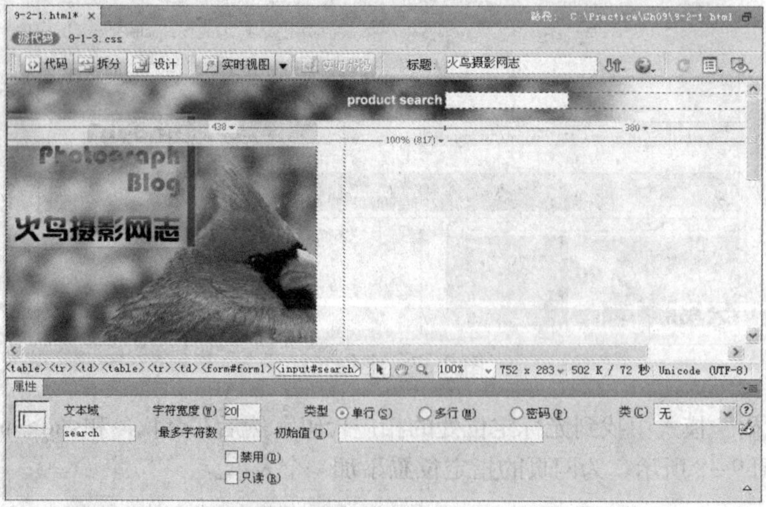

图 9-40　设置表单元件

5 定位光标在“文本字段”元件右边，在【插入】面板中单击【按钮】按钮，弹出【输入标签辅助功能属性】对话框，单击【取消】按钮，如图 9-41 所示。

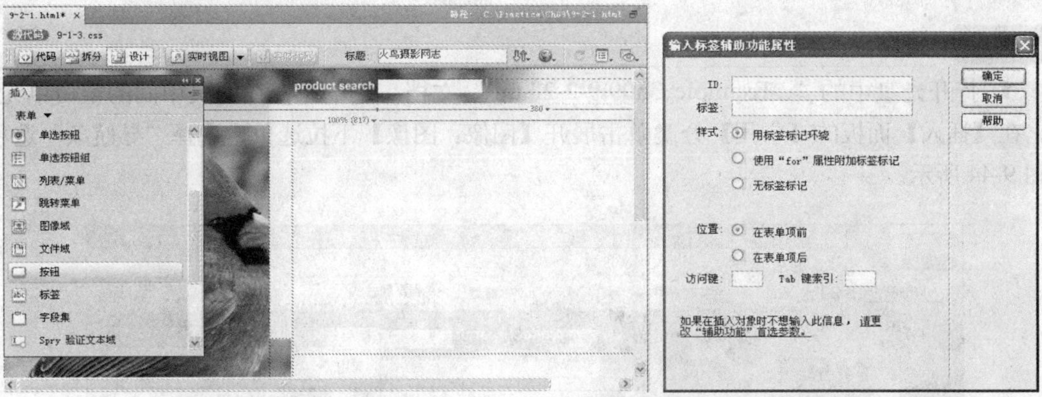

图 9-41　插入按钮元件

6 选择已插入的按钮元件，在【属性】面板中设置“值”为“GO”，如图 9-42 所示。

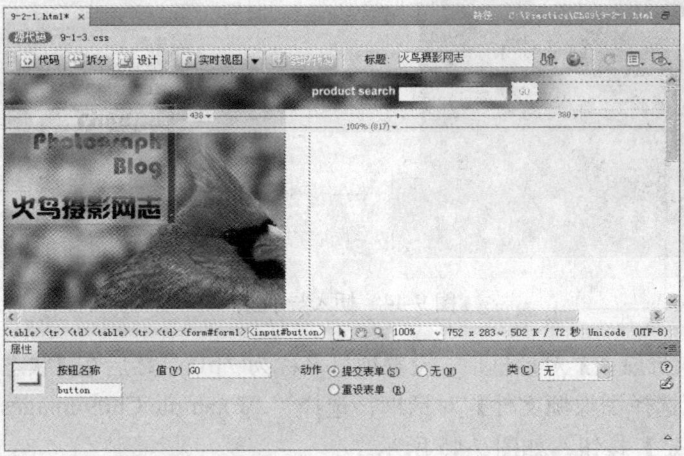

图 9-42　设置表单元件

9.2.2　制作导航条

为个人网站的主页制作导航条可便于浏览者在网站中切换浏览不同的主题内容，下面将使用 Dreamweaver CS4 的【导航条】功能为网页插入呈现互动效果的导航按钮，结果如图 9-43 所示。

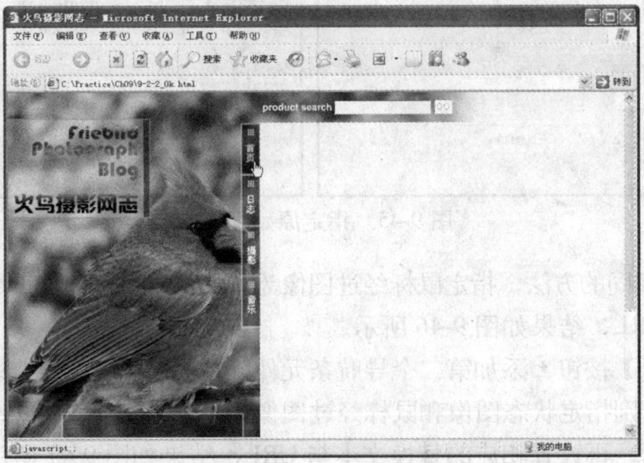

图 9-43　网站导航条

Howto 制作动态导航条

1 打开光盘中的“..\Example\Ch09\9-2-2.html”文档，定位光标在网页中间的空白单元格内，在【插入】面板的【常用】分类单击展开【图像：图像】下拉选单，选择“导航条”选项，如图 9-44 所示。

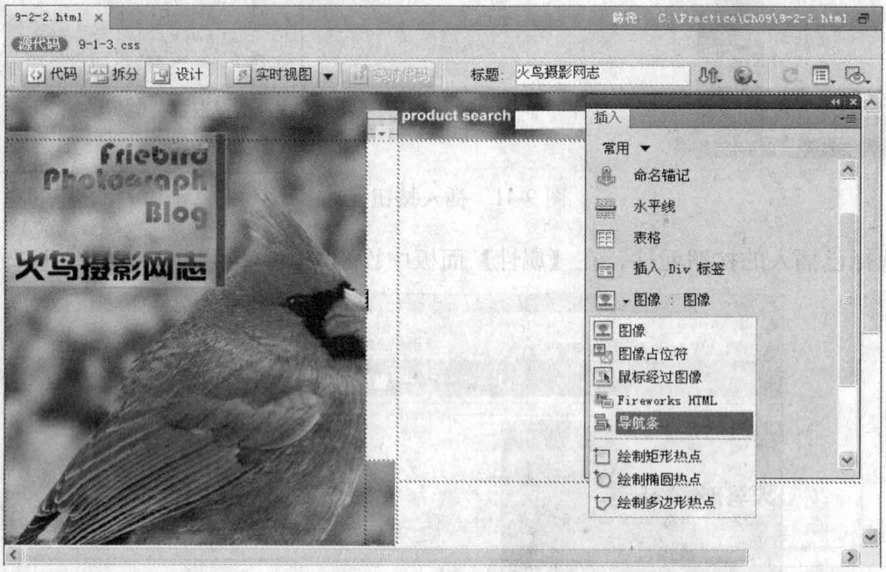

图 9-44 插入导航条

2 打开【插入导航条】对话框后，设置项目名称为“b1”，然后在【状态图像】栏单击【浏览】按钮，打开【选择图像源文件】对话框，选择“..\Example\Ch09\images\Person_4.png”图像，然后单击【确定】按钮，如图 9-45 所示。

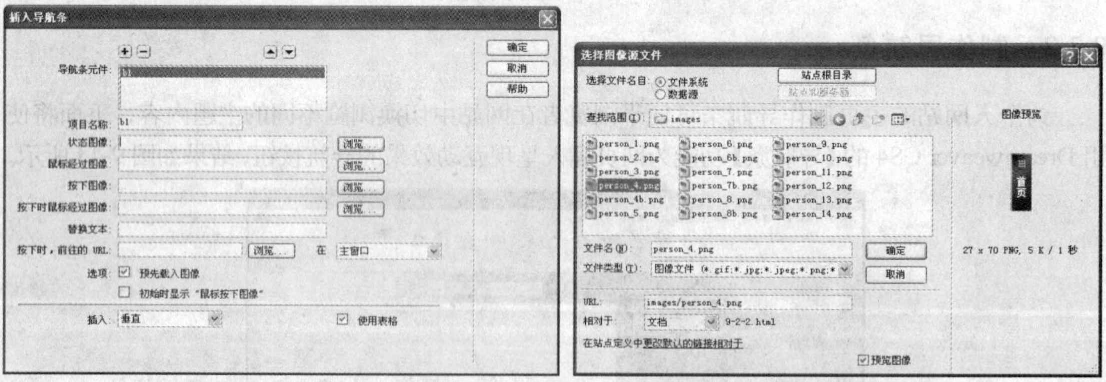

图 9-45 指定原始图像

3 根据步骤 2 相同的方法，指定鼠标经过图像为“..\Example\Ch09\images\Person_4b.png”，再设置替换文本和 URL，结果如图 9-46 所示。

4 单击【添加项】按钮添加第二个导航条元件，并根据步骤 2 和步骤 3 相同的方法设置项目名称为 b2，并分别指定状态图像和鼠标经过图像为“..Example\Ch09\images\Person_6.png”和“Personal_6b.png”，再设置相应的替换文本与 URL，结果如图 9-47 所示。

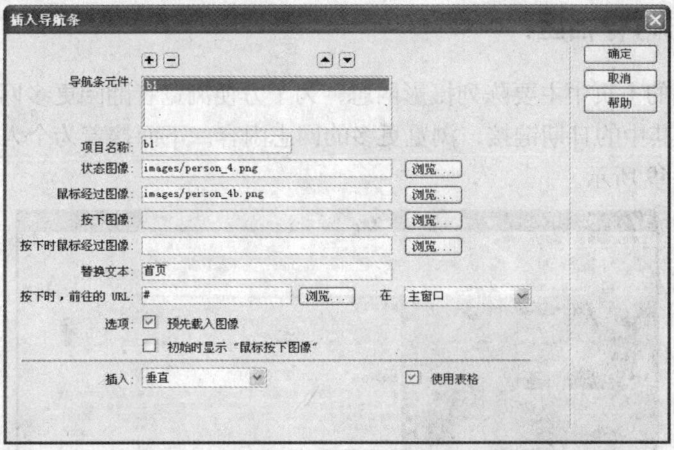

图 9-46　指定按下图像

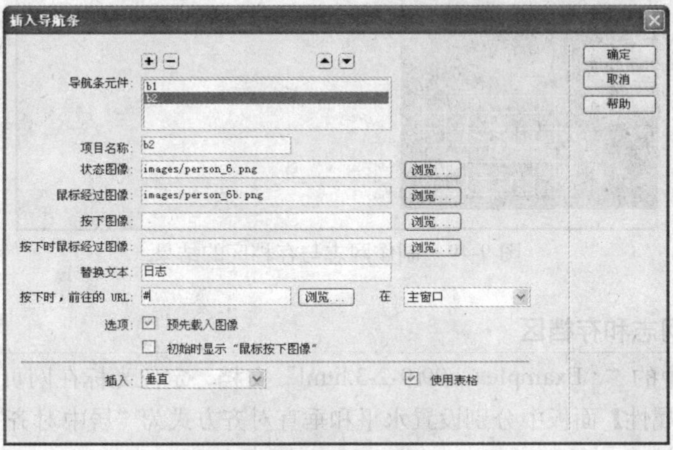

图 9-47　新增并设置导航元件

5 根据前面步骤的操作方法，新增导航元件“b3”和“b4”，并为“b3”项指定素材态图像和按下图像为“Person_7.png”和“Person_7b.png”，为“b4”项指定素材态图像和按下图像为“Person_8.png”和“Person_8b.png”，再分别设置相应的替换文本和 URL，最后单击【确定】按钮，如图 9-48 所示。

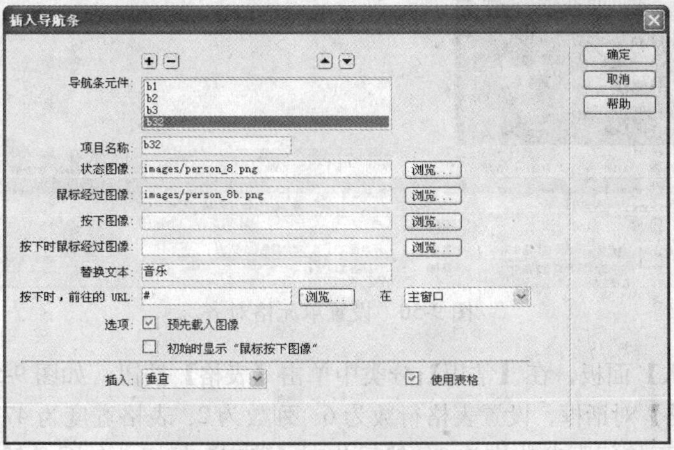

图 9-48　新增并设置其他元件

9.2.3 制作网志与存档区

本例个人网站的主页中主要陈列摄影网志，为了方便浏览者翻阅更多网志内容，还提供一个存档区，以通过其中的日期链接，浏览更多的网志内容。下面接着为个人主页制作网志和存档区，结果如图 9-49 所示。

图 9-49 制作网志与存档区的结果

Howto 制作网志和存档区

1 打开光盘中的“..\Example\Ch09\9-2-3.html”文档，定位光标在网页正中上方的空白单元格内，然后在【属性】面板中分别设置水平和垂直对齐方式为“居中对齐”和“居中”，如图 9-50 所示。

图 9-50 设置单元格对齐

2 打开【插入】面板，在【常用】分类中单击【表格】按钮，如图 9-51 所示。

3 打开【表格】对话框，设置表格行数为 6、列数为 2、表格宽度为 477 像素、边框粗细、单元格边距以及单元格间距参数均为 0，然后单击【确定】按钮，如图 9-52 所示。

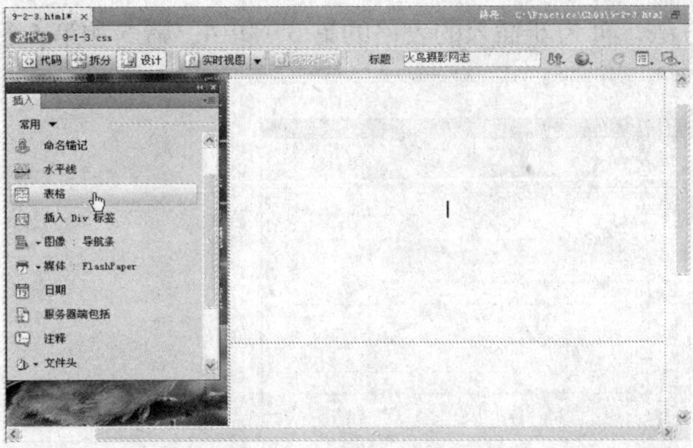

图 9-51　插入表格

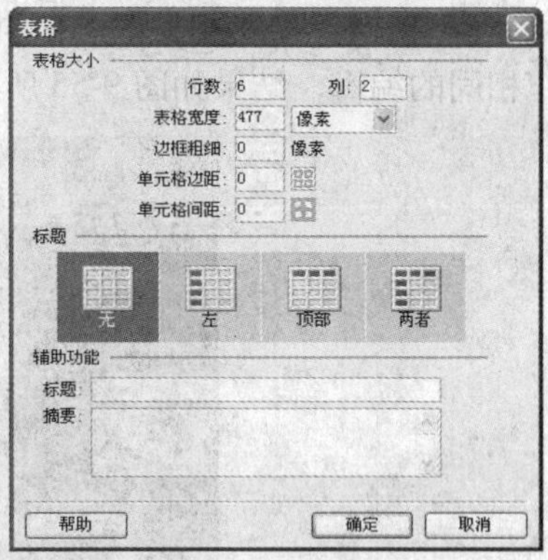

图 9-52　设置表格

4 拖动选择新插入表格的第 1 行单元格，在【属性】面板中设置高度参数为 24，如图 9-53 所示。

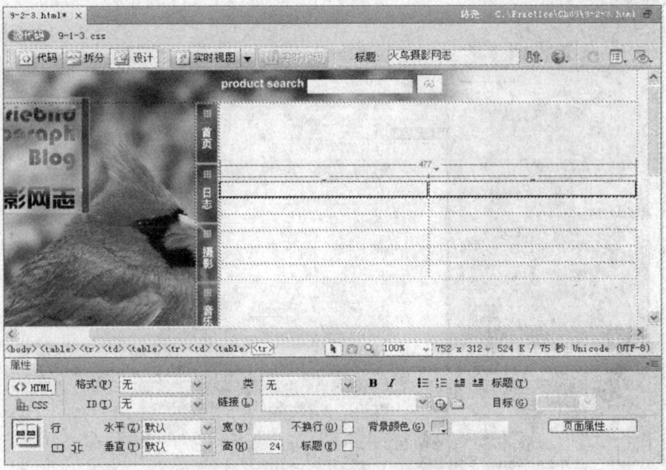

图 9-53　设置单元格高度

5 拖动选择新插入表格的第 2 行单元格，在【属性】面板中单击【合并所选单元格，使用跨度】按钮□，并设置高度参数为 71，如图 9-54 所示。

图 9-54　合并单元格并设置高度

6 根据步骤 4 和步骤 5 相同的操作方法，再为新插入的表格的第 3、第 4、第 5 和第 6 行作相同的编辑，结果如图 9-55 所示。

图 9-55　调整其他单元格的结果

7 在表格左上角单元格输入文本作为网志标题，然后在【属性】面板中为其套用样式“text2”，如图 9-56 所示。

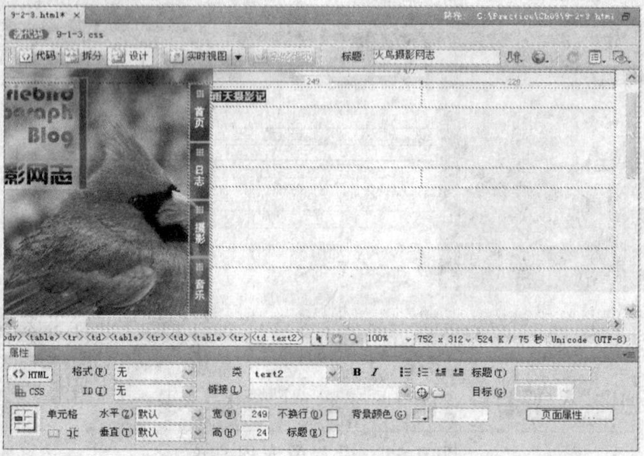

图 9-56　输入网志标题

8 在表格右上角单元格输入另一组文本作为网志日期，然后在【属性】面板中为其套用样式“text1”，如图 9-57 所示。

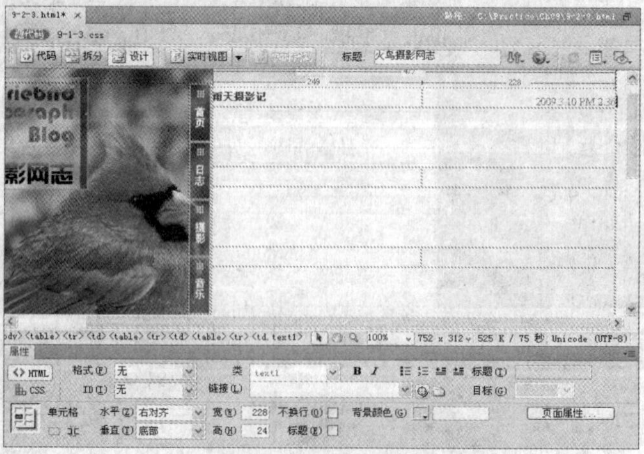

图 9-57　输入网志日期

9 依照步骤 7 和步骤 8 相同的操作方法，并根据“..\Example\Ch09\9-2-1.txt”文档中的内容，为表格其他单元格编辑网志内容，结果如图 9-58 所示。

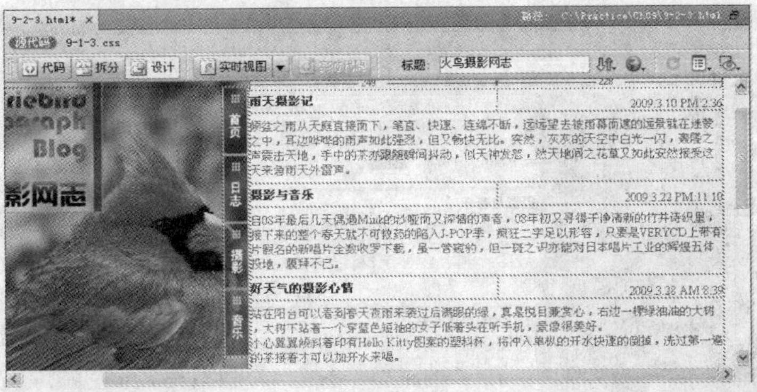

图 9-58　编辑其他网志文本

10 定位光标在表格第 2 行的文本后方，按下 Shift+Enter 快捷键执行断行，如图 9-59 所示，然后选择【插入记录】|【HTM】|【水平线】命令，插入一条水平线。

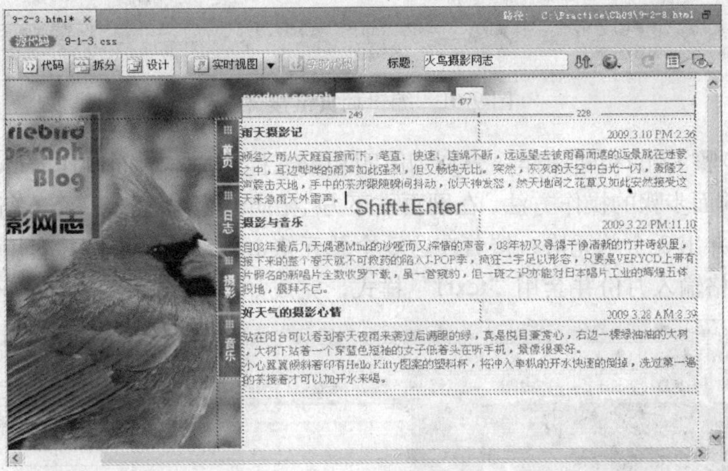

图 9-59　断行以插入水平线

11 根据步骤 10 相同的操作方法，分别在第 4 和第 6 行单元格文本后方断行并插入水平线，结果如图 9-60 所示。

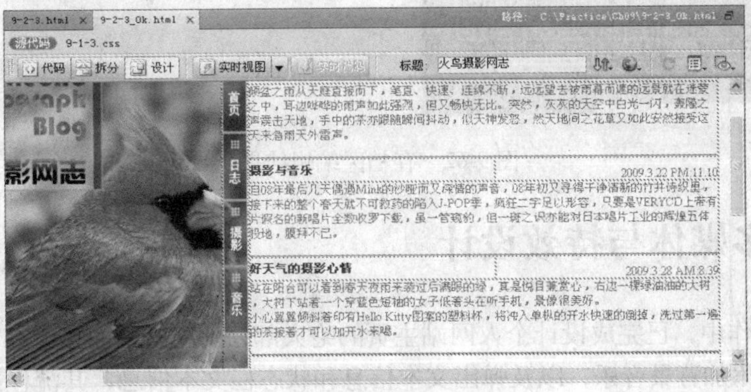

图 9-60　插入其他水平线

12 在表格第二栏文本后面输入“more...”内容，再在【属性】面板的【HTML】分类设置链接为“#”，如图 9-61 所示，预先设置空链接。

图 9-61 编辑翻页链接文本

13 根据步骤 12 的相同操作，分别为第四和第五栏的文本后面制作“more...”空链接。

14 参照前面步骤的操作方法，在网页右下方空白单元格内插入一个 6 行 7 列的表格，并在第 1 列分别合并出 3 个单元格，接着在这 3 个单元格中分别输入年份并套用“text3”样式，最后为其他单元格输入月份并套用“text1”样式，完成如图 9-62 所示的存档区编辑结果。

图 9-62 存档区编辑结果

9.3 网页多媒体与特效设计

在前面的操作中，已完成设计个人网站主页的绝大部分内容，下面接着在网页中添加动态相册，并为网页添加背景音乐，以及弹出文本信息和状态栏文本信息，其流程如图 9-63 所示，最终完成个人网站主页的设计。

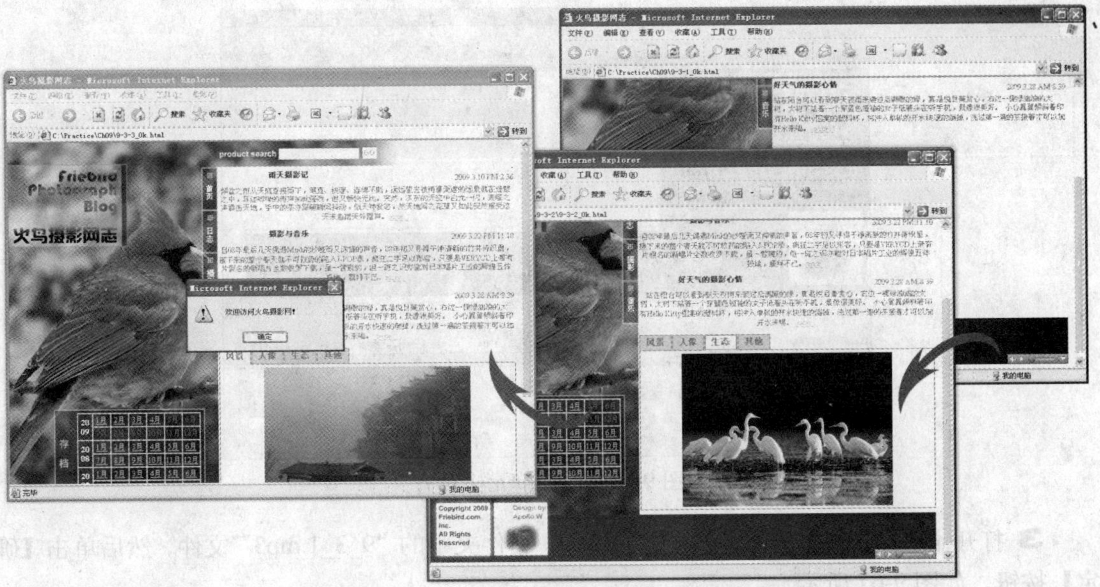

图 9-63　主页多媒体与特效设计流程

9.3.1　设置网页背景音乐

本节将以插入多媒体插件的方法为网页右下方添加一个可控制的音乐播放器，使浏览者在浏览网页的同时，欣赏背景音乐效果，结果如图 9-64 所示。

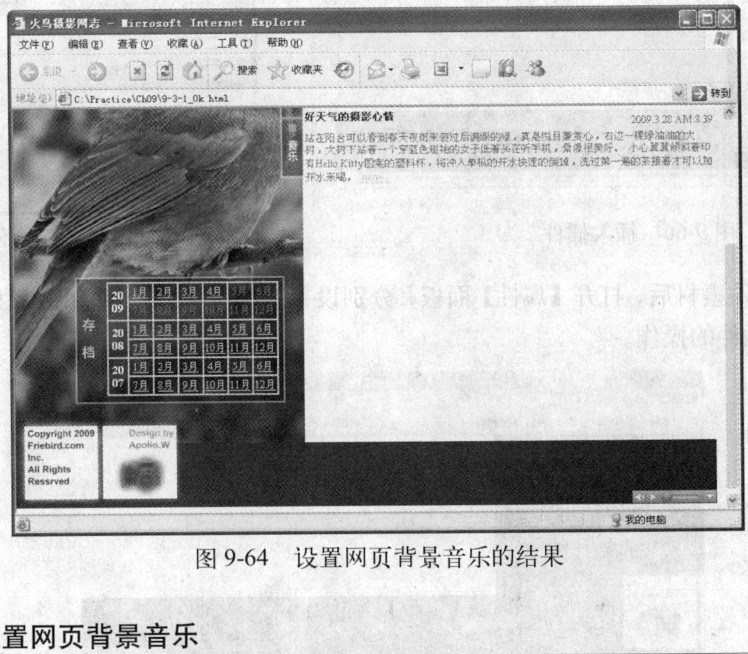

图 9-64　设置网页背景音乐的结果

Howto 设置网页背景音乐

1 打开光盘中的“..\Example\Ch09\9-3-1.html”文档，定位光标在网页最下方空白单元格内，然后在【属性】面板中分别设置水平和垂直对齐方式为“右对齐”和“底部”，如图 9-65 所示。

2 打开【插入】面板，在【常用】分类单击展开【媒体】下拉选单，选择【插件】选项，如图 9-66 所示。

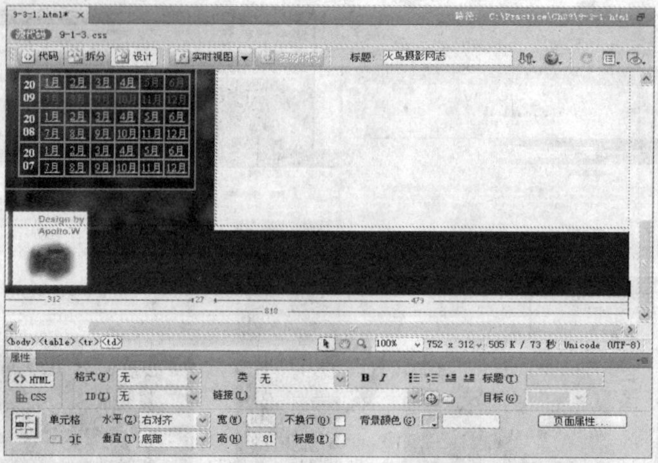

图 9-65　设置单元格对齐

3 打开【选择文件】选项卡，指定“Ch09”文件夹中的“9_3_1.mp3”文件，然后单击【确定】按钮，如图 9-67 所示。

图 9-66　插入插件

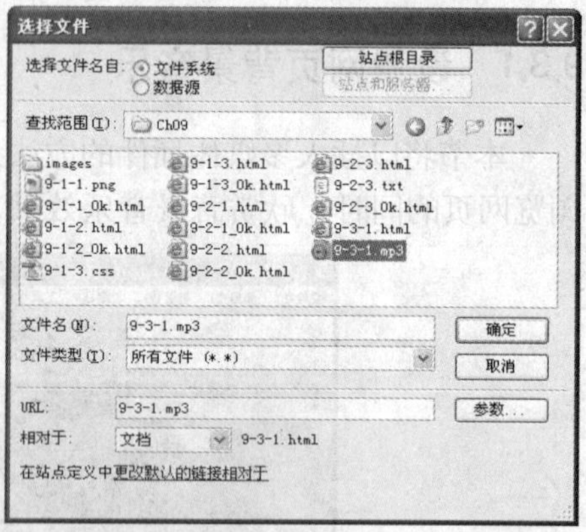

图 9-67　指定插件素材文件

4 指定插件素材后，打开【属性】面板，分别设置宽/高参数为 100 和 16，如图 9-68 所示，完成插入声音插件的操作。

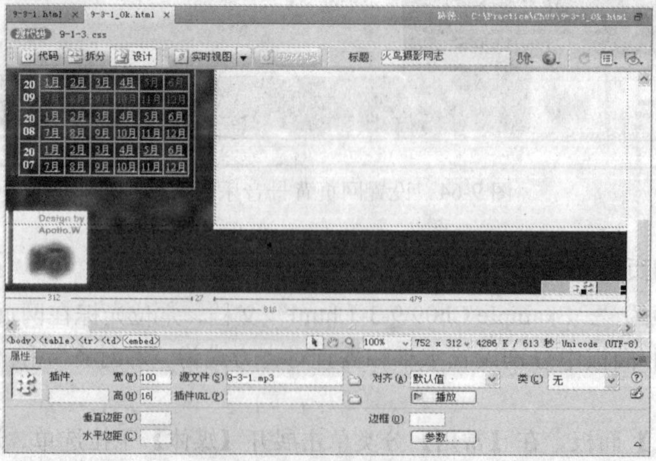

图 9-68　设置插件宽/高

9.3.2　制作动态相册

使用“Spry 选项卡式面板”可在网页中某个小区域内制作选项卡切换式的内容区，浏览者可通过切换不同的选项卡而获得丰富的信息内容，如图 9-69 所示，实现在较小范围内提供丰富信息，同时也使网页具备精彩的动态特效。

图 9-69　网站动态相册效果

Howto　制作动态相册

1 打开光盘中的“..\Example\Ch9\9-3-2\9-3-2.html”文档，定位光标在网页的空白单元格内，在【Spry】分类的【插入】面板中单击【Spry 选项卡式面板】按钮，如图 9-70 所示。

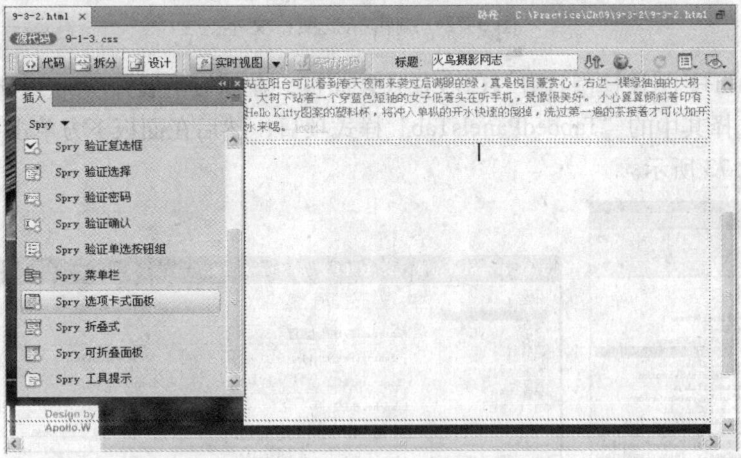

图 9-70　插入“Spry 选项卡式面板”

2 插入“Spry 选项卡式面板”对象后，在【属性】面板中的【面板】设置栏上方两次单击【添加面板】图示＋，如图 9-71 所示，新增两个面板项目。

3 在网页中选择“Spry 选项卡式面板”中的第一个标签文本，然后输入修改为“风景”文本。接着以相同的操作，依次修改其他标签文本为“人像”、“生态”和“其他”，如图 9-72 所示。

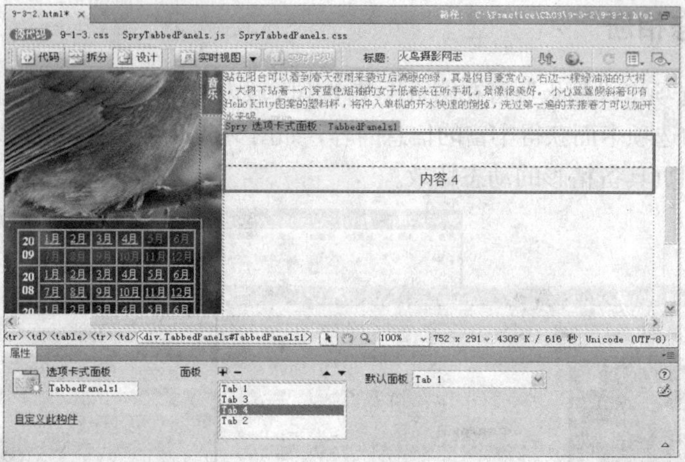

图 9-71 添加面板

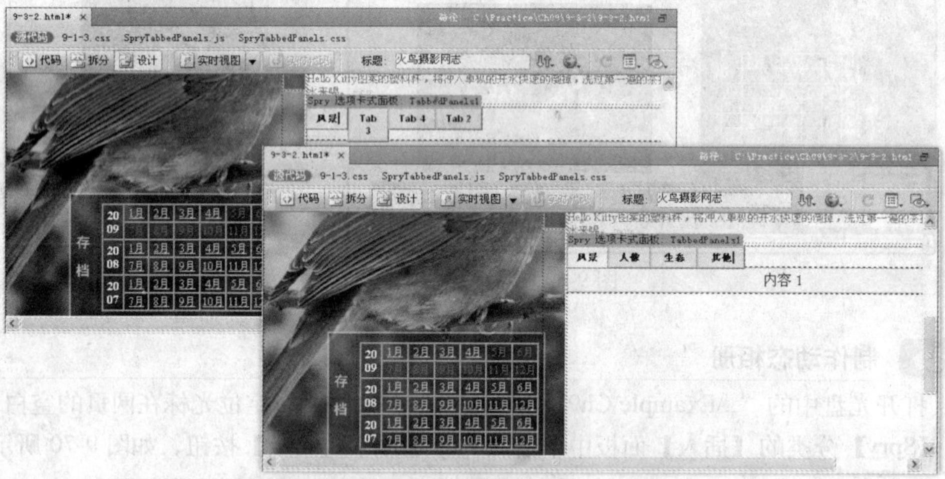

图 9-72 编辑标签项目文本

4 按下 Shift+F11 快捷键打开【CSS 样式】面板，在面板中展开“SpryTabbedPanels.css”样式列表，再选择其中的“TabbedPanelsTab”样式项目，然后在面板下方单击【编辑样式表】按钮，如图 9-73 所示。

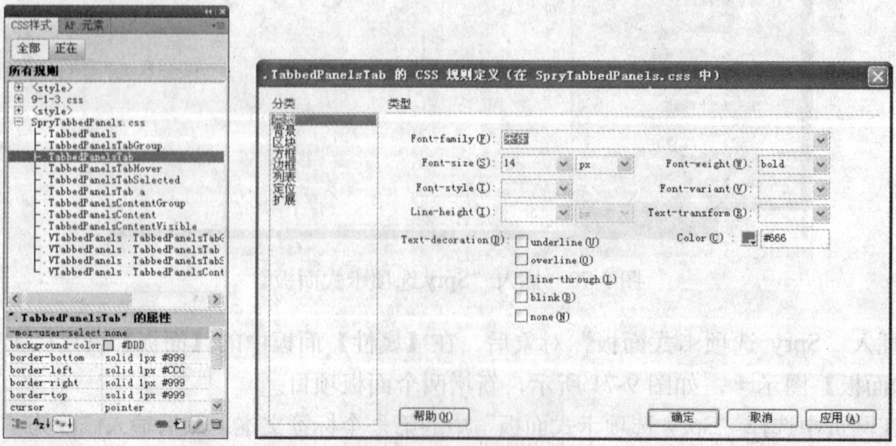

图 9-73 编辑“TabbedPanelsTab”CSS 样式的分类

5 打开样式表编辑对话框，默认显示“类型”分类，分别设置“Font-family”为“宋体”，“Font-size”为 14px，“Font-weight”为“bold”，“Color”为灰色“#666”，如图 9-73 所示。

6 选择对话框右边的“背景”分类，在“Background-color”栏修改颜色为桔红色“#FC6”，如图 9-74 所示。

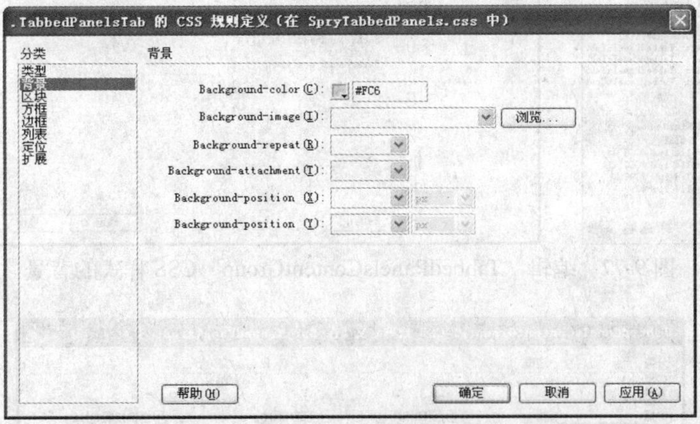

图 9-74　编辑“TabbedPanelsTab”CSS 样式的背景

7 选择对话框右边的“边框”分类，在“Style”区中全部设置为“solid”、在“Width”区中全部设置为 1px、在“Color”区中设置所有颜色为深红色“#DF4648”，然后单击【确定】按钮，如图 9-75 所示。

8 返回“CSS 样式”面板，选择“TabbedPanelsTabSelected”样式项目，然后直接在下方修改“background-color”属性为白色“#FFF”，如图 9-76 所示。

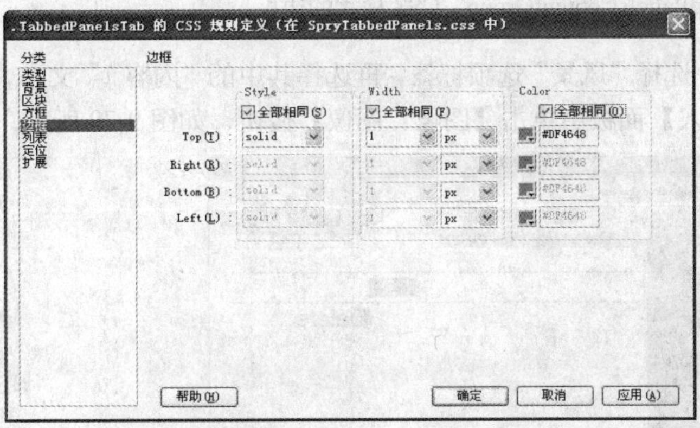

图 9-75　编辑“TabbedPanelsTab”样式边框

图 9-76　修改“TabbedPanelsTabSelected”样式背景

9 选择“TabbedPanelsContentGroup”样式项目，然后在面板下方单击【编辑样式表】按钮，打开样式表编辑对话框，默认显示“背景”分类，在“Background”栏修改颜色为白色“#FFF”，如图 9-77 所示。

10 选择对话框右边的“边框”分类，在“Style”区中全部设置为“solid”、在“Width”区中全部设置为 1px、在“Color”区中设置所有颜色为深红色“#DF4648”，然后单击【确定】按钮，如图 9-78 所示。

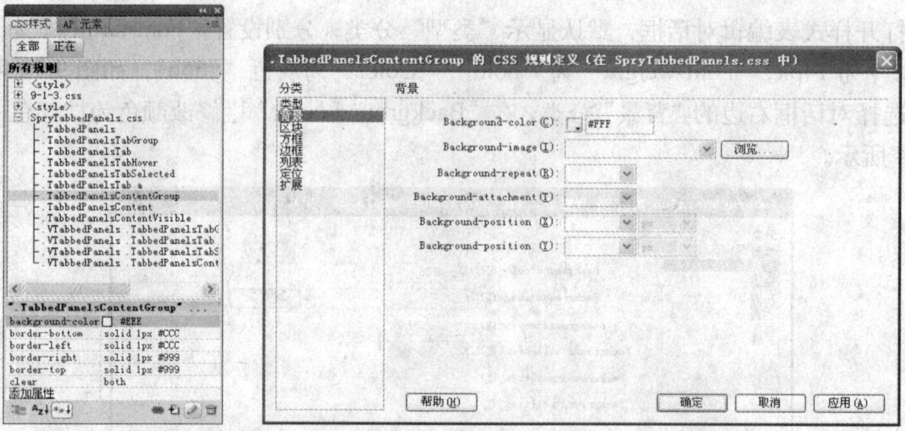

图 9-77 编辑"TabbedPanelsContentGroup"CSS 样式的背景

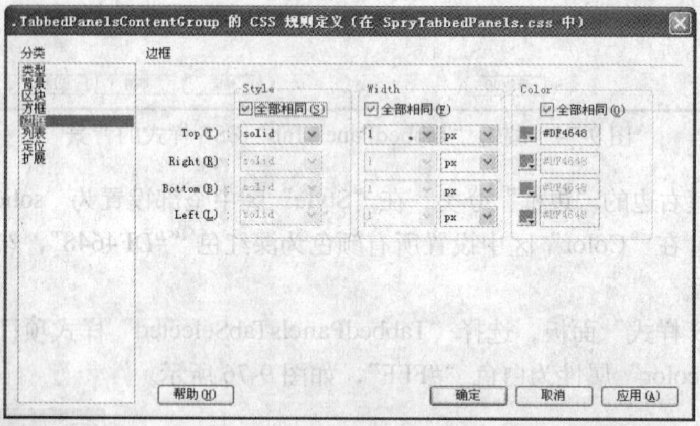

图 9-78 编辑"TabbedPanelsContentGroup"CSS 样式的边框

11 返回 Dreamweaver 编辑窗口，选择"风景"选项标签，再选择其中的"内容 1"文本，按下 Delete 按钮将其删除，然后在【插入】面板中单击【图像：图像】按钮，如图 9-79 所示。

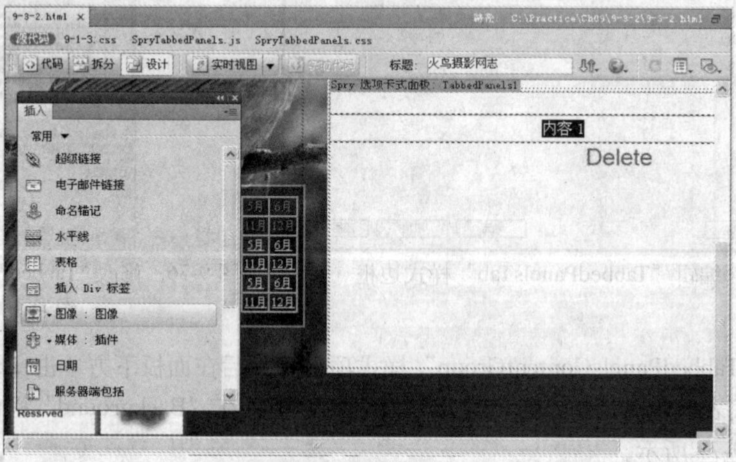

图 9-79 插入图片

12 打开【选择图像源文件】对话框，指定"images"文件夹中的"932A.jpg"文件，然后单击【确定】按钮，如图 9-80 所示。

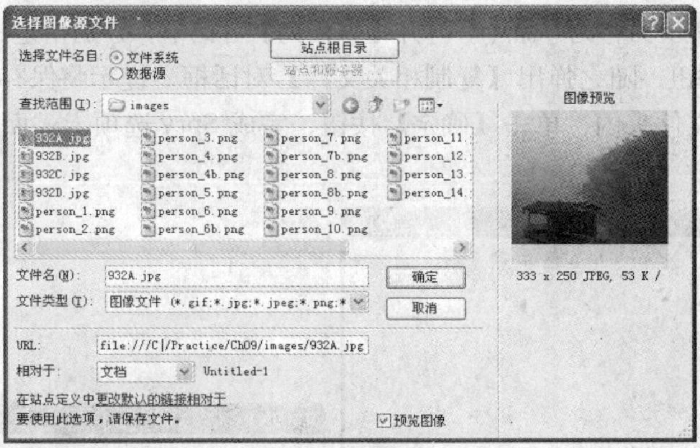

图 9-80　指定图片

13 单击"人物"标签上的眼睛图示，切换至该选项卡的编辑，再按照步骤 11 和步骤 12 相同的操作方法，插入"images"文件夹中的"932B.jpg"图像，结果如图 9-81 所示。

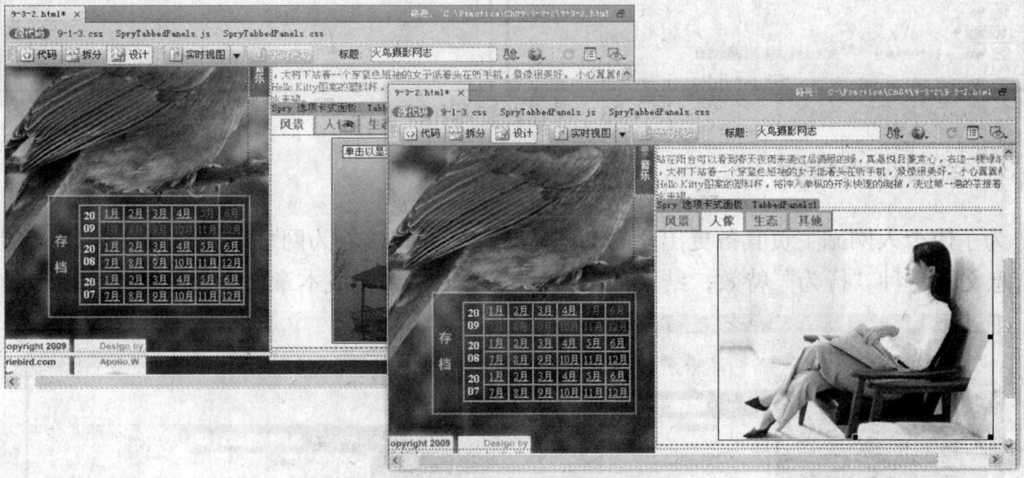

图 9-81　编辑另一选项卡内容

14 根据步骤 13 相同的操作方法，分别为"生态"和"其他"两个选择设置"images"文件夹中的"932C.jpg"和"932D.jpg"图片作为内容，结果如图 9-82 所示。

图 9-82　编辑其他选项卡内容

15 选择“文件 | 另存为”命令，打开【另存为】对话框，分别指定保存路径和保存名称，然后单击【保存】按钮，随之弹出【复制相关文件】对话框，提示将保存所需的支持文件并放置在“SpryAssets”文件夹内，单击【确定】按钮，完成 Spry 选项卡式面板的制作，如图 9-83 所示。

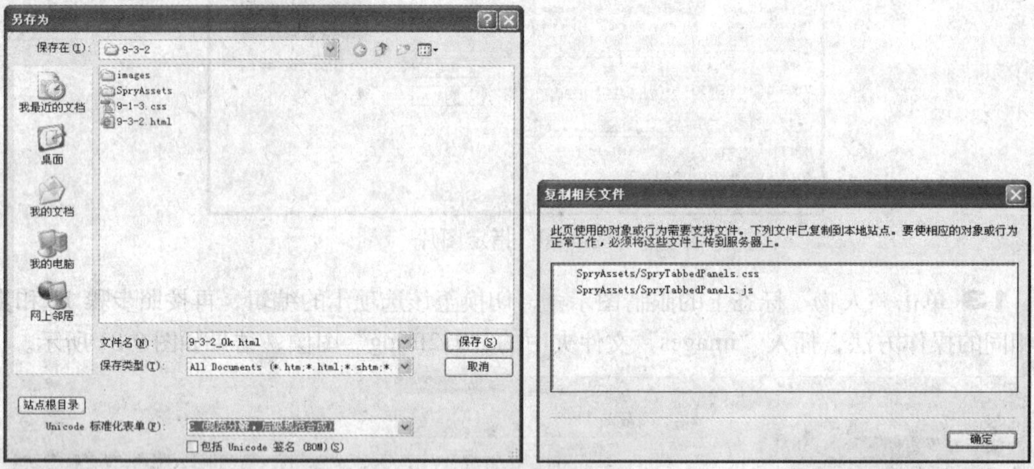

图 9-83　保存并复制相关文件

9.3.3　添加行为特效

为了使个人网站主页具备更出众的动态特效，下面将接着为网页添加弹出信息文本和状态栏信息文本两种“行为”特效，结果如图 9-84 所示，最终完成本章所介绍的网站主页设计。

图 9-84　添加行为特效的结果

Howto　添加行为特效

1 打开光盘中的“..\Example\Ch09\9-3-3.html”文档，按下 Shift+F4 快捷键打开【行为】面板。

2 定位光标在网页所有内容之外的区域（或在不选择任何对象的情况下），单击【行为】面板的【添加行为】按钮 +，选择【弹出信息】命令，如图 9-85 所示。

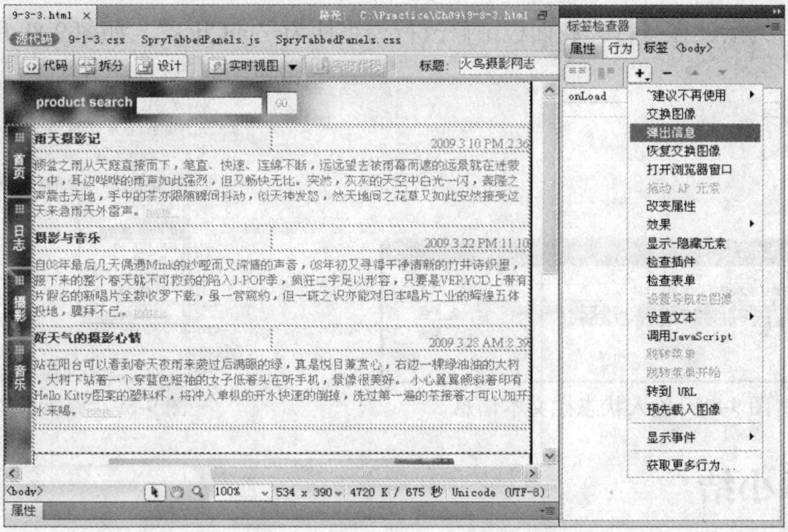

图 9-85　添加“弹出信息”行为

3 弹出【弹出信息】对话框后，在【信息】文字区域输入如图 9-86 所示的文本内容，然后单击【确定】按钮。

图 9-86　输入弹出信息

4 在网页上方的搜索区中选择“go”按钮元件，在【行为】面板中单击【添加行为】按钮 +，选择【设置文本|设置状态栏文本】命令，如图 9-87 所示。

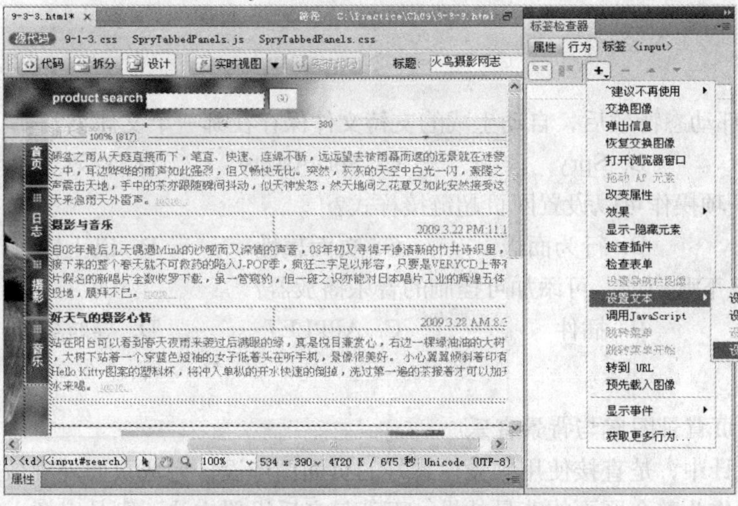

图 9-87　添加“设置状态栏文本”行为

5 打开【设置状态栏文本】对话框，在【消息】栏中输入如图 9-88 所示的文本，然后单击【确定】按钮。

6 添加行为后，在【行为】面板中修改行为事件为“onClick”，如图 9-89 所示。

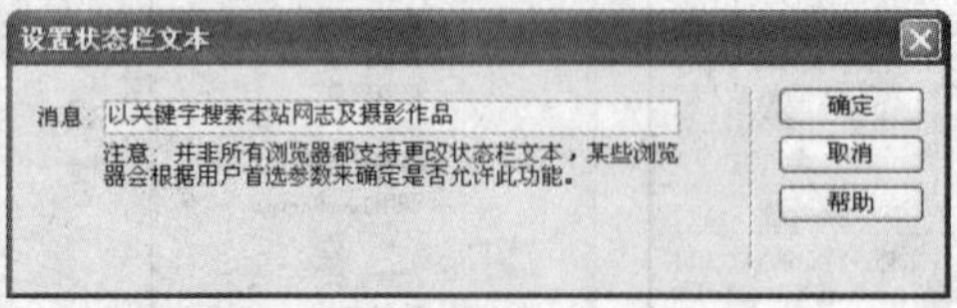

图 9-88　输入状态栏文本信息

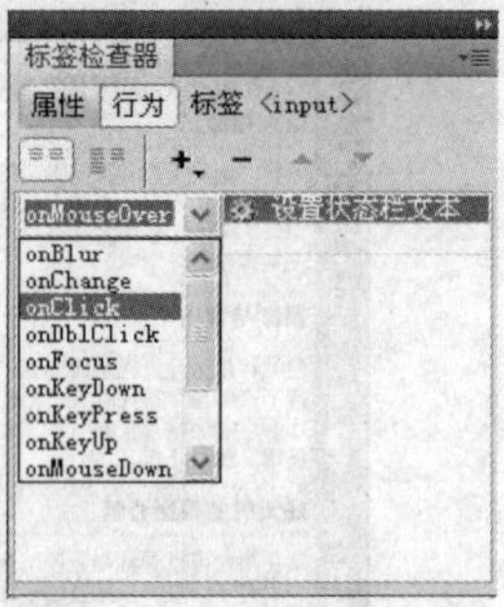

图 9-89　修改行为事件

9.4　本章小结

通过个人网站主页的实例设计，本章讲解了一个具有个人风格的网页版面设计、内容编排，以及多媒体与特效的制作，将本书前面各章中有关静态网页设计的功能操作综合应用，完整的体验从无到有完成一个网页设计全过程。

9.5　本章习题

一、填充题

1. 通过【页面属性】为网页设置__________和__________后，为网页插入的内容自动对齐左上顶部位置。

2. 布局网页版面之前，可先为网页指定________图像，以作为布局页面的参考。

3. 在网页中插入的导航条可设置__________、__________、__________和__________四种状态的图像。

二、选择题

1. 插入 Spry 局部动态特效后，自动生成的支持文件保存在哪一个文件夹？（　　）

A. images　B. Spry　C. SpryAssets　D. 特效

2. 通过以下哪一项操作可以设置网页超链接样式？（　　）

A. 属性面板　B. 行为面板　C. 页面属性　D. 以上皆可

3. 为网页插入以下哪一项，可添加可控制的音乐播放器？（　　）

A. 参数　B. 插件　C. APPLET　D. 导航条

三、上机实训

实训 1　设置网页背景图案与背景音乐

本例个人主页设计中，是直接使用预先设置好的页面图形设计完成页面外观效果，此外，还可指定特殊的图片作为整个网页的背景效果。而背景音乐设置方法，则是以插入播放插件的方式完成，如此，便于人们控制音乐的播放。而若想设置一个不受控制的真正的背景音乐效果，则需要通过代码编辑来完成。

操作提示：

1. 打开光盘中的“..\Example\Ch09\9-5.html”文档，选择【修改】|【页面属性】命令。

2. 打开【页面属性】对话框，在默认的【外观（CSS）】分类中，单击【背景图像】栏后面的【浏览】按钮，如图 9-90 所示。

3. 打开【选择图像源文件】对话框，指定“..\Example\Ch09\images\bg.png”图像素材，然后单击【确定】按钮，如图 9-91 所示。

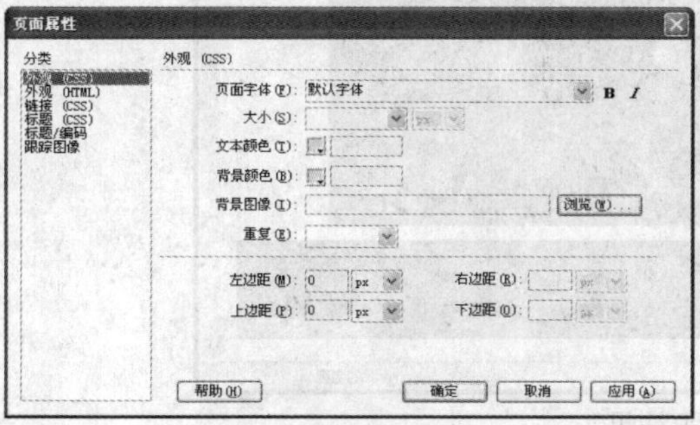

图 9-90　设置背景图像

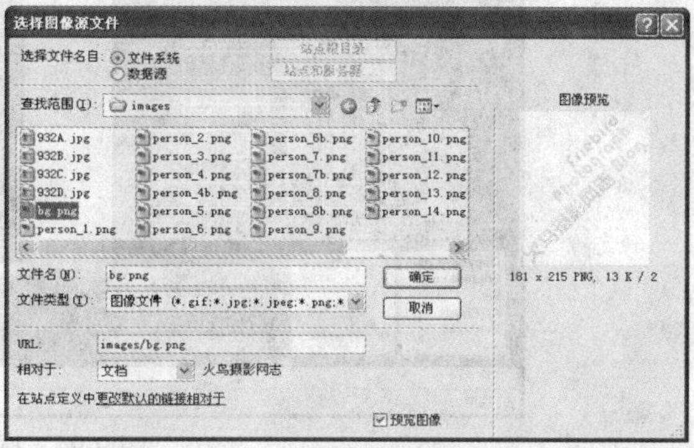

图 9-91　指定素材图片

4. 在【文档】工具栏中单击【代码】按钮，切换至代码编辑视图，在“</head>”标签下方输入代码“<bgsound src="9-3-1.mp3" loop=-1></bgsound>”，如图 9-92 所示，指定“9-3-1.mp3”作为背景音乐，再设置无循环播放（loop=-1）。

5. 完成背景图像和背景音乐的制作后保存为成果档，然后按下 F12 功能键，通过 IE 浏览器打开网页，预览其效果，如图 9-93 所示。

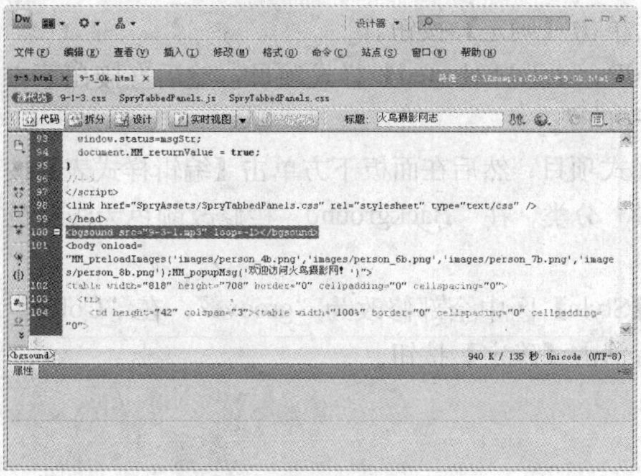

图 9-92　设置背景音乐

图 9-93　设置背景图像和背景音乐的结果

实训 2　修改动态相册区各选项卡的效果

打开光盘中的“..\Example\Ch09\9-6.html”练习文件，为网页中已完成制作的动态相册区修改选项卡标签的文本外观、背景、边框效果，以及选项卡的内容背景和边框效果，完成结果如图 9-94 所示。

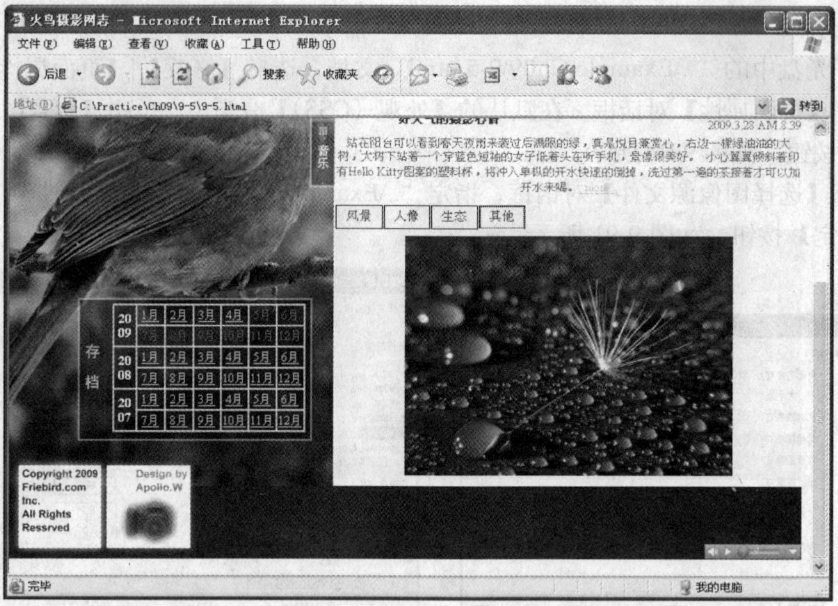

图 9-94　操作题结果

操作提示：

1. 在 Dreamweaver CS4 中打开"..\Example\Ch09\9-6\9-6.html"练习文件，按下 Shift+F11 快捷键打开【CSS 样式】面板，在面板中展开"SpryTabbedPanels.css"样式列表，再选择其中的"TabbedPanelsTab"样式项目，然后在面板下方单击【编辑样式表】按钮。

2. 打开样式表编辑对话框，默认显示【类型】分类，分别修改"Font-family"为"华文细黑"，"Font-size"为 13px，"Font-weight"为"normal"，"Color"为红色"#D91F20"。

3. 选择对话框右边的【背景】分类，在"Background-color"栏修改颜色为浅黄色"#F6F0D8"。

4. 选择对话框右边的【边框】分类，在【Style】区中全部修改为"groove"，在"Color"区中修改所有颜色为深蓝色"#231C69"，然后单击【确定】按钮。

5. 返回【CSS 样式】面板，选择【TabbedPanelsTabSelected】样式项目，然后直接在下方修改"background-color"属性为浅黄色"#F6F0D8"。

6. 再选择"TabbedPanelsContentGroup"样式项目，然后在面板下方单击【编辑样式表】按钮，打开样式表编辑对话框，默认显示"背景"分类，在"Background"栏修改颜色为浅黄色"#F6F0D8"。

7. 选择对话框右边的【边框】分类，在【Style】区中全部修改为"groove"，在"Color"区中修改所有颜色为深蓝色"#231C69"，然后单击【确定】按钮。

第 10 章　网站公告牌设计

教学目标

通过“网站公告牌设计”实例掌握动态网站功能的设计与开发。

教学重点与难点

- 公告牌系统的分析
- 配置本地站点
- 创建数据库和数据表
- 设置数据源和 DSN
- 制作公告牌系统的功能模块

10.1　公告牌系统设计分析

大多数网站都会提供公告牌（也称为公告板）以传达信息，网友可通过网站的公告牌了解与网站、或某一主题相关的公告信息。网站公告牌的公告信息一般都是由网站的管理人员刊登。当管理人员成功登录公告发布页面后，便可以根据需要刊登一则或多则公告信息，并且还可以进入公告管理页面，修改、更新或删除公告内容，以便为网友提供各种最新的内容资讯。

本章将以“卡通迷”网站的 BOARD 公告牌为例，详细介绍网站公告牌的设计方法。在本实例中，可以学习到在页面中显示重复的数据记录、添加记录导航、有条件地显示区域、转到详细页面、设置动态超链接等知识。

10.1.1　公告牌系统设计重点

网站公告牌主要由公告显示、管理登录与公告管理三个部分制作完成。下面提供一些网站公告牌的设计建议，帮助读者更好地理解网站公告牌的开发重点。

（1）实现保存与显示公告信息，系统需要建立数据库，以保存浏览者提交的信息，而且通过数据库将信息在网页上显示，供网络用户浏览公告信息。

（2）经过日积月累的发布，网站公告牌将产生许多公告项目及信息，如果全部在同一网页上，不但占用大量的页面空间，而且不方便公告的管理。因此，需要专门设计一个用于显示公告详细内容的页面，并提供进入详细信息页面的途径。

（3）在网站公告牌首页上的公告项目是开放给网友浏览的，而发布、更新和删除等管理操作是网站管理人员才具备的权限，因此，需要提供一个登录渠道让管员人员登录，以执行公告管理。

10.1.2　公告牌的设计逻辑与结构

本例“卡通迷”公告牌主要由“显示公告”、“管理员登录”和“公告管理”3 个模块组成。

浏览者可以通过公告牌系统主界面进入“添加留言”模块中，通过表单发布留言。成功添加留言后将显示提交留言成功的信息，然后返回添加公告牌系统主页面。其他浏览者可以通过公告牌系统主页面进入“显示留言”模块，查看留言内容并可以针对留言进行回复，回复后将返回显示留言信息页面，查看回复内容。如图 10-1 所示为公告牌系统的逻辑结构。

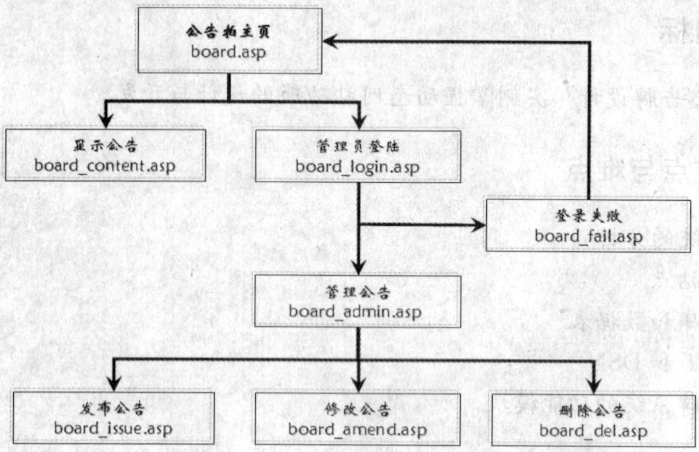

图 10-1　公告牌系统的逻辑结构图

10.1.3　公告牌系统页面功能分析

本例公告牌主页“board.asp”显示了已发布的公告项目，浏览者可通过此页面进一步浏览公告详细内容，而若是网站管理员还可以通过页面右上角的链接进入登录页面，如图 10-2 所示。

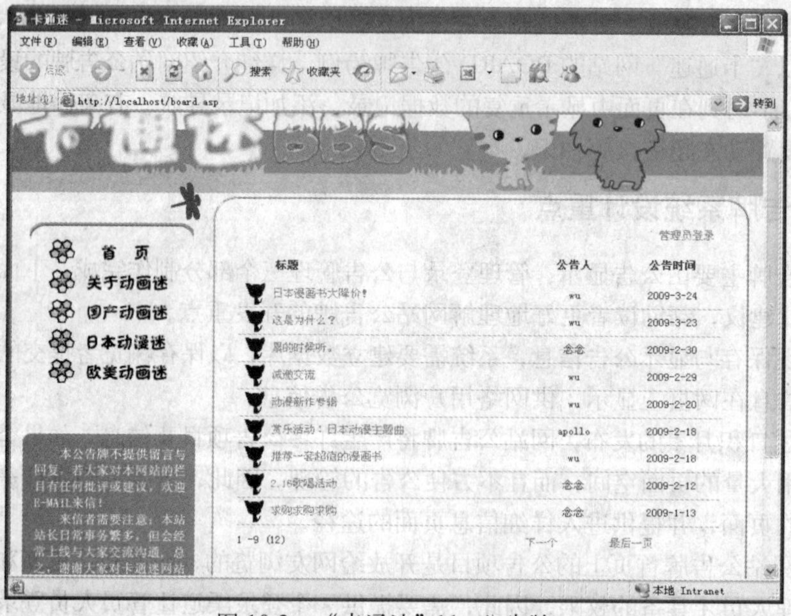

图 10-2　“卡通迷”bbs 公告牌

网友可在公告牌主页上单击公告标题，进入详细内容页面“board_content.asp”，如图 10-3 所示，浏览所选公告项目的详细内容，包括公告标题、时间、公告人和具体内容。浏览完毕，可单击下方的“返回”链接，返回公告牌主页面。

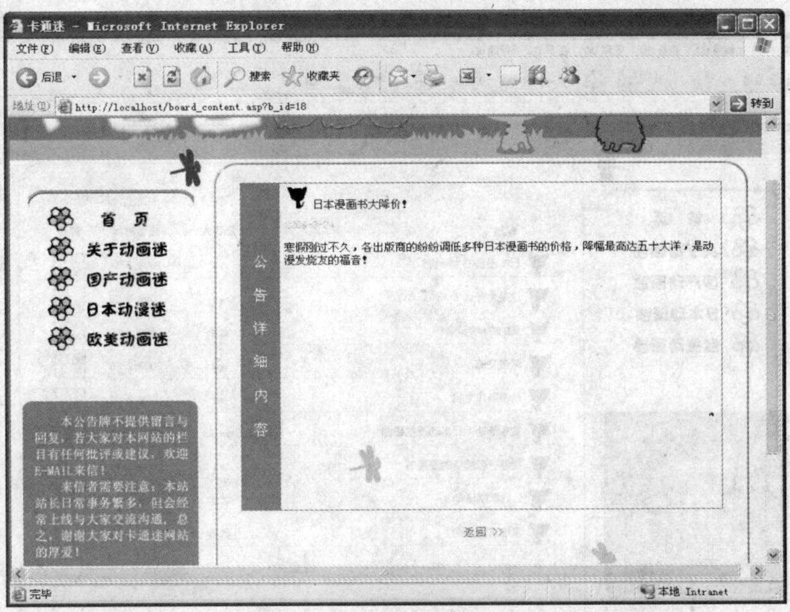

图 10-3　公告详细页面

公告牌上所有公告都是由网站管理人员发布，此外，管理人员还可以更新和删除公告信息。执行公告管理之前，管理人员首先要进行登录，如图 10-4 所示为管理员登录页面“board_login.asp”，如果输入的管理员帐号或密码出错，将显示错误提示页面。

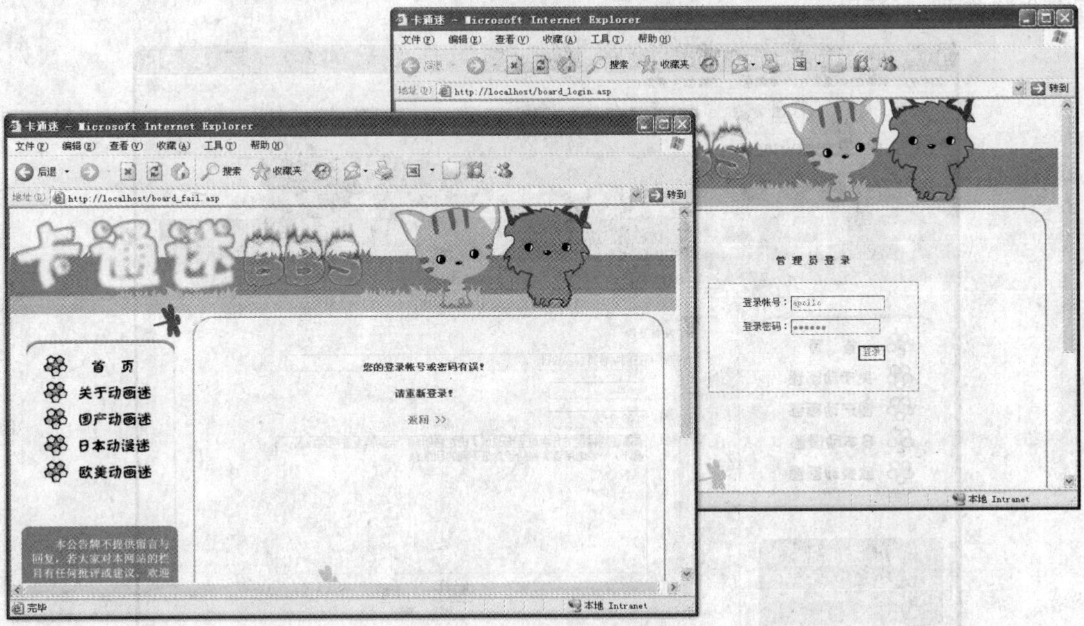

图 10-4　管理员登录页面

成功登录公告牌管理页面“board_admin.asp”后，可看到与公告牌主页面相似内容，如图 10-5 所示，所不同的是，每一项公告后面都提供了“更新”和“删除”两项操作功能，以及上方提供了一个“发布公告”的超链接。当管理员完成公告管理任务后，还可单击上方的“退出管理”链接，返回公告主页面。

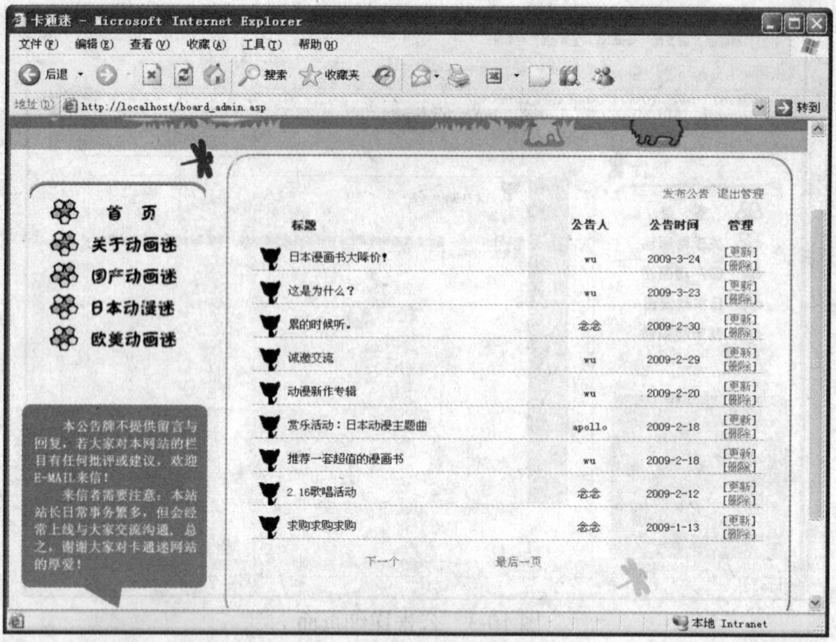

图 10-5　新闻公告管理界面

在公告管理页面中，管理者可单击右上方的“发布公告”链接，打开公告发布页面“board_issue.asp”，填写详细的公告内容并发布公告，如图 10-6 所示，发布完成之后将自动返回公告牌首页。

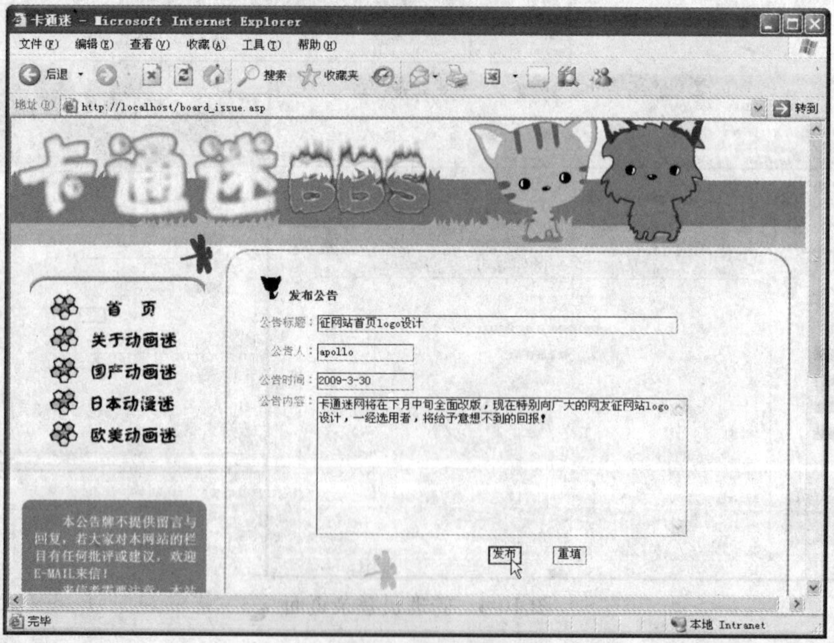

图 10-6　发布公告页面

若想修改已发布的某一条公告，可在管理页面中单击对应的公告项目后面的“更新”链接，进入公告修改页面“board_amend.asp”，如图 10-7 所示，通过该页面修改公告标题、类型和详细内容，完成后将自动返回管理区页面。

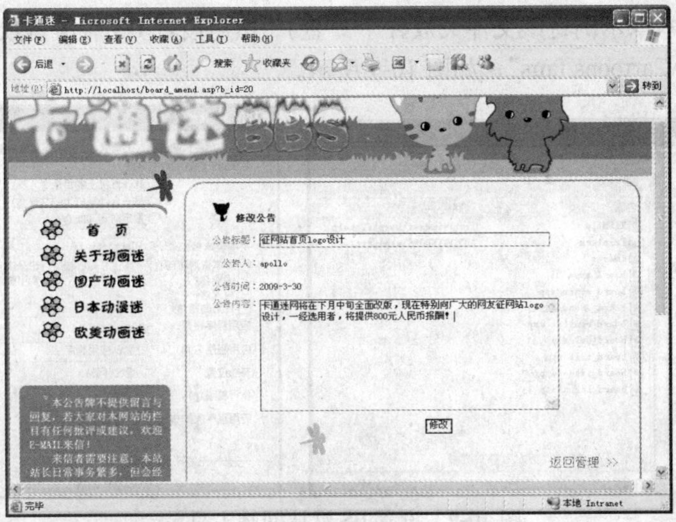

图 10-7　新闻公告修改页面

若想删除某一项不需要的公告，可在管理页面中单击对应的公告项目后面的“删除”链接，进入公告删除页面“board_del.asp”，其中显示了公告的详细信息，单击【确认删除】按钮便可将公告删除，并返回管理区页面。如图 10-8 所示。

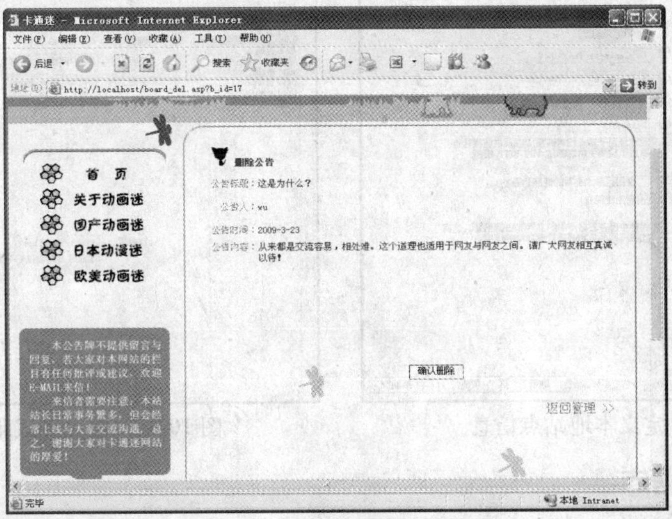

图 10-8　新闻公告删除页面

10.2　设计准备

在进行公告牌系统动态网站设计之前，需要完成一些前提工作，包括配置好站点、创建数据库、设置数据源、创建 IIS 服务器站点等。

10.2.1　配置本地站点

Howto　配置本地站点

1　在制作本章公告牌系统之前，先将光盘中的“..\Example\Ch10\Cartoons fans”文件夹复制到电脑磁盘上（本章示例将该文件夹放置于C盘），然后设置IIS服务器默认网站的属性，修改其主目录为“C:\Cartoons fans”，如图10-9所示。

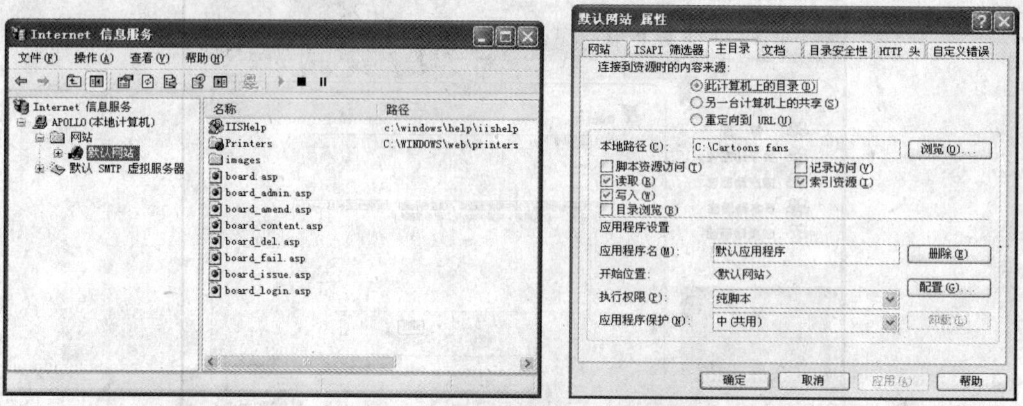

图10-9　设置IIS默认网站主目录

2 打开Dreamweaver CS4软件，并通过站点定义对话框定义站点的本地信息，如图10-10所示。完成后，再定义测试服务器信息，结果如图10-11所示。

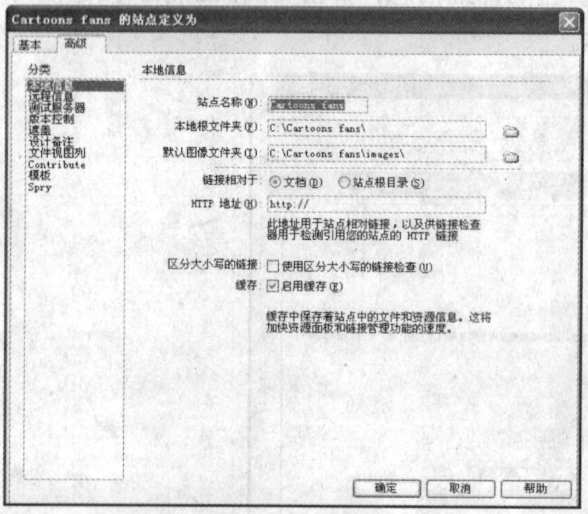

图10-10　定义本地站点信息

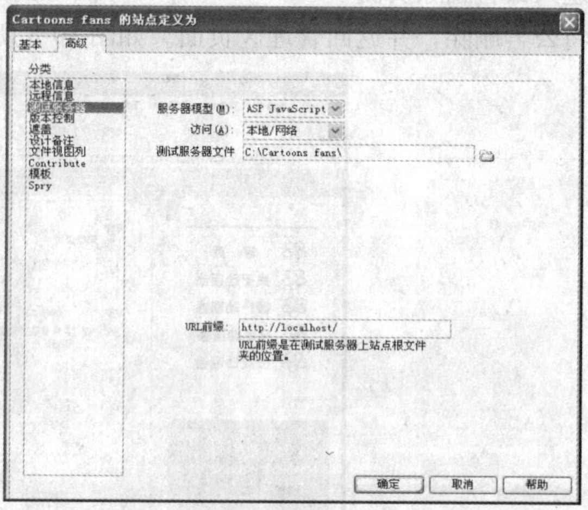

图10-11　定义测试服务器信息

10.2.2　创建数据库

完成本地站点配置之后，接着将创建网站的数据库。由于本例的公告内容是通过网站管理人员发布，将分别创建用于保存管理人员数据的“admin”数据表和用于保存公告信息的“bulletin”数据表。使用Access 2003程序创建上述两个数据表，结果如图10-12所示。

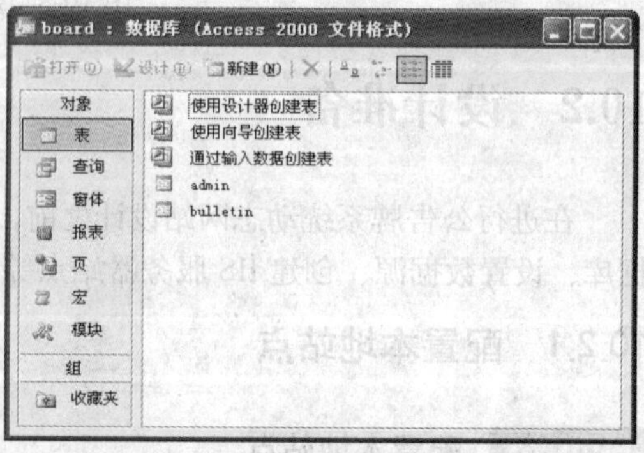

图10-12　创建公告牌数据库文件

其中，“admin”数据表由“admin_id”和“admin_pw”两个字段组成，用于保存网站管理人员的账号和密码；“bulletin”数据表由“b_”前缀的多个字段组成，用于记录公告编号、发布时间、公告人、公告标题和详细内容，如图 10-13 所示。

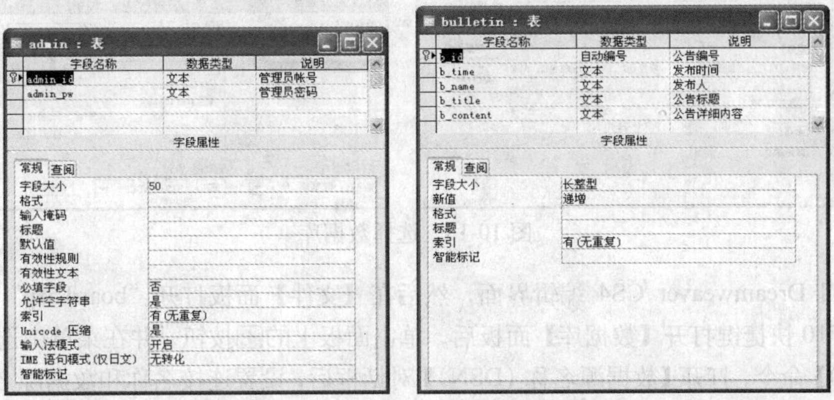

图 10-13　“admin”和“bulletin”数据表

完成创建由“admin”和“bulletin”两个数据表组成的数据库文件“board.mdb”之后，将其保存在网站文件夹“Cartoons fans”的“Database”文件夹中。

10.2.3　设置数据源并指定 DSN

创建数据库文件之后，便可通过开放式数据库连接（ODBC）驱动程序将数据库指定为数据源，然后使用已创建的数据库与动态网页建立关联，即指定数据源名称（DSN），以实现由网页对数据库的访问和管理，为数据传输提供连接通道。

Howto　设置数据源并指定 DSN

1 通过“控制面板”打开【管理工具】窗口，由该窗口打开【ODBC 数据源管理器】窗口。

2 在【ODBC 数据源管理器】对话框中切换至【系统 DSN】选项卡，单击【添加】按钮，打开【创建新数据源】窗口，选择驱动程序为“Microsoft Access Driver (*.mdb)”然后单击【完成】按钮，如图 10-14 所示。

图 10-14　添加数据源

3 打开【ODBC Microsoft Access 安装】对话框，先输入数据源名为“feedback”，再单击【选择】按钮，打开【选择数据库】对话框，选择上一小节创建的数据库，最后单击【确定】按钮，关闭所有对话框，如图 10-15 所示。

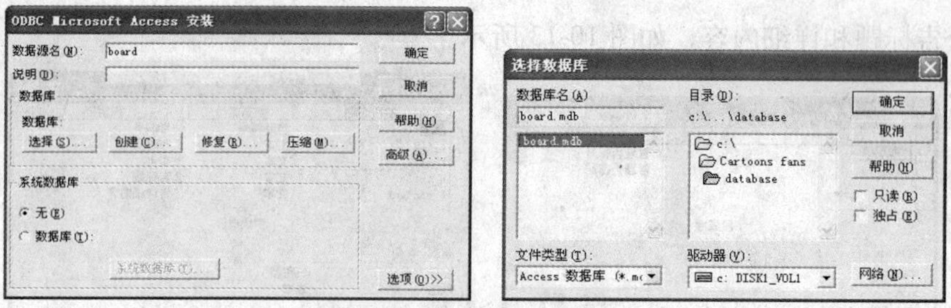

图 10-15 选择数据库

4 返回 Dreamweaver CS4 编辑界面，然后在【文件】面板打开“board.asp”文件，按下 Ctrl+Shift+F10 快捷键打开【数据库】面板后，单击面板上的⊞按钮，并在菜单中选择【数据源名称（DSN）】命令，打开【数据源名称（DSN）】对话框后，设置连接名称和数据源名称（DSN），最后单击【确定】按钮，如图 10-16 所示。

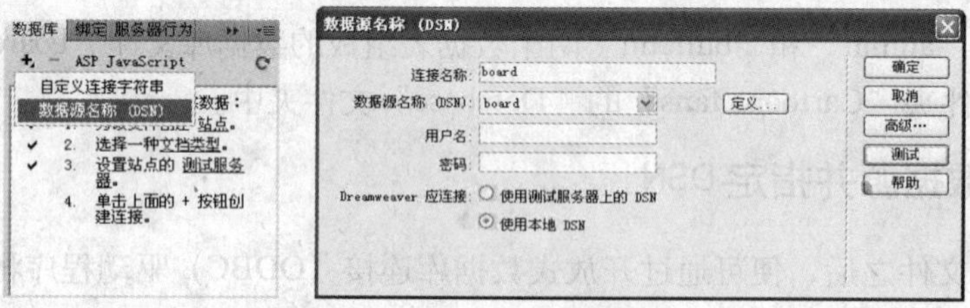

图 10-16 设置数据源名称

10.3 制作公告显示模块

公告显示模块包含“board.asp”和“board_content.asp”两个网页，其中“board.asp”为网站公告牌的主页面；“board_content.asp”为显示详细公告内容的页面。

10.3.1 在主页面显示公告项目

本例先制作网站公告牌的主页面“board.asp”，首先是将已发布的公告项目以每页 9 条的方式从上到下排列，每一项公告都显示标题、公告人、公告时间三项内容，并为公告标题设置动态超链接，以便网友通过该链接打开阅读详细的公告内容，操作结果如图 10-17 所示。

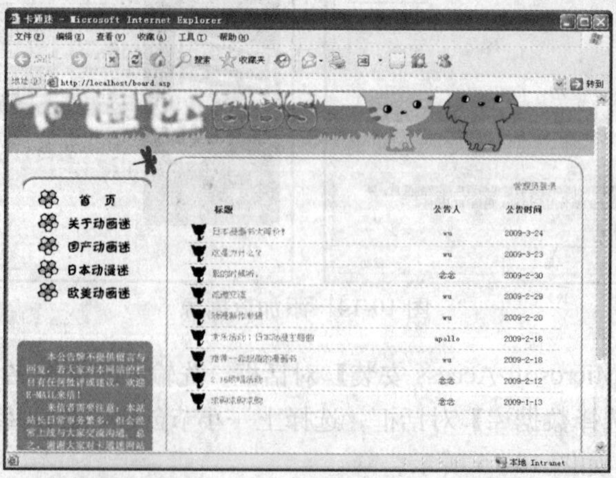

图 10-17 在主页面显示公告项目

Howto 在主页面显示公告项目

1 按下 F8 功能键打开【文件】面板，双击打开“board.asp”文件。

2 按下 Ctrl+F10 快捷键打开【绑定】面板，再单击 + 图示按钮，打开下拉选单，选择【记录集（查询）】命令，如图 10-18 所示。

3 打开【记录集】对话框，设置【名称】和【连接】都为“board”，选择【表格】为“bulletin”，然后在【排序】栏中选择“board_id”项目，并选择【排序】为“降序”，最后单击【确定】按钮，如图 10-19 所示。

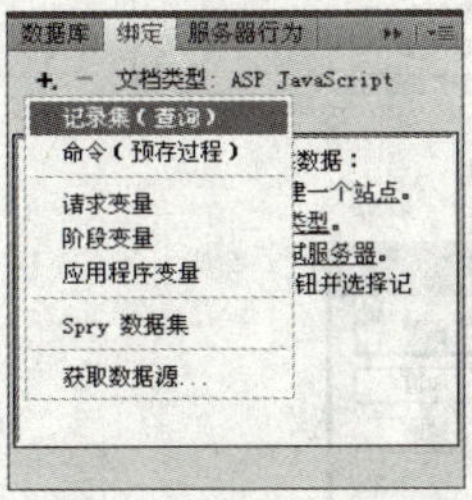

图 10-18　添加记录集

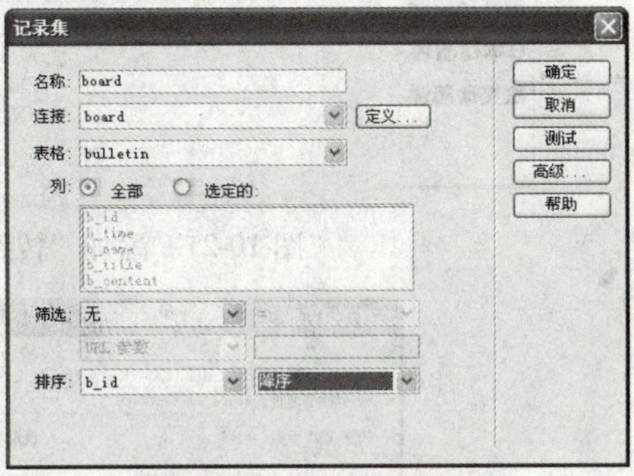

图 10-19　记录集绑定设置

4 在【绑定】面板中展开记录集，拖动“b_title”字段黑色卡通猫图示右边的单元格，以相同的操作，分别在表格中“公告人”和“时间”下方的单元格添加字段“b_name”和“b_date”，并通过【属性】面板为添加的字段套用“text01”样式，如图 10-20 所示。

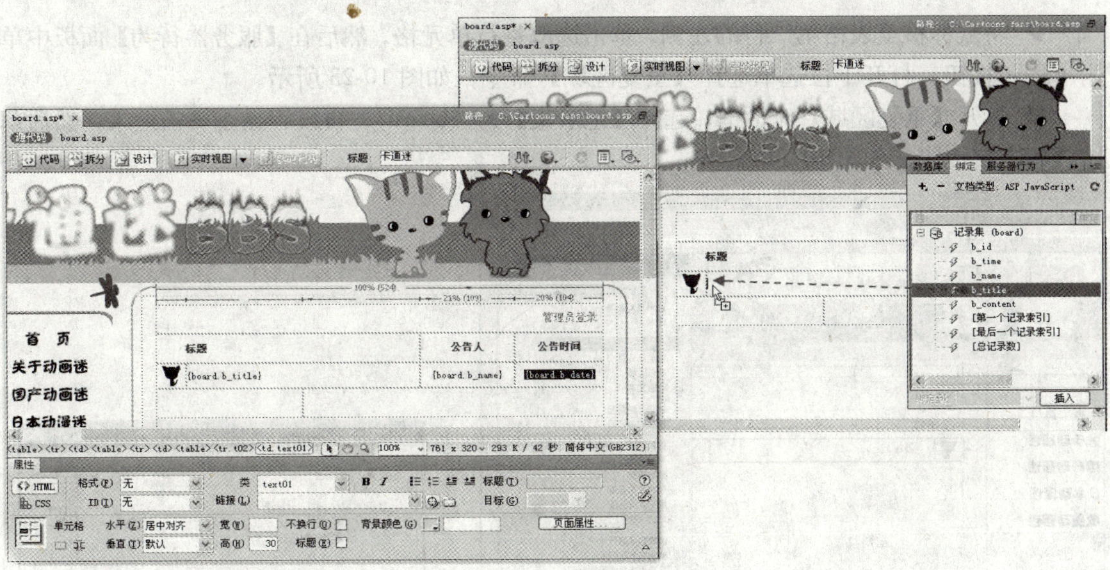

图 10-20　添加字段

5 在网页的表格中选择“b_title”字段，然后切换至【服务器行为】面板，单击 + 图示按钮，打开下拉选单，选择【转到详细页面】命令。如图 10-21 所示。

6 打开【转到详细页面】对话框，在【详细信息页】栏指定“board_content.asp”网页文件，然后单击【确定】按钮，如图 10-22 所示，使用其他默认设置。

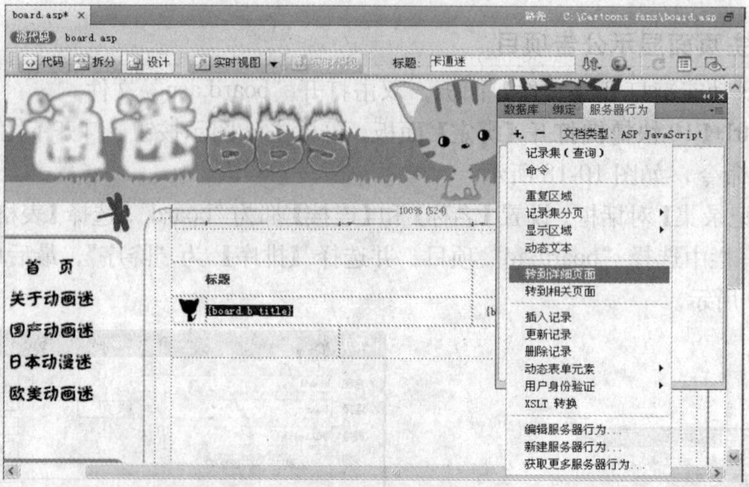

图 10-21　添加“转到详细页面”行为

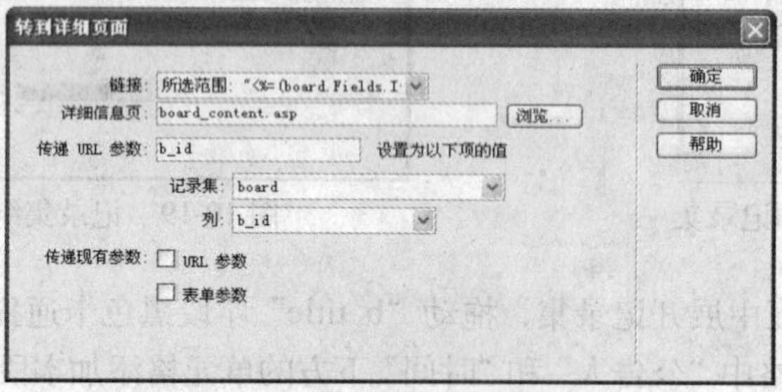

图 10-22　设置转到详细页面

7 将鼠标移至表格第二行的左侧，单击选取整行单元格，然后在【服务器行为】面板中单击图示按钮，打开下拉选单选择【重复区域】命令，如图 10-23 所示。

8 打开【重复区域】对话框，选择【记录集】为“board”，再设置显示 9 条记录，然后单击【确定】按钮，如图 10-24 所示。

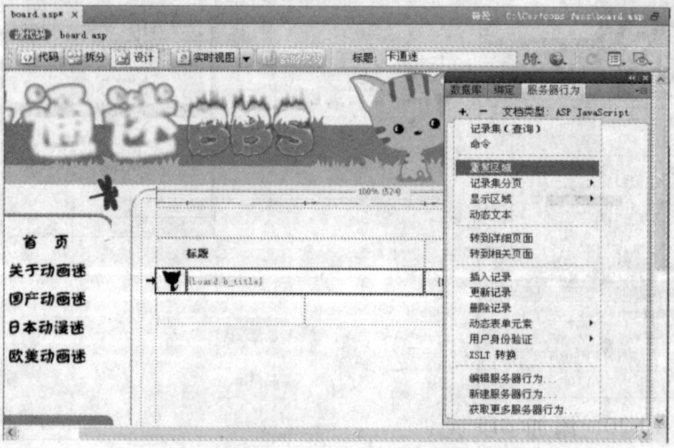

图 10-23　添加“重复区域”行为

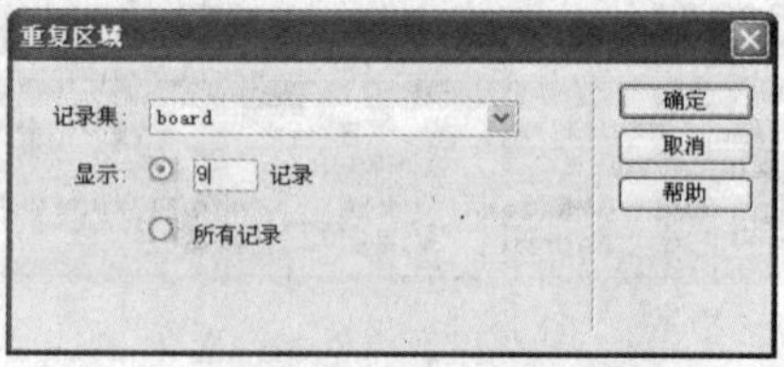

图 10-24　设置显示的记录数

10.3.2　制作主页面导航功能

本例的公告牌主页设计，每次最多只显示 9 条记录，当网友需要查看更多公告项目时，就需要可通过翻页的形式来实现。下面接着为公告牌主页面添加记录集导航条，使网页具有翻页功能，同时加入记录集导航状态信息，用于描述页面当前所显示公告项目记录和公告总记录数。如图 10-25 所示。

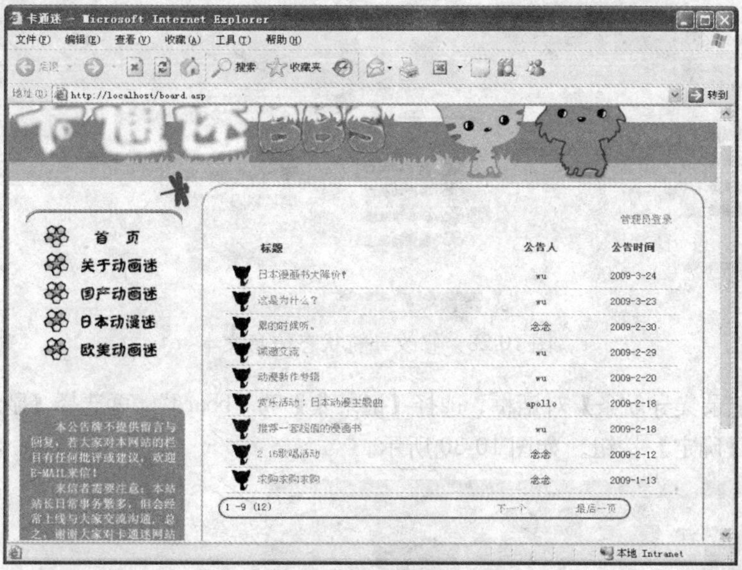

图 10-25　主页面导航功能

Howto 制作主页面导航功能

1 先定位光标在表格左下角单元格中，再将【插入】面板切换至【数据】分类，然后单击【记录集导航状态】按钮，如图 10-26 所示。

2 打开【记录集导航状态】对话框，选择【记录集】为“board”，然后单击【确定】按钮。如图 10-27 所示。

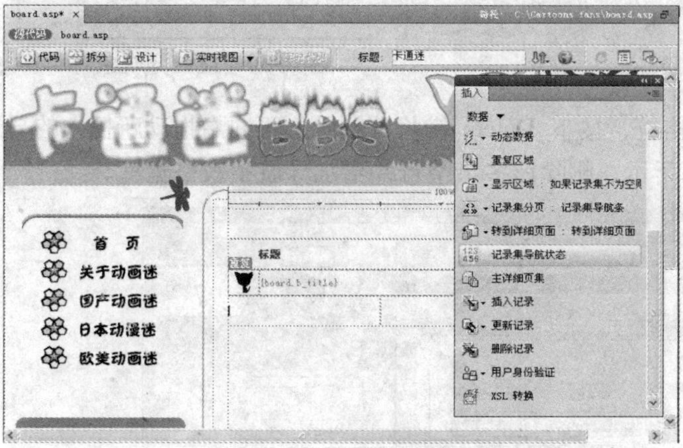

图 10-26　插入导航状态

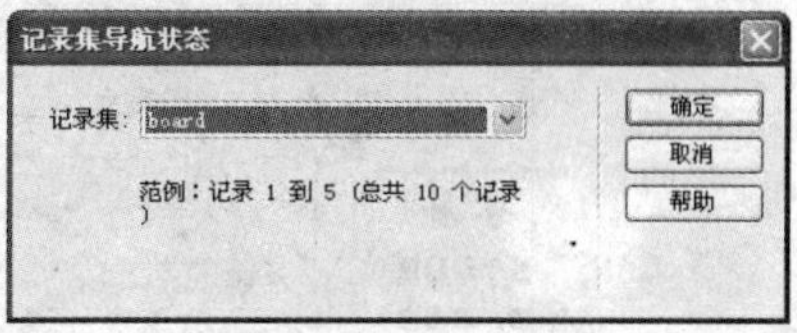

图 10-27　指定记录集

3 插入导航条状态信息后，选择状态信息多余的中文内容，按下 Delete 键将其删除，并在第一个字段后面输入“-”字符，使状态信息只显示“b_first - b.last（b_total)”字段内容，如图 10-28 所示。

4 先定位光标在表格右下方单元格，然后在【插入】面板的【数据】分类中单击【记录集分页】按钮，打开下拉选单，选择【记录集导航条】命令，如图 10-29 所示。

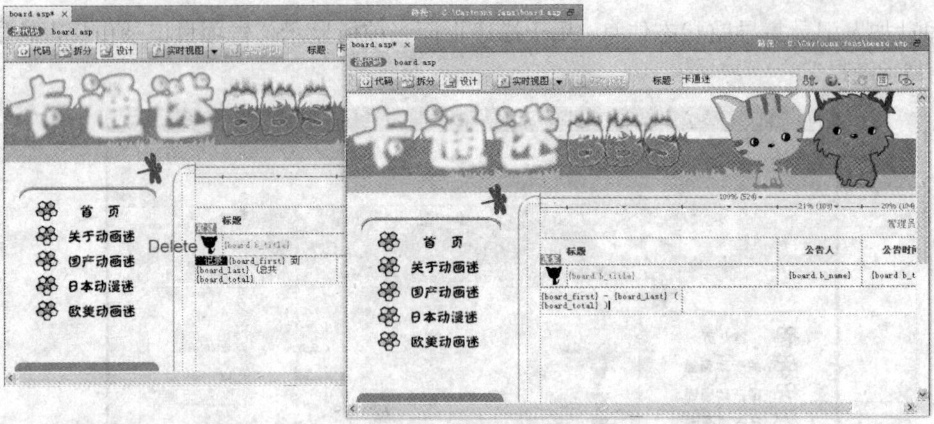

图 10-28　修改导航状态信息文本

5 打开【记录集导航条】对话框，选择【记录集】为“board”，再选择【显示方式】为“文本”，然后单击【确定】按钮。如图 10-30 所示。

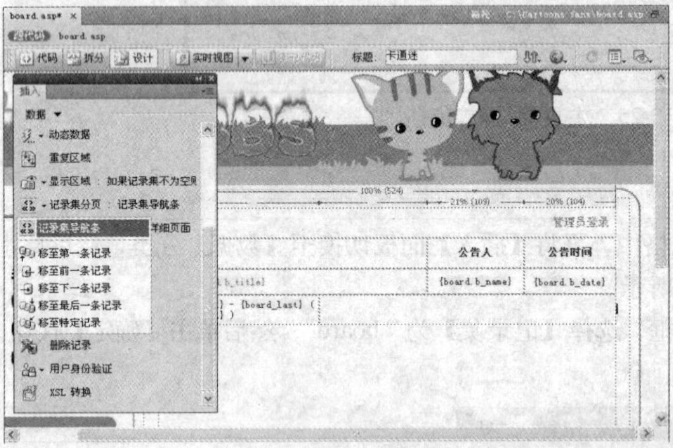

图 10-29　插入记录导航条

图 10-30　设置导航条

6 拖动选择导航条表格上方的空格符，按下 Delete 键将其删除，再向右拖动所插入的导航条表格左下角的调整点，如图 10-31 所示，删除该多余空行并增加导航条表格宽度。

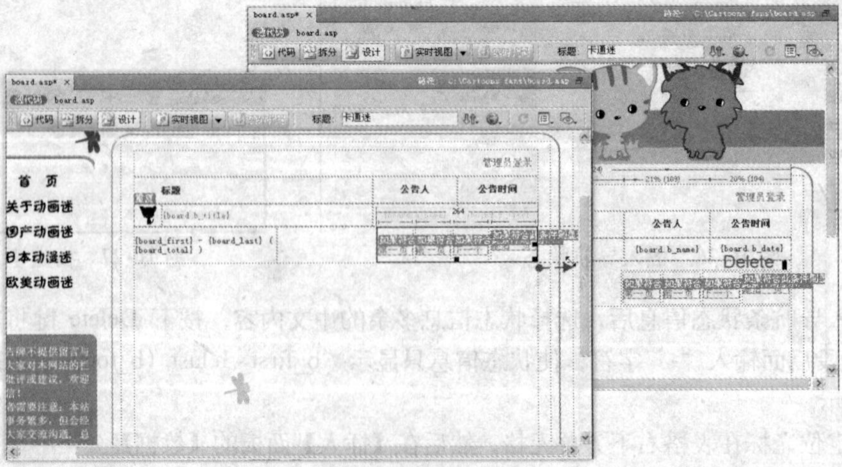

图 10-31　调整导航条表格

10.3.3　制作显示详细公告页面

在公告牌主页面，网友可通过单击公告标题打开“board_content.asp”页面，在其中显示公告的详细内容，本例将制作公告详细页面，结果如图 10-32 所示。

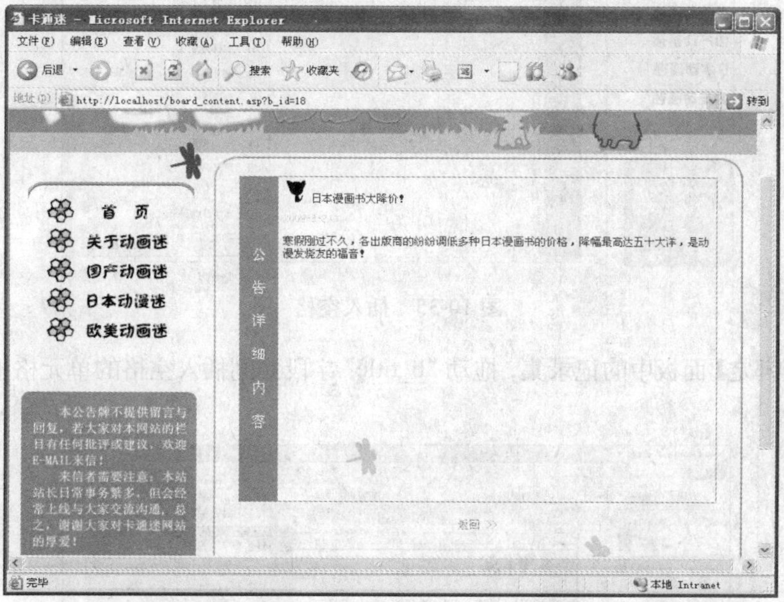

图 10-32　显示详细公告页面

Howto　制作显示详细公告页面

1 按下 F8 功能键打开【文件】面板后，双击打开“board_content.asp”文件。

2 按下 Ctrl+F10 快捷键打开【绑定】面板，单击 + 图示按钮打开下拉选单，选择【记录集（查询）】命令。如图 10-33 所示。

3 打开【记录集】对话框，设置【名称】和【连接】都为“board”，选择【表格】为“bulletin”选项，再为【筛选】栏中选择“b_id”选项，在下一栏中选择【URL 参数】选项，并选择“b_id”选项，然后单击【确定】按钮，如图 10-34 所示。

图 10-33　绑定记录集

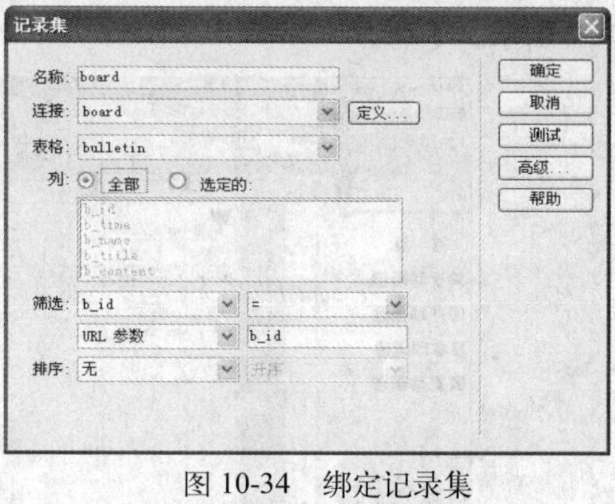

图 10-34　绑定记录集

4 定位光标在网页中表格第一行单元格，切换【插入】面板至【文本】分类，单击展开【字符】下拉选单，选择【不换行空格】命令，如图 10-35 所示，插入空格。

图 10-35　插入空格

5 展开【绑定】面板中的记录集，拖动“b_title”字段到刚插入空格的单元格中，如图 10-36 所示。

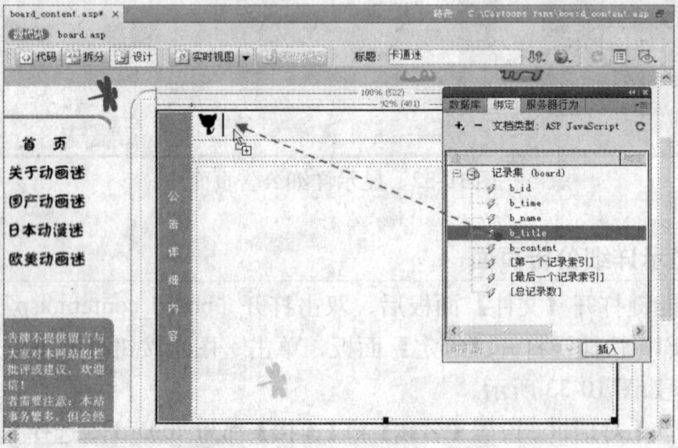

图 10-36　插入字符与字段

6 依照步骤 5 的方法，分别在下方两上单元格中添加“b_date”和“b_content”字段，结果如图 10-37 所示。

图 10-37　添加其他记录字段

7 打开【文件】面板，选择网页表格下方的“返回”文本，在【属性】面板左上方单击【HTML】按钮，然后在【链接】栏后面拖动图示至【文件】面板的“Board.asp”文件上方，如图 10-38 所示，制作返回超链接。

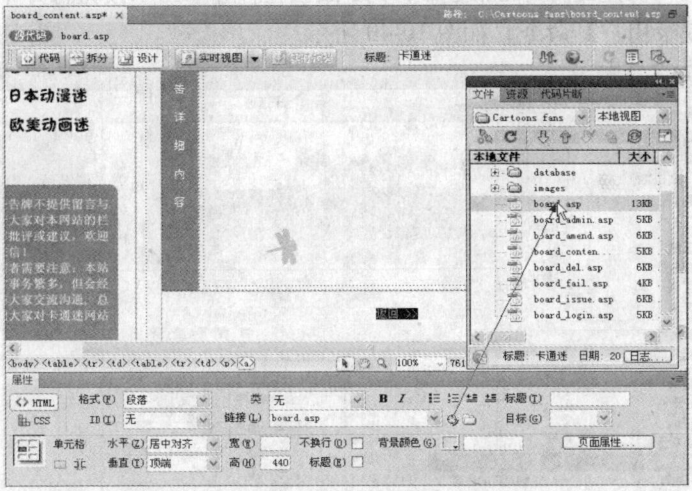

图 10-38 制作“返回”链接

10.4 制作公告牌管理模块

公告牌管理模块包括管理人员登录页面“board_login.asp”和公告管理页面“board_admin.asp”，其中“board_login.asp”提供网站管理人员执行登录，当成功登录后，管理人员将通过“board_login.asp”页面执行发布公告、更新与删除公告等管理操作。

10.4.1 制作管理员登录页面

本例为管理员登录页面“board_login.asp”制作登录功能，其操作很简单，在已完成登录表单的制作的情况下，使用“用户身份验证”类型的“登录用户”行为即可实现，如图 10-39 所示，为管理员登录页面的设计成果。

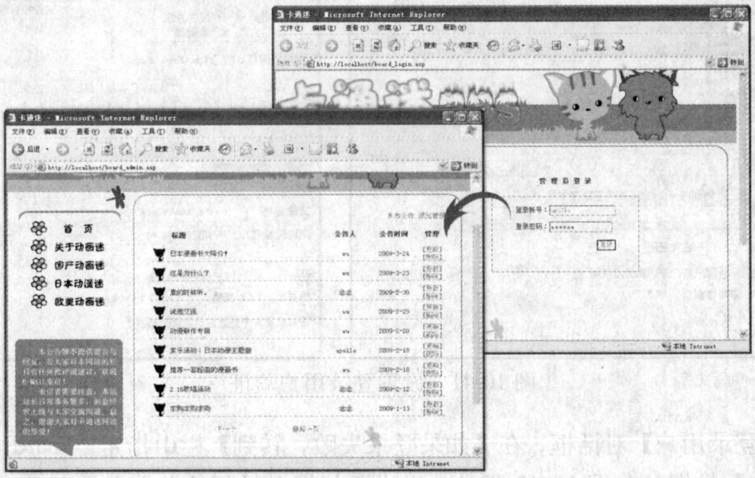

图 10-39 管理员登录设计结果

Howto 制作管理员登录页面

1 按下F8功能键打开【文件】面板后，双击打开“board_login.asp”文件。

2 按下Ctrl+F9快捷键打开【服务器行为】面板，单击+图示按钮打开下拉选单，选择【用户身份验证】|【登录用户】命令。如图10-40所示。

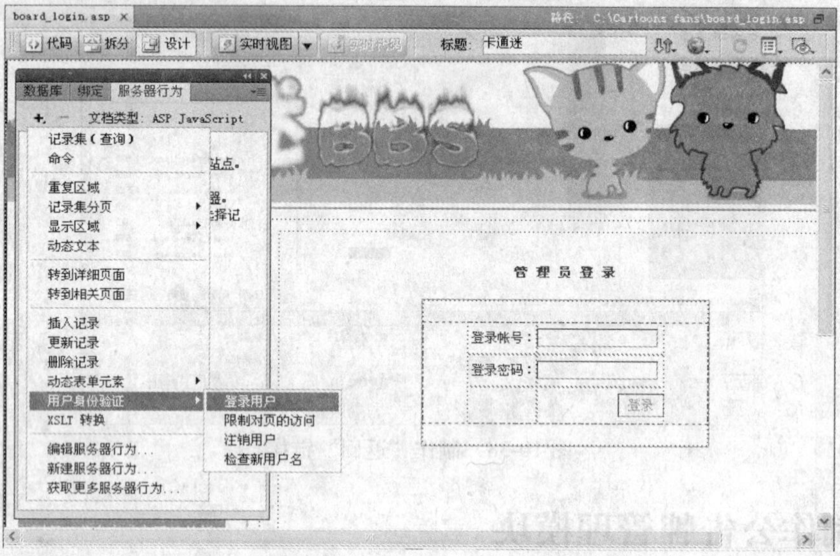

图10-40 添加“登录用户”服务器行为

3 打开【登录用户】对话框，系统自动获取页面上的表单以及表单中的字段项目，设置【使用连接验证】选项和表格分别为“board”和“admin”，再分别选择【用户名列】和【密码列】为“admin_id”和“admin_pw”，然后在【如果登录成功，转到】栏中单击【浏览】按钮，如图10-41所示。

4 打开【选择文件】对话框，指定【查找范围】为“Cartoons fans”，再双击选择“board_admin.asp”文件，如图10-41所示。

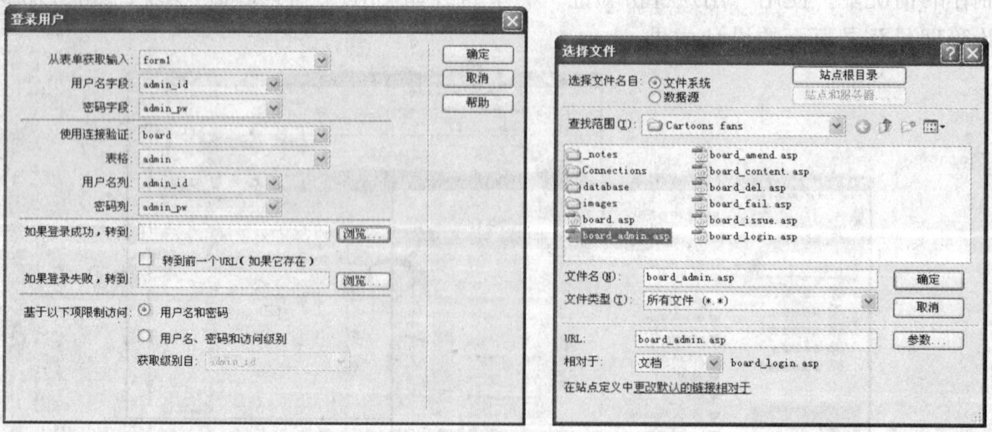

图10-41 设置登录用户验证

5 返回【登录用户】对话框，在【如果登录失败，转到】栏中指定“board_fail.asp”文件，然后单击【确定】按钮，如图10-42所示，完成添加“登录用户”服务器行为。

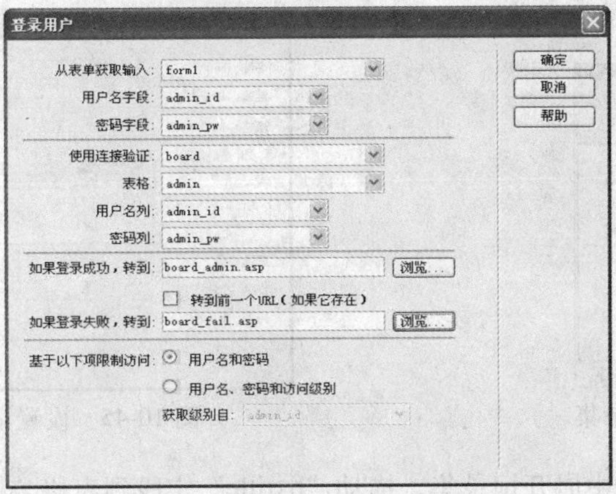

图 10-42　指定登录失败转到的页面

10.4.2　在管理页面显示公告项目

公告管理页面与网站公告牌的主页面相似，同样是以多页形式排列出每一项公告的标题、公告人和公告时间，所不同的是每一项公告后面会多出管理操作功能。本例先在管理页面上显示各公告项目，并利用【重复区域】行为实现以多页形式显示数据库中所有公告项目，结果如图 10-43 所示。

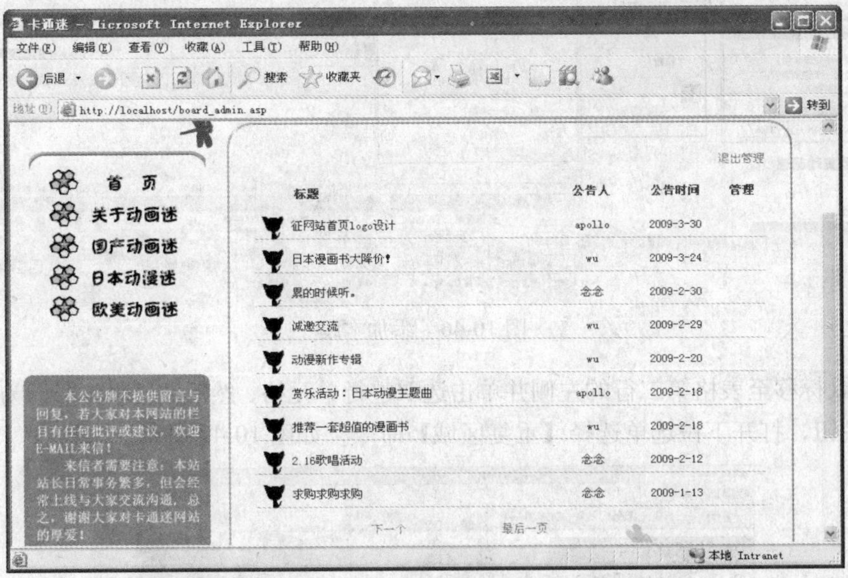

图 10-43　在管理页面显示公告项目的结果

Howto　在管理页面显示公告项目

1 按下 F8 功能键打开【文件】面板后，双击打开“board_admin.asp”文件。

2 按下 Ctrl+F10 快捷键打开【绑定】面板，再单击图示按钮，打开下拉选单，选择【记录集（查询）】命令。如图 10-44 所示。

3 打开【记录集】对话框，设置【名称】和【连接】为“board”，再选择【表格】为“bulletin”，然后在【排序】栏中选择“b_id”项目，并选择【排序】为“降序”，然后单击【确定】按钮，如图 10-45 所示。

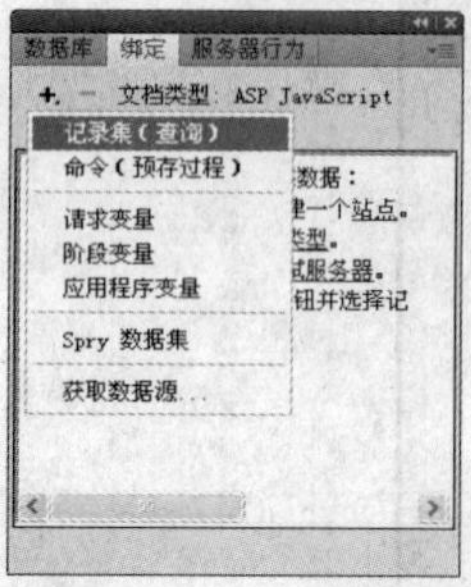

图 10-44　添加记录集

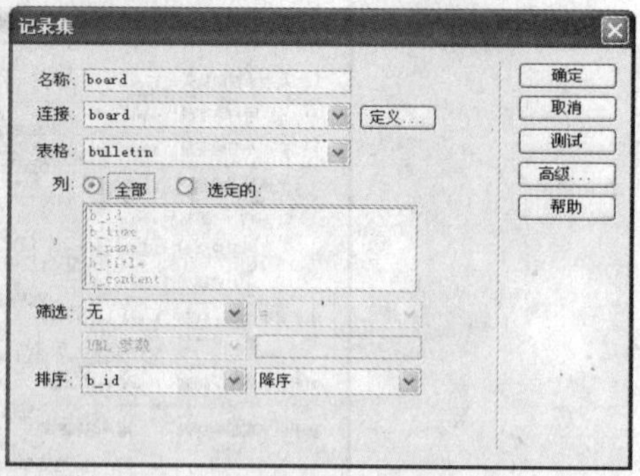

图 10-45　设置记录集绑定

4 在【绑定】面板中展开记录集，拖动“b_title”字段到表格“标题”下方的空白单元格中，接着再以相同方法拖动“b_name”和“b_date”两个字段到“公告人”和“公告时间”下方的空白单元格，并通过【属性】面板分别套用“text01”样式，如图 10-46 所示。

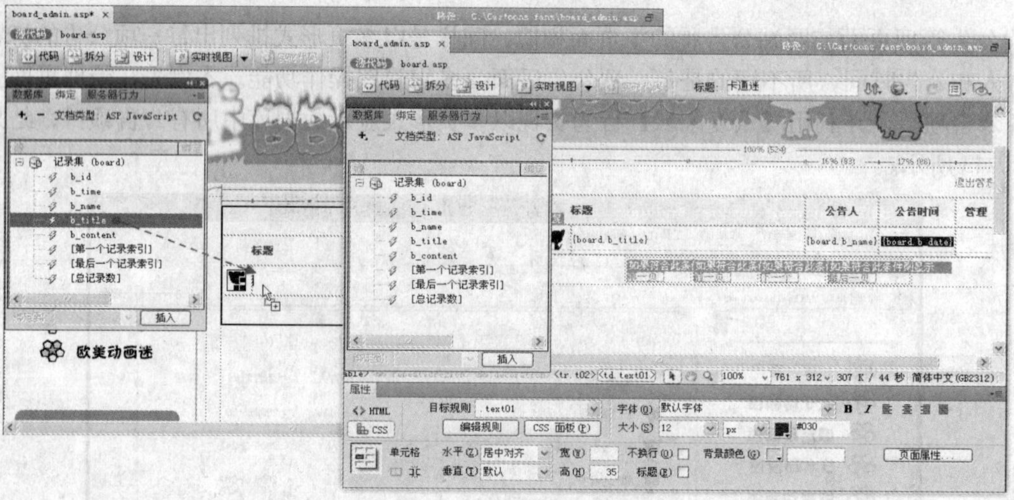

图 10-46　添加字段

5 将鼠标移至表格第二行的左侧并单击选取整行单元格，然后在【服务器行为】面板中单击+图示按钮，打开下拉选单选择【重复区域】命令，如图 10-47 所示。

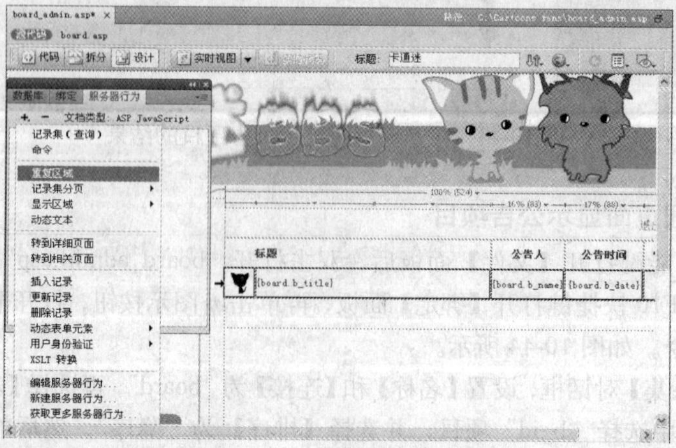

图 10-47　添加重复区域行为

6 打开【重复区域】对话框，选择【记录集】为“board”，再设置显示 9 条记录，然后单击【确定】按钮，如图 10-48 所示。

7 先定位光标在最下方空白单元格，然后在【插入】面板的【数据】分类中单击【记录集分页】按钮，打开下拉选单，选择【记录集导航条】命令，如图 10-49 所示。

8 打开【记录集导航条】对话框，选择【记录集】为“board”，再选择【显示方式】为“文本”，然后单击【确定】按钮。如图 10-50 所示。

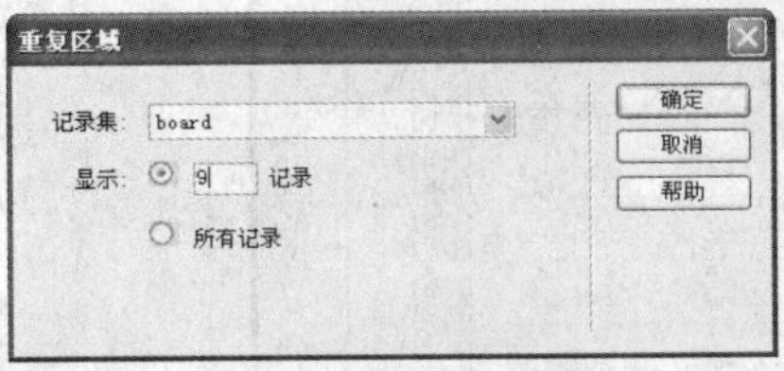

图 10-48　设置重复区域

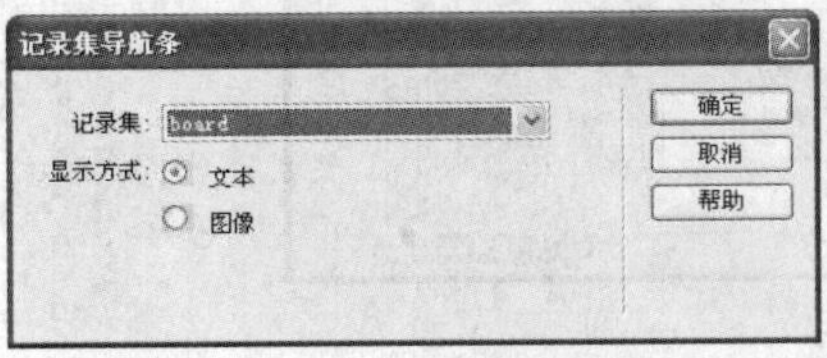

图 10-50　设置导航条

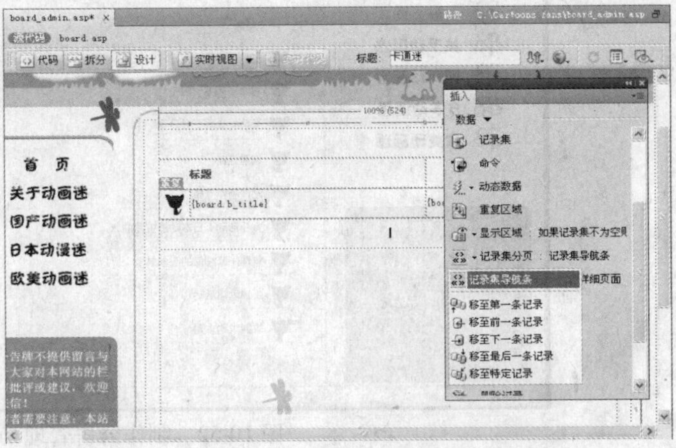

图 10-49　插入记录导航条

9 拖动选择导航条表格上方的空格符，按下 Delete 键将其删除，再向右拖动所插入的导航条表格左下角的调整点，如图 10-51 所示，删除该多余空行并增加导航条表格宽度。

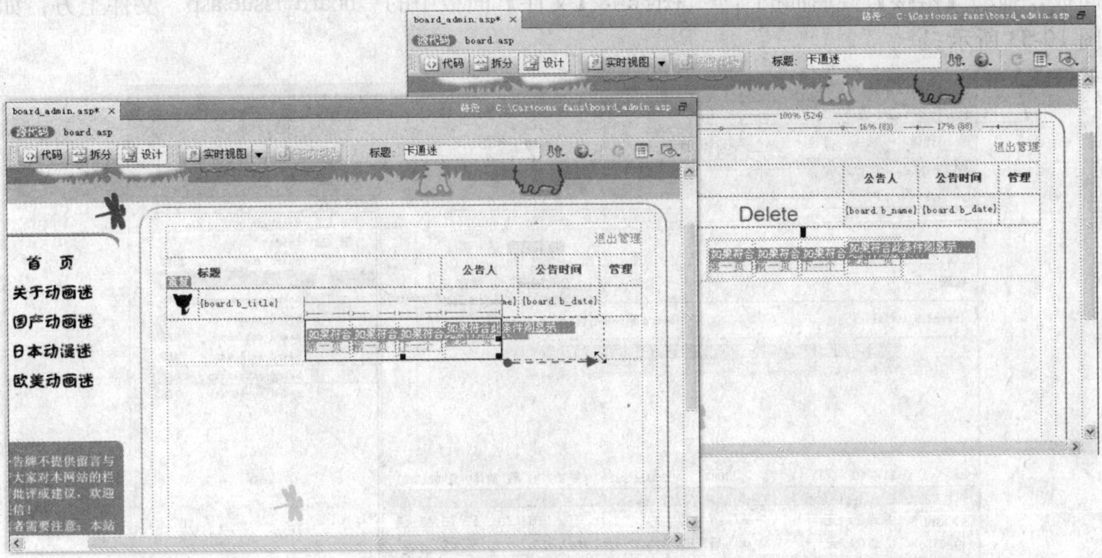

图 10-51　调整导航条表格

10.4.3　制作公告管理功能

在公告管理页面“board_admin.asp”中所排列的各项公告后面将制作“更新”和“删除”两个超链接。管理人员可过该链接转入相应的详细公告页面，然后再确认修改或删除某一项公告，此外，当需要添加新公告时，还可以通过上方的“发布公告”超链接，打开用于发布公告的网页，从而实现公告的管理操作，如图 10-52 所示，为制作公告管理功能后的效果。

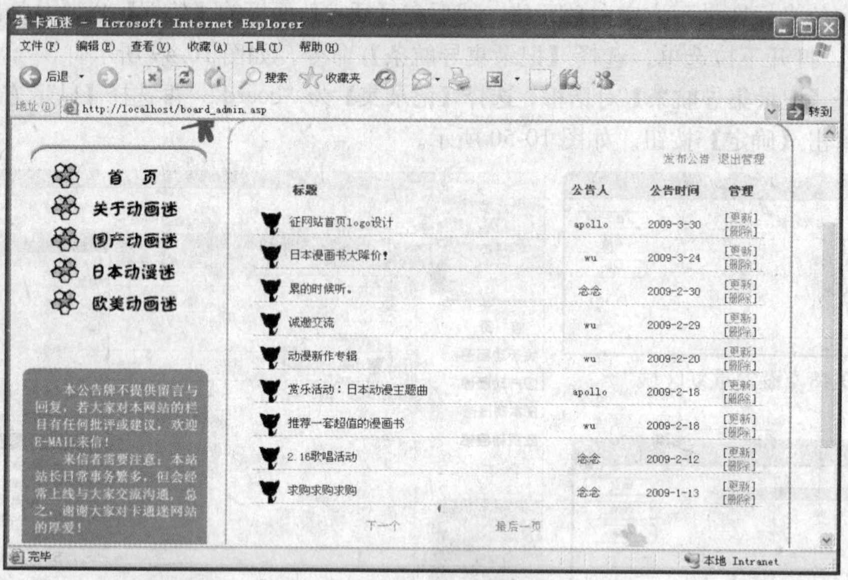

图 10-52　制作公告管理功能

Howto 制作公告管理功能

1 在网页上选择表格上方输入并选取“发布公告”文本，然后同时打开【属性】和【文件】面板，拖动【链接】栏后面的“⊕”图标至【文件】面板中的“board_issue.asp”文件上方，如图 10-53 所示。

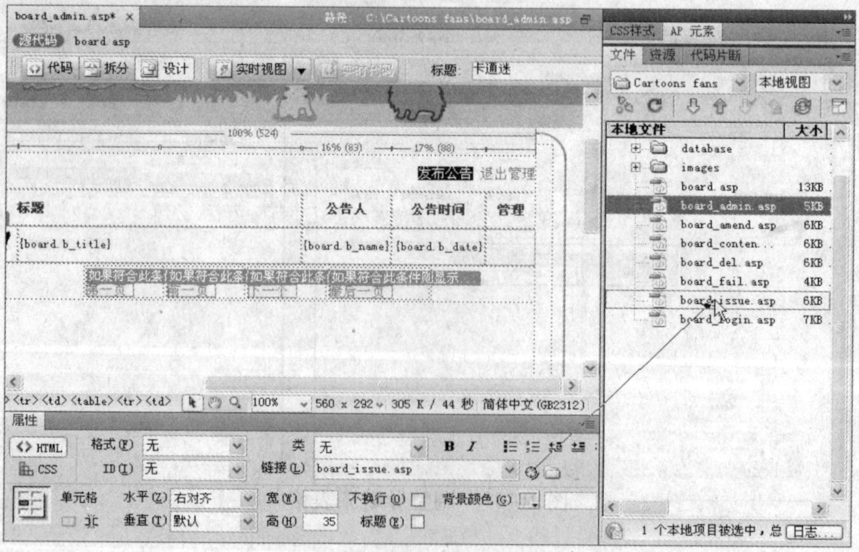

图 10-53　制作发布公告链接

2 在表格“管理”文本下方的空白单元格中先输入“[更新]”文本，然后按下 Shift+Enter 快捷键进行断行，并接着输入“[删除]”文本，如图 10-54 所示。

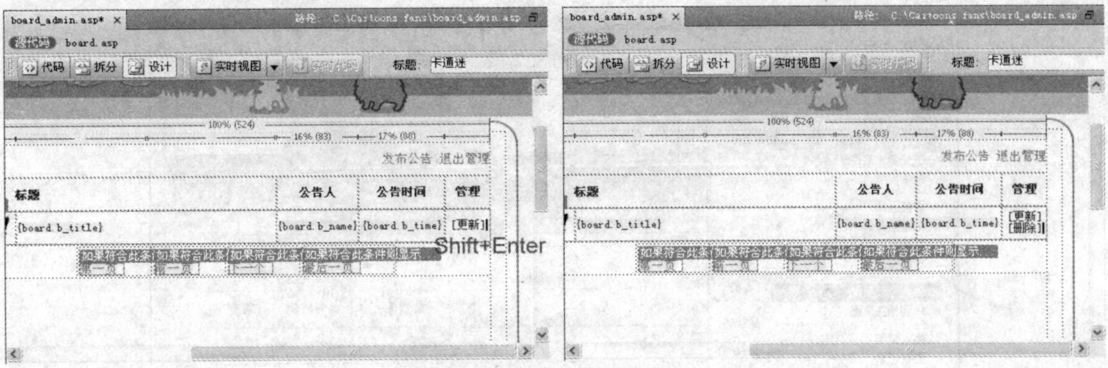

图 10-54　输入功能文本

3 在表格的“管理”下方单元格中选取“修改”文本，在【服务器行为】面板中单击图示按钮，打开下拉选单，选择【转到详细页面】命令。如图 10-55 所示。

图 10-55　添加“转到详细页面”行为

4 打开【转到详细页面】对话框，先在【详细信息页】栏中单击【浏览】按钮，打开【选择文件】对话框，指定【查找范围】为“Board”，再选择“Board_Amend.asp”文件，然后依次单击【确定】按钮。如图 10-56 所示。

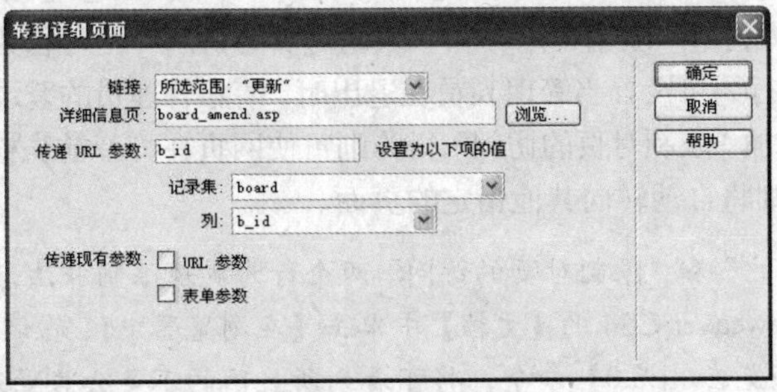

图 10-56　指定修改公告所转到的详细页面

5 接着选取“删除”文本，在【服务器行为】面板中单击图示按钮，打开下拉选单，选择【转到详细页面】命令。如图 10-57 所示。

图 10-57 添加另一项“转到详细页面”行为

6 打开【转到详细页面】对话框，先在【详细信息页】栏中单击【浏览】按钮，打开【选择文件】对话框，指定【查找范围】为“Board”，再选择“Board_Del.asp”文件，然后依次单击【确定】按钮。如图 10-58 所示。

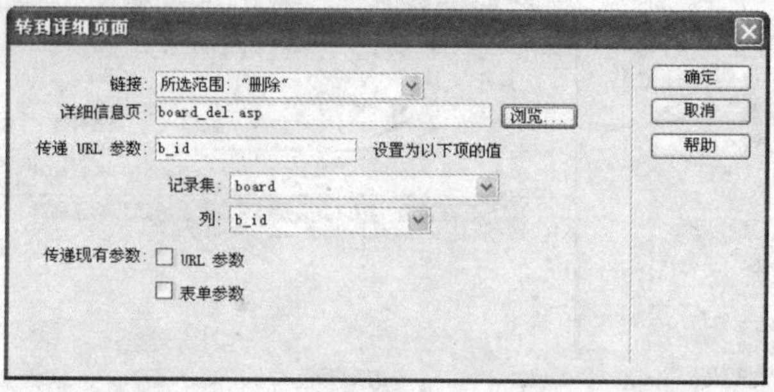

图 10-58 指定删除公告转到的详细页面

10.4.4 管理页面限制访问设置

本例“卡通迷”网站公告牌只有站内管理人员才具备发布、更新和删除公告的权力，而为了防止非管理人员跳过登录程序，直接在浏览器中输入地址以进入公告管理页面“board_admin.asp”，将利用“注销用户”和“限制对页的访问”两种行为限制网页的访问。其中，通过“注销用户”行为可设置当管理人员在退出时，清除管理员的登录信息（浏览器 Session 记录的账户值）；而添加“限制对页的访问”行为则可使网页在打开前先检查是否使用了正确的登录账号和密码，否则将自动转向其他指定的页面。

TIPS 利用“注销用户”和“限制对页的访问”两个行为实现限制非法访问公告管理页面后，直接由 Dreamweaver CS4 的【文档】中单击【在浏览器中预览/调试】按钮，展开下拉选单选择【预览在 IE6.0】命令，将可看到所显示的不是公告管理页面，而是管理员登录页面，如图 10-59 所示。如此，当管理员正常退出管理页面，将 IE 浏览器中所保留的帐号信息清除后，若直接在浏览器地址栏输入公告管理页面地址，将自动强制性转到管理员登录页面。

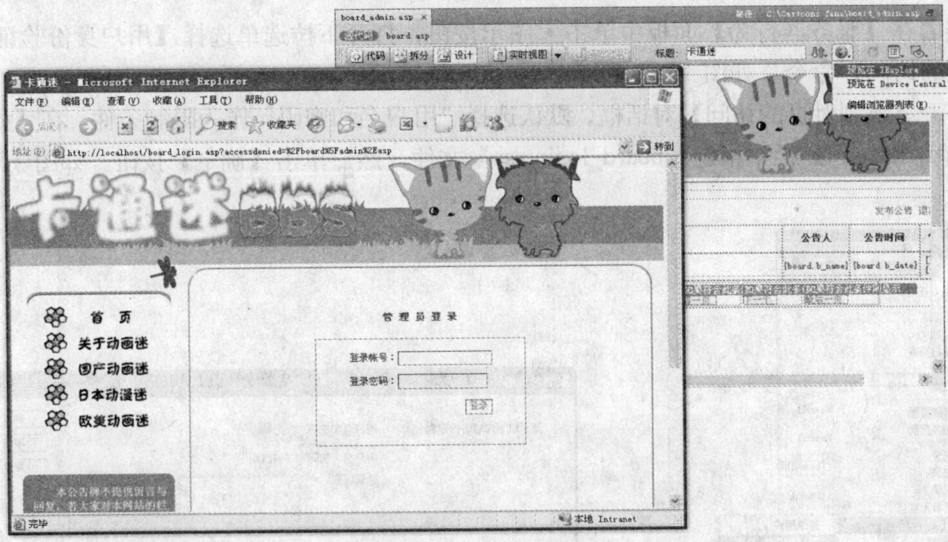

图 10-59　非管理员无法进入公告管理页面

Howto　管理页面限制访问设置

1 在网页中选择“退出管理”文本内容，在【服务器行为】面板中单击+图示按钮，打开下拉选单选择【用户身份验证】|【注销用户】命令。如图 10-60 所示。

图 10-60　添加“注销用户”服务器行为

2 打开【注销用户】对话框，在【在完成后，转到】栏中指定“board.asp”文件，然后单击【确定】按钮。如图 10-61 所示。

图 10-61　设置“注销用户”行为

3 接着在【服务器行为】面板中单击 + 图示按钮，打开下拉选单选择【用户身份验证】|【限制对页的访问】命令。如图 10-62 所示。

4 打开【限制对页的访问】对话框，默认选择“用户名和密码”作为限制条件，在【如果访问被拒绝，则转到】栏中指定“board_login.asp”文件，然后单击【确定】按钮。如图 10-63 所示。

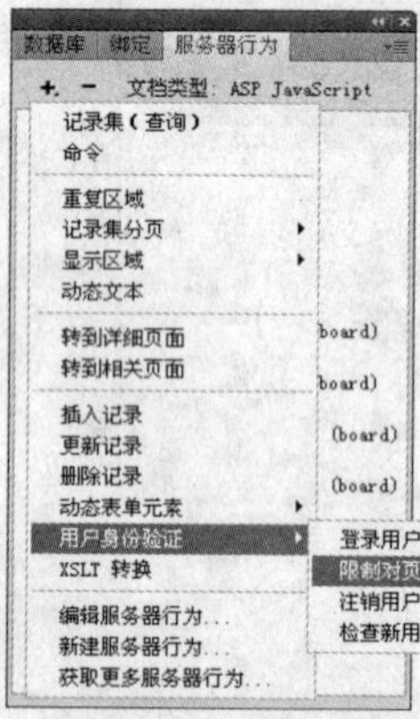

图 10-62　添加“限制对页的访问”行为

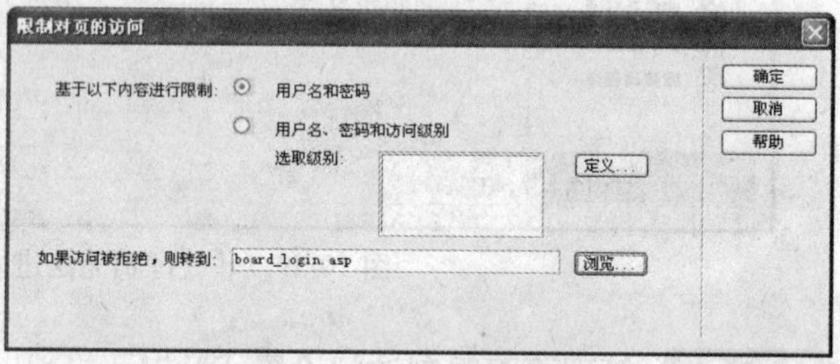

图 10-63　设置限制访问

10.5　制作公告发布、更新与删除页面

当网站管理人员成功登录公告管理页面后，便可通过链接，打开相应的网页而执行发布、更新和删除三种公告管理功能，分是通过“board_issue.asp”、“board_amend.asp”和“board_del.asp”三个页面完成。

10.5.1　制作发布公告页面

本例将在公告页面“board_issue.asp”已完成表单设计的基础上，使用“插入记录”服务器行为将网站管理人员所填写的公告信息插入数据库，从而实现公告发布，如图 10-64 所示。

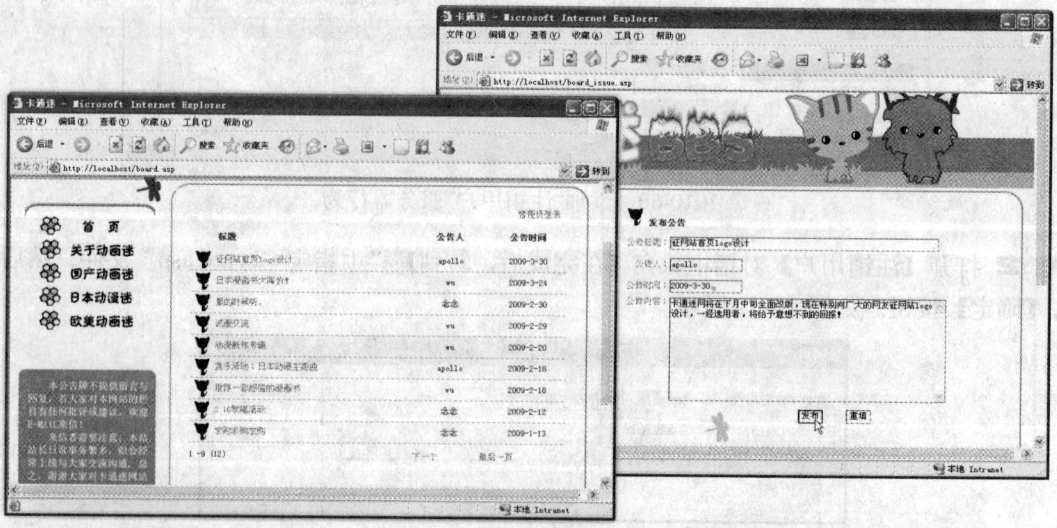

图 10-64　发布公告

Howto　制作发布公告页面

1 按下 F8 功能键打开【文件】面板后，双击打开“board_issue.asp”文件。

2 按下 Ctrl+F9 快捷键打开【服务器行为】面板，单击 + 图示按钮打开下拉选单，选择【插入记录】命令，如图 10-65 所示。

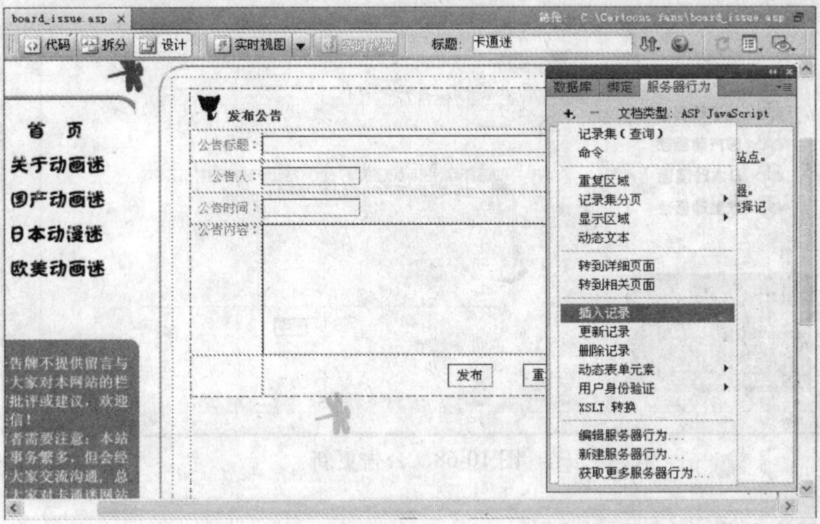

图 10-65　添加“插入记录”服务器行为

3 打开【插入记录】对话框，设置【连接】为“board”、【插入到表格】为“bulletin”选项，再单击【插入后，转到】栏的【浏览】按钮，如图 10-66 所示。

4 打开【选择文件】对话框，指定【查找范围】为“Cartoons fans”文件夹，双击选用“board_admin.asp”文件，返回【插入记录】对话框后单击【确定】按钮。如图 10-67 所示。

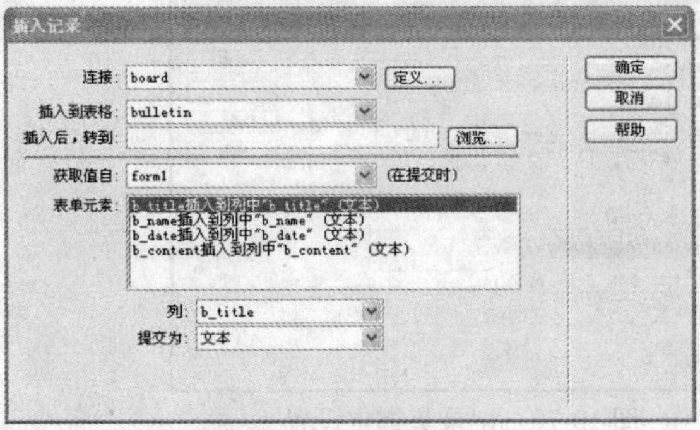

图 10-66　设置插入记录

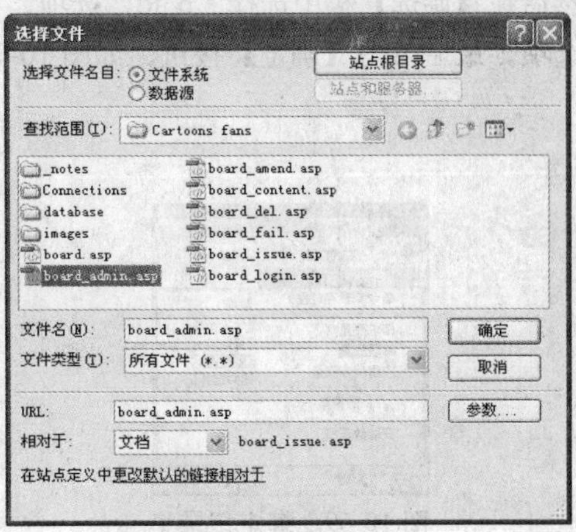

图 10-67　指定转入页面

10.5.2　制作公告更新页面

本例将制作公告更新页面，首先需要将公告项目的详细内容显示在网页上，其中，公告人和公告时间两个是不可更新项目，而公告标题和详细公告内容则是可以修改项目，将需要利用表单元件和“更新记录”服务器行为结合完成，如图 10-68 所示为公告更新页面的制作结果。

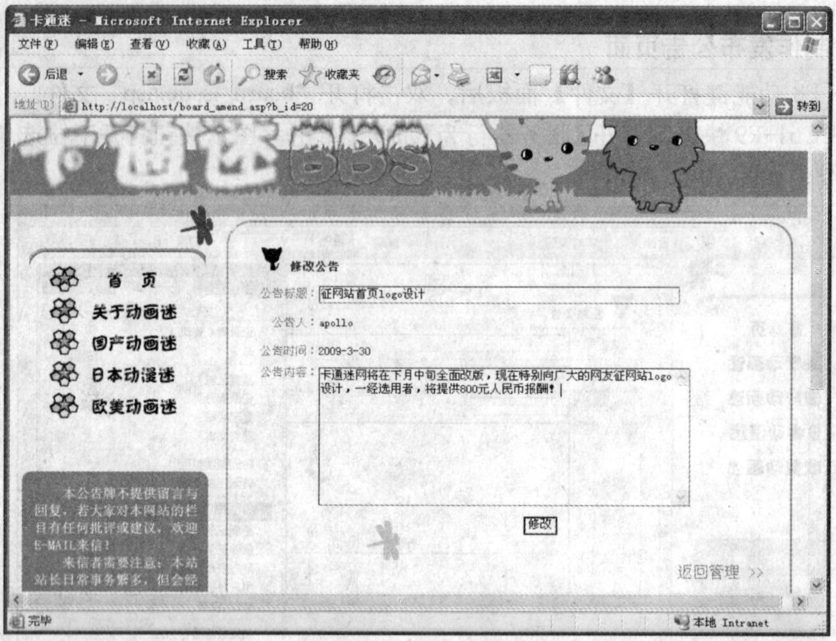

图 10-68　公告更新

Howto 制作公告更新页面

1 按下 F8 功能键打开【文件】面板后，双击打开“board_amend.asp”文件。

2 按下 Ctrl+F10 快捷键打开【绑定】面板，再单击图示按钮，打开下拉选单，选择【记录集（查询)】命令，如图 10-69 所示。

3 打开【记录集】对话框，设置【名称】和【连接】都为“board”，再选择【表格】为“bulletin”，然后在【筛选】栏中选择“b_id”选项，在下一栏中选择【URL 参数】选项，并选择“b_id”选项，最后单击【确定】按钮，如图 10-70 所示。

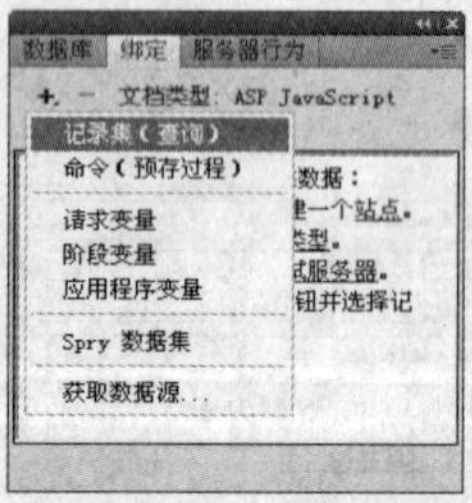

图 10-69　绑定记录集

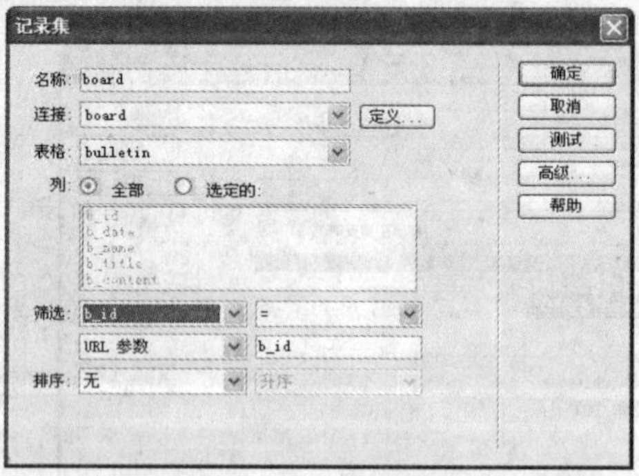

图 10-70　记录集绑定设置

4 在【绑定】面板中展开记录集后，拖动“b_title”字段到表格“公告标题”文本左边的“文本字段”元件上，然后以相同的方法，为“文件区域”元件添加“b_coutent”字段，以及在“公告时间”和“公告人”文本右边添加“b_date”和“b_name”字段，如图 10-71 所示。

5 切换至【服务器行为】面板，单击图示按钮打开下拉选单，选择【更新记录】命令，如图 10-72 所示。

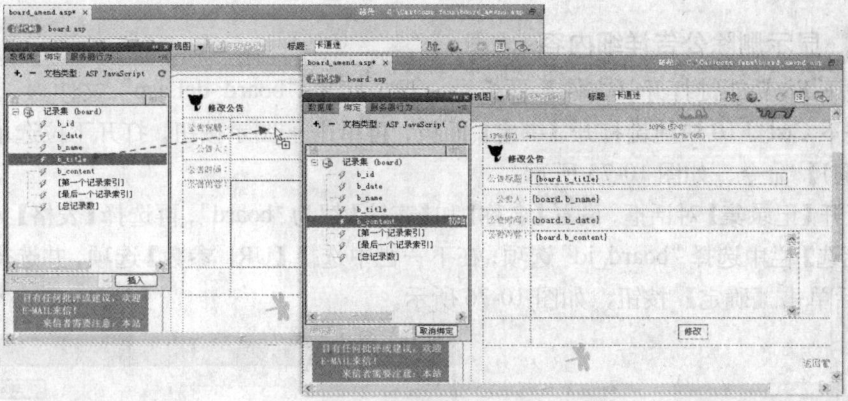

图 10-71　添加字段

6 打开【更新记录】对话框，设置【连接】和【选取记录自】选项都为“board”，再设置【要更新的表格】选项为“bulletin”，然后在【在更新后，转到】栏指定“board_admin.asp”文件，最后单击【确定】按钮，如图 10-73 所示。

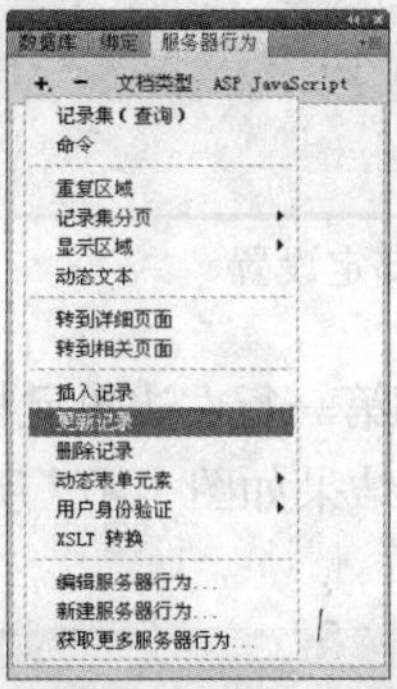

图 10-72　添加动态表单元素

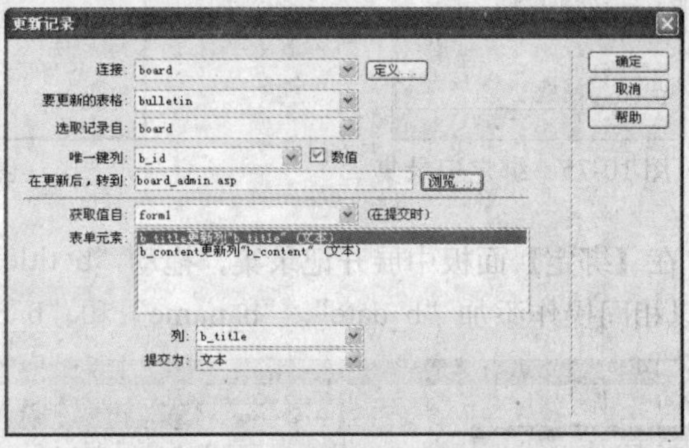

图 10-73　设置动态列表/菜单

10.5.3　制作公告删除页面

本例制作公告删除页面，在执行删除公告之后，同样先在“board_del.asp”页面上显示该公告的详细内容，以便管理人员确认内容是否删除，主要利用“删除记录”服务器行为完成制作，结果如图 10-74 所示。

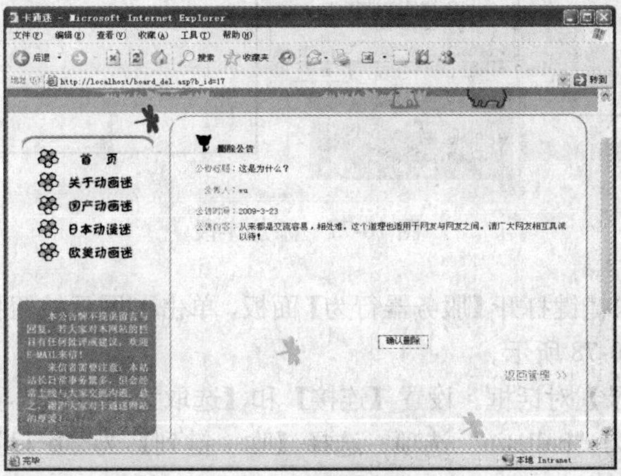

图 10-74　删除公告

Howto 显示删除公告详细内容

1 按下 F8 功能键打开【文件】面板后，双击打开“board_del.asp”文件。

2 按下 Ctrl+F10 快捷键打开【绑定】面板，再单击[+]图示按钮，打开下拉选单，选择【记录集（查询）】命令，如图 10-75 所示。

3 打开【记录集】对话框，设置【名称】和【连接】都为“board”，再选择【表格】为“dulletin”，然后在【筛选】栏中选择“board_id”选项，在下一栏中选择【URL 参数】选项，并选择“board_id”选项，最后单击【确定】按钮，如图 10-76 所示。

图 10-75　绑定记录集

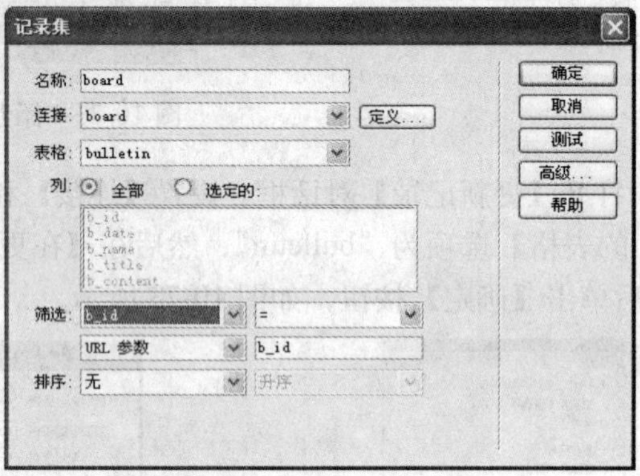

图 10-76　记录集绑定设置

4 在【绑定】面板中展开记录集，拖动“b_title”字段到表格的第一行右边单元格，然后分别再以相同操作添加“b_date”、“b_name”和“b_coutent”字段，结果如图 10-77 所示。

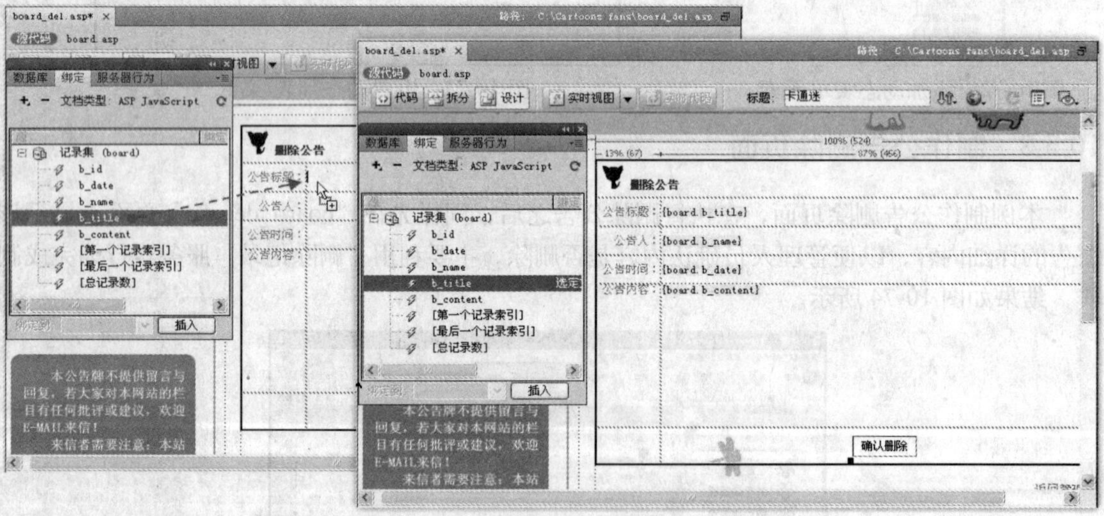

图 10-77　添加字段

5 按下 Ctrl+F9 快捷键打开【服务器行为】面板，单击[+]图示按钮打开下拉选单，选择【删除记录】命令，如图 10-78 所示。

6 打开【删除记录】对话框，设置【连接】和【选取记录自】选项都为“board”，再设置【从表格中删除】选项为“bulletin”选项，选择【唯一键列】为“b_id”，然后在【删除后，转到】栏指定“board_admin.asp”文件，最后单击【确定】按钮，如图 10-79 所示。

图 10-78　添加“删除记录”行为

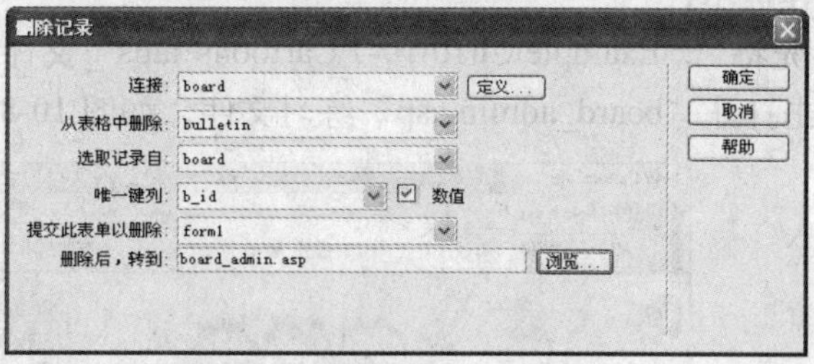

图 10-79　设置删除记录行为

10.6　本章小结

本章以“卡通迷”网站的 BBS 公告牌系统为例，介绍了有关开发网站动态功能的方法。在本章中，先分析了公告牌系统的设计构结、以及展示各个动态页面的设计效果，再从基本的准备工作讲起，详细介绍公告牌系统各个模块及页面的制作过程。通过本章的学习，可以掌握各种制作动态网页的方法。

10.7　本章习题

一、填充题

1. 控制数据库信息在页面上的排列顺序，主要是通过绑定＿＿＿＿＿＿时设置＿＿＿＿＿而实现。

2. 使用＿＿＿＿＿＿、＿＿＿＿＿＿、＿＿＿＿＿＿三个服务器行为，可实现在针对数据库记录的新增、修改和删除管理。

3. 插入＿＿＿＿＿＿＿＿之后，可显示网页当前所条列数据记录数量和数据记录总量。

4. 插入＿＿＿＿＿＿＿＿之后，可在网页中提供一组链接功能，以便根据数据库记录进行翻页。

二、选择题

1. 按下哪个快捷键打开【绑字】面板？（　　）

A. Ctrl+ F10　　B. Shift+F10　　C. Ctrl+Alt+F10　　D. Ctrl+Shift+F10

2. 使用哪一项服务器行为，可实现会员登录的制作？（　　）

A. 检查新用户名　　B. 注销用户　　C. 登录用户　　D. 用户身份验证

3. 为防止跳过登录程序而利用链接地址进入管理页面，可使用以下哪项服务器行为？（　　）

A. 用户身份验证　　B. 注销用户　　C. 限制用户　　D. 限制对页的访问

三、上机实训

实训 1　制作记录集导航条和导航状态

本公告牌主页设计的公告管理页面“board_admin.asp”中原本只有一组文本类型的记录集

导航条，本节上机练习将为该页面添加记录集导航状态，并重新添加一组图像类型的记录集导航条，使动态页面上的记录集航导信息更加丰富多变。

操作提示：

1. 先将“..\Example\Ch10\10-7\Cartoons fans”文件夹定位为本地站点，然后通过【文件】面板双击打开“board_admin.asp”练习文件，如图 10-80 所示。

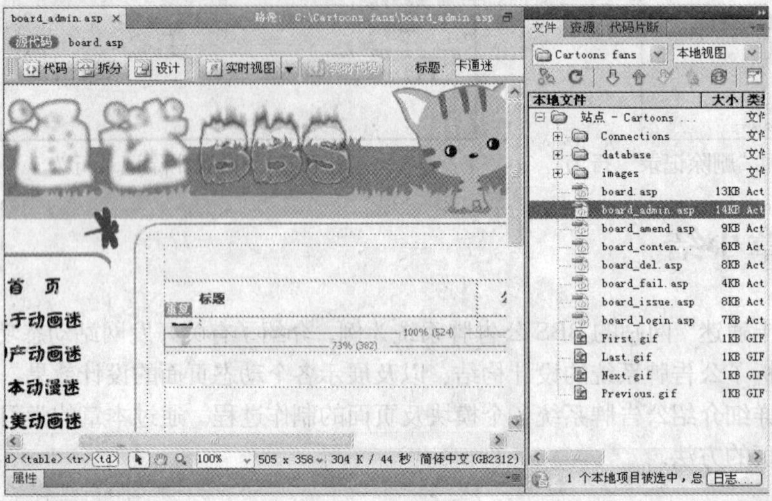

图 10-80　打开练习文件

2. 定位光标在表格左下方单元格，然后在【插入】面板的【数据】分类中单击【记录集分页】按钮，打开下拉选单，选择【记录集导航条】命令，如图 10-81 所示。

3. 打开【记录集导航条】对话框，选择【记录集】为“board”，再选择【显示方式】为“图像”，然后单击【确定】按钮，如图 10-82 所示。

图 10-81　插入记录导航条

图 10-82　设置导航条

4. 向右拖动所插入的导航条表格左下角的调整点，再拖动选择导航条表格上方的空格符，按下 Delete 键将其删除，如图 10-83 所示。

5. 定位光标在表格右下角单元格内，在【插入】面板中单击【记录集导航状态】按钮，如图 10-84 所示。

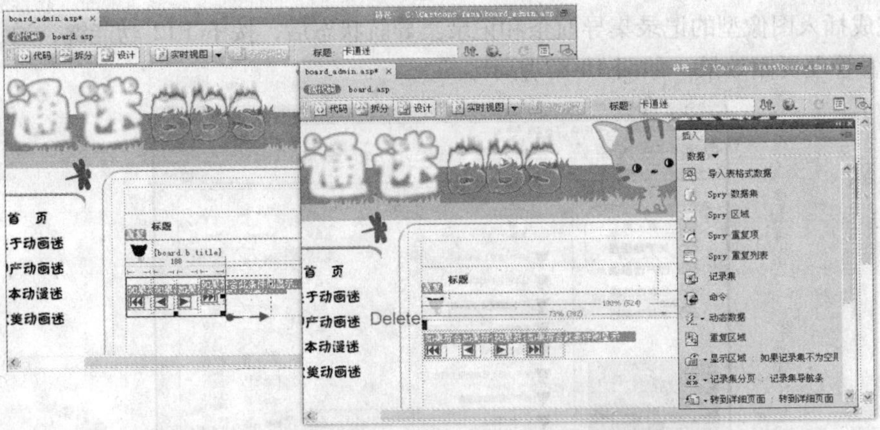

图 10-83　调整导航条表格

6. 打开【记录集导航状态】对话框，选择【记录集】为“board”，然后单击【确定】按钮。如图 10-85 所示。

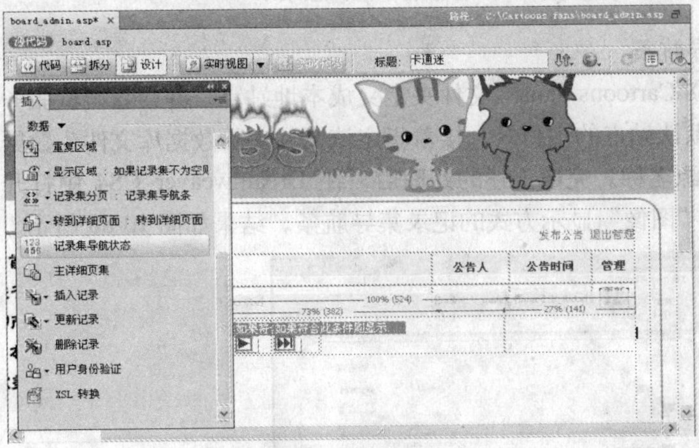

图 10-84　插入导航状态

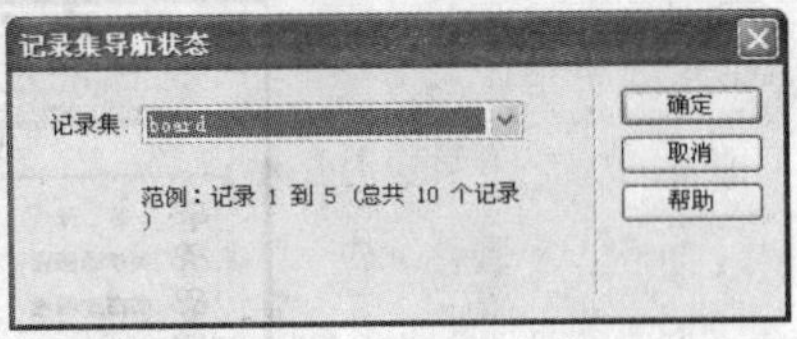

图 10-85　指定记录集

7. 插入导航条状态信息后，修改其中的文本内容为“本页显示第{board_first}-{board_last}项（总共 {board_total}项）”，如图 10-86 所示。

图 10-86　修改导航状态信息文本

8. 完成插入图像型的记录集导航条和记录集导航状态后，按下 F12 功能键，通过 IE 浏览器预览公告管理页面效果，如图 10-87 所示。

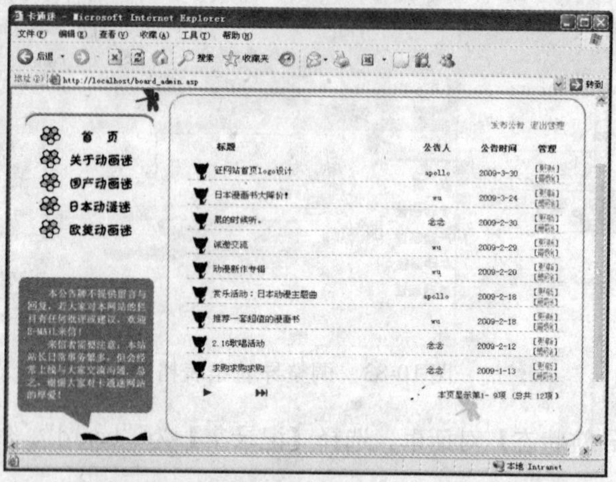

图 10-87　图像型的记录集导航条和记录集导航状态效果

实训 2　在页面中设计记录集导航条

先将光盘“..\Example\Ch10\10-8\Cartoons fans”文件夹定义成本地站点，并设置测试服务器，指定该文件夹作为 IIS 服务器默认站点的主目录，接着指定该文件夹的数据库文件为数据源，并在 Dreamweaver 中指定数据源名称。完成上述的处理后，在 Dreamweaver CS4 中打开“board.asp”网页，然后在页面添加“图像”显示方式的记录集导航条，结果如图 10-88 所示。

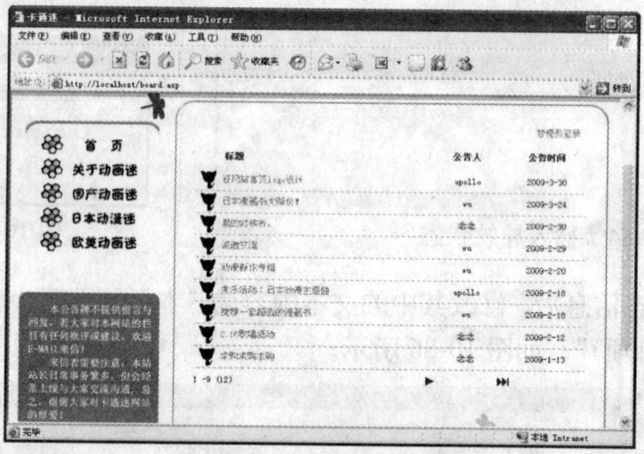

图 10-88　操作题结果

操作提示：

1. 将配套光盘中的“..\Example\Ch10\10-8\Cartoons fans”文件夹定位为本地站点，然后打开“board.asp”练习文件。

2. 将光标定位在表格最下方右侧单元格内，接着在【插入】面板中选择【数据】分类，单击【记录集分页】按钮，并从打开的下拉选单中选择【记录集导航条】命令。

3. 打开【记录集导航条】对话框后，设置记录集为“board”，再选择显示方式为【图像】，然后单击【确定】按钮。

4. 拖动选择导航条表格上方的空格符，按下 Delete 键将其删除，再向右拖动所插入的导航条表格左下角的调整点，调整整个表格宽度。

习题参考答案

第 1 章

一、填充题

1. 不可编辑　浏览器
2. CSS 规则
3. Spry 数据集　HTML
4. “代码”视图　“设计”视图
5. 在线寄宿服务
6. Adobe Photoshop PSD　PSD 图像　破坏性
7. Subversion 版本控制系统　Subversion（SVN）　编辑　管理
8. 【编辑】|【快捷键】
9. 代码　拆分　设计　实时视图　实时代码
10. 外观（CSS）　外观（HTML）　链接（CSS）　标题（CSS）　标题/编码　跟踪图像
11. 设置【首选参数】

二、选择题

1. A　2. B　3. B　4. C

第 2 章

一、填充题

1. 表态　文字编辑器
2. 格式设置规则　页面内容　内容　表示形式
3. 服务器端　服务器
4. HTML　CGI　JavaScript　数据库
5. Java　JSP　网页逻辑　网页设计　显示分离
6. 测试　生产　协作
7. 动态文件夹　动态网页
8. 基本　高级

二、选择题

1. D　2. C　3. A　4. A　5. A

第 3 章

一、填充题

1. HTML　CSS 规则
2. 1 个

3. 上一行
4. 横跨　伸缩
5. Shift+Enter
6. 左对齐　右对齐　居中对齐　两端对齐
7. 检查拼写
8. Shift+F7
9. 查找和替换
10. Ctrl+F

二、选择题

1. B　2. B　3. B　4. B　5. C

第4章

一、填充题

1. 样式　大小　颜色
2. 代码
3. 属性检查器
4. CSS 规则
5. HTML 表格　表格式数据　文本　图形
6. 页面 表格外的其他对象　单元格
7. 背景颜色　背景图像
8. 直行合并　横列合并

二、选择题

1. D　2. D　3. A　4. B　5. B

第5章

一、填充题

1. GIF　JPEG　PNG
2. Blur
3. Gray
4. Opacity
5. 优化　裁剪　重新取样　亮度和对比度　锐化
6. 图像占位符
7. 主图像　次图像　主图像　次图像
8. 一般状态　鼠标经过　按下鼠标键　按下鼠标键经过图像

二、选择题

1. A　2. D　3. C

第6章

一、填充题

1. 浏览器窗口中的一个独立的区域　网页
2. 在一个框架集内插入另外的框架集
3. 框架集　主框架　左右框架　上下框架
4. 浮动框架及其内容是以嵌入的方式插入到现有的网页中
5. 插入命令锚记　创建锚记链接

二、选择题

1. C　2. A　3. D　4. B　5. D

第7章

一、填充题

1. 绝对定位　浮动
2. 堆叠顺序　越前
3. 事件　事件　动作　事件　动作
4. 浏览器　执行了某种操作
5. 客户端 JavaScript　浏览器　服务器

二、选择题

1. B　2. C　3. B　4. C　5. C

第8章

一、填充题

1. Windows XP　Windows 2000　安装
2. 窗体
3. 结构　行为　样式
4. 文本　备注　数字　日期/时间　货币　自动编号　是/否　OLE 对象　超链接　查阅向导
5. 开放式数据库连接（ODBC）驱动程序　嵌入式数据库（OLE DB）

二、选择题

1. C　2. D　3. D　4. C　5. D

第9章

一、填充题

1. 右边距　上边距
2. 跟踪
3. 状态图像　鼠标经过图像　按下图像　按下时鼠标经过图像

二、选择题

1. C　2 C　3. B

第10章

一、填充题

1. 记录集　排序
2. 插入录记　更新记录　删除记录
3. 记录集导航状态
4. 记录集导航条

二、选择题

1. A　2. C　3. D

读者回函卡

亲爱的读者：

感谢您对海洋智慧IT图书出版工程的支持！为了今后能为您及时提供更实用、更精美、更优秀的计算机图书，请您抽出宝贵时间填写这份读者回函卡，然后剪下并邮寄或传真给我们，届时您将享有以下优惠待遇：

- 成为"读者俱乐部"会员，我们将赠送您会员卡，享有购书优惠折扣。
- 不定期抽取幸运读者参加我社举办的技术座谈研讨会。
- 意见中肯的热心读者能及时收到我社最新的免费图书资讯和赠送的图书。

姓 名：________ 性 别：☐男 ☐女 年 龄：________

职 业：________ 爱 好：________

联络电话：________ 电子邮件：________

通讯地址：________ 邮编：________

1 您所购买的图书名：________ 购买地点：________

2 您现在对本书所介绍的软件的运用程度是在：☐ 初学阶段 ☐ 进阶／专业

3 本书吸引您的地方是：☐ 封面 ☐ 内容易读 ☐ 作者 ☐ 价格 ☐ 印刷精美

☐内容实用 ☐ 配套光盘内容 其他 ________

4 您从何处得知本书：☐ 逛书店 ☐ 宣传海报 ☐ 网页 ☐ 朋友介绍

☐ 出版书目 ☐书市 其他 ________

5 您经常阅读哪类图书：

☐ 平面设计 ☐ 网页设计 ☐ 工业设计 ☐ Flash动画 ☐ 3D动画 ☐ 视频编辑

☐ DIY ☐ Linux ☐ Office ☐ Windows ☐ 计算机编程 其他 ________

6 您认为什么样的价位最合适：________

7 请推荐一本您最近见过的最好的计算机图书：

书名：________ 出版社：________

8 您对本书的评价：________

____

9 您还需要哪方面的计算机图书，对所需的图书有哪些要求：

____

社址：北京市海淀区大慧寺路8号 网址：www.wisbook.com 技术支持：www.wisbook.com/bbs
编辑热线：010-62100088 010-62100023 传真：010-62173569
邮局汇款地址：北京市海淀区大慧寺路8号海洋出版社教材出版中心 邮编：100081

海洋出版社 海洋智慧图书